37,90

Une brève histoire de l'Univers

Joseph SILK

Une brève histoire de l'Univers

Traduit de l'anglais par Céline Laroche

Odile Jacob

Une précédente édition de cet ouvrage a paru
aux États-Unis en 1994 et 1997
chez Scientific American Library sous le titre :

A SHORT HISTORY OF THE UNIVERSE

15, RUE SOUFFLOT, 75005 PARIS

www.odilejacob.fr

ISBN : 2-7381-1173-4

Sommaire

Pour Jacqueline

Avant-propos

L'univers est un endroit complexe. On y trouve des planètes et des êtres vivants, des galaxies et de la matière invisible, des trous noirs et des étoiles qui explosent. Par la force des choses, la cosmologie, l'étude de l'univers dans son ensemble, doit aborder tous ces phénomènes. Heureusement, une approche globale nous permet de reconstituer l'histoire et l'avenir de l'univers.

La plupart des détails ne sont pas essentiels à cette démarche : on ne peut se faire une idée de ce qu'est une forêt par l'observation isolée des arbres qui la composent. Une vision d'ensemble est nécessaire, et j'ai essayé de m'y tenir dans cet ouvrage.

Notre perspective est vaste. Le passé ne s'est réellement laissé découvrir que ces trente dernières années. Et pourtant, il s'agit de remonter jusqu'à quinze milliards d'années dans le temps et de sonder un espace de quinze milliards d'années-lumière. Le commencement de l'univers, au sens de ses premières nanosecondes, reste mal connu, mais nous avons toutes les raisons de croire que nous parviendrons un jour à le comprendre.

Il nous faut déchiffrer le passé avant d'espérer pouvoir prédire l'avenir de manière fiable. Le rythme incroyable des découvertes de la physique et de l'astronomie, sur une période qui représente à peine un centième de 1 % du temps qui s'est écoulé depuis la suprématie de l'*Homo sapiens*, est plutôt de bon augure.

J'écris ces mots en un moment où l'optimisme est très certainement de mise. Nous sommes à l'orée de ce qui pourrait provoquer un séisme international. Il est commode de s'en tenir à l'approche cosmologique, pour laquelle il est rarement utile de se soucier de périodes plus courtes qu'un millier d'années. Si le monde tel que nous le connaissons pouvait seulement survivre à la prochaine décennie, peut-être pourrait-il nous réserver un avenir éclatant.

Je voudrais enfin témoigner ma reconnaissance à tous ceux qui m'ont aidé dans la préparation de la version originale de cet ouvrage ainsi que dans son adaptation française, considérablement perfectionnée et remise à jour. Je tiens à remercier mon éditeur, Gérard Jorland, pour ses conseils avisés et ses efforts constants pour s'adapter à ma méconnaissance du français, ainsi que Claudine Roth-Islert pour son dévouement dans l'accompagnement et l'achèvement de ce projet. Je suis redevable à mes collègues des illustrations qui, dans bien des cas, proviennent directement de leurs ordinateurs ou de leurs télescopes, et voudrais citer en particulier Narciso Benitez, Ed Bertschinger, Roger

Blandford, François Bouchet, Ted Bunn, Jack Burns, Avishai Dekel, Alan Dressler, George Efstathiou, Gus Evrard, Carlos Frenk, Margaret Geller, Richard Griffiths, Lars Hernquist, John Huchra, Nick Kaiser, Anthony Lasenby, David Malin, Don Mathewson, Yannick Mellier, Chris Mihos, Mike Norman, John Peacock, Jim Peebles, Bruce Peterson, George Smoot, Gordon Squires, Albert Stebbins, Michael Strauss, Franck Summers, Alex Szalay, Brent Tully, Martin White et Simon White. Je remercie Jean Audouze et Michel Cassé pour leurs encouragements, et suis reconnaissant à Elizabeth Vangioni-Flam de sa lecture critique du manuscrit. Enfin, j'exprime toute ma gratitude à Jacqueline Riffault-Silk pour sa patience et son aide précieuse quant aux finesses et à l'élégance de la langue française.

Introduction

L'histoire de l'univers a commencé par une violente explosion, qui a eu lieu il y a quinze milliards d'années : c'est là l'hypothèse moderne, celle qui remplace les mythologies gréco-romaine, chinoise ou hindoue. Nous sommes convaincus que nos théories détiennent une plus grande part de vérité que les croyances de nos ancêtres, mais sommes-nous réellement plus malins qu'ils ne l'étaient ? Qui sait ! Dans un millier d'années, la théorie du big-bang sera peut-être reléguée au rang de mythe du XXe siècle.

De nature optimiste, je considère toutefois notre paradigme actuel comme tellement séduisant que je ne peux l'imaginer qu'inclus un jour dans une théorie plus vaste, sans pour autant qu'il perde ses traits essentiels. Cette conviction suffit à justifier que l'on s'intéresse à l'archéologie de l'univers. L'étude des fluctuations fossiles de la distribution de la matière, d'une part, et celle des galaxies existantes, des étoiles les plus âgées aux structures les plus vastes, d'autre part, permettent de retracer quasiment toute l'histoire de l'évolution cosmologique.

On a déjà raconté toute cette histoire, mais il y a deux bonnes raisons pour en donner une nouvelle approche. La découverte récente des fluctuations qui sont les germes des grandes structures a revivifié en effet l'étude de l'univers. C'était le chaînon manquant pour concilier la théorie du big-bang avec la distribution à grande échelle de la matière environnante ; il a insufflé une touche de réalisme dans l'étude de l'univers. Du point de vue cosmologique, on pourrait dire qu'on a découvert des données prégalactiques qui sont autant d'indices en faveur d'une origine en des temps très reculés. Peut-être est-ce donc le bon moment pour donner un aperçu de notre nouvelle vision de l'évolution cosmologique ?

La seconde raison, tout aussi convaincante, est qu'il n'existe en fait aucune description moderne réellement accessible de la théorie du big-bang, aucune qui prenne en compte ses nombreuses ramifications provenant de domaines aussi variés que ceux de l'astronomie ou de la physique des particules. L'une des raisons de la fascination qu'a toujours exercée la cosmologie tient au fait que tous — les cosmologistes professionnels comme les profanes — la considèrent comme capable de répondre aux questions essentielles sur notre raison d'être dans l'univers, sur la création de l'univers et jusqu'à celle de l'existence de Dieu. Et ce n'est pas une coïncidence si l'épopée du big-bang attise la curiosité des théologiens et des philosophes comme celle des astronomes, des mathématiciens ou des physiciens.

Parmi ces penseurs, certains ont envisagé la théorie comme une confirmation de certaines vues religieuses sur la création. L'historien des sciences et physicien mathématicien E. T. Whitaker déclarait en 1942 que « quand, par des méthodes purement scientifiques, nous remontons dans le temps en suivant l'évolution de l'univers matériel, nous parvenons finalement à une situation extrême au-delà de laquelle les lois de la nature telles que nous les connaissons n'ont pu opérer : un état de Création. La physique et l'astronomie nous guident sur la voie du commencement à toute chose et nous montrent qu'il a dû y avoir un acte de Création ». En 1951, le pape Pie XII, sous l'influence de Whitaker, franchit le pas : dans un discours à l'Académie des sciences pontificale, il avançait que « bien qu'avec le caractère concret caractéristique des démonstrations en physique [la science] a confirmé [...] la déduction bien fondée concernant l'époque [il y a quelque cinq milliards d'années] où le cosmos a émergé des mains de notre Créateur. Ainsi, un acte de Création a bien eu lieu. Donc, il existe un Créateur. Par conséquent, Dieu existe ! ».

On imagine le trouble du président de l'Académie pontificale, l'abbé Georges Lemaître, éminent cosmologiste et codécouvreur en 1927 de la théorie du big-bang, à l'écoute de ce discours. Comparer l'explosion originelle dont tout l'univers a émergé au miracle de la création a dû le projeter, en tant que défenseur de la phase de l'atome primordial antérieure au big-bang, sur un terrain quelque peu incertain, voire hérétique. Lemaître insistait : la physique devrait suffire à décrire le commencement de l'univers ; « la cosmogonie, c'est de la physique atomique à grande échelle ».

Le big-bang n'était pas facile à accepter, pour les scientifiques comme pour les théologiens. Arthur Eddington, astrophysicien émérite et vulgarisateur talentueux, se refusait à « admettre la discontinuité qu'implique l'intervention divine ». D'autres allèrent plus loin. Le cosmologiste avant-gardiste E. A. Milne concluait son ouvrage *Relativity, Gravitation and World Structure*, publié en 1935, en disant que « le système par lequel nous avons modélisé l'univers est un système intelligible. Il n'a rien d'irrationnel, mis à part l'*irrationalité* suprême qu'est la création — une *irrationalité* certes due à la physique, mais pas forcément à la métaphysique. [...] La cosmologie théorique n'est qu'un point de départ pour entreprendre des recherches philosophiques plus poussées ».

Certains chercheurs s'avouent vaincus et laissent aux théologiens, qui après tout se débattent avec cette question depuis des siècles, le soin de comprendre le commencement de l'univers. L'astronome Robert Jastrow décrit ainsi ce dilemme, qui ronge les cosmologistes, dans une phrase particulièrement prisée des théologiens : « Il semble que la science ne parviendra jamais à lever le voile sur les mystères de la création. Pour le scientifique dont la foi est tout entière au pouvoir de la raison, l'histoire finit comme un mauvais rêve. Il escalade la montagne de l'ignorance ; il est sur le point d'en atteindre le point culminant ; il se hisse jusqu'à la dernière pierre et... se retrouve nez à nez avec tout un groupe de théologiens qui sont déjà là pour l'accueillir et l'attendent depuis des siècles. »

D'autres chercheurs, au contraire, n'ont recours à aucune déité pour construire une cosmologie convenable. Un moyen commode est de poser comme postulat que le temps lui-même fut créé lors du big-bang. L'idée n'est pas vraiment révolutionnaire.

Au Vᵉ siècle, saint Augustin écrivait : « Le monde et le temps eurent tout deux un commencement. Le monde ne fut pas créé à un moment dans le temps, mais simultanément à celui-ci. » Voilà qui était particulièrement prémonitoire. Pour le physicien Steven Weinberg, « il est possible, en toute logique, qu'il y eût un véritable commencement, et que le temps lui-même n'ait pas eu de signification avant cet instant ».

Toutefois, comme le fait remarquer le mathématicien Stephen Hawking, une formulation précise de ce concept d'un commencement du temps, ainsi que de l'espace, devra patienter jusqu'à l'avènement d'une théorie quantique de la gravitation, si l'on y parvient un jour. Dans ce cas, « il n'y aurait pas de limite au temps et à l'espace, et par conséquent aucun besoin de préciser le comportement à la limite. Il n'y aurait aucune singularité où les lois physiques s'écroulent, ni aucune frontière à l'espace-temps qui impose un recours à Dieu ou à une nouvelle loi pour en définir les conditions initiales. On pourrait présupposer, quant aux limites de l'univers, qu'il n'y en a pas. L'univers serait complètement autonome, rien d'extérieur ne pouvant le perturber. Il ne pourrait être ni créé ni détruit. Il existerait, tout simplement ». En d'autres termes, l'univers est tel qu'il est parce qu'il était tel qu'il était...

L'expression de cette vision agnostique de la cosmologie avait été prophétisée en 1920 par Arthur Eddington, à nouveau : « Nous avons compris que la science a le plus progressé là où l'esprit n'a fait que reprendre à la nature ce qu'il lui avait donné. Nous avons découvert d'étranges empreintes sur les rives de l'inconnu. Nous avons proposé des théories fondamentales les unes après les autres pour en comprendre l'origine. Mais, au moins, nous sommes parvenus à reconstruire la créature qui a formé ces empreintes. Oh ! Surprise ! Il s'agit de nous-mêmes. »

Les découvertes en cosmologie se font aujourd'hui à un rythme soutenu. Il devient de plus en plus difficile aux théologiens de suivre l'allure. Parallèlement, les cosmologistes ne se privent pas, à l'occasion, de s'essayer à des métaphores théologiques. Ces images allèrent *crescendo* jusqu'en 1992, époque de la découverte des petites variations du fond de rayonnement cosmologique. Les journaux du monde entier, peut-être moins critiques que ne l'auraient cru les chercheurs, s'emparèrent de ce « scoop » cosmologique pour se lancer dans de telles spéculations. Leurs représentations les plus fameuses, quarante ans après que Pie XII se fut emparé de la nouvelle cosmologie, comparèrent les fluctuations tant attendues avec divers attributs de Dieu, allant de « Son visage », « Ses écrits » et « Son esprit » jusqu'au « Saint Graal ».

Pour permettre d'apprécier le sens de ces interrogations, il me paraît utile de présenter ici, à un niveau facilement accessible, les rouages de la cosmologie moderne. C'est le but de cet ouvrage. J'espère que son contenu éclairera suffisamment les cosmologistes amateurs pour les aider à mesurer la portée de ces réflexions mais, je m'empresse de le préciser, sans pour autant les justifier.

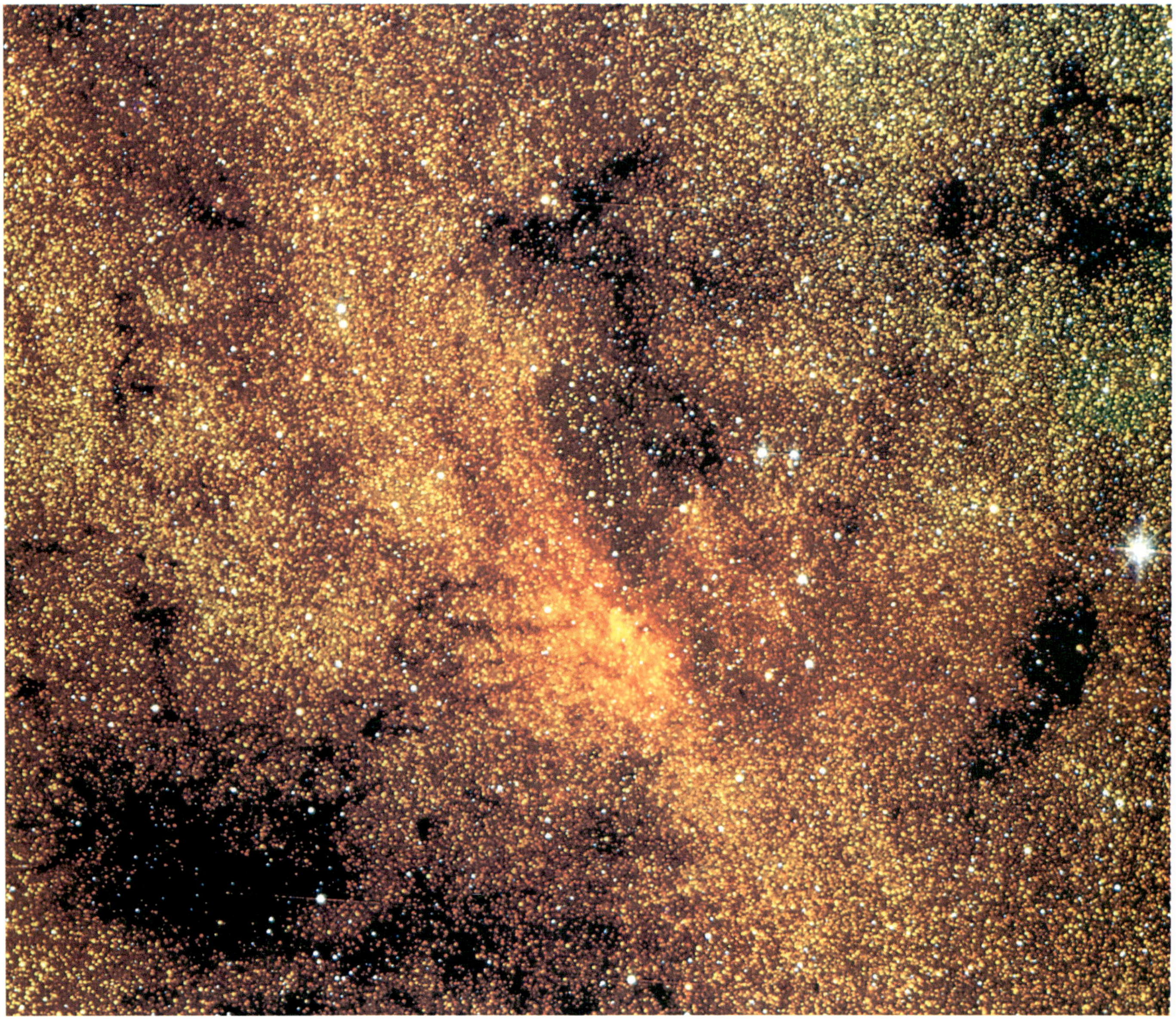

Chapitre un

Les fondements de l'univers

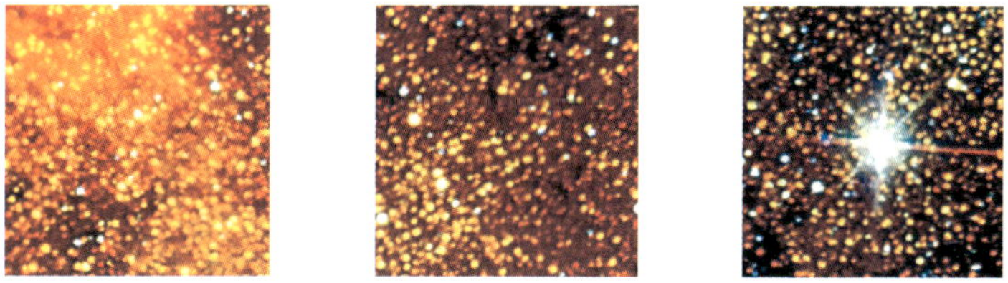

Vue infrarouge, à la longueur d'onde de 2 micromètres, du centre de la Voie lactée, dans le Sagittaire.

Au fil des âges, les cosmologistes ont imposé leur point de vue sur la nature profonde de notre univers. Et les astronomes modernes ne font pas exception. Alors qu'on commençait, au XXe siècle, à explorer l'univers extragalactique, les cosmologistes ne purent s'empêcher d'introduire leurs idées sur ce que devrait être l'univers. En 1931, le mathématicien et théologien Ernest Barnes, qui était également l'évêque anglican de Birmingham, affirmait entre autres qu'un univers infini serait une horreur pour la nature. Bien des années plus tard, le physicien John Archibald Wheeler, père des trous noirs, faisait écho à ce sentiment en argumentant en faveur d'un univers fini. D'autres, à commencer par Albert Einstein, adoptèrent l'idéal platonicien d'un univers qui ne pourrait avoir de centre et serait parfaitement isotrope, c'est-à-dire sans direction privilégiée. Nous n'avons pu commencer à tester ces idées que récemment, après avoir remanié, à la lumière des données astronomiques modernes, certains des aspects les plus fondamentaux de la cosmologie. Einstein avait raison.

Principes cosmologiques

C'est inéluctable : l'astronome étudie forcément des objets qui sont distants aussi bien dans l'espace que dans le temps. La lumière parcourt trois cent mille kilomètres en une seconde, c'est-à-dire dix mille milliards de kilomètres en une année. L'étoile la plus proche, Proxima du Centaure, est à 4,2 années-lumière d'ici : nous la voyons donc comme elle était quatre ans plus tôt. La galaxie la plus proche qui soit comparable à notre Voie lactée, la galaxie d'Andromède, est distante de deux millions d'années-lumière. On observe aujourd'hui la galaxie d'Andromède, visible à l'œil nu dans un ciel sombre, comme elle était à l'ère de l'*Homo sapiens*. Un télescope est une machine à remonter le temps qui peut nous emmener quasiment jusqu'à la création. Grâce aux télescopes modernes, il est possible d'étudier des régions qui rayonnaient de la lumière voilà plus de cinq milliards d'années, avant même que notre Soleil ne soit formé. Pour un cosmologiste, la question de la création est incontournable.

Notre plus proche voisine, la galaxie d'Andromède, de taille comparable à la Voie lactée.

On peut envisager trois possibilités pour la création de l'univers.

1. Le commencement était un état singulier que la physique ne peut décrire. Un sceptique pourrait demander ce que faisait Dieu avant de créer l'univers. L'agnostique lui répondrait qu'Il préparait l'Enfer pour y envoyer ceux qui posent ce genre de questions (propos que l'on attribue à saint Augustin).
2. Le commencement était le plus simple et le plus stable des états imaginables, portant déjà en lui les semences de son évolution future. C'est la vision moderne.
3. Il n'y a pas eu de création : l'univers est immuable, et son âge infini.

On peut tenter de faire la distinction entre ces deux dernières possibilités, les seules que l'outil scientifique peut étayer. Pour tester cette approche de la cosmologie, on recherche les lois physiques capables de décrire l'état initial de l'univers.

Le scientifique commence son étude du cosmos en supposant que les lois vérifiées à l'échelle du laboratoire s'appliquent plus généralement à tout l'univers. Dans cet état d'esprit, on élabore la cosmologie, science de la formation de l'univers et de son évolution, en extrapolant, à des lieux distants, aussi bien dans l'espace que dans le temps les lois de la physique confirmées localement. On teste alors les objets et les événements en ces lieux grâce aux techniques astronomiques modernes. Si ces vérifications venaient à indiquer qu'il est inexact de supposer universelle la physique que l'on apprend au lycée, alors les scientifiques s'attelleraient à l'étude d'une physique plus complexe, généralisation de la physique locale. Dans une théorie de l'univers, on aspire à la plus grande simplicité, même à grande échelle. Les théories avérées en physique et en mathématiques sont systématiquement les plus simples, celles qui ont le plus petit nombre de degrés de liberté. Admettre qu'Atlas supporte les cieux (et lui, d'où vient-il ? comment ne s'est-il pas lassé ? ou endormi ?) requiert beaucoup plus de postulats *ad hoc* que la vision moderne de la voûte céleste. Il s'agit bien sûr de l'idée que les orbites des planètes dans le champ de gravitation du Soleil les empêchent de tomber sur la Terre comme des étoiles filantes.

Ce caractère de simplicité de la théorie fait l'objet d'un principe qui sert de guide pour construire un modèle de l'univers. Ce *principe cosmologique* stipule que l'univers, en moyenne, est le même en tout point ; autrement dit, il est isotrope. Ce principe est motivé par l'argument copernicien que la Terre n'occupe ni le centre ni une position privilégiée dans l'univers. Si celui-ci est isotrope localement et depuis n'importe quel point, alors il doit également être uniforme dans l'espace. Ainsi, le principe cosmologique précise que l'univers apparaît approximativement isotrope et homogène à un observateur au repos. Il s'agit de la version la plus faible du principe cosmologique ; il en existe quelques autres. Cette version particulière constitue la clé de voûte de la cosmologie moderne. Nous le verrons dans les derniers chapitres, les observations récentes accumulent les preuves en sa faveur.

Une version plus forte, le *principe cosmologique parfait*, va plus loin : l'univers serait le même en tout point et en tout instant. En d'autres termes, il ne peut y avoir aucune évolution : l'univers a forcément toujours été dans le même état, du moins tel qu'il apparaît en moyenne sur de longues durées. De ce point de vue, le principe cosmologique parfait contraste avec la version plus faible, qui laisse la possibilité d'états passés ou futurs très différents. Le principe cosmologique parfait donna naissance à la théorie de l'état stationnaire analysée plus loin.

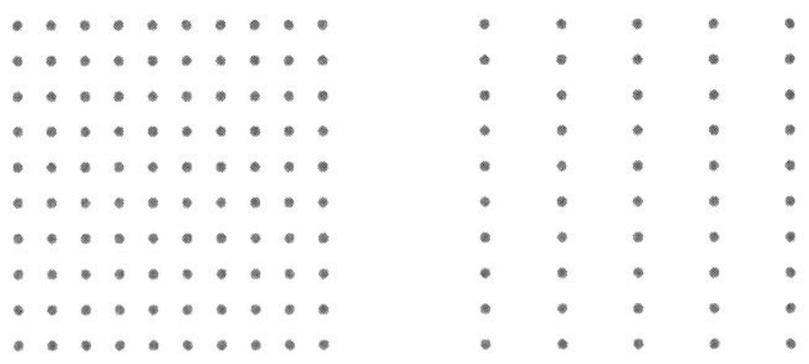

Dans l'hypothèse d'un univers homogène, des portions d'univers de volume comparable contiennent le même nombre de galaxies. Dans l'hypothèse d'un univers isotrope, le nombre de galaxies est identique dans toutes les directions. En fait, l'univers est à la fois homogène et isotrope (diagramme de gauche) ; il aurait pu être homogène mais non isotrope (diagramme de droite).

Contrairement aux autres domaines scientifiques, la cosmologie est unique en son genre car il n'existe qu'un seul univers à étudier. Impossible de jongler avec tel ou tel paramètre pour se retrouver avec un nouveau système ! On ne saura jamais à quel point notre univers est unique puisque nous n'en avons pas d'autre auquel le comparer. L'univers englobe tout ce qui est et qui sera jamais observable, et nous n'avons donc aucun espoir d'en entrevoir un autre.

Néanmoins, on peut toujours *imaginer* d'autres univers. On pourrait avoir un univers ne contenant ni galaxies, ni étoiles, ni planètes. Inutile de préciser que l'homme ne pourrait pas exister dans un univers comme celui-là. Le fait même que notre espèce a pu évoluer sur Terre pose des contraintes strictes sur les évolutions possibles de notre univers. En effet, aux yeux de certains cosmologistes, cette approche anthropomorphique apparaît comme la seule manière d'aborder des questions telles que « Pourquoi l'espace a-t-il trois dimensions ? » ou « Pourquoi la masse du proton est-elle tellement (très exac-

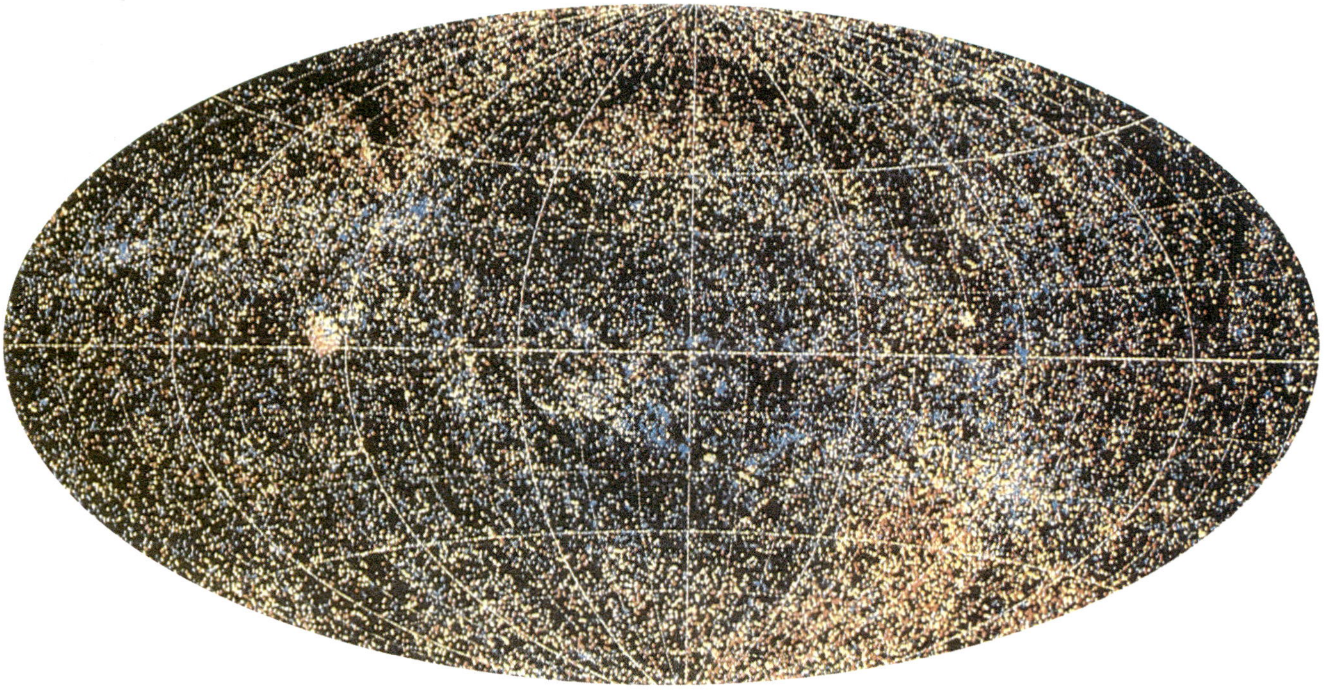

tement 1 836 fois) supérieure à celle de l'électron ? », ou encore « Pourquoi le neutron est-il seulement 0,14 % plus lourd que le proton ? ». En effet, s'il en allait autrement, on ne serait pas là pour s'interroger.

On peut pousser l'argument encore plus loin. Notre existence même nécessite que l'univers ait trois dimensions et que le proton soit 1 836 fois plus lourd que l'électron. Cette conclusion que l'univers que l'on occupe doit présenter certaines propriétés essentielles à notre existence est ce qu'on appelle le *principe anthropique* : plus précisément, celui-ci stipule que l'univers doit être en harmonie avec les origines et le développement de la vie. Bien sûr, cela n'est nullement une explication, et le principe anthropique est dépourvu de sens du point de vue physique. Il limite plutôt les possibilités : il pourrait y avoir une kyrielle d'univers radicalement différents sans qu'on ait à s'en soucier.

Le principe anthropique précise que l'univers doit avoir été construit de sorte à permettre le développement de l'intelligence. Cette version du principe cosmologique élude la question du degré de probabilité du développement de la vie, et donc bien de l'univers observable lui-même, à partir de conditions initiales aléatoires. Au moins en principe, c'est un point que la physique doit pouvoir résoudre autrement que par décret. La cosmologie inflationnaire, que nous aborderons au chapitre 5, répond justement à cette question.

La cosmologie embrasse l'immense et le minuscule. En mesurant les ingrédients de l'univers, les astronomes manipulent une panoplie d'ordres de grandeur si vaste qu'elle repousse les limites de ce qui est humainement concevable. Penchons-nous pour commencer sur ces différents ordres de grandeur afin de planter le décor du ballet cosmologique qui s'y jouera par la suite.

La vue du ciel prise par le télescope à rayons X installé à bord du satellite ROSAT est quasiment isotrope. On y voit près de cinquante mille sources de rayons X. Le code des couleurs est tel que le bleu correspond aux rayons X de plus haute énergie, et le rouge à ceux de plus basse énergie, dans les limites de sensibilité du détecteur du télescope : entre 0,1 et 0,3 keV. La quasi-isotropie des cieux prouve que les sources de rayons X sont, pour l'essentiel, des galaxies ou des quasars lointains.

Ordres de grandeur

Les astronomes ont un langage bien à eux qui complique parfois les choses pour ceux qui ne font pas partie du métier. Ce jargon implique des termes précis : qui d'autre qu'un astronome mesure les distances en *parsecs*, unité valant 3,26 années-lumière ? En outre, le jargon astronomique a une approche heuristique des nombres. Il suffit, dans bien des cas, de préciser une donnée avec deux, voire un seul chiffre significatif. On appelle « ordre de grandeur » les facteurs de dix : il est important d'avoir le bon ordre de grandeur, et, souvent, il se suffit à lui seul.

Il y a en astronomie une prolifération endémique des facteurs de dix. Nous savons que la masse du Soleil vaut 2×10^{33} grammes, qui reste un nombre élevé même lorsqu'on l'exprime en mégatonnes (2×10^{21}). Des exposants aussi grands peuvent sembler dénués de sens, mais, si l'on se trompe ne serait-ce que d'un ordre de grandeur, alors l'étoile devient une naine ou une géante, avec des propriétés observées très différentes. Pour réduire la taille de l'exposant, on use communément de la masse du Soleil ($M_\odot$) comme unité de masse en astronomie. Par exemple, la matière visible de notre galaxie, la Voie lactée, représenterait autour de cent milliards de masses solaires (soit 10^{11} $M_\odot$). Peut-être se trompe-t-on d'une dizaine de milliards de $M_\odot$ dans telle ou telle direction d'observation, mais on s'astreint à une précision de 10 %. Arrondir à un ou deux chiffres significatifs est monnaie courante en astronomie.

Bien sûr, il existe des exemples pour lesquels les données astronomiques sont d'une précision très fine. Notre univers baigne dans une mer froide de rayonnement micro-onde ; la température de ce fond de rayonnement cosmologique est mesurée à 2,726 kelvins, soit –270,42 degrés Celsius. Il suffit souvent de l'évaluer à 3 kelvins. Le problème que l'on rencontre constamment est que les étoiles ou les galaxies lointaines envoient si peu de photons dans nos détecteurs qu'on dispose la plupart du temps d'une information très peu fournie. Malgré le flux d'informations provenant des nouveaux télescopes et autres expériences menées à bord de satellites, les astronomes sont en manque de données tout simplement parce que les objets étudiés sont souvent très sombres.

La panoplie d'ordres de grandeur nécessaire pour décrire le monde physique est énorme. Par exemple, quel est le nombre le plus grand dont on imaginerait qu'il ait une signification physique ? Considérons le nombre d'atomes dans l'univers comme une illustration simple de l'ampleur des ordres de grandeur. Un gramme d'hydrogène, la principale forme de matière, contient environ 10^{24} atomes (en ordre de grandeur). Ainsi, le Soleil, avec une masse de 2×10^{33} grammes, possède donc 10^{57} atomes (en ordre de grandeur), et la Voie lactée, avec ses quelque cent milliards de soleils, la bagatelle de 10^{68} atomes (toujours en ordre de grandeur). Par une nuit vraiment noire, on peut voir à l'œil nu la galaxie d'Andromède qui est semblable, en contenu stellaire, à notre Voie lactée. Grâce aux plus grands télescopes, on découvre que le ciel grouille de galaxies. On en compte jusqu'à deux cent mille par degré carré. Par comparaison, le Soleil couvre environ un quart de degré carré. La voûte céleste au complet compte quarante et un mille degrés carrés. Il y aurait donc près de dix milliards de galaxies dans l'univers visible, c'est-à-dire environ 10^{78} atomes (en ordre de grandeur). Voilà l'un des plus grands nombres de l'univers qui ait un sens.

Pour trouver l'un des plus petits, tournons-nous vers les objets microscopiques. L'atome, dont la taille est de l'ordre de un centième de millionième de centimètre, est loin d'être l'objet le plus minuscule de l'univers. Le noyau de l'atome d'hydrogène aurait 10^{-13} centimètre de diamètre. Mais le proton qui compose le noyau d'hydrogène, lui-même composite, est formé de petites entités que l'on appelle « quarks ». Or les particules fondamentales sont ponctuelles : quarks et électrons interagissent ponctuellement. Une particule ponctuelle n'a pas d'extension mesurable ; seule l'incertitude que la théorie quantique impute à sa position donne une mesure de ses dimensions effectives. On ne peut jamais définir avec une précision parfaite la position d'une particule. Plus élevée est sa masse, plus réduite sera l'incertitude quant à sa position, une mesure de longueur que l'on appelle la « longueur d'onde Compton ». La plus courte des longueurs d'onde Compton est celle de la particule la plus lourde que permet la théorie, avant qu'elle ne s'effondre pour donner un trou noir. La masse de cette particule vaut 10^{19} fois celle du proton, et sa longueur d'onde Compton correspond à une dimension d'environ 10^{-32} centimètre. On peut avancer que ce nombre est la plus courte échelle de longueur qui existe (si tant est que les particules existent) dans l'univers.

Les composants élémentaires de l'univers

L'univers bien-aimé des astronomes se compose essentiellement d'étoiles et de galaxies. Ces objets lumineux donnent une mesure de l'univers et fournissent les clés de bien des secrets. Par exemple, ce sont les étoiles les plus lumineuses qu'on voit de si loin comme des balises cosmiques et qui sont essentielles à l'estimation des distances extragalactiques. Tout aussi importants, les nuages de gaz et de poussières, sombres, donnent des indices sur la quantité de matière contenue dans l'univers et sur les mystères de la formation des étoiles. On ne peut espérer comprendre comment les cosmologistes étudient l'univers sans en savoir un peu sur ces objets.

Les nuages de l'espace

Une étoile commence sa vie comme un nuage interstellaire formé de gaz et de poussières. Les gaz interstellaires sont des nuages froids de taille variable, confinés au sein d'une couche de gaz plus chaude et plus uniforme qui se diffuse dans notre galaxie. La taille de ces nuages varie entre un et une centaine de parsecs ; ils contiennent entre quelques masses solaires et quelques millions de masses solaires de gaz. Les plus denses sont majoritairement des nuages sombres d'hydrogène *moléculaire*, tandis que les plus diffus sont formés d'hydrogène *atomique*. Il existe une troisième forme d'hydrogène, l'hydrogène *ionisé*, qui entoure les étoiles massives et que l'on trouve dans les nébuleuses les plus brillantes.

La spectroscopie est l'un des outils les plus importants pour l'étude des nuages de gaz et de l'univers en général. Chaque atome possède sa signature spectrale caractéristique : il absorbe ou émet du rayonnement à des longueurs d'onde bien précises. L'instrument qu'on appelle un « spectrographe » permet aux astronomes d'obtenir les signatures spectrales des atomes contenus dans un nuage de gaz. L'appareil analyse la lumière en détaillant toutes les longueurs d'onde qui la composent et en fournit un spectre. Dans le nuage, les atomes excités retournent à leur état fondamental en émettant un rayonnement qui apparaît dans le spectre comme des « raies d'émission », des lignes brillantes situées aux longueurs d'onde caractéristiques.

Les raies d'émission ne sont visibles que lorsqu'on observe le nuage en l'absence de toute source de lumière à l'arrière-plan. Réciproquement, lorsqu'on observe un nuage sur fond de radiation plus chaude provenant d'une autre source, ses atomes absorbent ce rayonnement aux longueurs d'onde qui leur sont caractéristiques, créant des zones sombres, les « raies d'absorption », dans le spectre du rayonnement. Les spectres stellaires, obtenus grâce aux atmosphères des étoiles qui se dessinent autour de leur cœur chaud et opaque, ont dévoilé leurs secrets et ont permis d'en déduire le détail de leur composition. Les raies d'absorption du spectre des étoiles présentent un élargissement caractéristique, dû au mouvement aléatoire des atomes dans l'atmosphère chaude de l'étoile.

Les nuages interstellaires furent découverts voilà une soixantaine d'années lorsqu'on a observé pour la première fois de fines raies d'absorption dans le spectre d'une étoile. À l'occasion, les étoiles étudiées pouvaient être des étoiles variables ou des systèmes binaires, avec des spectres dont les raies d'absorption auraient dû disparaître à mesure que l'étoile s'éteint ou qu'elle se cache derrière son compagnon. Au contraire, les raies d'absorption, beaucoup plus fines que celles qu'on observait habituellement pour les étoiles, demeuraient inchangées, aussi bien en intensité qu'en longueur d'onde. Leur faible épaisseur indiquait qu'elles émanaient d'un gaz froid, à une température inférieure à cent kelvins, plus faible que les températures stellaires typiques valant quelques milliers de kelvins au plus. Par comparaison, la température moyenne d'une pièce est de 17 degrés centigrades, ce qui correspond à 290 kelvins. À l'époque, les spectrographes traditionnels ne pouvaient analyser que la lumière visible, de sorte que les raies observées étaient celles du sodium, du calcium et des quelques autres éléments, plutôt rares, ayant des raies dans la partie visible du spectre. On a rapidement identifié ces éléments comme des constituants présents à l'état de trace dans les nuages d'hydrogène atomique.

L'hydrogène atomique de ces nuages fut découvert dans les années 1950 avec le développement de la radioastronomie. On peut se représenter un atome d'hydrogène comme deux aimants minuscules associés l'un à l'électron, l'autre au proton. Les aimants peuvent pointer dans des directions opposées ou au contraire s'aligner dans une même direction.

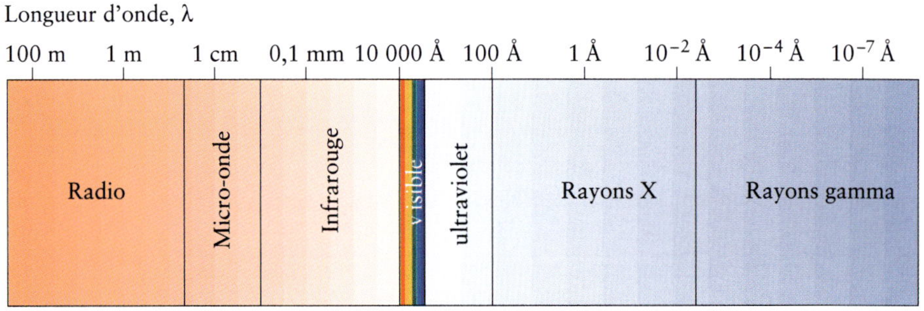

Le rayonnement existe pour toute une variété de longueurs d'onde, lesquelles forment le spectre électromagnétique. Les longueurs d'onde indiquées diminuent de gauche à droite, à mesure que l'on passe des ondes radio aux micro-ondes, aux infrarouges, à la lumière visible puis ultraviolette, et enfin aux rayons X et aux rayons gamma.

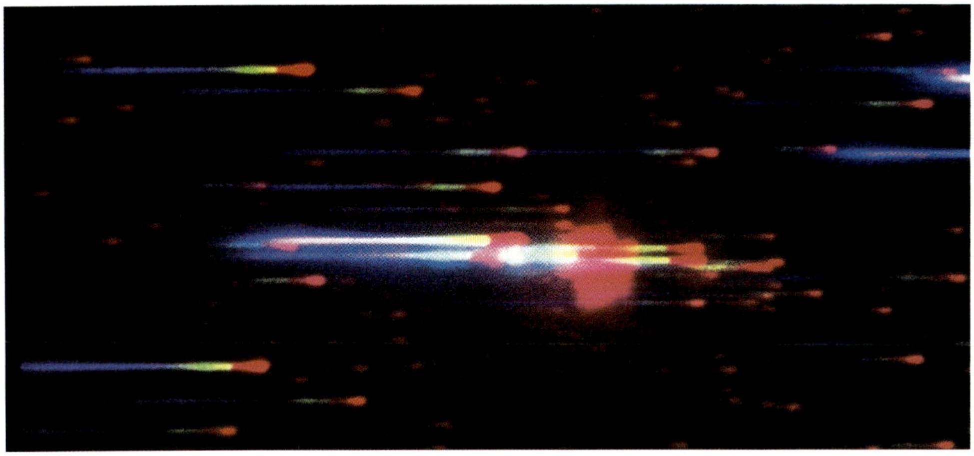

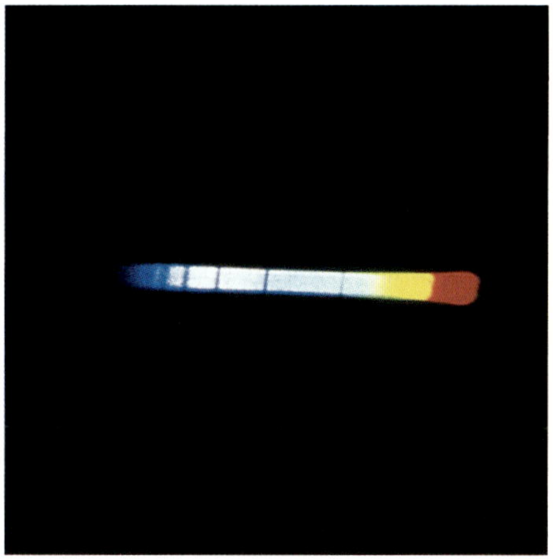

À gauche : le spectre d'émission de la nébuleuse d'Orion, obtenu par la réfraction à travers un prisme de la lumière de la nébuleuse.
À droite : les raies d'absorption, sombres, sont nettement visibles sur ce spectre de l'étoile Sirius.

Ces deux états possèdent des énergies légèrement différentes, et la transition d'un état à l'autre conduit à l'émission ou à l'absorption d'un photon d'une longueur d'onde de 21 centimètres, donnant une raie située dans la partie radio du spectre. Malgré la très faible probabilité d'occurrence de cette transition (on compte en moyenne dix millions d'années pour qu'un aimant se retourne), l'énorme quantité d'atomes présents dans un nuage interstellaire pourrait produire suffisamment de photons pour qu'on puisse les observer à l'aide de radiotélescopes. Avec l'avènement, dans les années 1960, d'instruments capables d'analyser le spectre ultraviolet, on a également découvert en abondance dans les nuages interstellaires des éléments lourds comme le carbone, l'azote et l'oxygène.

La galaxie contient environ deux milliards de masses solaires d'hydrogène atomique, réparties dans des nuages dont le diamètre vaut une dizaine de parsecs, la température une centaine de kelvins, et la densité environ dix atomes par centimètre cube seulement. La principale raie d'absorption de l'hydrogène atomique se trouve dans l'extrémité ultraviolette du spectre, à 1 216 angströms (un angström valant 10^{-8} centimètre). Baptisée « raie alpha de Lyman », on n'a pu l'observer que lorsque les télescopes montés sur fusée purent être lancés suffisamment loin au-dessus de l'atmosphère pour détecter les rayonnements ultraviolets venus de l'espace. Après avoir découvert que les nuages atomiques contiennent des poussières, on a émis l'hypothèse que les poussières d'un nuage suffisamment dense pourraient en protéger le cœur des rayonnements ultraviolets. À ces longueurs d'onde correspondant à de hautes énergies, la

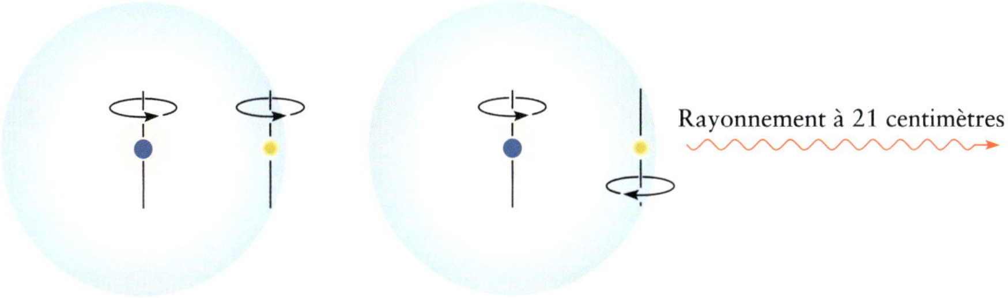

La raie à 21 centimètres de l'atome d'hydrogène est produite par le changement d'état de spin de l'électron. Son spin étant dans le même sens que celui du proton, il peut spontanément passer dans un état de plus basse énergie, son spin pointant dans la direction opposée, en émettant du rayonnement à la longueur d'onde de 21 centimètres. Le retournement dans le sens inverse a lieu lorsque l'atome absorbe du rayonnement à cette même longueur d'onde.

lumière brise les liens moléculaires ; lorsqu'ils sont à l'abri de ces effets, deux atomes d'hydrogène peuvent s'accoler pour former de l'hydrogène moléculaire. Pour cette raison, l'hydrogène moléculaire devrait être la forme d'hydrogène dominante dans les nuages denses. Cette hypothèse fut confirmée par l'observation des raies d'absorption dans l'ultraviolet des premières molécules d'hydrogène détectées. Car les poussières interstellaires sont un peu partout, l'astronomie de l'ultraviolet devient presque inutile pour pénétrer les nuages de gaz interstellaire lorsqu'ils sont denses.

La majorité des molécules interstellaires sont en fait détectables non pas dans l'ultraviolet, mais aux fréquences micro-ondes. Les nuages d'hydrogène moléculaire, malgré la fraîcheur qui règne dans l'espace, sont suffisamment chauds, avec leurs quelques dizaines de kelvins, pour exciter des molécules ordinaires comme l'eau et l'ammonium jusqu'à des niveaux d'énergie de rotation plus élevés (les niveaux d'énergie de rotation des molécules compactes sont analogues à ceux qu'on observe dans les atomes, mais avec beaucoup moins d'énergie). Après avoir été portées à des niveaux d'énergie supérieurs, ces molécules retournent à leur état de plus basse énergie en émettant du rayonnement dans le domaine des micro-ondes. Ces transitions de basse énergie produisent des photons de fréquence très inférieure (dans le domaine radio ou micro-ondes) à celle des photons issus des transitions électroniques dans les atomes (typiquement dans le visible ou l'ultraviolet). Il fallut attendre l'avènement de l'astronomie *micro-ondes* dans

Un sombre nuage de gaz et de poussières, siège de la formation d'étoiles. Des rayons provenant des étoiles nouvellement formées excitent les atomes du gaz et provoquent l'émission sur les bords du nuage de la lueur de la raie alpha de l'hydrogène.

les années 1970 pour étudier les nuages interstellaires les plus denses et dévoiler leur richesse exceptionnelle en espèces moléculaires.

Les astronomes qui étudient les spectres de raies dans le domaine des micro-ondes ont découvert des centaines de molécules différentes parmi lesquelles de l'alcool de méthyle, de l'ammonium, de l'eau, du formaldéhyde et quelques molécules relativement complexes. La molécule la plus ordinaire, après l'hydrogène H_2, est le monoxyde de carbone qui présente une raie très marquée à la longueur d'onde de trois millimètres. L'hydrogène moléculaire ne devient la principale forme d'hydrogène qu'à des densités supérieures à une centaine d'atomes par centimètre cube. Pour que les molécules prévalent, il faut des nuages extrêmement sombres et protégés des poussières par le champ de radiation diffus de la lumière des étoiles. Dans ces nuages moléculaires, les densités en hydrogène s'élèvent typiquement à mille atomes par centimètre cube et la température à une trentaine de kelvins. Dans notre galaxie, on estime qu'il existe au moins autant de gaz interstellaire sous forme moléculaire qu'atomique.

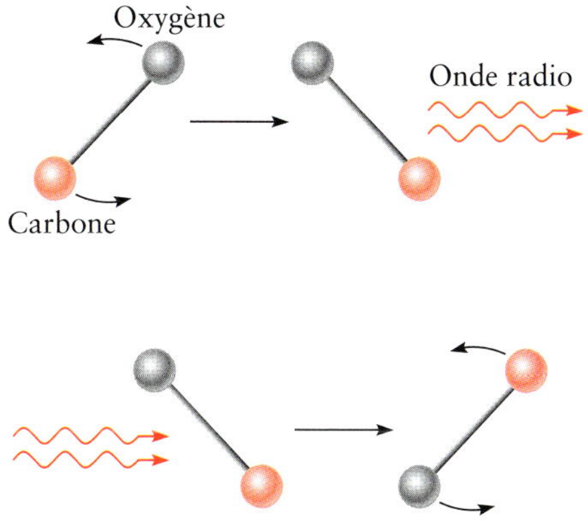

Une molécule de monoxyde de carbone émet du rayonnement à la longueur d'onde de 2,6 millimètres lorsque la molécule tourne dans un état de moment angulaire plus faible. Le processus inverse, l'absorption de rayonnement à cette même longueur d'onde, peut avoir lieu lorsque la rotation s'accélère.

Bien que les températures soient basses, l'énergie calorifique des atomes fournit suffisamment d'énergie cinétique pour maintenir une agitation constante des atomes au sein du nuage. Ces mouvements thermiques exercent une pression qui tend à dilater le nuage et qui équilibre donc l'effet opposé dû à l'attraction gravitationnelle du nuage lui-même. La vie d'un nuage interstellaire est une lutte continuelle entre la force qui assure sa cohésion, exercée par la pression thermique qui le maintient, et l'emprise inéluctable de la gravité qui tend à le faire s'effondrer sur lui-même. Un nuage en orbite autour de la galaxie accumule de la masse. En outre, il rayonne et se refroidit. Au bout du compte, c'est donc la gravitation qui l'emporte. Dès que l'énergie calorifique ne suffit plus à équilibrer les forces de gravité, le nuage entame une phase de contraction gravitationnelle. L'effondrement gravitationnel suit rapidement, et le nuage devient finalement si dense et si opaque au rayonnement moléculaire que son cœur se réchauffe. L'ascendant de la gravitation conduit à la formation d'une *protoétoile* ou, plus vraisemblablement, d'un amas de protoétoiles. C'est le stade protostellaire du Soleil qui marque le début de la formation du système solaire. Toutefois, l'emprise de la gravitation ne dure qu'un temps. Le stade protostellaire est très long (plus de trente millions d'années) pour les étoiles de masse inférieure à celle du Soleil, mais relativement court pour les étoiles les plus massives.

Le moteur au cœur des étoiles

Imaginons que la gravitation soit la seule source d'énergie disponible pour faire fonctionner le Soleil. Alors que le *proto-Soleil* en formation se contracte en se détachant du nuage diffus de gaz interstellaire, son centre se réchauffe à mesure de la condensation du nuage. Or les réserves d'énergie gravitationnelle du Soleil valent $E = GM^2/R$ où G est la constante newtonienne de la gravitation, M la masse du Soleil et R son rayon. Avec $M = 2 \times 10^{33}$ grammes et $R = 7 \times 10^{10}$ centimètres, la réserve d'énergie gravitationnelle du Soleil s'élève à 6×10^{48} ergs. C'est la luminosité du Soleil qui indique ses dépenses en énergie, ou plus précisément le rythme auquel il rayonne de l'énergie, soit 4×10^{33} ergs par seconde. Aussi, la durée de vie du Soleil, s'il ne fonctionnait que sur la base de son énergie gravitationnelle, vaudrait E/L, environ soixante-dix millions d'années. C'est beaucoup moins que l'âge des pierres les plus anciennes qu'on a découvertes dans le système solaire, vieilles de cinq milliards d'années. Il doit donc exister une autre source d'énergie.

L'énergie nucléaire donne la solution de cette contradiction. La transmutation des éléments par fusion nucléaire, l'alchimie moderne, est la source d'énergie principale des étoiles. Au cœur du Soleil, sous des températures et des pressions énormes, l'hydrogène, l'élément le plus abondant de l'univers, est transformé en hélium. La masse d'un atome d'hélium est inférieure de 0,7 % à la masse de quatre atomes d'hydrogène : cette différence de masse donne principalement de l'énergie pure, sous la forme de rayons gamma, de positrons et de neutrinos, ainsi que l'énergie cinétique du mouvement de ces particules. L'énergie radioactive émise au centre du Soleil diffuse vers l'extérieur pour finir en lumière jaune inoffensive avant de quitter l'atmosphère solaire. Cependant, au bout du compte, les étoiles viennent à bout de leur réserve d'hydrogène.

Pour estimer la durée de vie de notre Soleil, on supposera que son cœur (environ 10 % de sa masse) sert de carburant nucléaire. En vertu de la fameuse loi d'Einstein, on peut en principe convertir la masse en énergie pour obtenir c^2 ergs par gramme où c est la vitesse de la lumière dans le vide. Ce raisonnement implique un rendement de conversion de 100 % ; et cela n'est possible que si la matière s'annihile avec de l'antimatière. Une chose est certaine : les étoiles ne contiennent pas d'antimatière. S'il en était autrement, on verrait dans les nuages où se forment les étoiles de grands flux de rayons gamma produits par l'annihilation de l'antimatière. Or ce n'est pas le cas. Leur source d'énergie est celle de la fusion nucléaire dont le rendement vaut 0,7 %. Cela signifie que la réserve en énergie d'une étoile vaut environ 0,7 % de la masse de son centre si l'on convertit celle-ci en énergie. Le cœur du Soleil, où règne une température suffisamment élevée pour qu'aient lieu des réactions nucléaires, vaut un dixième de la masse de l'étoile. On obtient donc la réserve en énergie du Soleil en convertissant les 0,7 % de sa masse en énergie pure, soit 0,0007 Mc^2. Ici, la masse du cœur vaut 2×10^{32} grammes, et l'on multiplie par 0,0007 c^2 pour obtenir l'équivalent énergie. Ce calcul donne une réserve d'énergie nucléaire de $1,4 \times 10^{51}$ ergs. Il y a donc suffisamment de carburant, avec une consommation de 4×10^{33} ergs par seconde, pour durer dix milliards d'années. En conclusion, le Soleil est à peu près à mi-chemin de ses provisions en hydrogène.

Une manifestation des réactions nucléaires ayant lieu au cœur du Soleil est la production de particules interagissant faiblement et qu'on appelle « neutrinos ». Ce sont des particules élémentaires dénuées de charge électrique et pourvues d'une masse minuscule. Il en existe trois sortes, chacune associée à l'électron, au muon et au méson tau, respectivement. Tout réacteur thermonucléaire produit des neutrinos électroniques en abondance : ils en sont la signature caractéristique et systématique. La théorie de la fusion nucléaire de l'énergie solaire prévoit une émission massive de neutrinos électroniques depuis le centre du Soleil. Ces particules interagissant très faiblement voyagent à la vitesse de la lumière et s'échappent aussitôt.

On a détecté des neutrinos solaires sur Terre grâce à une expérience remarquable où l'on scrute quatre mille mètres cubes d'un liquide détachant, du tétrachlorure de carbone (C_2Cl_4), dans une cuve enterrée au fond de la mine d'or de Homestake dans le Dakota du Sud, à quinze cents mètres de profondeur. On a choisi ce site profondément enfoui afin de réduire les interférences possibles avec les rayons cosmiques. Dans ces cuves, l'isotope ordinaire du chlore absorbe un neutrino et forme le noyau d'un isotope rare et radioactif de l'argon :

$$^{37}\mathrm{Cl} + \text{neutrino} \rightarrow {}^{37}\mathrm{A} + \text{électron.}$$

Tous les deux mois environ, on jette le liquide, on le filtre et on vérifie soigneusement la présence d'argon radioactif, jusqu'à la quantité la plus minime. On prévoit la formation d'un atome d'argon radioactif par jour comme conséquence de l'absorption de neutrinos solaires. Lors des surveillances bimensuelles, on trouve généralement une petite poignée d'atomes d'argon : c'est ainsi qu'on a confirmé la production de neutrinos par le Soleil. Cependant, cette expérience ne mesure qu'un tiers du flux attendu. Soit notre modèle pour la température au centre du Soleil est incorrect, soit la physique des neutrinos nous réserve des surprises qu'il nous reste à découvrir.

Le fait qu'on a effectivement observé des neutrinos issus du centre du Soleil est un résultat surprenant. Il donne la preuve absolue de l'existence d'un réacteur nucléaire en activité à 154 millions de kilomètres de la Terre, comme moteur de notre Soleil. Cependant, l'expérience du chlorure de carbone, qui fonctionne depuis une vingtaine d'années, n'est sensible qu'aux neutrinos solaires les plus énergétiques. D'autres expériences sont en cours, qui devraient sonder toute la panoplie des neutrinos issus du Soleil. Deux d'entre elles (en Italie et en Russie) utilisent du gallium comme fluide détecteur : la réaction étudiée produit, lorsqu'un neutrino frappe un atome de gallium, le noyau radioactif d'un isotope du germanium. Dans une troisième expérience menée au Japon à huit cents mètres sous terre dans la mine de zinc de Kamioka, le Superkamiokande détecte les éclairs lumineux que produit le recul d'électrons rapides émis par les neutrinos que diffusent quarante-huit mille mètres cubes d'eau purifiée.

À ce jour, l'expérience la plus porteuse a été menée dans une mine proche de Sudbury au Canada. Le détecteur, enfoui à une profondeur de douze cents mètres, contient une cuve de douze mètres remplie de cent tonnes d'eau lourde extrêmement pure. Les neutrinos solaires interagissent avec l'eau lourde en produisant, à la rencontre des noyaux de deutérium, des électrons allant à la vitesse de la lumière. La vitesse de la lumière dans l'eau étant légèrement inférieure à sa vitesse dans le vide, ces électrons rapides produisent l'équivalent d'un bang sonique. En traversant à toute allure, les électrons émettent de brefs éclairs lumineux que l'on observe grâce à dix mille tubes photomultiplicateurs montés sur une sphère de dix-sept mètres de diamètre qui entoure les parois transparentes de la cuve d'eau lourde. Une autre réaction, de sensibilité équivalente pour les trois types de neutrinos, produit des rayons gamma lorsque les neutrinos de haute énergie scindent les noyaux de deutérium et en libèrent les neutrons. Ces rayons gamma sont freinés à leur tour par les électrons accélérés qui émettent des éclairs lumineux. Grâce à l'utilisation de l'eau lourde, l'expérience de Sudbury peut détecter tous les types de neutrinos.

Toutes ces expériences comptent les neutrinos que l'on reçoit du Soleil. Elles sont enfouies sous des kilomètres de roche, au fond d'une mine ou sous une montagne, dans le but de supprimer les neutrinos parasites issus des rayons cosmiques. Les expériences les plus récentes sont maintenant sensibles à des neutrinos de plus basse énergie et à toutes les espèces de neutrinos, contrairement à l'expérience originale à l'argon. Les

Un « télescope » à neutrinos souterrain, au Nouveau-Mexique. Lorsqu'il est en service, il contient quelque deux cents tonnes d'un liquide scintillant, entouré par mille deux cents tubes photoélectriques qui guettent les salves lumineuses dues aux neutrinos produits dans l'accélérateur de particules attenant, qui interagissent avec le liquide du détecteur.

résultats obtenus au Superkamiokande grâce à de l'eau ordinaire, lorsqu'on les compare à ceux de l'observatoire de Sudbury obtenus avec de l'eau lourde, montrent que les neutrinos de l'électron ont oscillé pour donner d'autres espèces de neutrinos durant leur traversée du Soleil. Une partie d'entre eux, environ la moitié, atteint la Terre sous la forme de neutrinos mu. Les chercheurs en déduisent que les neutrinos électroniques issus du cœur du Soleil manquent effectivement à l'appel : il leur est arrivé quelque chose avant d'atteindre la Terre.

L'évolution des étoiles

La protoétoile qui se contracte sous l'emprise incessante de la gravitation se réchauffe. Dès que la température du cœur dépasse le million de kelvins, la source d'énergie thermonucléaire s'« allume », et les réactions nucléaires commencent : l'étoile est née. À ce stade, l'attraction gravitationnelle venue de l'intérieur équilibre la force exercée vers l'extérieur par l'énorme pression qui règne au centre de l'étoile : celle-ci est à l'équilibre hydrostatique. Pression et température sont si élevées que les atomes d'hydrogène sont totalement ionisés; ils donnent des protons et des électrons libres; la fusion nucléaire s'enclenche : elle vient à bout de la répulsion entre protons pour en libérer l'énergie. Dans le cas du Soleil, les réactions nucléaires fournissent une source d'énergie stable pour une dizaine de milliards d'années. Le Soleil est une étoile à mi-parcours de son évolution.

Lorsqu'une étoile est au bout de ses réserves d'hydrogène, son cœur se contracte et se réchauffe jusqu'à triompher de la répulsion que les noyaux d'hélium exercent les uns sur les autres (leur charge vaut le double de celle de l'hydrogène) : la fusion de l'hélium peut alors commencer. Malheureusement, la fusion de deux noyaux d'hélium, dont la masse vaut 4 unités atomiques, forme un noyau instable de masse 8, le béryllium. La solution pour fusionner l'hélium en éléments plus lourds fut trouvée par deux théoriciens. Le premier, Edwin Salpeter, remarqua en 1953 que l'hélium et le béryllium avaient une propriété commune — un niveau d'énergie nucléaire analogue, à l'état excité — qui implique que deux noyaux d'hélium ont une grande probabilité de se fondre pour donner le noyau de béryllium de masse 8. Par conséquent, le béryllium pourrait être produit aussi rapidement qu'il se détruit de lui-même. Néanmoins, cela ne fournissait pas suffisamment de béryllium pour fabriquer le deuxième élément le plus abondant, le carbone.

Toutefois, dans l'année qui suivit, Fred Hoyle proposa qu'il existe, pour les noyaux à l'état excité, un niveau d'énergie commun entre le béryllium et l'isotope ordinaire du carbone, de masse 12. Ce niveau d'énergie commun augmente largement la probabilité pour un noyau de béryllium de capturer un troisième noyau d'hélium, permettant une réaction (appelée réaction « triple alpha ») où trois noyaux d'hélium fusionnent pour fabriquer un noyau de carbone 12. Le béryllium n'est plus alors qu'une étape intermédiaire. Ce type de réaction est beaucoup plus probable ; cela revient à augmenter ses chances d'attraper une balle de base-ball en se munissant du gant adéquat. Un an à peine après la prédiction de Hoyle, l'existence de l'état excité du carbone 12 fut confirmée expérimentalement. La production de carbone par nucléosynthèse dans les étoiles est le secret de la vie. Comme nous le verrons au chapitre 12, le carbone contenu dans notre corps fut formé, dans des temps reculés, *via* le processus triple alpha qui eut lieu au cœur d'étoiles supergéantes maintenant éteintes depuis longtemps. Ce processus est constitué par la fusion de trois noyaux d'hélium en un noyau de carbone.

Lorsque le cœur de l'étoile commence à brûler de l'hélium, sa luminosité augmente énormément. Ses couches externes se gonflent comme un ballon, et l'étoile devient une géante rouge. Notre Soleil, par exemple, deviendra une géante rouge dans cinq milliards d'années, et, d'ici là, son atmosphère brûlante aura déjà englobé la Terre. L'hélium fusionne aux environs de cent millions de kelvins pour former du carbone ; d'autres éléments plus lourds seront produits dans les étapes ultimes de l'évolution des étoiles massives. La majorité des éléments lourds sont fabriqués à l'intérieur des étoiles par nucléosynthèse.

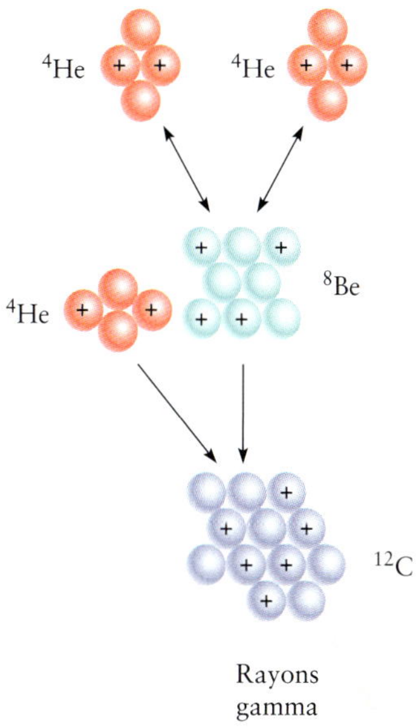

Trois noyaux d'hélium se combinent pour former un noyau de carbone après l'étape intermédiaire du béryllium 8. Les noyaux d'hélium sont connus sous le nom de « particules alpha », et c'est pour cette raison que l'on appelle ce processus « réaction triple alpha ». Cette réaction a lieu au cœur des étoiles vieillissantes.

Les étoiles les plus proches

Notre Soleil est une étoile des plus ordinaires, légèrement au-dessus de la moyenne en masse et en luminosité, mais qui fait pâle figure devant les étoiles les plus brillantes. Certaines étoiles ont une masse plusieurs fois supérieure à celle du Soleil, jusqu'à cent masses solaires pour certaines, mais l'étoile la plus commune de notre voisinage possède une masse valant un tiers de masse solaire. Il arrive que les étoiles s'associent par paires, en système binaire au sein duquel l'attraction mutuelle détermine leur mouvement orbital. Ce ballet à deux permet aux astronomes de mesurer directement les masses des deux étoiles composant le système binaire.

On mesure les masses des autres étoiles par des méthodes indirectes, en observant leur luminosité et leur couleur. La luminosité d'une étoile dépend beaucoup de sa masse : à masse deux fois supérieure, la luminosité se voit multipliée par un facteur dix. Plus une étoile est lumineuse, plus elle est chaude. Une étoile ressemble à un four presque parfait, à ce qu'on appelle en physique un « corps noir » Plus celui-ci est chaud, plus la longueur d'onde typique des rayonnements qu'il émet est courte. Plus le corps noir est froid, plus grande sera la longueur d'onde des photons émis. Ainsi, lorsqu'ils sont chauds, les corps noirs sont bleus ; ils sont rouges lorsqu'ils sont froids. En général, la couleur effective de la lumière émise donne une mesure de la température du corps noir. Les astronomes mesurent la température de surface d'une étoile grâce à sa couleur ou, plus précisément, en enregistrant un spectre de la lumière émise. Or, puisque les étoiles se comportent en première approximation comme des émetteurs idéals, on peut déduire leur taille de leur couleur et de leur luminosité : les étoiles lumineuses, chaudes et bleues, sont des géantes ; les étoiles sombres, rouges et froides, sont des naines.

Les étoiles de notre voisinage offrent une bonne variété de couleurs et de luminosités. On étoffe la connaissance qu'on en a, par l'étude des plus proches suffisamment lumineuses, pour fournir aux astronomes des données détaillées concernant leur composition ainsi que, dans certains cas, leur taille et même leur masse. L'échantillon des étoiles avoisinantes contient, outre la plus proche de toutes, notre Soleil, quelques centaines d'autres étoiles. On trouve quelques géantes rouges, quelques milliers de fois plus grosses que le Soleil, et des naines blanches, quelques milliers de fois plus petites, mais, dans les deux cas, avec une masse comparable à la masse solaire. La majorité des étoiles ne sont ni naines ni géantes. Par comparaison à notre Soleil, on suppose que ces étoiles exagérément enflées ou réduites se trouvent dans une phase très avancée de leur évolution.

Un patron émerge : la plupart des étoiles sont disposées sur un axe qu'on appelle la « séquence principale » d'un diagramme baptisé « diagramme de Hertzprung-Russell », du nom des astronomes Ejnar Hertzprung et Henry Norris Russell, qui indique la luminosité de l'étoile en fonction de sa température de surface. Sur la séquence principale, la température augmente progressivement avec la luminosité. On interprète la séquence principale comme l'ensemble des étoiles de masse différente qui, toutes, brûlent encore de l'hydrogène. Il faut beaucoup de temps avant que les réserves d'hydrogène ne s'épuisent (une dizaine de milliards d'années dans le cas du Soleil), de sorte que la position d'une étoile dans la séquence principale change très peu tant qu'il lui reste de l'hydrogène à brûler. Le Soleil n'est qu'une des nombreuses étoiles de la séquence principale. À une distance d'une dizaine de parsecs, il deviendrait un faible point lumineux à peine visible à l'œil nu.

En outre, il existe des cas à part, des étoiles éloignées de la séquence principale. Ces étoiles possèdent des luminosités extrêmes, qu'elles soient faibles ou importantes, et correspondent aux géantes et aux naines. Il s'agit des géantes rouges et des géantes bleues, des naines rouges et des naines blanches. Une étoile comme notre Soleil deviendra une géante rouge dès que la fusion de l'hélium aura commencé. Cette étape de l'évolution stellaire étant relativement rapide (de l'ordre de quelques centaines de millions d'années), les géantes rouges sont assez rares par comparaison aux étoiles de la séquence principale. La naine blanche est l'étape finale, la destinée de toutes les étoiles comme le Soleil, après qu'elles ont brûlé toutes leurs réserves. Cela fait l'objet du chapitre suivant.

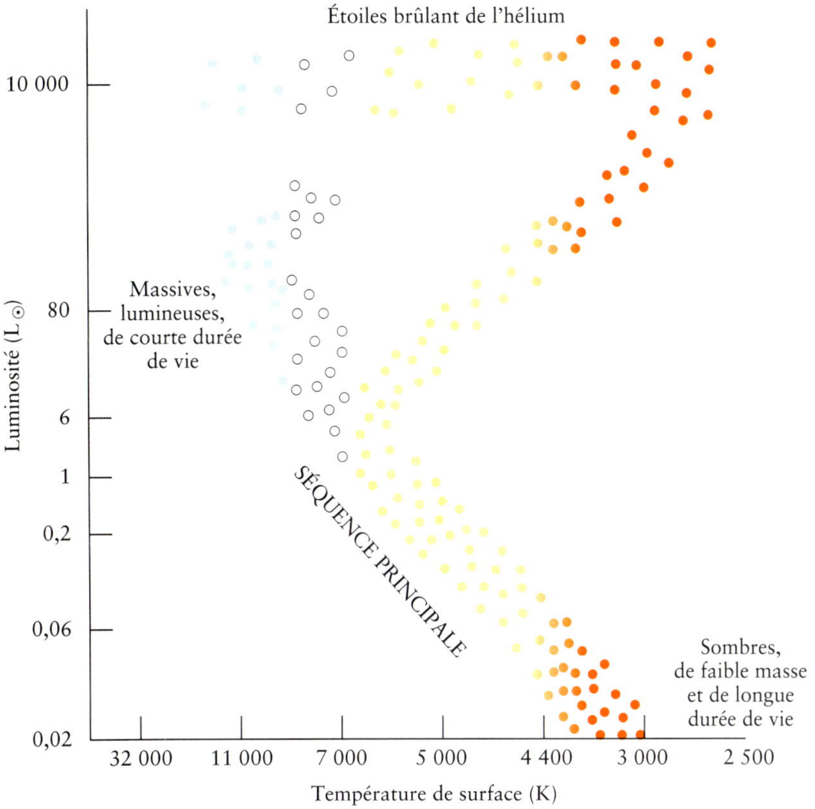

Le diagramme de Hertzsprung-Russell indique la luminosité stellaire (axe vertical) en fonction de la température de surface (axe horizontal). Les étoiles en phase de combustion de l'hydrogène forment la « séquence principale », qui s'étend depuis des étoiles âgées, sombres et de faible masse, jusqu'à des étoiles jeunes, massives et brillantes.

Les galaxies

Les étoiles sont rarement isolées. Elles se regroupent en amas, lesquels se concentrent pour constituer une galaxie. Il existe plusieurs variétés de galaxies, les principales étant les galaxies spirales et les galaxies elliptiques. Les galaxies spirales sont le berceau de la majorité des étoiles de l'univers.

Parce qu'on voyait autrefois les galaxies spirales comme des objets encore flous où l'on ne discernait pas les étoiles, on les appelait des « nébuleuses » spirales. À l'aube du XXe siècle, Edwin Hubble réussit à montrer que même les spirales les plus proches se trouvaient à très grande distance de nous. La plus proche est la galaxie d'Andromède, dont Walter Baade a évalué la distance à 750 kiloparsecs, soit deux millions d'années-lumière. Les nébuleuses spirales étaient clairement des « univers-îles », des systèmes d'étoiles de taille comparable à la Voie lactée.

Au début du XXe siècle, on comprit qu'il était possible de classer les galaxies selon leur forme. Certaines affichaient une structure en spirale tandis que d'autres, en apparence, ne présentaient pas de forme particulière. Hubble a donc imaginé une classification des galaxies fondée sur leur morphologie. Elle est encore en vigueur aujourd'hui. Les galaxies spirales ont toutes des bras en spirale et sont classées suivant l'apparence de leurs bras et de leur noyau central. Celles du type *Sa* ont des bras très enroulés et un cœur proéminent. Celles du type *Sb* ont des bras moins enroulés et un noyau plus petit. Le type *Sc* a des bras très détachés et un cœur très petit. De *Sa* à *Sc*, on trouve de plus en plus de gaz et de poussières interstellaires et donc plus de formations d'étoiles. La plupart des galaxies lumineuses sont des galaxies spirales. On pense que la Voie lactée en est une, du type *Sb*, comme sa voisine Andromède. Toutes deux présentent des luminosités équivalentes à celle de dix milliards de soleils.

Beaucoup de galaxies spirales ont un noyau en forme de barre, dont les extrémités coïncident avec la base des bras spiralés. Celles-ci entrent également dans une classification en termes de lettres *a*, *b*, *c*, suivant le degré d'enroulement des bras et la taille du noyau, et on les dénote *SBa*, *SBb* et *SBc*, pour les distinguer des précédentes. Toutes les galaxies spirales observées sont en rotation.

Les galaxies elliptiques, quant à elles, sont véritablement sphéroïdales : elles n'ont ni bras en spirale, ni disque, ni même de quantité significative de gaz ou de poussières interstellaires. Seule leur forme les caractérise. Les galaxies du type *E0* sont circulaires en apparence (sphériques), et celles des types *E1* à *E6* sont de plus en plus elliptiques (aplaties). Elles ne contiennent que de vieilles étoiles, de masse équivalente ou inférieure à celle du Soleil.

Les plus grandes galaxies connues sont elliptiques. Les géantes elliptiques comme Messier 87 sont dix fois plus lumineuses et environ dix fois plus massives que la Voie lactée. La plupart des galaxies sont naines, et la majorité des galaxies naines sont elliptiques, avec des luminosités de l'ordre de 10^7 ou 10^8 soleils, comme nos galaxies voisines les plus proches. Les elliptiques lumineuses ne présentent pas de rotation notable. On trouve la plupart des galaxies elliptiques au cœur de gros amas de galaxies.

Les galaxies de type *S0*, encore appelées « galaxies lenticulaires » ou « lentiformes », sont d'un type intermédiaire entre les galaxies présentant un disque et un noyau central, mais sans gaz ni poussières interstellaires. Par conséquent, les galaxies *S0* n'ont ni jeunes

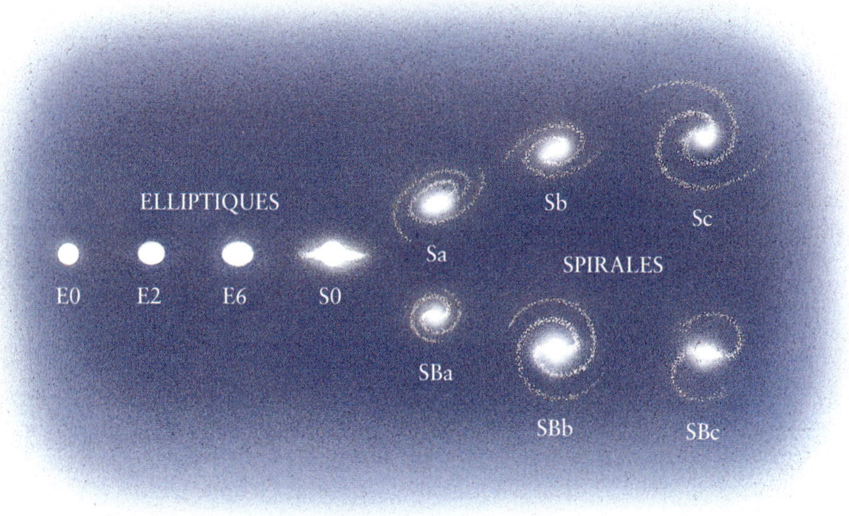

Ce diagramme présente et compare les diverses formes de galaxies.

Un exemple de galaxie spirale barrée : Messier 83.

étoiles ni bras spiralés. En termes de population stellaire, elles sont identiques aux galaxies elliptiques. On les trouve principalement dans les amas de galaxies.

Les galaxies irrégulières incluent toutes celles qui n'ont pas été classées comme elliptique, spirale ou *S0*. Ces galaxies contiennent typiquement une quantité considérable de gaz et de poussières, avec beaucoup d'étoiles en formation. Le Petit et le Grand Nuage de Magellan sont des galaxies irrégulières de notre voisinage. Parmi les irrégulières, on en trouve aussi de faible luminosité, typiquement un dixième de celle de la Voie lactée. Les galaxies irrégulières se réduisent à quelques pour-cent des galaxies observées. Plutôt qu'être classée parmi les galaxies spirales, elliptiques ou même irrégulières, une galaxie peut être qualifiée de *particulière* si elle possède une forme inhabituelle, ou quelque autre caractère étrange. On trouve parmi celles-ci des systèmes en forme d'anneau, de cacahuète, des galaxies à plusieurs noyaux ou avec des jets ou des queues stellaires.

Les ténèbres du ciel nocturne

Les observations même les plus élémentaires ont fourni des indices décisifs pour démêler les mystères de la cosmologie. Peut-être l'observation la plus frappante est-elle la suivante, qui s'est imposée à tous les hommes qui, depuis l'aube des temps jusqu'à nos jours, ont levé les yeux vers le ciel par une nuit sans lune. Il s'agit du paradoxe qu'Heinrich Olbers (et bien d'autres avant lui) a énoncé en 1823 : « Pourquoi le ciel nocturne est-il sombre ? »

Olbers supposait approximativement constantes, dans l'espace et dans le temps, la densité moyenne des étoiles (et des galaxies) ainsi que leur luminosité. Imaginons une vaste coquille sphérique centrée sur la Terre, d'épaisseur Δr. Le volume de cette coquille est donné par sa surface que multiplie son épaisseur. La lumière émise par elle est égale à son volume multiplié par le nombre n_* d'étoiles qu'elle contient par unité de volume et par la luminosité L de chaque étoile. On calcule alors la quantité de lumière que l'on reçoit sur Terre comme la lumière émise par la coquille divisée par sa surface $4\pi r^2$, c'est-à-dire $n_* L \Delta r$. On trouve donc que cette valeur ne dépend pas de la distance entre la Terre et la coquille mais seulement de l'épaisseur de cette dernière. Si l'on additionne les contributions de coquilles concentriques de plus en plus distantes (toutes de même épaisseur), la lumière reçue au centre semble augmenter sans limite. Ce n'est pas tout à fait exact car la lumière d'une étoile lointaine peut se trouver interceptée par une étoile intermédiaire. Néanmoins, dans quelque direction que l'on regarde, on devrait rencontrer une étoile à plus ou moins grande distance et l'on pourrait donc s'attendre à ce que le ciel soit aussi lumineux que la surface des étoiles. Cette conclusion vaut en tout point choisi arbitrairement. Elle vaut donc partout.

Malgré la logique assez rigide de ces arguments, il est évident qu'à l'exception de la Voie lactée, le ciel nocturne est étonnamment sombre. Edgar Allan Poe, dans un mélange d'imagination littéraire et de raisonnement scientifique, avait pleinement conscience de ce paradoxe lorsqu'il écrivait, en 1848, que, « si le cortège des étoiles était sans fin, la voûte céleste présenterait une luminosité uniforme ». Il prônait un univers fini, et ses arguments, quoique rudimentaires, auraient pu faire écho aux discussions à venir des cosmologistes du XXe siècle. Toujours en 1848, l'astronome britannique John Herschel était convaincu qu'il ne suffirait pas, pour résoudre le paradoxe d'Olbers, de considérer que les poussières interstellaires font écran à la lumière des étoiles lointaines car elles absorbent et rayonnent de l'énergie.

Pour résoudre ce paradoxe, on envisage un univers jeune, peuplé d'étoiles qui ne brilleraient que depuis une dizaine de milliards d'années ou, au contraire, un univers âgé mais en expansion, afin d'éviter l'état d'équilibre thermodynamique. Si les étoiles ne brillent que depuis une durée limitée, alors leur lumière n'aura pas eu le temps de s'accumuler depuis une distance infinie ou, plus précisément, depuis une distance supérieure à cette dizaine de milliards d'années-lumière. D'un autre côté, si l'univers est en expansion, alors l'effet Doppler contribue à le refroidir (voir le chapitre 2) : l'énergie des photons que l'on reçoit d'une source en récession est réduite. Bien évidemment, si l'univers est en expansion, alors cela implique qu'il ait un âge fini. Aussi, les deux arguments sont équivalents, et l'âge de l'univers est nécessairement limité.

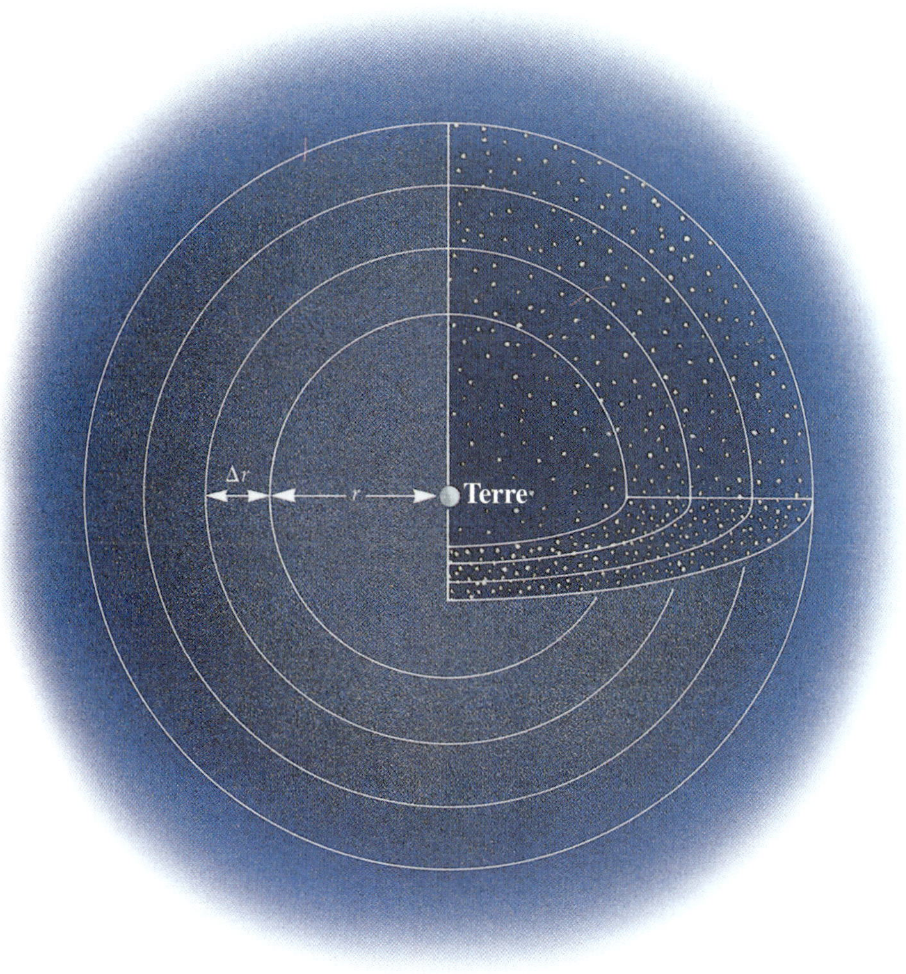

Le ciel nocturne brille de la lumière des étoiles contenues dans des coquilles sphériques concentriques successives, selon lesquelles on peut imaginer de découper l'univers. Dans un univers infini, le ciel nocturne devrait ainsi être aussi lumineux que le Soleil. Considérons une coquille quelconque, si grande soit-elle, centrée sur la Terre et d'épaisseur Δ*r. La quantité de lumière venant de cette coquille et que l'on reçoit sur Terre ne dépend que de l'épaisseur de la coquille, non de son éloignement. Lorsqu'on additionne les contributions de coquilles de plus en plus distantes, la quantité de lumière qui nous arrive croît indéfiniment.*

L'une ou l'autre hypothèse laisse ouverte la possibilité que l'univers soit de taille infinie. Le fait que son âge est fini n'est pas nécessairement équivalent à un univers fini. En réalité, on pense que l'univers pourrait être infini ou très, très vaste, beaucoup plus que les dix et quelques milliards d'années-lumière que la lueur des étoiles a pu traverser.

Il n'était nul besoin d'un télescope pour parvenir à ces conclusions cosmologiques qui ont résisté à l'épreuve du temps. L'obscurité du ciel nocturne continue à exercer une influence fondamentale sur nos idées concernant la nature de l'univers. Les spéculations qui ont permis de résoudre le paradoxe d'Olbers contiennent une part de vérité : les observations actuelles ont révélé, comme nous allons le voir, que l'univers, en expansion, est (relativement) jeune.

Chapitre deux

L'expansion de l'univers

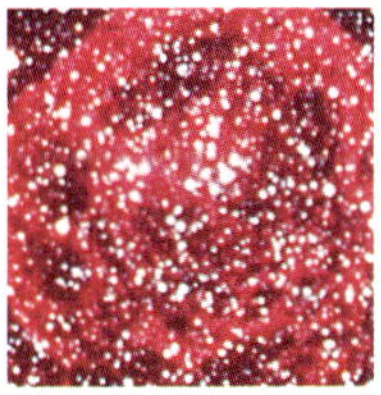

En haut : les restes de la supernova de Vela, vestiges d'une étoile qui a explosé voici onze mille ans. En bas : une bulle de gaz chaud emportée par les vents stellaires d'étoiles massives dans le Grand Nuage de Magellan. Le rayonnement rouge des atomes d'hydrogène correspond à la lumière de la raie alpha du spectre de l'hydrogène.

La révolution du XXe siècle en cosmologie fut la découverte de l'expansion de l'univers. La cosmologie moderne a vu le jour à partir de ce seul résultat. Jusqu'aux années 1920, on croyait quasi unanimement à un univers statique, centré sur notre galaxie, la Voie lactée. Cette vision du monde fut sérieusement remise en question après l'observation des mouvements systématiques de récession de toutes les « nébuleuses » spirales ; elle fut définitivement détrônée en 1929 lorsque Edwin Hubble énonça la loi reliant le décalage vers le rouge à la distance, héraut de ce qu'on interprète aujourd'hui comme l'expansion de l'univers. L'expansion de l'univers signifie expansion de l'espace et n'englobe pas le mouvement des objets dans cet espace ; c'est un concept que Hubble lui-même n'a jamais complètement accepté.

Le décalage Doppler

L'expansion de l'univers fut découverte comme une conséquence de l'effet Doppler, celui-là même qui trahit les excès de vitesse des automobilistes soumis à un contrôle par radar. Le principe en est simple : lorsqu'une source de lumière ou de tout autre rayonnement électromagnétique (à d'autres longueurs d'onde) se déplace relativement à un observateur, la distance entre les crêtes successives de l'onde (autrement dit la longueur d'onde du signal) que mesure l'observateur diffère de celle qu'il mesurerait si la même source était au repos par rapport à lui. Pour une source qui se rapproche de nous, la longueur d'onde est réduite, et l'on dit que la lumière est décalée vers le bleu ; pour les mouvements de récession, la longueur d'onde est supérieure, et l'on parle de décalage vers le rouge. Sur la route, on mesure la vitesse des automobilistes grâce au décalage en fréquence du signal radar.

Imaginons une galaxie lointaine émettant ν crêtes d'onde par seconde. Supposons en outre qu'elle s'éloigne de nous à une vitesse V. La durée écoulée entre deux crêtes vaut ν, et, pendant ce laps de temps, la galaxie parcourt la distance V/ν. Pour un observateur terrestre, les crêtes d'onde se succèdent non pas tous les ν, mais tous les ν *plus*

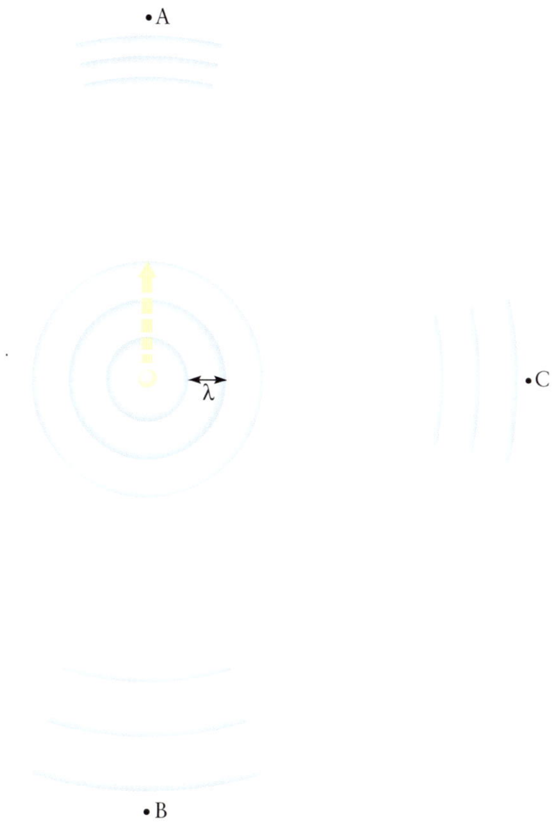

Le décalage Doppler : les cercles et arcs de cercle représentent les fronts d'onde émanant d'une étoile se déplaçant dans la direction AB qui s'approche de A et s'éloigne de B. Un observateur en A mesurera entre les crêtes des ondes une distance (la longueur d'onde) plus courte que celle qui est émise, tandis qu'un observateur en B mesurera une longueur d'onde plus longue. L'observateur situé en C ne mesurera quasiment aucune différence.

le temps nécessaire à la lumière pour parcourir la distance V/ν. Celui-ci vaut V/ν que divise c, la vitesse de la lumière dans le vide. Ainsi, la longueur d'onde est augmentée de la fraction V/c ; on appelle « décalage vers le rouge » (*redshift* en anglais) et l'on dénote par z cette augmentation. Par convention, on mesure V comme la vitesse d'éloignement par rapport à l'observateur de sorte que la vitesse d'approche corresponde à une vitesse V négative ou à un « décalage vers le bleu » (*blueshift*), qui provoque une diminution par rapport à la longueur d'onde d'émission. La fréquence (ν) et la longueur d'onde (λ) sont reliées par l'égalité $\nu = c/\lambda$ de sorte que, si la longueur d'onde décalée vers le rouge augmente, la fréquence, elle, diminue en proportion.

Il reste à généraliser l'expression du décalage vers le rouge pour les vitesses qui ne sont pas négligeables devant celle de la lumière dans le vide. En effet, on obtient alors un décalage (vers le rouge ou vers le bleu) infini pour les vitesses V qui approchent c.

Grâce à la lumière que l'on reçoit d'étoiles ou de galaxies lointaines, on glane des indices sur la manière de mesurer la vitesse des objets distants. Les mêmes lignes spectrales que celles qui nous dévoilent la composition des étoiles trahissent également leur mouvement et celui des galaxies. Une galaxie n'est autre que la superposition de milliards d'étoiles : son spectre contient des raies distinctes produites par elles. Par comparaison à celles d'une étoile isolée, les raies spectrales des galaxies sont élargies du

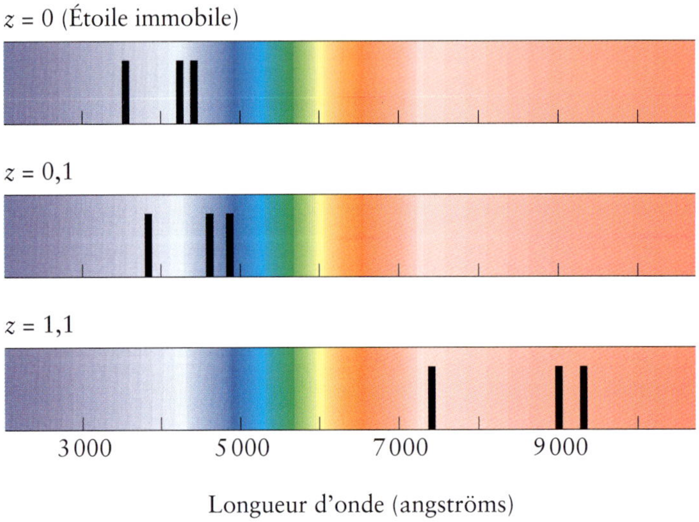

Le spectre caractéristique des raies d'émission d'une étoile au repos (décalage vers le rouge $z = 0$) est systématiquement décalé vers les plus grandes longueurs d'onde lorsque l'étoile s'éloigne de l'observateur à des vitesses de plus en plus élevées. Les exemples présentés ci-contre correspondent l'un (au centre) à un décalage de 10 %, pour un décalage vers le rouge de $z = 0,1$, obtenu pour une étoile en récession à environ 10 % de la vitesse de la lumière ; l'autre (en bas) à un décalage de 110 %, pour un décalage vers le rouge de $z = 1,1$, obtenu pour une étoile en récession à environ 75 % de la vitesse de la lumière.

fait du mouvement aléatoire des astres qui les composent. En outre, le spectre tout entier sera systématiquement décalé vers le rouge ou vers le bleu selon que la galaxie s'approche ou s'éloigne de nous.

Entre 1910 et 1920, l'astronome Vesto Slipher, qui travaillait à l'observatoire Lowell dans l'Arizona, releva le spectre de nombreuses « nébuleuses » extragalactiques. Il découvrit que la majorité d'entre elles, dont on sait maintenant qu'elles sont proches, affichait un décalage systématique vers le rouge, à l'exception d'Andromède. Pour pouvoir progresser en cosmologie, il devenait alors primordial de connaître avec précision la distance de ces galaxies. Sont-elles toutes des naines s'éloignant de la Voie lactée, elle-même occupant stratégiquement le centre de l'univers ? Ou notre galaxie n'est-elle au contraire qu'un élément insignifiant au sein d'un ensemble beaucoup plus vaste ? Sans estimations convaincantes de la distance de ces nébuleuses, il était impossible de trancher cette alternative.

La construction de télescopes capables de distinguer l'étoile la plus lumineuse au sein d'une galaxie donnée fut la première avancée qui nous permit d'estimer les distances extragalactiques. Grâce à des étoiles variables aux propriétés particulières, appelées « céphéides », on a pu faire le lien entre la Voie lactée et les galaxies les plus proches.

La distance aux étoiles les plus proches

L'étoile la plus proche est Proxima du Centaure, distante de 4,2 années-lumière. On sait mesurer sa distance avec précision grâce à la parallaxe : les astronomes appellent « parallaxe » le déplacement de la position des étoiles que l'on observe à mesure que la Terre se déplace sur son orbite. En l'espace de six mois, alors que la Terre tourne autour du Soleil, la position apparente de Proxima du Centaure par rapport aux étoiles plus lointaines tourne de 0,8 seconde d'arc. Cette grandeur est proportionnelle à l'inverse de sa distance à la Terre : une distance d'un parsec correspond, par définition, à un déplacement d'une seconde d'arc, soit 1/3 600e de degré. Un parsec représente donc environ trois années-lumière.

Avant la première mesure de parallaxe d'une étoile en 1838, le débat faisait rage entre les astronomes quant à savoir si les étoiles étaient les objets les plus distants imaginables ou au contraire de simples acolytes de notre système solaire. C'est véritablement la parallaxe qui a permis à l'astronomie de sortir des limites du système solaire. Plus une étoile est lointaine, plus petit sera l'angle de parallaxe. Pour mesurer des positions angulaires inférieures à 0,01 seconde d'arc, nous devons recourir aux télescopes spatiaux. Avec l'extrême précision du satellite Hipparcos, conçu pour relever la parallaxe de milliers d'étoiles parmi les plus brillantes, on peut maintenant mesurer directement et de manière systématique les distances de parallaxe à un millième de seconde d'arc près, c'est-à-dire jusqu'à mille parsecs. Cela représente une distance significative à l'échelle de notre galaxie. Enfin munis d'observations précises, les astronomes peuvent commencer à débrouiller le mystère des étoiles. L'une de leurs meilleures armes est celle des céphéides.

À un certain stade de leur évolution, les étoiles deviennent instables. Cette instabilité n'est toutefois pas dramatique ; elle ne concerne pas la totalité de l'étoile comme c'est le cas pour celles qui arrivent en fin de course après avoir consumé tout leur carburant nucléaire, mais seulement la couche externe.

L'épuisement des ressources en hydrogène enclenche une nouvelle phase : le cœur de l'étoile se contracte et se réchauffe jusqu'à amorcer la combustion de l'hélium, tandis que l'atmosphère de l'étoile qui brûle maintenant à l'hélium se dilate. À un stade plus avancé de cette phase de géante, les électrons de l'atmosphère stellaire se détachent de certains des atomes d'hélium de sorte que ce gaz se trouve partiellement ionisé. Cette ionisation partielle est responsable d'une forte augmentation de l'opacité, c'est-à-dire que l'hélium ionisé fait écran au rayonnement émis par l'étoile. La plus légère tendance à la compression en réponse à l'attraction gravitationnelle de l'étoile sur elle-même réchauffe les couches externes mais, puisque le rayonnement ne peut s'échapper librement, la pression tend à faire exploser l'étoile. Celle-ci entame alors une nouvelle phase d'expansion qui occasionne une série d'oscillations, lesquelles continuent tant que l'étoile se réchauffe suffisamment et que la majeure partie de l'hélium est ionisée. L'enveloppe externe de l'étoile émet des pulsations, avec une période qui peut varier de quelques jours à quelques mois selon la masse et le niveau d'évolution de l'étoile.

Les céphéides sont un type commun d'étoile variable qui ont reçu leur dénomination par analogie avec un prototype, l'étoile céphéide δ. Chaque céphéide a sa propre période et une luminosité moyenne fixées ; sa période est d'autant plus longue qu'elle est plus lumineuse. La relation entre période et luminosité fut découverte pour la première fois en 1912 par Henrietta Leavitt. Dans son étude des céphéides, elle se heurta au problème de la variation de la luminosité apparente d'une étoile avec sa distance. Sachant qu'à l'époque on ne pouvait déterminer grâce à la parallaxe que la distance des étoiles les plus proches, comment a-t-elle pu déterminer la distance de ses céphéides ? Elle contourna cette difficulté en choisissant d'étudier les céphéides des Nuages de Magellan, les galaxies parmi nos plus proches voisines. Ces céphéides se trouvaient toutes à une

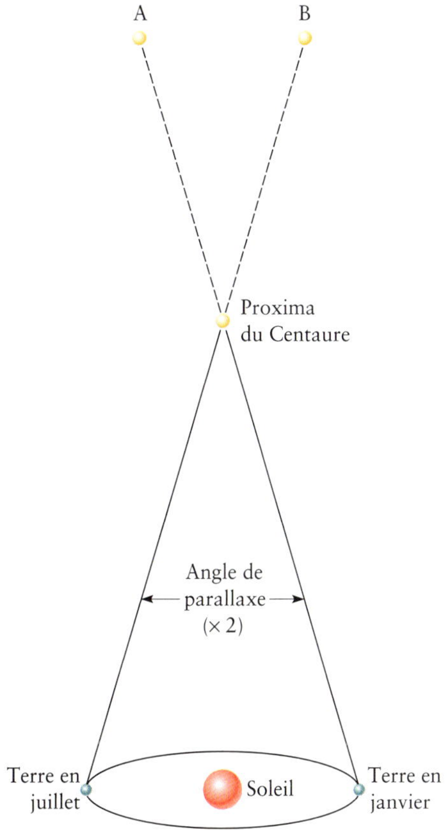

On observe une même étoile proche à six mois d'intervalle. Sa position apparente entre janvier et juillet est décalée de A vers B, et cela fournit une mesure du double de la parallaxe de l'étoile. La distance à l'étoile vaut alors le rapport du rayon moyen de l'orbite de la Terre par l'angle de parallaxe. L'angle de parallaxe de l'étoile Proxima du Centaure vaut 0,8 seconde d'arc, et l'on en déduit donc la valeur de sa distance à 1,3 parsec (soit environ quatre années-lumière).

Une étoile variable devient successivement plus ou moins brillante selon les différentes étapes d'expansion et de contraction qu'elle traverse. L'hélium partiellement ionisé de son enveloppe externe empêche que le rayonnement ne s'échappe : l'étoile s'assombrit et la pression de radiation fait enfler l'enveloppe externe. Cette expansion est suivie par un stade de contraction, au cours duquel le rayonnement peut à nouveau s'échapper, de sorte que l'étoile devient plus brillante.

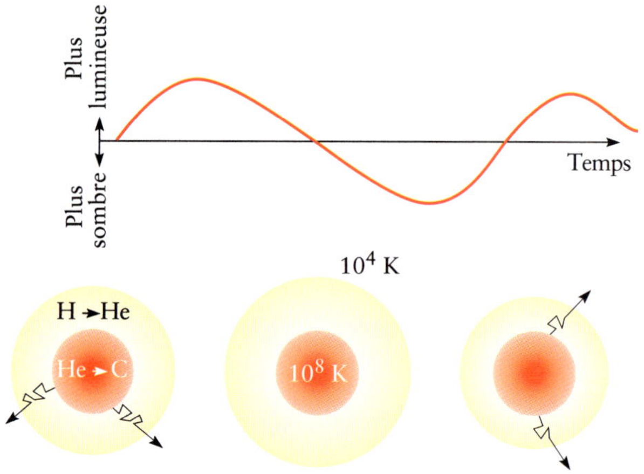

même distance de nous : ainsi, la luminosité absolue de n'importe quelle étoile serait proportionnelle à sa luminosité apparente. La relation fut calibrée sur les céphéides d'amas stellaires proches, dont on pouvait mesurer directement la distance par leur parallaxe.

Une nouvelle avancée eut lieu en 1923 lorsque l'astronome Edwin Hubble, travaillant à l'observatoire du mont Wilson, identifia des céphéides dans la galaxie d'Andromède, Messier 31. Il utilisa la relation qu'avait établie Henrietta Leavitt entre la période et la luminosité des céphéides pour déduire la distance de celles d'Andromède. Il conclut que cette nébuleuse spirale était une galaxie à part entière, semblable à la Voie lactée et distante d'environ un million d'années-lumière. En fait, la distance obtenue par Hubble était trop faible. Cette énigme des céphéides fut élucidée par la suite, grâce aux travaux du réfugié allemand Walter Baade sur le télescope de 2,50 mètres du mont Wilson, lors du *black-out* de Los Angeles pendant la Seconde Guerre mondiale. Baade s'aperçut qu'il existait deux différentes sortes de céphéides et en déduisit la valeur moderne de la distance à M31 : deux millions d'années-lumière.

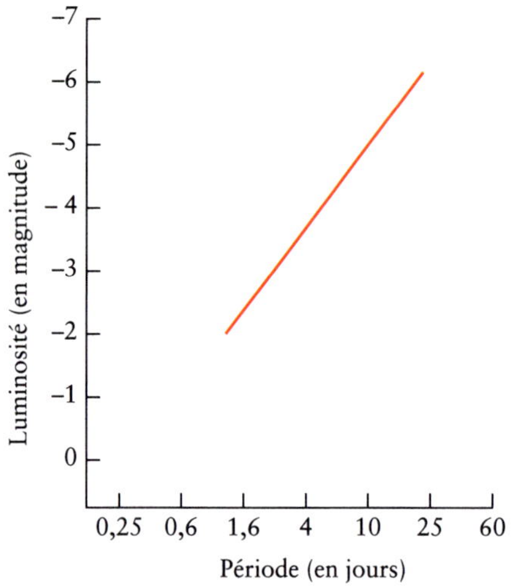

En reportant ses estimations de la luminosité en fonction de la période, l'astronome Harlow Shapley a pu réunir toutes les céphéides sur une même courbe. Celle-ci dévoile que la luminosité est plus grande pour les étoiles variables de période plus longue. Par définition, la magnitude d'une étoile diminue de une unité quand la luminosité est multipliée par un facteur de 2,5.

La relation entre distance et décalage vers le rouge

Disposant d'une description des céphéides des amas de la Voie lactée situés à des distances connues, Hubble put comparer ces étoiles variables aux céphéides de galaxies proches. Il poursuivit ses estimations de la distance de beaucoup d'autres galaxies. En outre, il en déduisit, malgré le fait que M31 s'approche de nous à une vitesse de cinquante kilomètres par seconde, que toutes ces galaxies s'éloignent de nous et présentent un décalage spectral qui augmente proportionnellement à leur distance. Connaissant le décalage vers le rouge, on peut déduire la vitesse grâce à l'effet Doppler. On trouve la vitesse d'une galaxie donnée en multipliant sa distance R par une constante de proportionnalité unique, dénotée H_0 : $V = H_0 R$. Cette relation entre vitesse et distance est dite « linéaire ». H_0 est la constante de Hubble, dont on précise la valeur comme un rapport vitesse sur distance. Dès les années 1960, on était parvenu à estimer la constante de Hubble entre cinquante et cent kilomètres par seconde et par mégaparsec.

Henrietta Leavitt a découvert, en 1912, la relation entre période et luminosité pour les étoiles céphéides des Nuages de Magellan, galaxies satellites de la Voie lactée.

Edwin Hubble a découvert, en 1929, l'expansion de l'univers.

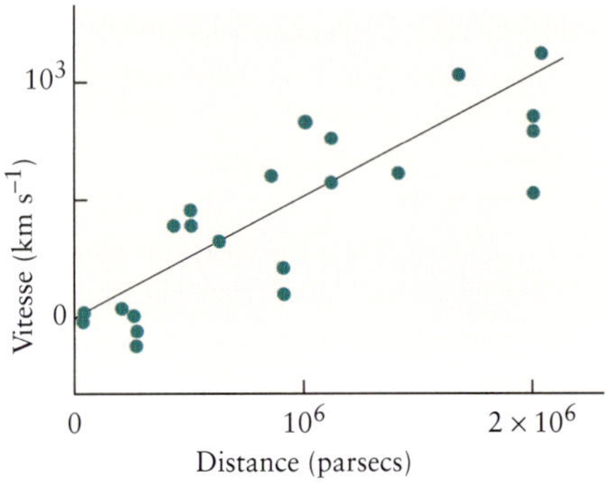

Edwin Hubble fit ce tracé des vitesses des galaxies en fonction de leur distance dans les années 1930 (en haut à gauche). Il n'a exploré qu'un volume de l'espace assez proche, jusqu'à l'amas de la Vierge. Ce diagramme, dit « diagramme de Hubble », fut ensuite amplement approfondi par Alan Sandage et ses collaborateurs (à droite). Ils ont comparé les vitesses de récession des galaxies les plus brillantes dans divers amas de galaxies, la distance des amas étant obtenue à partir de la magnitude de ces galaxies. Un amas de galaxies est tellement lumineux qu'on peut le distinguer jusqu'à une très grande distance. Les deux relevés indiquent que la vitesse de récession augmente proportionnellement à la distance.

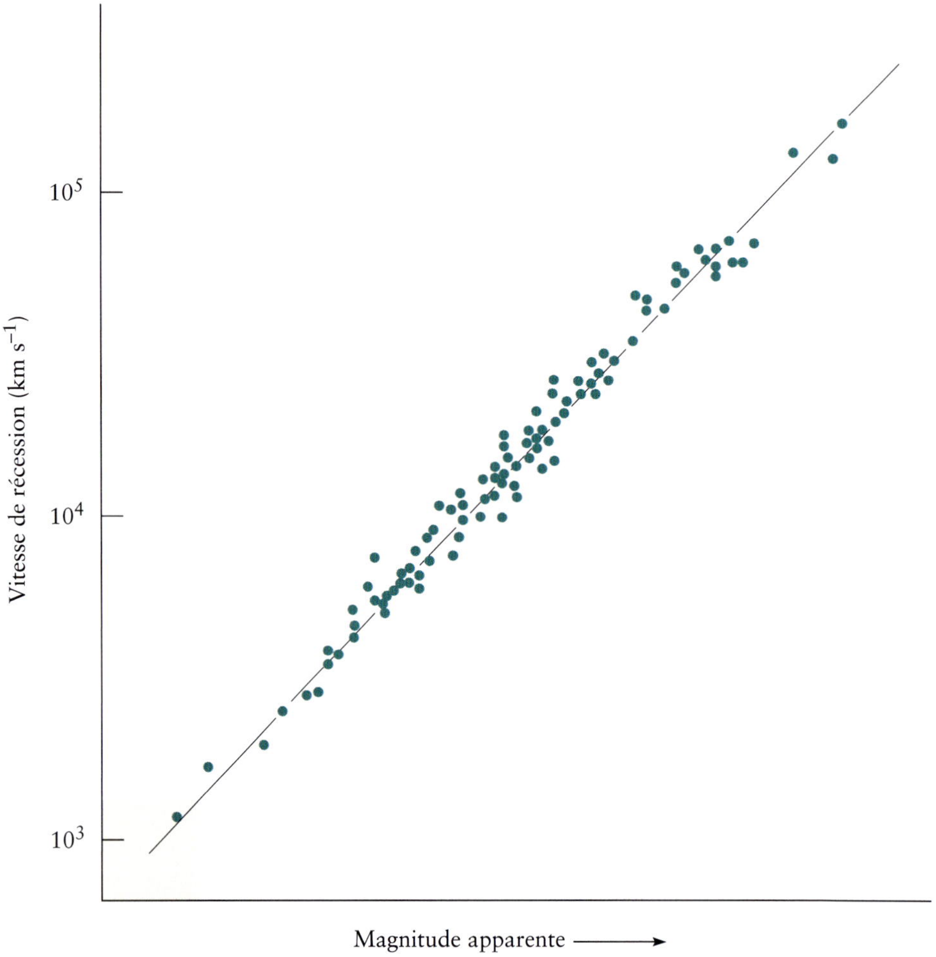

Du fait que les distances qu'utilisait Hubble étaient erronées, la valeur qu'il attribua à H_0 en 1929 était très supérieure, de l'ordre de cinq cents kilomètres par seconde et par mégaparsec. Ces distances furent corrigées par la suite, grâce à ses propres travaux et à ceux de Baade.

Hubble lui-même ne parvint jamais à accepter l'idée que les décalages vers le rouge du spectre des galaxies impliquaient que celles-ci s'éloignaient de nous du fait de l'expansion de l'espace. Cela révolutionnait la physique, et Hubble préféra laisser le soin aux cosmologistes d'interpréter ses données. Et pourtant, son résultat est précisément ce qu'on attend d'un univers en expansion régi par le principe cosmologique. Toute loi d'expansion autre que linéaire conduit à privilégier une direction plutôt qu'une autre. Et cela irait à l'encontre du principe cosmologique. Toutefois, la loi de Hubble ne suffit pas à elle seule à prouver l'isotropie de l'univers car elle n'est directement vérifiée que pour une fraction de la partie observable de l'univers.

On peut interpréter la grandeur $1/H_0$ comme une mesure de la durée de la phase d'expansion. En admettant que les galaxies n'ont jamais décéléré, on en déduit qu'en un temps $1/H_0$ toutes auraient été jointives. Nous verrons par la suite que la présence de matière assure une certaine décélération, de sorte que la véritable durée serait quelque peu inférieure à $1/H_0$. Néanmoins, $1/H_0$ fournit un maximum approché de l'âge de l'univers, qui s'échelonne donc entre dix et vingt milliards d'années (pour H_0 valant respectivement cent ou cinquante kilomètres par seconde et par mégaparsec). Après soixante-dix années de recherches intensives, les astronomes ont pu réduire l'incertitude sur H_0 à moins de 15 %. La valeur communément admise est maintenant $H_0 = 70$ kilomètres par seconde et par mégaparsec, correspondant à un âge de l'ordre de quinze milliards d'années. Il subsiste des incertitudes, et on ne peut par exemple exclure une valeur aussi faible que soixante kilomètres par seconde et par mégaparsec.

L'inauguration des distances extragalactiques

L'étape clé pour affiner la valeur de la constante de Hubble fut de franchir le pas entre les céphéides de galaxies distantes de un ou trois mégaparsecs et d'autres indicateurs de distance, plus lumineux, situés dans des galaxies jusqu'à cent mégaparsecs. Il est

L'univers en expansion est isotrope : l'expansion de l'espace est la même dans toutes les directions ; la matière, elle, ne la subit pas. Les galaxies restent de la même taille bien que la distance qui les sépare augmente.

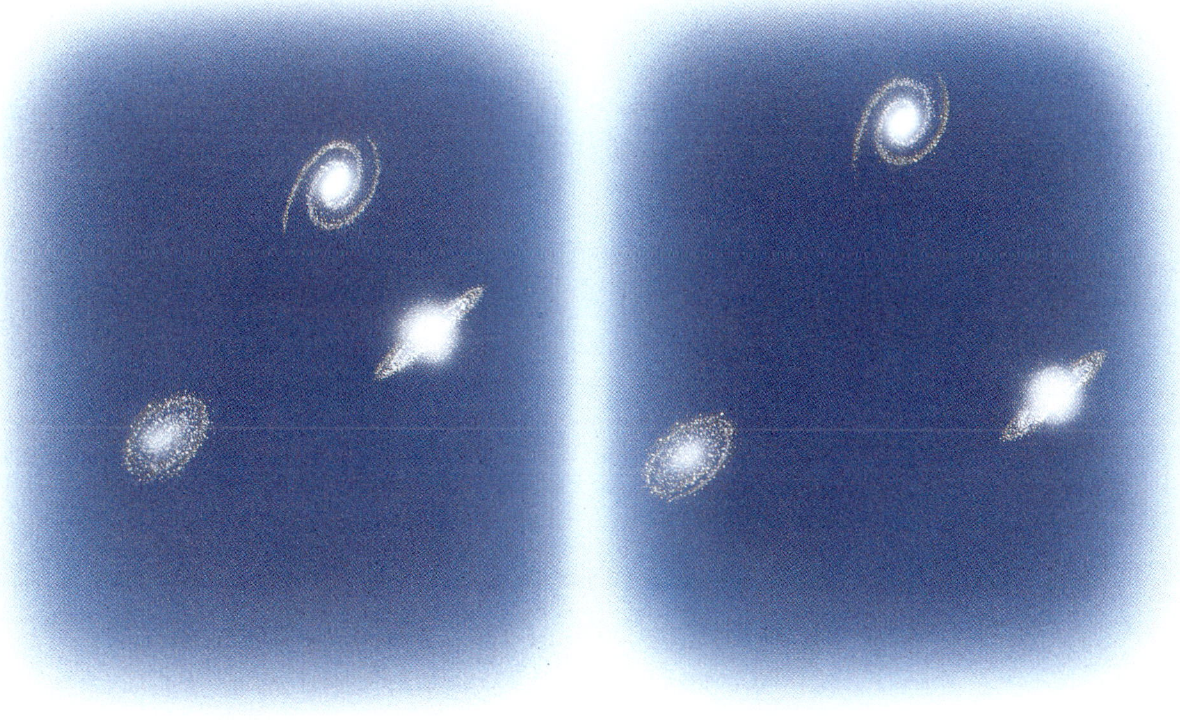

impossible de voir des céphéides isolément à de trop grandes distances, même avec le télescope spatial Hubble. Avec un tel pas de géant dans l'univers, on pourrait passer outre tout écart local au flux de Hubble dû à l'attraction gravitationnelle de notre propre superamas de galaxies, centré sur l'amas de la Vierge, en récession par rapport à nous à la vitesse de mille cent kilomètres par seconde. Nous devons atteindre des vitesses de récession de quelques milliers de kilomètres par seconde pour permettre des mesures de distances fiables, non biaisées par les distorsions du flux de Hubble global.

Des bougies standard biaisées

Le problème consiste à trouver de bonnes « bougies standard » : des astres lumineux identiques dans toutes les galaxies, des plus lointaines aux plus proches. Un astre comme celui-là, fournissant une mesure métrique de la distance, serait le mètre étalon des cosmologistes. Ces bougies standard, observées à n'importe quelle distance, donneraient une mesure immédiate de cette distance, pourvu que les bougies lointaines soient identiques à leurs analogues qui nous avoisinent. Le problème qui surgit inévitablement est qu'il n'existe pas de bougie standard parfaite : toutes souffrent à un stade plus ou moins pathologique d'une maladie ordinaire baptisée « biais de Malmquist ». Pour présenter les choses simplement, disons qu'il n'existe pas de bougie standard dont on puisse être absolument sûr que les exemplaires voisins et lointains soient identiques. On utilise diverses techniques de mesure des distances, mais toutes présentent des problèmes de mise en œuvre qui, jusqu'alors, nous ont empêchés de mieux préciser la valeur de la constante de Hubble.

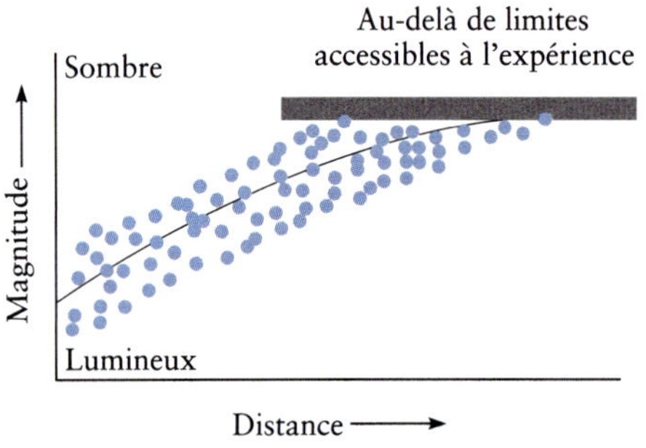

Il existe une dispersion dans les mesures de la luminosité des galaxies situées à une distance donnée, due aux erreurs de mesure ainsi qu'à la dispersion intrinsèque des propriétés des galaxies. Celle-ci existe toujours, malgré tout le soin qu'on apporte au choix de l'échantillon de « balises standard ». Comme conséquence de cette dispersion, toute étude incapable de relever des galaxies en deçà d'un certain seuil de luminosité n'inclura, à grande distance, que les galaxies les plus brillantes, tandis qu'à plus courte distance on aurait relevé aussi bien des galaxies brillantes que des galaxies plus sombres. Ainsi, ce déséquilibre qui entache la relation distance-luminosité nous conduit à une mauvaise estimation de la pente (et donc de la valeur de la constante de Hubble).

Une des premières méthodes de mesure des distances utilisait comme bougie standard les étoiles les plus brillantes que l'on pouvait distinguer au sein des galaxies. Ces étoiles particulièrement brillantes sont ces supergéantes qui brûlent de l'hélium. On espérait que la luminosité de ces étoiles à hélium soit invariante et qu'elle ne dépende que des propriétés de l'étoile plutôt que de la nature de sa galaxie. Dans ce cas, les plus sombres auraient été les plus lointaines. Cependant, il s'avéra que la quantité de métaux dans l'étoile avait une influence sur son maximum de luminosité. Or, puisque l'abondance en métaux est variable d'une étoile à l'autre, la dispersion des luminosités devient sérieusement problématique. Dans les galaxies lointaines, les étoiles les plus sombres pourraient ne pas être détectables. Autrement dit, on pourrait se retrouver à relever systématiquement des étoiles plus brillantes que celles des galaxies du voisinage, ce qui engendrerait alors des erreurs systématiques sur les distances obtenues.

Un problème analogue se posa lorsqu'on tenta d'utiliser, à l'instar des bougies standard, le diamètre des plus vastes régions d'hydrogène ionisé (régions HII) des galaxies spirales. En effet, le diamètre d'une classe d'objets bien définie peut servir d'unité de mesure des distances au même titre que la luminosité des bougies standard. Ces régions HII sont des nuages de gaz brillants qui entourent des étoiles massives et chaudes. Ce sont les radiations émises par l'étoile dans l'ultraviolet qui ionisent le gaz et le font rayonner. Les plus vastes régions HII sont les plus faciles à détecter, tout particulièrement dans les galaxies sombres, c'est-à-dire les plus lointaines. En conséquence, lorsqu'on mesura le diamètre des plus grandes de ces zones, les plus grands nuages HII étaient systématiquement détectés au sein des galaxies les plus éloignées.

L'image en haut à droite montre une vue, prise par le télescope spatial Hubble, d'un amas dense de jeunes étoiles (appelé R136) dans le Grand Nuage de Magellan. L'image en bas à gauche montre une mosaïque de la vaste région d'HII illuminée par la lumière ultraviolette issue de l'amas.

Ici encore, cela introduit des erreurs systématiques dans la détermination des distances. Voilà un second exemple de biais de Malmquist, que l'on ne peut éviter pour aucune bougie standard possédant une dispersion intrinsèque. Malheureusement, c'est le cas de toutes les bougies que l'on a tenté d'utiliser. Bien sûr, une certaine dispersion des propriétés intrinsèques est inévitable, mais le but est de trouver une bougie standard qui présente le moins de dispersion possible. Le biais de Malmquist a pour effet de sous-estimer les distances des galaxies lointaines, ce qui donne une constante de Hubble trop élevée.

Les nébuleuses planétaires

À la recherche d'autres bougies standard, tournons-nous vers les nébuleuses planétaires. Lorsqu'une étoile de faible masse a épuisé tout son carburant nucléaire, son cœur s'effondre sur lui-même, et l'étoile entame ce qui sera la dernière phase de son évolution : elle ressemble à un bout de charbon incandescent, chauffé à blanc et compressé à l'extrême. L'étoile, devenue une naine blanche formée de carbone et d'oxygène, se refroidit lentement. À mesure que le cœur s'effondre, les gaz environnants sont éjectés par une douce explosion et visibles sous forme de nébuleuse planétaire. La nébuleuse est formée d'un gaz d'hydrogène ionisé HII, porté à un état excité par la naine banche à haute température.

Lorsqu'on utilise ces nébuleuses pour mesurer des distances, on relève leur luminosité, elle-même déterminée par la masse de la naine blanche. On trouve souvent un grand nombre de nébuleuses planétaires dans une même galaxie. Les plus âgées devraient être les plus lumineuses car l'étoile naine blanche qui constitue leur cœur est plus massive et libère donc une plus grande énergie thermique. Deux raisons justifient que les naines blanches les plus âgées sont les plus massives : premièrement, en moyenne, leurs précurseurs stellaires étaient plus massifs que ceux des naines blanches plus jeunes.

La nébuleuse planétaire Hélix est une enveloppe de gaz éjectée par une étoile en fin de course, dont le vestige est visible, au centre, c'est une étoile naine blanche.

Deuxièmement, les étoiles les plus âgées contiennent moins de métaux, de sorte que la perte de masse au cours des étapes de leur évolution après qu'elles ont quitté la séquence principale est moins importante.

On observe la même distribution des luminosités de nébuleuses planétaires dans de nombreuses galaxies. On en déduit qu'il doit correspondre toute une gamme de masses pour les naines blanches, dont la limite supérieure serait fixée par l'âge de la plus vieille nébuleuse planétaire. L'âge de celle-ci, à son tour, serait déterminé par celui de la galaxie. Grâce aux nébuleuses planétaires de galaxies voisines, dont on connaît la distance, les scientifiques ont établi pour ces nébuleuses la relation entre masse et luminosité. Ils peuvent en déduire la distance des galaxies éloignées en y mesurant les propriétés de leurs nébuleuses planétaires.

Fluctuation de la luminosité de surface

Idéalement, ce sont les étoiles les plus brillantes que nous voudrions pouvoir utiliser comme bougies standard : ce sont des supergéantes en phase de combustion d'hélium, dont la luminosité est déterminée par la masse de leur cœur. Ici encore, la physique nucléaire permet de relier la distribution des luminosités à la masse maximale possible pour le cœur de l'étoile à la fin de son évolution (c'est-à-dire la plus élevée des masses de naine blanche). Malheureusement, on ne peut distinguer les étoiles brillantes que dans les galaxies les plus proches. Cependant, une technique moderne, qui mesure les fluctuations de la luminosité de surface dues à un ensemble d'étoiles les plus brillantes, a été appliquée pour des galaxies elliptiques aussi lointaines que celles situées dans l'amas de la Vierge.

La méthode reproduit celle de la bougie standard. Avec une bougie calibrée pour les galaxies dont on connaît la distance, on dispose d'un moyen fiable d'estimation des distances. Malheureusement, les galaxies qui permettent ce calibrage se limitent aux systèmes les plus proches comme le cœur de M31 et sa voisine elliptique naine M32, jusqu'à ceux de l'amas de la Vierge. La distance obtenue ne peut être fiable que si les propriétés des étoiles de ces galaxies correspondent bien à celles des galaxies elliptiques plus lointaines. Bien sûr, il y a des raisons de soupçonner l'existence de différences systématiques entre les galaxies les plus proches et les elliptiques de la Vierge ou d'autres plus lointaines encore. Ces elliptiques-là n'ont même pas une luminosité comparable.

Corrélation de Tully-Fisher

On dispose d'une nouvelle méthode pour mesurer la distance des galaxies qui consiste à combiner les mesures des rayonnements dans la partie visible du spectre et dans le domaine radio. La méthode repose sur une relation intrinsèque entre deux propriétés distinctes des galaxies. L'une dépend de la distance, l'autre non.

On mesure la première de ces deux propriétés, la luminosité L d'une galaxie spirale, pour les longueurs d'onde dans le visible ou l'infrarouge. Elle dépend de la distance de la galaxie. La masse de son milieu interstellaire est principalement composée d'atomes d'hydrogène qui émettent des photons dans le domaine radio et que l'on

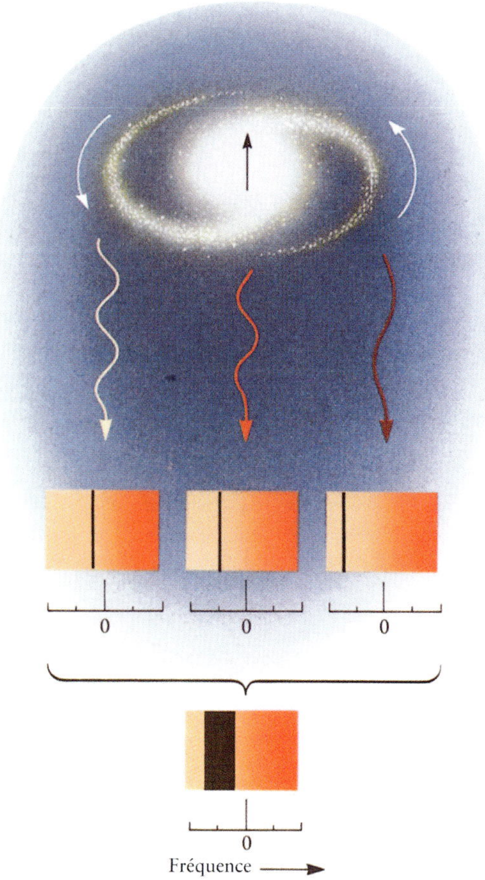

La lumière venue du centre d'une galaxie qui s'éloigne de nous est décalée vers le rouge. L'un des bras de la galaxie en rotation ne s'éloigne pas aussi vite que le bulbe, de sorte que sa lumière sera moins décalée vers le rouge. L'autre bras, au contraire, s'éloigne plus rapidement, et sa lumière sera donc plus décalée vers le rouge que celle du cœur. Ces différents décalages vers le rouge se fondent en une bande unique dont la largeur dépend de la vitesse de rotation de la galaxie.

détecte par la raie à 21 centimètres du spectre de l'hydrogène neutre. La largeur de cette raie à 21 centimètres est une mesure de la deuxième des propriétés qui nous intéressent : la vitesse de rotation de la galaxie. Les vitesses de rotation des nuages de gaz interstellaires provoquent un élargissement des raies spectrales, de sorte que, par l'entremise du décalage Doppler, leur largeur représente une mesure de la vitesse de rotation galactique. On trouve généralement que la vitesse de rotation des galaxies augmente avec le rayon de celle-ci, jusqu'à un maximum V_{rot}. On observe que ces deux propriétés, la luminosité et la vitesse de rotation maximale, sont reliées : la luminosité est directement proportionnelle à la puissance quatre du maximum de la vitesse de rotation.

La vitesse de rotation V_{rot} est indépendante de la distance de la galaxie, mais le flux lumineux, lui, dépend évidemment de l'éloignement. En admettant que la relation vaut pour toutes les galaxies spirales, qui contiennent une quantité appréciable de gaz interstellaire, la mesure de V_{rot} par la largeur de la raie à 21 centimètres de l'hydrogène atomique et celle de la luminosité des galaxies devrait fournir leur distance. Une fois la relation calibrée pour les galaxies les plus proches, on peut l'appliquer aux galaxies éloignées pour en déduire leur distance. Les astronomes utilisent cette relation pour les galaxies spirales, en se limitant à une catégorie assez restreinte de formes spirales, avec l'idée de réduire au mieux les variations systématiques possibles selon le type de galaxie considéré. Cette méthode suppose évidemment que la corrélation entre la luminosité de la galaxie et la vitesse maximale de rotation, que l'on a baptisée du nom des scientifiques qui l'ont découverte — Brent Tully et Richard Fisher —, est la même pour toutes les galaxies spirales d'un type donné.

Ici encore, il existe une dispersion intrinsèque de la corrélation de Tully-Fisher qui engendre un biais de Malmquist. Bien que les chercheurs s'arrangent pour la corriger, on peut s'inquiéter de l'occurrence de variations systématiques dans cette relation de corrélation avec l'environnement. Certaines galaxies ont une distribution clairsemée, d'autres au contraire font partie d'amas très denses, d'autres encore sont aléatoirement réparties. Les astronomes ne connaissent pas encore le fondement physique de la corrélation de Tully-Fisher, et il convient donc de rester prudent lorsqu'on l'applique à des environnements différents. Les « galaxies-repères » (celles dont on connaît exactement la distance) sont encore trop rares pour nous permettre de tester cette source d'incertitude.

Des supernovæ comme bougies standard

Après avoir brûlé toutes leurs réserves d'hélium, les étoiles massives, à l'instar de leurs semblables de petite masse, finissent par devenir des géantes, voire des supergéantes. Toutefois, le destin qui les guette sera plus spectaculaire. La force gravitationnelle étant plus élevée, la moindre parcelle d'énergie thermique du cœur finit par s'épuiser, et, lorsque cesse la fusion nucléaire, ce cœur stellaire n'est plus qu'une masse de fer. Le fer est l'élément le plus stable, ultime scorie de l'univers. On ne retire aucune énergie nucléaire à le comprimer pour le fusionner. Puisque la source d'énergie nucléaire est tarie, le cœur de l'étoile n'a d'autre issue que l'effondrement gravitationnel.

Il en résulte une étoile à neutrons. Le noyau de fer se scinde ; protons et électrons se combinent pour former des neutrons, tandis que les neutrinos qui s'échappent emportent l'énergie restante issue de la compression. Une étoile à neutrons est comme un noyau atomique géant, bondé de neutrons entassés avec une densité telle qu'une cuiller à café de ce matériau pèserait un milliard de tonnes. L'émission de neutrinos permet d'éjecter la couche externe du cœur. L'essentiel de l'étoile explose en supernova, expulsant dans le milieu interstellaire du carbone, de l'oxygène, du fer et d'autres éléments encore. Ces éléments se mélangent avec l'hydrogène ambiant et peuvent se trouver recyclés en une nouvelle génération d'étoiles.

Une supernova rayonne comme plus d'un milliard de soleils. Lorsque les étoiles meurent, elles deviennent tellement brillantes qu'on peut les détecter individuellement même dans des galaxies très éloignées. Cela laisse à penser que les supernovæ pourraient être de bons indicateurs de distance. La possibilité d'utiliser des étoiles individuelles pour l'évaluation des distances offre un avantage notable par comparaison à l'utilisation d'ensembles statistiques : on maîtrise d'autant mieux l'objet de calibrage des distances qu'on peut l'observer directement.

Les indicateurs de distance les plus prometteurs ne sont pas les supernovæ provenant d'étoiles massives que l'on vient de décrire, mais plutôt celles que provoquent, à l'occasion, les étoiles les moins lourdes en systèmes binaires. Les naines blanches qui ont une voisine proche peuvent absorber de la matière de leur compagne et devenir instables ; elles finissent par s'effondrer et imploser dès que leur cœur commence à former du fer. Sous une pression considérable, le fer se décompose en neutrons, protons et neutrinos. Une énorme quantité d'énergie est libérée brusquement, dont les neutrinos emportent une partie. Toute l'étoile explose alors en supernova. Il n'y a pas de résidus. Ce type de supernova, qui provient généralement d'étoiles peu massives, est dit « de type I », pour les distinguer des explosions qui sont le sort des étoiles très massives et que l'on appelle « de type II ». Les supernovæ de type I sont plus lumineuses que celles de type II ; on peut donc les détecter à plus grande distance. La masse critique au-delà de laquelle une naine blanche devient instable est 1,4 masse solaire, valeur qui fut obtenue pour la

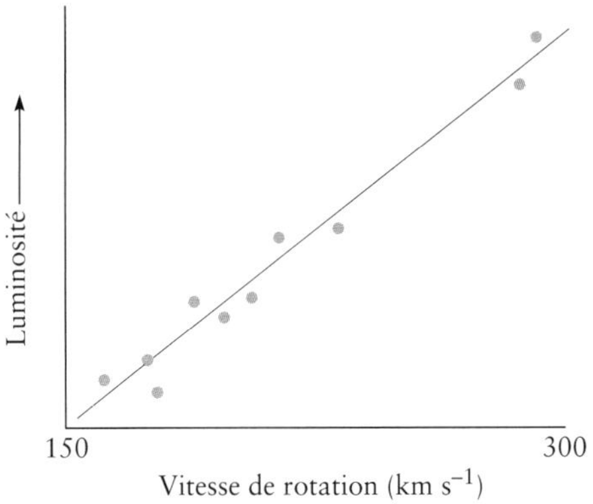

Relation de Tully-Fisher : la luminosité optique (ou infrarouge) pour un échantillon de galaxies spirales est portée en fonction du maximum de leur vitesse de rotation. On remarque que les logarithmes de ces deux grandeurs sont approximativement proportionnels. La pente de la droite qui relie les points du graphique, représentant chacun une galaxie donnée, traduit que la luminosité d'une galaxie spirale apparaît proportionnelle à la puissance quatrième du maximum de sa vitesse de rotation.

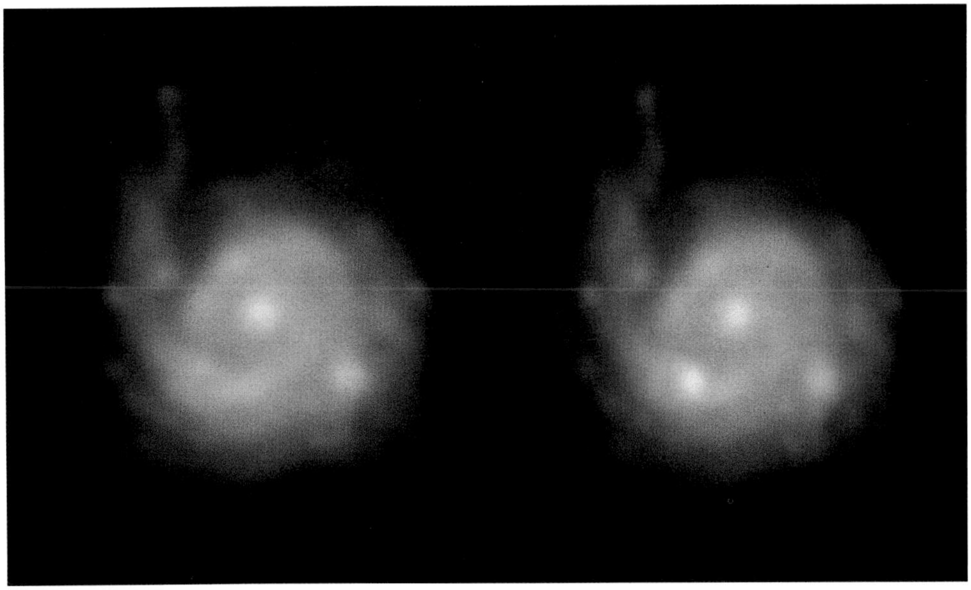

Une supernova dans la galaxie NGC 3310. Le cliché de gauche date de 1987 ; celui de droite fut pris quelques jours après l'explosion de la supernova 1991N en avril 1991. La supernova (à droite) est presque plus lumineuse que le noyau de la galaxie, qui rayonne la lumière de milliards d'étoiles.

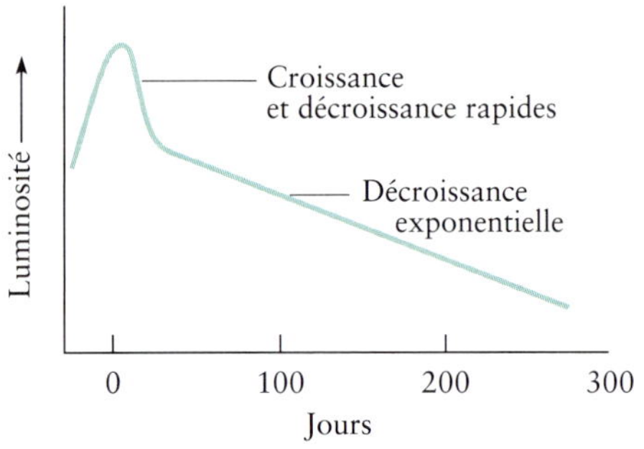

La courbe de lumière d'une supernova a une allure caractéristique, plus particulièrement pour les supernovæ de type I. Très rapidement, durant le premier mois, la luminosité de l'étoile qui explose atteint son maximum puis s'atténue notablement, avant d'entrer dans une phase de décroissance exponentielle très lente. Dans cette dernière phase, la luminosité diminue d'un facteur deux en une soixantaine de jours environ.

première fois par l'astrophysicien indien de nationalité américaine Subrahmanyan Chandrasekhar. Si l'on en croit la théorie, l'énergie libérée par l'effondrement gravitationnel ne varie pas beaucoup pour les différentes supernovæ du type I. En conséquence, les supernovæ de ce type devraient commencer avec la même luminosité puis s'éteindre graduellement, toutes au même rythme.

On a pu observer des supernovæ de type I au sein de galaxies voisines, dont la distance était connue. Et, effectivement, non seulement l'atténuation de la lumière visible — la courbe de lumière — est identique, mais en outre la quantité totale de lumière émise est également la même, avec une bonne approximation. La lumière provient de l'énergie libérée par la désintégration radioactive de l'élément ^{56}Ni. Cet isotope radioactif du nickel est produit en quantités précises (et énormes) lors de l'effondrement de la couche externe du cœur de la naine blanche. À peu près une moitié de masse solaire de cet isotope instable du nickel se désintègre pour donner du ^{56}Fer, que l'étoile rejette avec l'explosion du cœur dans un flot de neutrinos. L'explosion est totale, et toute la matière est expulsée. Le spectre des supernovæ indique que sont éjectés principalement du fer et des éléments lourds.

Les supernovæ de type I sont faciles à détecter dans des galaxies distantes d'une centaine de mégaparsecs, voire plus. Si les supernovæ lointaines sont bien les mêmes que celles qui nous sont proches, alors elles peuvent servir de « mètre étalon » pour estimer la distance de galaxies éloignées. La difficulté provient du fait que l'on ne peut pas être certain que les supernovæ de type I soient toutes les mêmes, à moins de réunir un nombre important d'exemples. Aujourd'hui, on a relevé une centaine de supernovæ de type I avec un décalage vers le rouge de l'ordre de un. Ces supernovæ sont nos meilleurs indicateurs de distance.

Que vaut la constante de Hubble ?

On peut interpréter les diverses techniques exposées plus haut comme des mesures indépendantes de H_0, couvrant toutes des distances du même ordre de grandeur. Elles s'accordent assez bien. En fait, la méthode de Tully-Fisher, les mesures de luminosité des nébuleuses planétaires et celles des fluctuations de la luminosité de surface donnent toutes une valeur semblable pour H_0, de l'ordre de soixante-dix kilomètres par seconde et par mégaparsec. La détermination la plus précise est celle qu'offre la méthode des supernovæ, en particulier avec celles de type I comme bougies standard ; elle confirme cette valeur de H_0. Un bon compromis de toutes les méthodes testées à ce jour donne la valeur de soixante-dix kilomètres par seconde et par mégaparsec avec une marge d'erreur de l'ordre de 15 %.

Mesures directes

On a élaboré de nouvelles techniques pour mesurer H_0 de manière directe plutôt que par le truchement d'une bougie standard. La méthode de Sunyaev-Zel'dovich (proposée par les cosmologistes russes Rashid Sunyaev et Yaakov Zel'dovich) fait appel à des amas de galaxies contenant un milieu intergalactique gazeux, diffus et chaud. Le gaz émet des rayons X, dont la luminosité est proportionnelle au volume de l'amas. Le gaz diffuse également les photons du fond de rayonnement cosmologique, jetant ainsi une ombre sur le fond de micro-ondes aux longueurs d'onde du domaine radio. En fait, les photons du fond cosmologique qui sont diffusés gagnent de l'énergie de sorte que l'amas apparaît, par comparaison au fond de micro-ondes, plus sombre lorsqu'on l'observe aux basses fréquences et plus brillant aux fréquences élevées. L'ordre de grandeur de cet effet est proportionnel à la longueur du chemin parcouru par les photons au sein de l'amas. On compare la luminosité des rayons X et l'atténuation du fond de rayonnement micro-onde pour en déduire une mesure directe de la taille de la région contenant le gaz chaud. Puisque l'on connaît le décalage vers le rouge et que la loi de Hubble permet de calculer la taille pour une valeur donnée de H_0, on obtient une mesure directe de la constante de Hubble.

Une seconde technique consiste à observer des quasars en utilisant une galaxie qui s'interpose entre l'astre variable et nous. Le champ de gravitation de cette galaxie intermédiaire, et plus particulièrement son halo sombre, provoque une légère déviation de la lumière émise par le quasar. En effet, la galaxie intermédiaire agit comme une lentille gravitationnelle qui crée des images multiples du quasar situé en arrière-plan. Ces images varient à mesure des variations du quasar, mais avec un retard de phase dû à la différence des chemins empruntés par la lumière pour les diverses images. Cette différence de parcours dépend de la distance et fournit donc une mesure directe de celle-ci.

Ces deux méthodes de mesure directe donnent des résultats généralement en accord avec les déterminations indirectes de la constante de Hubble, de l'ordre de soixante à soixante-dix kilomètres par seconde et par mégaparsec. Toutefois, les méthodes directes ne sont pas totalement fiables. Par exemple, un amas étiré dans la direction d'observation conduirait, par la méthode de Sunyaev-Zel'dovich, à mesurer une atténuation trop forte. Une accrétion de gaz particulièrement importante au sein de l'amas induirait une luminosité de rayons X trop élevée.

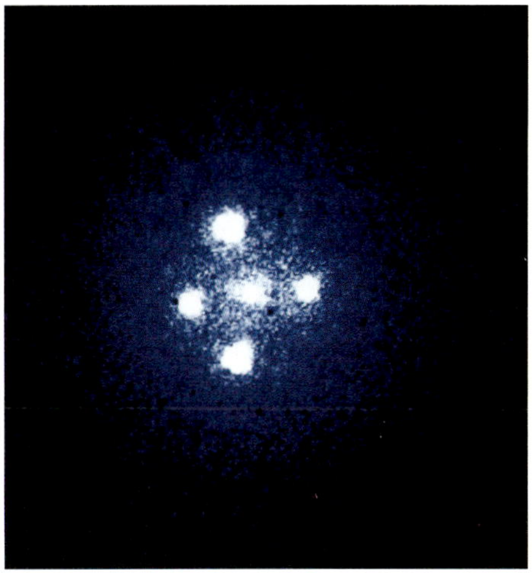

La galaxie au centre de ce cliché donne par effet de lentille gravitationnelle quatre images d'un quasar situé en arrière-plan. La longueur du trajet à parcourir par la lumière est différente pour chaque image du quasar, de sorte que toute variation de sa luminosité se fera avec un délai différent pour chacune des images. Les astronomes peuvent ainsi en déduire une mesure de la distance et donc une mesure directe de la constante de Hubble.

Supernovæ ou atmosphères en expansion

Il existe une troisième méthode directe de mesure des distances. L'explosion associée à la mort des étoiles massives forme des supernovæ de type II. Bien qu'elles soient moins lumineuses (d'un ordre de grandeur au pic lumineux) que les supernovæ de type I et bien que leurs courbes de lumière se ressemblent moins d'une étoile à l'autre, elles possèdent une autre propriété qui fait d'elles de bons indicateurs de distance. Leur spectre révèle qu'elles sont principalement composées d'hydrogène. Leurs raies spectrales sont suffisamment simples pour que l'on puisse mesurer le décalage Doppler et en déduire la vitesse d'expansion de l'explosion. Connaissant cette vitesse et le temps écoulé depuis le début de l'explosion, on obtient une mesure du rayon de l'étoile qui explose, typiquement une supergéante bleue. Si l'étoile était un four parfait, la mesure de sa température associée à la donnée de son rayon permettrait d'en déduire sa luminosité et donc sa distance. En pratique, une supernova de type II n'est pas un corps noir parfait, mais cette méthode de l'« atmosphère en expansion » opère néanmoins avec de bons résultats pour mesurer de manière directe la distance de la supernova.

On dispose de diverses techniques pour mesurer les distances astronomiques, mais leur précision diminue lorsqu'on s'intéresse aux distances les plus élevées. Il existe en outre quelques moyens indirects de mesurer les distances, valables pour des échelles entre quelques kiloparsecs et plusieurs centaines de mégaparsecs. Parmi ces procédés indirects, les amas de galaxies les plus brillants sont les plus lumineuses des balises standard et s'appliquent aux distances les plus élevées. Les mesures directes commencent avec celle de l'angle de parallaxe des étoiles les plus proches et s'étendent à des objets beaucoup plus lointains.

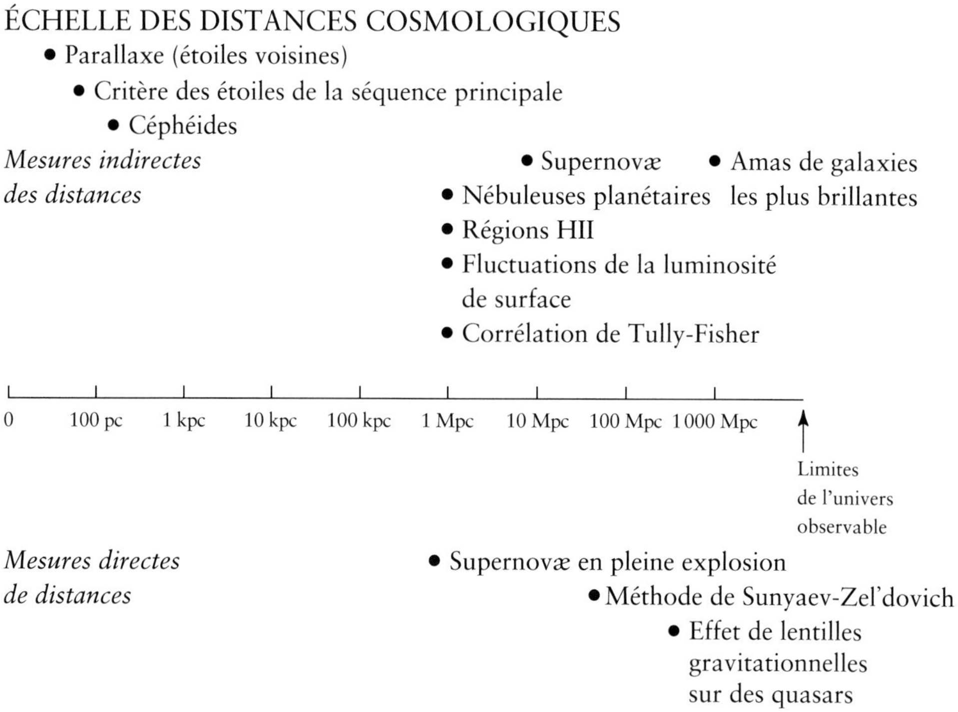

Elle a été appliquée jusqu'à des distances de l'ordre de quelques dizaines de mégaparsecs. La valeur correspondante de la constante de Hubble est de soixante-dix kilomètres par seconde et par mégaparsec, ici encore avec une incertitude d'au moins 10 %. De meilleures données s'avèrent clairement nécessaires pour affiner la valeur de la constante de Hubble.

Les astronomes attendent beaucoup du NGST (*Next Generation Space Telescope* en anglais), un télescope spatial de six mètres de diamètre dont le lancement est prévu pour 2010 : ils espèrent réduire notablement l'incertitude sur la constante de Hubble, puisque la sensibilité de ce télescope devrait lui permettre d'étudier des céphéides dans des galaxies jusqu'à cent mégaparsecs de distance. À long terme, les plus grands télescopes au sol devraient être adaptés pour fonctionner avec des dispositifs particuliers capables de nous débarrasser d'une grande partie du brouillage atmosphérique ; cela facilitera l'application de quelques autres techniques de détermination des distances à des galaxies encore plus lointaines.

La théorie cosmologique de l'état stationnaire

La découverte de l'expansion de l'univers par Hubble conduit à une inférence capitale : s'il n'y a eu ni accélération ni décélération lorsque l'expansion a commencé, voilà un temps R/V ou $1/H_0$, toute la matière aurait dû être entassée au même point. Dans ses travaux, Hubble estimait la constante H_0 qui porte son nom à cinq cents kilomètres par seconde et par mégaparsec. Cela signifie qu'avec l'échelle de distance de Hubble $1/H_0$ = 2 milliards d'années représentait une limite supérieure de l'âge de l'univers.

Comparons cet âge à celui que l'on attribue, grâce aux techniques de datation par la radioactivité, aux météorites les plus âgées du système solaire. Cette technique de datation mesure la quantité dont un isotope radioactif de longue durée de vie s'est désintégré. Par exemple, l'isotopes ordinaire de l'uranium, de masse 238 (^{238}U), est instable, et sa durée de vie vaut quatre milliards d'années. Il se désintègre pour donner un isotope du plomb de masse 205 (^{205}Pb) qui n'est produit que par la désintégration de l'uranium. Aux météorites les plus âgées correspond un rapport ^{205}Pb sur ^{238}U plus élevé. On mesure la quantité d'isotopes du plomb pour divers échantillons de roche et l'on estime leur âge à partir de ces valeurs. On obtient ainsi un âge de 4,59 milliards d'années pour la roche la plus âgée du système solaire, trouvée dans des météorites et des échantillons de roche lunaire. Le système solaire aurait-il donc un âge deux fois supérieur à celui que Hubble attribuait à l'univers ?

Vérifions ces chiffres en considérant l'âge des étoiles les plus vieilles. Les amas globulaires sont des agrégats d'étoiles ancestraux que l'on trouve à l'orée du disque de la galaxie. Les étoiles de ces amas furent toutes formées à la même époque, mais elles meurent les unes après les autres, les plus lourdes en premier. En trouvant la masse la plus élevée des étoiles survivantes, on peut estimer l'âge de l'amas globulaire, dont les étoiles sont les plus vieilles de la galaxie. L'âge ainsi obtenu s'élève à dix milliards d'années. La discordance est criante : comment l'univers pourrait-il être plus jeune que les étoiles qu'il contient ? À l'époque de Hubble, même la Terre semblait plus vieille que l'univers !

Cette discordance d'âge donna naissance à une nouvelle théorie cosmologique. La théorie de l'univers stationnaire fut conçue par Herman Bondi, Thomas Gold et Fred Hoyle en 1949. Si l'on en croit ce que Fred Hoyle rapporte de cette soirée, les trois astrophysiciens avaient assisté à la projection d'un film à Cambridge. Ce film, une succession d'histoires de fantômes, avait ceci de particulier que la première et la dernière scène étaient les mêmes. Le film était une continuité, il était sans fin. Inspiré par le film, ce fut Gold qui proposa que l'univers pourrait lui aussi être dans une boucle temporelle continue, sans commencement ni fin. Voilà comment est née la cosmologie de l'état stationnaire. Une caractéristique fondamentale de cette théorie est qu'elle postule la création continue de matière à partir du vide, afin de maintenir constante la densité de l'univers et donc satisfaire le principe cosmologique parfait. Les atomes, qui finissent par s'accumuler en galaxies, apparaissent en partant de rien pour remplacer ceux qui se sont déplacés au fur et à mesure de l'expansion de l'espace. Le concept fondamental de la conservation de la matière et de l'énergie, chéri de tous les physiciens, disparaissait brusquement.

La théorie de l'état stationnaire avait été conçue dans le but de supprimer l'indispensable commencement à tout. Elle a même été qualifiée de « plus gros tour de passe-passe jamais dissimulé derrière un vernis de science » par l'auteur bénédictin en théologie et cosmologie Stanley Jaki. Et, pourtant, les motivations scientifiques sous-jacentes à son développement sont très sérieuses. Le postulat de l'état stationnaire était une tentative pour résoudre le problème que posaient les échelles de temps.

La cosmologie de l'état stationnaire faisait quelques prédictions de première importance.

L'amas globulaire 47 du Toucan (NGC 104), situé à une distance de quatre kiloparsecs, appartient à notre galaxie. Ce type d'amas contient les étoiles les plus âgées de la Voie lactée et permet d'attribuer un âge minimal de quinze milliards d'années à l'univers, en comptant un milliard d'années pour la formation d'un amas comme celui-ci.

1. *Il y avait, il y a et il y aura création d'un atome d'hydrogène par mètre cube tous les dix milliards d'années.* On suppose la matière créée à partir du vide, ce qui viole radicalement la conservation de la masse et de l'énergie. On s'attend également qu'il y ait création d'antimatière. Les protons et leurs analogues antimatériels, les antiprotons, s'annihilent entre eux dès qu'ils se rencontrent, en produisant des rayons gamma. Ces annihilations occasionnelles devraient engendrer un fond diffus de rayonnement gamma. Or l'univers ne rayonne pas de ces radiations gamma issues des annihilations de paires. En outre, il apparaît clairement que les galaxies ne peuvent en aucun cas être composées de matière et d'antimatière à parts égales sans provoquer de catastrophe cosmique.

Une autre solution leur vint à l'esprit. Même si l'on renonce à la conservation de la masse et de l'énergie, mieux vaut éviter de violer d'autres lois fondamentales, en particulier celle de la conservation de la charge. Une autre possibilité pour la matière créée de manière continue était donc la création de neutrons. Ils se désintégreraient et baigneraient l'univers d'un gaz chaud, émetteur de rayons X. À l'instar des rayons gamma cosmiques, on n'observe cependant aucun de ces rayons X. Pour pallier ces objections, Fred Hoyle et Jayant Narlikar ont rapidement modifié leur théorie en postulant que la création d'atomes n'aurait lieu qu'au sein de zones extrêmement denses. Ces zones seraient les noyaux des galaxies ainsi que ces objets un peu exotiques et extrêmement lumineux appelés « quasars », qui auraient été très nombreux au début de l'univers et que l'on pense étroitement reliés aux premiers stades de l'évolution des galaxies.

2. *Il n'y aurait eu aucune évolution à grande échelle.* L'hypothèse de l'état stationnaire prédit, en gros, que la densité de galaxies devrait être à grande distance la même que celle que l'on observe dans un voisinage proche. Il n'y aurait eu aucun changement de densité au cours des milliards d'années que nous pouvons remonter dans le temps par l'observation des galaxies lointaines. Certaines galaxies sont d'importantes sources de signal radio et peuvent être détectées de très loin. On espérait de ces sources radio qu'elles permettraient de tester l'hypothèse de la constance de la densité au cours du temps. Si l'univers était plus dense dans le passé, comme le prédit la théorie du big-bang, on devrait observer dans un volume donné une augmentation notable du nombre des sources faibles les plus lointaines, par comparaison aux sources proches plus brillantes.

Typiquement, ce genre d'analyse ne compte que les sources radio dont la luminosité dépasse un certain minimum, déterminé par la taille du radiotélescope, sa sensibilité et la durée de l'observation. Notons N le nombre de galaxies radio recensées dont l'intensité lumineuse mesurée dépasse une certaine valeur f. Pour une source radio de luminosité L située à la distance d, ce seuil de brillance f est donné par le rapport de la luminosité de la source avec la surface d'une coquille sphérique placée à la même distance ($4\pi d^2$). Ainsi, la distance que l'on peut espérer atteindre par une étude limitée en brillance avec des sources de même luminosité est proportionnelle à l'inverse de la racine carrée du flux.

Enfin, le nombre total de sources radio observées dans une étude portant sur l'ensemble de la voûte céleste vaut simplement le produit de la densité des sources radio et du volume soumis à l'étude. L'hypothèse de l'état stationnaire prédit une densité de sources radio invariante dans le temps. Ainsi, le nombre total de sources observées plus brillantes que le seuil f fixé par le protocole devrait être proportionnel au volume considéré, c'est-à-dire au cube de la distance étudiée, soit donc à l'inverse de la puissance trois demis de f.

Ce résultat implique que, si l'on augmente la sensibilité de l'analyse, autrement dit, si l'on diminue le seuil de luminosité f, le nombre de sources que l'on peut espérer détecter augmentera considérablement. Dans un univers qui n'est pas en expansion, comme celui de la théorie de l'état stationnaire, le nombre prédit devrait augmenter proportionnellement à l'inverse de la puissance trois demis de la brillance de la source. Malheureusement pour cette théorie de la création continue, les premières observations menées dans les années 1950 par Martin Ryle et John Bolton ont révélé un accroissement bien plus rapide du nombre de sources. À l'époque, les adeptes de la théorie de l'état stationnaire ont avancé que nous pourrions vivre dans une région de l'univers ayant une déficience locale de sources radio. Parvenus aux

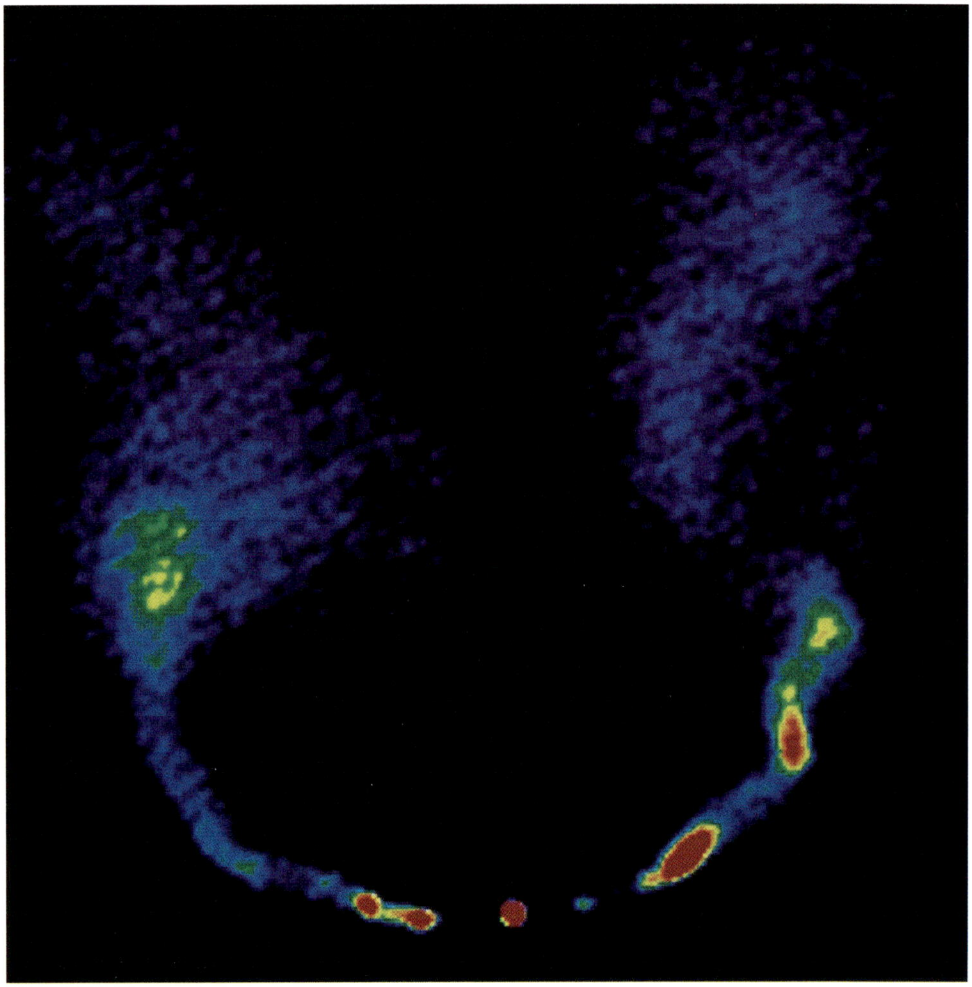

Carte radio de la galaxie elliptique NGC 1265 située dans l'amas de la Vierge (obtenue avec le radiotélescope Very Large Array *de Socorro, Nouveau-Mexique). Les lobes radio éclipsent la partie en lumière visible de la galaxie qui les dissimule, pour ne laisser apparaître que d'immenses traînées dues à la pression du gaz intra-amas à travers lequel la galaxie se déplace. On a découvert des galaxies radio comme celle-ci en très grand nombre après l'avènement de la radioastronomie, mais leur position et les détails de leur structure restaient imprécis. Néanmoins, le simple comptage de ces sources radio a permis de tirer des conclusions capitales pour la cosmologie.*

frontières de cette région, nous devrions assister à une augmentation importante du nombre des sources peu brillantes.

Toutefois, on a montré par la suite que les sources radio étaient principalement des galaxies radio et des quasars distants de plusieurs milliards de mégaparsecs, et cela prouve que l'évolution doit se faire sur une échelle de temps de l'ordre de dix milliards d'années. Les galaxies radio très lumineuses étaient beaucoup plus nombreuses dans le passé que ce que l'on observe aujourd'hui.

La discordance entre la durée de l'expansion de l'univers, d'une part, et les datations stellaires et météoritiques, d'autre part, ne disparut que dans les années 1950 avec l'avènement d'une valeur plus précise pour H_0. La meilleure valeur actuelle est H_0 = 70 kilomètres par seconde et par mégaparsec. Celle-ci fixe l'âge de l'univers, en admettant qu'il y ait eu très peu de décélération, à $1/H_0$ = 14 milliards d'années.

Le coup final fut porté à la théorie de l'état stationnaire en 1964 par la découverte du fond de rayonnement cosmologique dans le domaine des micro-ondes. Ce rayonnement qui baigne tout l'espace fait l'objet du prochain chapitre. Il constitue la preuve directe d'une émission provenant d'un état dense et chaud de l'univers : celui que prédit la théorie du big-bang. Pour justifier un tel rayonnement dans le cadre de la théorie de l'état stationnaire, il faudrait postuler l'omniprésence de grains de poussière millimétriques qui absorberaient l'intense champ de rayonnement émis par les galaxies les plus lumineuses, pour le réémettre ensuite comme un rayonnement de micro-ondes. Cette interprétation du fond de micro-ondes cosmologique est si alambiquée et s'appuie sur tant d'hypothèses farfelues que presque tous les cosmologistes la considèrent hautement improbable.

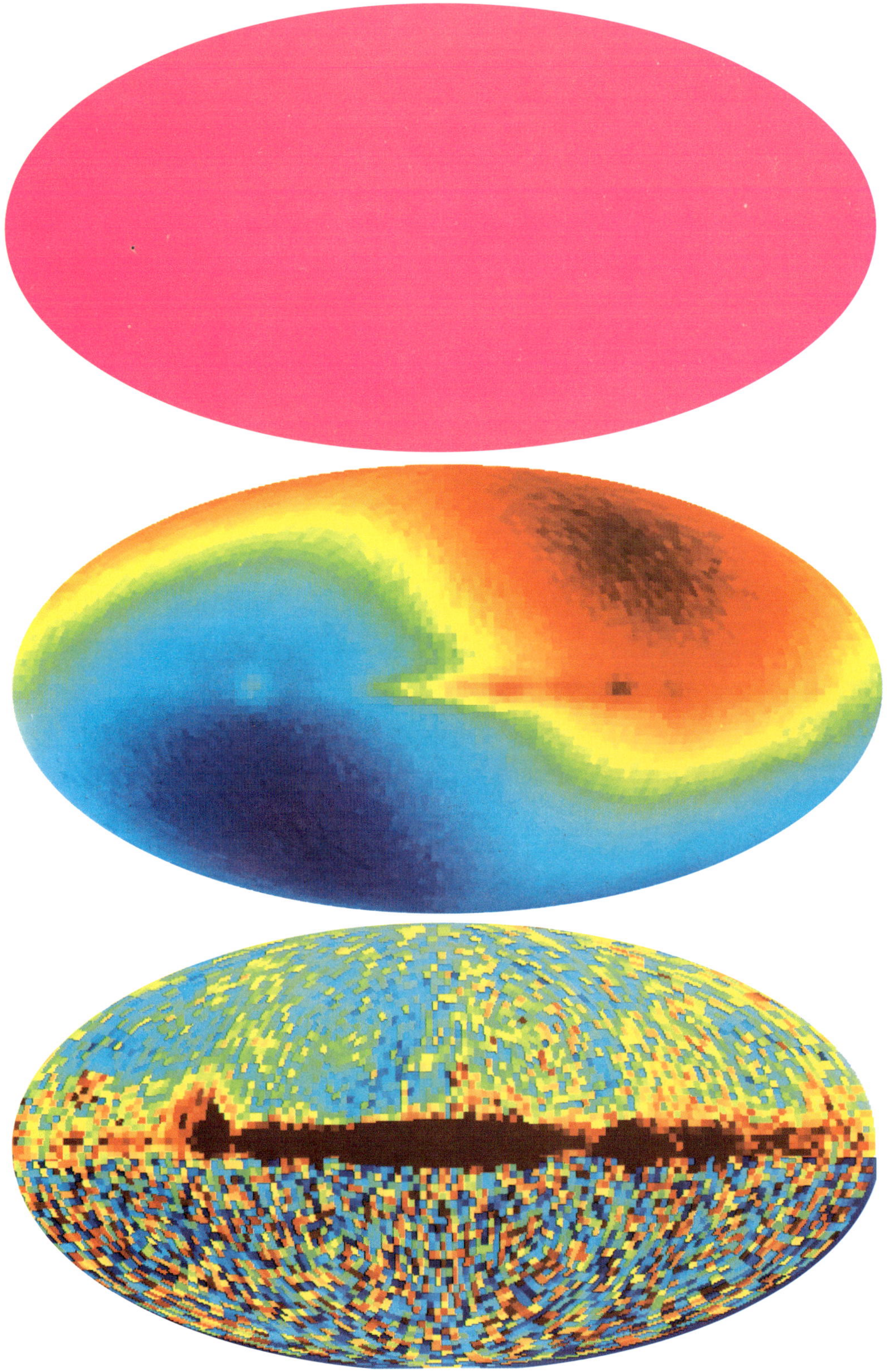

Chapitre trois

Le fond de rayonnement cosmologique

Le fond de rayonnement cosmologique, avec une sensibilité de plus en plus importante du satellite COBE. En première approximation, le ciel est uniforme (premier cliché). En réalité, il présente un décalage en longueur d'onde du bleu vers le rouge (cliché du milieu) de un pour mille, dû au mouvement de la Terre par rapport au référentiel du fond de rayonnement fossile. Lorsque l'on soustrait ce décalage, les fluctuations deviennent visibles à un niveau de précision de un pour cent mille (dernier cliché).

Alexander Friedmann qui, en 1922, prédit la théorie cosmologique du big-bang.

En 1922, le mathématicien et météorologue russe Alexander Friedmann fit une découverte dont le retentissement durera tout le siècle. Il comprit ce qui avait échappé à Albert Einstein qui refusait de l'accepter : l'expansion de l'univers. Einstein avait appliqué le principe cosmologique et simplifié ses équations, la théorie de la relativité générale succédait à celle de Newton et fournissait un modèle cosmologique qui paraissait statique. Un univers statique : voilà qui s'accordait fort bien avec la vision conventionnelle de la cosmologie, où la Voie lactée jouait un rôle central et prépondérant. Einstein avait même inventé une nouvelle force, la force de répulsion cosmique, pour empêcher l'univers de s'effondrer sur lui-même sous l'effet de sa propre gravitation. Friedmann découvrit qu'Einstein avait commis une erreur mathématique élémentaire en mettant de côté une nouvelle solution de ses équations, laquelle autorisait l'expansion de l'univers sans qu'il soit nécessaire d'introduire de nouvelles forces. Einstein finit par admettre que l'introduction de la répulsion cosmique avait été l'une de ses plus grandes erreurs. Curieusement, comme nous le verrons dans un prochain chapitre, la répulsion cosmique connaît un renouveau dans la cosmologie moderne. L'antigravité aurait exercé ses effets répulsifs lors des premiers instants de l'univers ainsi qu'à des périodes plus récentes.

De manière indépendante, le cosmologiste belge Georges Lemaître redécouvrit l'expansion de l'univers en 1927 et fit un pas supplémentaire. Il avança l'idée que le décalage vers le rouge des galaxies fournissait la preuve de l'expansion de l'univers. Sa proposition stipula que le décalage vers le rouge devait être proportionnel à l'éloignement de la galaxie considérée, donnant ainsi une signification physique, que les grands chercheurs de l'époque avaient éludée en se concentrant sur un univers statique. Nous avons vu comment, en 1929, Edwin Hubble avait fourni l'étayage observationnel, *via* la distance des galaxies, qui lui avait permis d'établir une loi empirique entre la distance et le décalage vers le rouge. Curieusement, il semble que Hubble n'ait jamais vraiment accepté le fait que l'augmentation linéaire du décalage vers le rouge en fonction de la distance représentait la preuve de l'expansion de l'univers. Par la suite, les cosmologistes adoptèrent quasi unanimement la loi de Hubble comme base de développement de la théorie d'un univers en expansion.

Au premier abord, cette théorie était difficile à accepter. Pour lui accorder son crédit, Einstein y consacra toute son attention en 1930. C'est alors qu'il proposa, en collaboration avec Willem de Sitter, l'hypothèse d'un espace plat, qui contrastait avec les modèles à courbure sphérique initialement proposés par Friedmann. La cosmologie de l'univers en expansion impliquait que l'univers avait commencé voilà un temps fini dans le passé, à partir d'un état extrêmement dense. Dans une émission de radio diffusée en 1950, Fred Hoyle, le principal défenseur de la théorie de l'état stationnaire (qui permettait d'éviter d'avoir recours à un passé aussi singulier), qualifia d'un ton railleur la théorie rivale de l'univers en expansion de « big-bang ». Malgré l'inadéquation de la notion de son, le nom est resté. L'appellation « grande explosion » eût été plus appropriée, mais elle manquait de rythme. La théorie du big-bang postule un commencement dans le temps datant de dix à vingt milliards d'années, lorsque l'univers aurait émergé d'un état singulier d'une densité extrême. La principale confirmation de la théorie du big-bang fut la découverte du fond de rayonnement fossile, reliquat des origines de l'univers.

Georges Lemaître qui, en 1927, prédit que l'univers pourrait être en expansion.

La découverte

En 1964, deux jeunes radioastronomes, Arno Penzias et Robert Wilson, découvrirent un curieux bruit de fond dans le domaine des ondes radio. Les deux chercheurs travaillaient aux laboratoires Bell dans le New Jersey avec un radiotélescope extrêmement sensible, conçu pour recevoir les signaux des premiers satellites de communication. Leur instrument détecta un bruit de fond d'origine extraterrestre qui, outre le fait de ne pas dépendre de la position du Soleil ou de la Voie lactée, provenait uniformément de toutes les directions. Autrement dit, le bruit était isotrope. Il ne venait pas du télescope lui-même, ce que Penzias et Wilson vérifièrent en le nettoyant avec soin des divers résidus d'origine biologique qui auraient pu engendrer des signaux parasites. Les mesures révélèrent que le bruit de fond était un rayonnement de 7 centimètres de longueur d'onde, dans le domaine des micro-ondes. Rétrospectivement, ce signal est facile à détecter. Environ 1 % des parasites sur un écran de télévision dont la fréquence n'est pas réglée sur celle d'une chaîne locale est dû à ces micro-ondes extraterrestres.

Il apparut rapidement que ce rayonnement de micro-ondes prenait source dans les régions les plus reculées de l'univers. Son isotropie impliquait que, s'il ne provenait pas d'un phénomène très local, comme l'émission par des poussières au sein du système solaire, alors ce rayonnement devait venir de très, très loin. Parallèlement, un groupe de cosmologistes qui travaillaient non loin de là, à l'Université de Princeton, était à la recherche d'un fond de rayonnement fossile de micro-ondes, vestige du big-bang. Robert Dicke et ses collaborateurs avançaient que la majeure partie de l'hélium de l'univers, celui du Soleil et des autres étoiles, avait dû être créée par fusion thermonucléaire aux premiers instants de l'univers. Pour que cela ait pu avoir lieu, l'univers en formation devait être extrêmement chaud et, dans ce cas, il aurait été peuplé de photons de haute énergie, émis par les électrons et les protons portés à haute température. Au fur et à mesure de l'expansion de l'univers, le rayonnement se serait refroidi pour se retrouver aujourd'hui observable dans le domaine des micro-ondes.

Les chercheurs des laboratoires Bell, Arno Penzias et Robert Wilson, devant l'antenne de Holmdel dans le New Jersey, grâce à laquelle ils découvrirent, en 1964, le fond de rayonnement cosmologique.

Les astronomes de Princeton ne savaient pas que, plus de vingt ans auparavant, George Gamow avait proposé un raisonnement analogue qui l'avait conduit à des prédictions de même nature. Ses anciens collaborateurs, Ralph Alpher et Robert Herman, avaient estimé en 1949 la température actuelle de l'univers contenant les vestiges refroidis de ce rayonnement à cinq kelvins. Toutefois, ils ne proposèrent pas de rechercher un rayonnement de micro-ondes, et c'est en 1963 que les deux Russes Andrei Doroshkevich et Igor Novikov franchirent l'étape suivante. Ils consultèrent les revues techniques des laboratoires Bell pour voir si leurs mesures de micro-ondes pouvaient poser des limites intéressantes sur le fond de rayonnement cosmologique. Ils tombèrent sur une mine d'or lorsqu'ils découvrirent un article datant de 1961 dans lequel Ed Ohm signalait qu'en pointant l'antenne de soixante mètres de diamètre des laboratoires Bell vers le ciel il obtenait des mesures trop élevées d'un bruit de fond autour de trois kelvins. Malheureusement, Ohm n'était pas en mesure d'exclure la possibilité d'une origine instrumentale de ce bruit de fond.

Néanmoins, les efforts des chercheurs de Princeton ne furent pas vains : ils parvinrent rapidement à tirer les conséquences des découvertes des laboratoires Bell en mesurant à nouveau le spectre des micro-ondes cosmiques à une seconde longueur d'onde. Ils conclurent que le rayonnement était essentiellement celui d'un corps noir primordial.

George Gamow, pionnier, dans les années 1940, de la théorie du big-bang. On lui doit également d'avoir développé la théorie de la nucléosynthèse primordiale pour expliquer la présence des éléments légers.

Rayonnement du corps noir

On appelle « rayonnement du corps noir » les radiations présentes au sein d'un volume clos isolé où règne une température parfaitement uniforme. Ses propriétés ne dépendent que de la température et d'aucun autre caractère du récipient. Il est constitué d'une large gamme de longueurs d'onde, mais son intensité augmente pour certaines. Ce type de rayonnement possède une distribution en intensité unique en son genre, appelée « distribution de Planck ». Bien que l'allure de cette distribution soit toujours la même, le maximum d'intensité est obtenu pour des longueurs d'onde d'autant plus courtes que la température est plus élevée. Ces variations sont régies par la loi connue sous le nom de « loi de Wien » qui stipule que le produit de la température par la longueur d'onde au pic d'émission vaut 0,3 centimètre par kelvin. Ainsi, le rayonnement du corps noir dont l'intensité est maximale pour une longueur d'onde de 0,1 centimètre possède une température de 3 kelvins seulement, soit –270 degrés Celsius.

En tirant la conclusion que le fond de rayonnement cosmologique était un rayonnement de corps noir (ils ne s'appuyaient que sur deux mesures de longueurs d'onde, toutes deux très différentes de la longueur d'onde au maximum d'intensité), les chercheurs de Princeton tentaient vraiment leur chance. On peut difficilement décrire le spectre d'un corps noir par des mesures à deux longueurs d'onde seulement. Cela rappelle le bon mot attribué à Enrico Fermi : un expérimentateur habile est capable de faire concorder un éléphant avec la donnée expérimentale de quatre points ; avec cinq points, non seulement il ajoute la queue de l'éléphant, mais il la lui fait remuer. Malgré tout, la théorie du big-bang était convaincante : elle prédit résolument un rayonnement de corps noir. Il faudra des techniques bien plus élaborées et beaucoup de fausses alertes avant de parvenir à des mesures probantes autour du maximum d'intensité du spectre du corps noir.

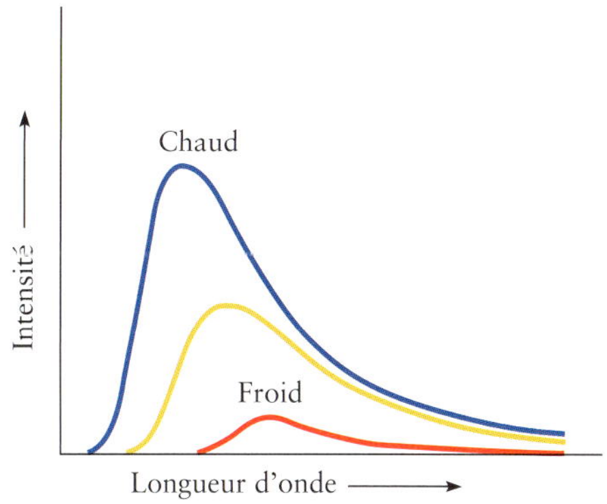

La distribution de lumière d'un corps noir présente une allure universelle, indépendante de la température du corps noir. Pour les corps les plus froids, le maximum d'intensité lumineuse se déplace vers les longueurs d'onde les plus élevées. Pour les corps noirs qui émettent dans la partie visible du spectre, ce décalage se fait de la lumière bleue vers la lumière rouge.

En effet, les mesures effectuées par fusée ou par satellite n'ont montré qu'en 1991 que le rayonnement de micro-ondes cosmologique est extrêmement proche du spectre d'un corps noir porté à la température de trois kelvins. Le dénouement vint avec l'instrument conçu par John Mather et qui fut placé à bord du satellite COBE (*Cosmic Background Explorer*, en anglais). Lancé en 1989, l'appareil était capable de mesurer la température du fond de rayonnement cosmologique avec une précision sans précédent. La valeur précise de la température de ce rayonnement de fond fut évaluée à 2,726 kelvins, avec une incertitude de 0,01 kelvin seulement. D'autres télescopes ont également effectué des mesures à de nombreuses longueurs d'onde s'échelonnant entre 30 centimètres (domaine des ondes radio) et 0,05 centimètre (dans l'infrarouge lointain). Les écarts entre le spectre obtenu et celui d'un corps noir parfait sont dérisoires : moins d'un

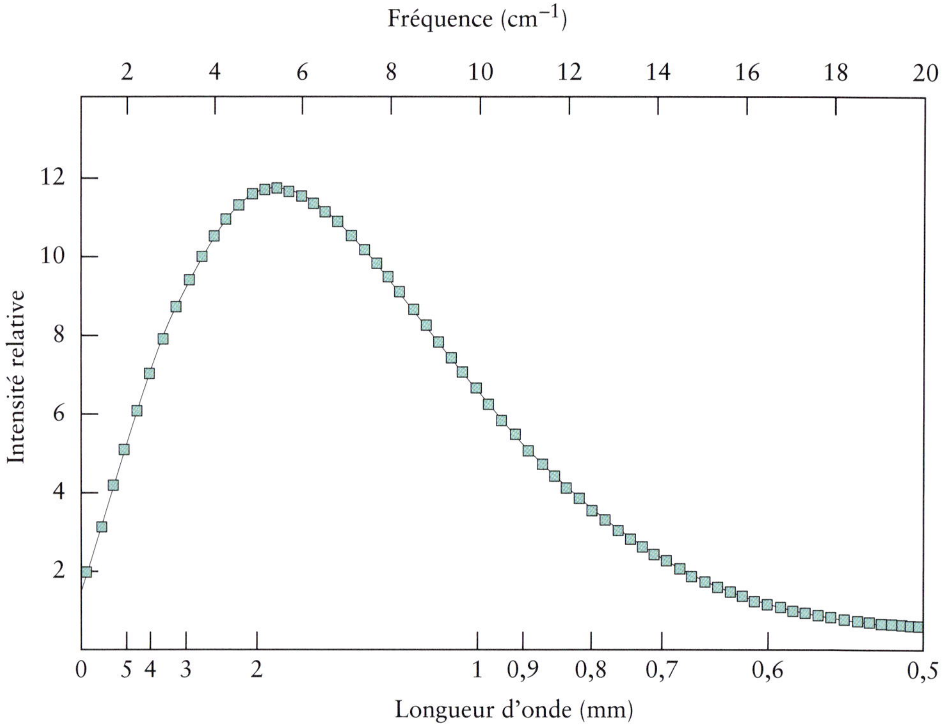

Le spectre du fond de rayonnement cosmologique tel qu'on l'a mesuré lors des premières minutes d'observation par l'instrument FIRAS à bord du satellite COBE en 1989. La courbe de l'intensité en fonction de la longueur d'onde correspond à celle d'un corps noir à la température de 2,73 kelvins.

centième de pour-cent au voisinage du maximum. On serait incapable, en laboratoire, de mesurer un spectre de corps noir plus précis que celui que l'on a détecté dans l'espace.

La théorie quantique relie l'énergie du rayonnement à sa longueur d'onde ou à sa fréquence. Le rayonnement est émis par petits « paquets » dotés d'une quantité d'énergie discrète, des « quanta » appelés « photons ». L'énergie d'un photon vaut $h\nu$, où ν est la fréquence ($c/\nu = \lambda$ est la longueur d'onde) et h est la constante de Planck. Le rayonnement du corps noir est constitué de photons regroupés de la manière la plus dense possible. Cela signifie que, dans une boîte dont les dimensions sont égales à la longueur d'onde λ, il y a en moyenne un photon. Ainsi, la densité du rayonnement du corps noir vaut approximativement $1/\lambda_{max}^3$ par centimètre cube. À mesure de l'expansion de l'univers, toutes les échelles de longueur augmentent, et les longueurs d'onde de toutes les radiations augmentent également : elles sont décalées vers le rouge. Par conséquent, en vertu de la loi de Wien, la température du corps noir décroît proportionnellement au facteur dont l'univers s'est dilaté. À ce jour, on trouve en moyenne 411 photons du fond de rayonnement de corps noir par centimètre cube. Bien évidemment, ces photons se déplacent à la vitesse de la lumière dans le vide, c. On peut mesurer leur flux à travers une section de un centimètre carré comme le nombre de photons du corps noir par centimètre cube que multiplie c, ce qui donne environ 2×10^{13} photons par centimètre carré par seconde. Dans des temps reculés de l'histoire de l'univers, ce flux aurait été bien supérieur.

L'isotropie du fond de rayonnement cosmologique

Outre son spectre qui est celui d'un corps noir, un second aspect remarquable du fond de rayonnement micro-onde est son exceptionnelle isotropie. Les mesures récentes trouvent exactement la même température de corps noir, quelles que soient les différentes directions du ciel observées, avec une précision meilleure que un pour cent mille.

On s'attendait néanmoins à trouver une variation supérieure dans un cas précis, et l'écart obtenu est effectivement dû au décalage Doppler occasionné par le mouvement de la Terre par rapport au fond de rayonnement cosmologique. La Terre tourne autour du Soleil à la vitesse de trente kilomètres par seconde, le Soleil se déplace au sein de la galaxie à deux cent vingt kilomètres par seconde, et la galaxie au sein du Groupe local avec une vitesse de l'ordre de cinquante kilomètres par seconde ; le Groupe local lui-même chemine dans le superamas de la Vierge aux alentours de deux cents kilomètres par seconde. Tout cela se combine et conduit à une vitesse moyenne pour la Terre d'environ quatre cents kilomètres par seconde, qui devrait engendrer un décalage vers le bleu du fond de rayonnement dans la direction de notre mouvement et un décalage vers le rouge dans la direction opposée. L'ordre de grandeur du décalage est donné, *grosso modo*, par le rapport de ces quatre cents kilomètres par seconde et de la vitesse de la lumière dans le vide (trois cent mille kilomètres par seconde), soit environ 0,1 % de la vitesse de la lumière. On appelle ce décalage une « variation dipolaire » car il varie continûment lorsqu'on parcourt toute la voûte céleste, avec un maximum et un minimum de l'intensité du fond de rayonnement lorsqu'on l'observe sur 180 degrés. Cette variation douce était l'objet d'une prédiction, fondée sur l'hypothèse que le fond de rayonnement cosmologique provenait réellement d'un passé très reculé.

En 1973, les astrophysiciens Richard Muller et George Smoot conçurent un télescope sensible aux ondes dans le domaine radio, censé opérer au voisinage du maximum du spectre du rayonnement cosmologique. Les vapeurs d'eau provenant de la

L'anisotropie dipolaire détectée par le satellite COBE.

La vitesse de la Voie lactée par rapport au référentiel cosmologique est de l'ordre de 600 kilomètres par seconde. La vitesse effectivement mesurée pour la Terre par rapport au fond de rayonnement n'est que de 400 kilomètres par seconde. On obtient la vitesse la plus élevée pour notre galaxie lorsqu'on tient compte du mouvement de la Terre autour du Soleil (30 kilomètres par seconde), du mouvement du Soleil autour du centre de la Terre (220 kilomètres par seconde) et du mouvement de la Voie lactée au sein du Groupe local, en direction de la galaxie d'Andromède (50 kilomètres par seconde). On déduit que l'ensemble du superamas de la Vierge se déplace à la vitesse de 400 kilomètres par seconde en direction d'une immense concentration de galaxies, appelée le Grand Attracteur.

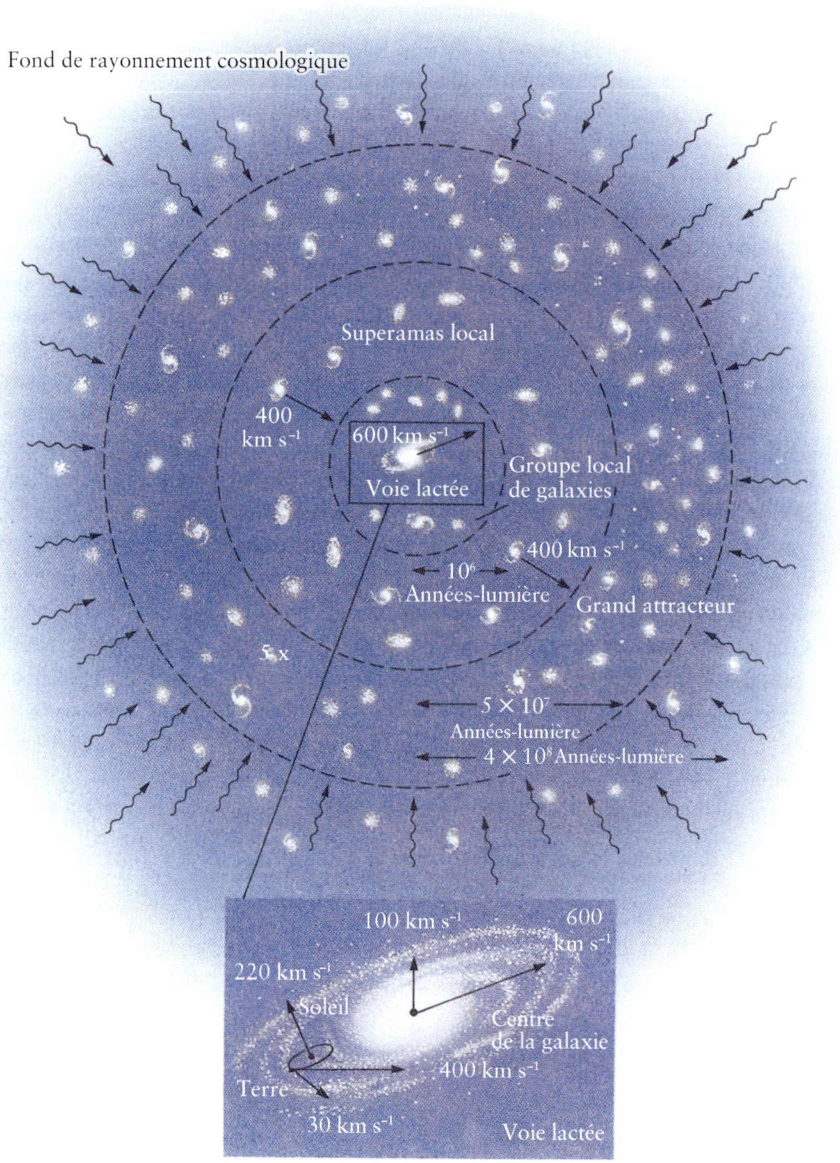

Terre engendrent, à la longueur d'onde considérée, une opacité dont on se serait bien passé ; heureusement, Muller et Smoot sont parvenus à surmonter la difficulté en lançant le télescope à bord d'un avion espion qui, pour une fois, espionnerait les cieux pour y découvrir le mouvement de notre galaxie par rapport au fond de rayonnement cosmologique. L'anisotropie dipolaire mesurée pour le mouvement de la Terre fut celle que l'on avait prédite, une variation de température de un pour mille. Après correction du mouvement de rotation du Soleil dans la galaxie, le Groupe local de galaxies est supposé se déplacer à la vitesse de cinq cent cinquante kilomètres par seconde, soit près de deux millions de kilomètres à l'heure, vers un point situé dans la direction du Verseau. Cela fournit la première preuve tangible du fait que le fond de rayonnement micro-onde est bien d'origine cosmologique et étaye l'hypothèse qu'il serait un vestige du big-bang.

La période de thermalisation

On peut estimer la densité de la matière ordinaire dans l'univers d'aujourd'hui, à un facteur dix près, par l'observation de la fréquence des galaxies. À des époques plus reculées, toute cette matière se trouvait principalement sous la forme d'un plasma d'hydrogène ; autrement dit, un bain de protons et d'électrons, mais sans atomes d'hydrogène. En remontant dans le temps, on peut évaluer la densité de ce plasma aux débuts de l'univers, bien avant la formation des galaxies. On déduit de cette densité et de nos mesures de la température du corps noir ce que devait être l'univers aux différentes étapes de son évolution.

Aujourd'hui, les radiations provenant de galaxies distantes cheminent librement jusqu'à nous. Cela revient à dire que l'univers est hautement transparent au rayonnement électromagnétique. Cependant, beaucoup plus tôt dans l'histoire de l'univers, alors que la densité moyenne de la matière et sa température étaient toutes deux suffisamment élevées, l'univers avait l'air d'être plongé dans un brouillard extrêmement dense. Les radiations ne pouvaient parcourir la moindre distance sans être quasi immédiatement absorbées puis réémises. Matière et rayonnement, en contact thermique étroit, étaient à la même température. Ces conditions sont précisément celles requises pour engendrer un rayonnement du type de celui du corps noir, et le processus qui permet d'y parvenir est appelé « thermalisation ».

Un exemple de réactions physiques qui transmettent la thermalisation du rayonnement est celui du « rayonnement de freinage », encore appelé *Bremsstrahlung*. Dans ce processus, les électrons sont décélérés dans le champ électrique d'autres électrons ou de protons et, de ce fait, émettent ou absorbent des photons afin d'assurer la conservation de l'énergie. Ce type de réaction eut un effet durant la première année qui suivit le big-bang, mais cessa par la suite. Bien que le rayonnement continuât d'interagir avec la matière par diffusion avec des électrons libres, la création de nouveaux photons s'arrêta et avec elle la thermalisation. Toutefois, le rayonnement du corps noir produit pendant la première année subsiste : rien ne peut le détruire. L'expansion de l'univers a simplement pour effet d'atténuer progressivement la température, mais le spectre conserve la forme de celui du corps noir.

La dernière période de diffusion

À l'ère de la thermalisation, les rayonnements émis étaient principalement des rayons X. À mesure de l'expansion de l'univers et du refroidissement du rayonnement, ces photons atteignirent des longueurs d'onde inférieures, dans l'ultraviolet.

Aujourd'hui, la température du rayonnement de fond avoisine les trois kelvins. Cependant, trois cent mille ans après le big-bang, elle s'élevait à trois mille kelvins. À l'époque, l'univers était environ mille fois plus petit qu'aujourd'hui, et le facteur d'expansion — qui indique l'éloignement d'une paire de galaxies distantes — valait 0,001 fois sa valeur actuelle. Cette température est tout juste suffisante pour que les photons ultraviolets qui composent un rayonnement aussi chaud soient capables d'ioniser l'hydrogène : jusqu'à ce point, la matière demeurait à l'état de plasma. Le plasma d'hydrogène, à condition qu'il ne soit pas trop diffus, possède la propriété d'être opaque au rayonnement : les radiations ne peuvent le traverser librement car elles sont diffusées plusieurs fois. Les électrons libres reçoivent une petite impulsion au passage de l'onde électromagnétique, et cela a pour effet de la dévier.

Environ trois cent mille années après le big-bang, la densité de matière avait beaucoup diminué et avec elle la température du rayonnement, à tel point que ses photons se trouvaient maintenant dans le domaine des longueurs d'onde du visible. Le moment était venu où le rayonnement pouvait traverser librement la matière. Cette nouvelle liberté pour les photons coïncidait avec le changement d'état de la matière qui passait du plasma à la formation des atomes. À mesure que chutait la température, les particules libres, électrons et photons, pouvaient se lier pour produire des atomes d'hydrogène. L'hydrogène atomique devint donc l'état prédominant pour la matière. Avec un nombre d'électrons libres devenu négligeable, l'univers était maintenant parfaitement transparent au rayonnement. Un peu comme si le brouillard s'était dissipé. Lorsqu'on observe aujourd'hui le fond de rayonnement cosmologique, on voit l'univers tel qu'il était voilà bien longtemps, alors que la température du rayonnement du corps noir valait trois mille kelvins. Le fond de micro-ondes cosmologique ouvre une fenêtre sur l'univers à une époque bien plus ancienne que ce que permet l'observation des galaxies ou des quasars puisqu'en effet, à cette époque, aucun de ces objets n'avait encore été créé.

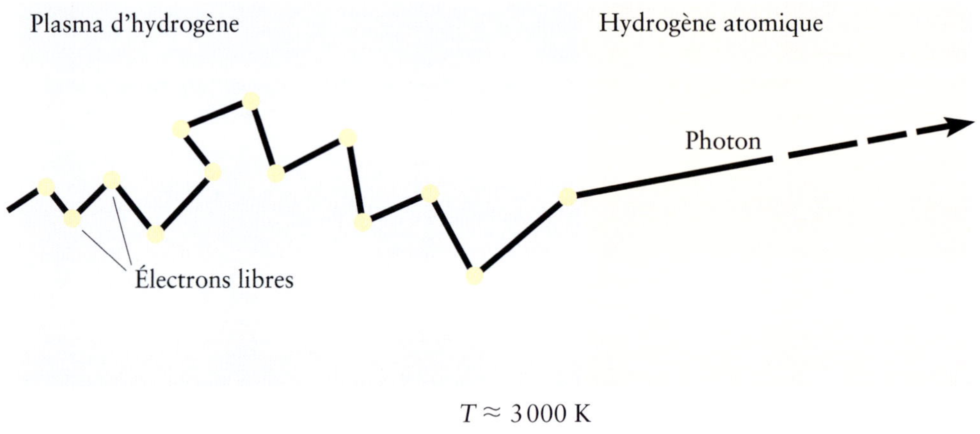

Durant les trois cent mille premières années, alors que l'univers était baigné d'hydrogène ionisé, les photons étaient fréquemment diffusés par les électrons libres. À mesure que la température a diminué, passant en deçà de trois mille kelvins, l'hydrogène a pu se condenser pour former des atomes, et les électrons, qui n'étaient plus libres, ne pouvaient plus diffuser les photons. Lorsqu'on observe les photons du fond de rayonnement fossile, on remonte dans le temps jusqu'à l'époque où l'univers n'était âgé que de quelques centaines de milliers d'années.

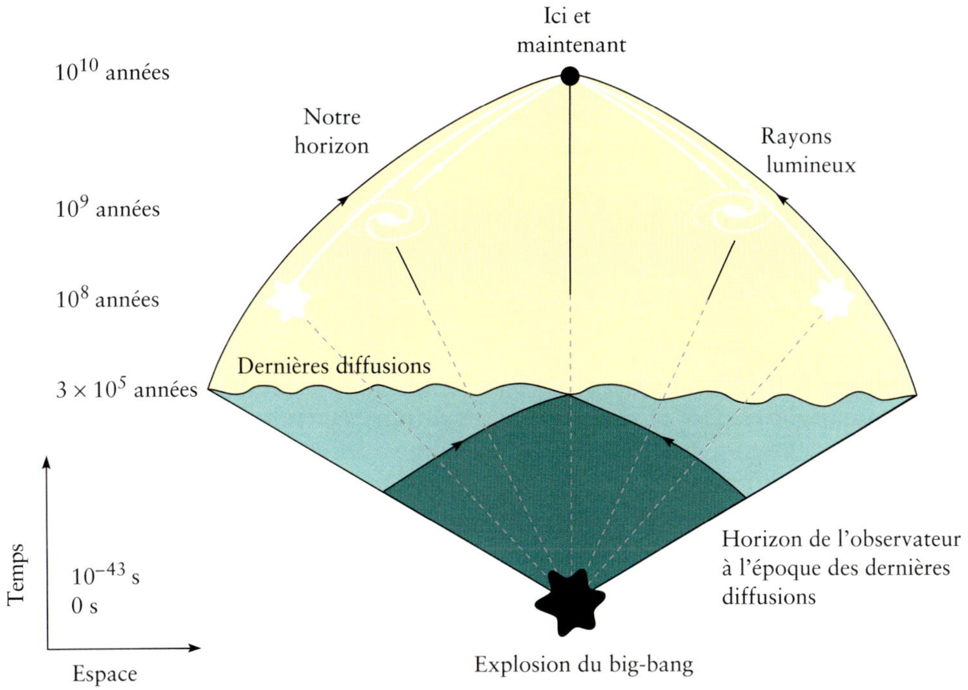

Ce diagramme d'espace-temps (le temps est représenté sur l'axe vertical, et les trois dimensions d'espace sur l'axe horizontal) retrace diverses étapes de la théorie du big-bang : du commencement à l'époque des dernières diffusions, jusqu'à la naissance des galaxies et leur évolution. Lorsqu'on étudie une galaxie voisine, on la voit telle qu'elle était quelque temps auparavant (et peut-être des millions d'années plus tôt) ; une galaxie plus lointaine, quant à elle, apparaît telle qu'elle était voici plusieurs milliards d'années. Néanmoins, le rayonnement du corps noir nous parvient directement de l'époque des dernières diffusions, ce qui revient à remonter 99,9 % du temps jusqu'au big-bang, soit seulement trois cent mille ans après le cataclysme originel.

Fluctuations

Toute la structure à grande échelle de l'univers d'aujourd'hui provient de l'évolution de petites fluctuations de densité. Ces fluctuations primordiales n'étaient à l'origine que des déviations infinitésimales par rapport à l'homogénéité de l'univers en formation. L'instabilité gravitationnelle aidant, celles-ci ont augmenté de manière inéluctable pour finalement engendrer les galaxies et les amas de galaxies que l'on observe aujourd'hui. À grande échelle, on pourrait discerner dans la distribution des galaxies les vestiges de ces fluctuations primordiales. À plus grande échelle encore, le fond de rayonnement cosmologique serait le témoin de ces écarts originels à l'uniformité.

Depuis l'époque des dernières diffusions, la matière n'alimente plus le rayonnement de fond, les radiations se déplacent librement et sont refroidies par l'expansion de l'univers au point qu'on les observe maintenant comme un fond de micro-ondes. Ce rayonnement est un pâle vestige de l'explosion qui a secoué les dix mille premières années de l'univers. Les fluctuations de température du fond de micro-ondes donnent une mesure de l'amplitude des fluctuations cosmologiques de densité au début de l'époque de la suprématie de la matière, quelque dix mille années après le big-bang, alors que les fluctuations commençaient à prendre de l'ampleur.

Peu de temps après la découverte du fond de rayonnement cosmologique, les cosmologistes espéraient déjà trouver ces fluctuations, mais l'annonce tant attendue de la détection de ces anisotropies se fit désirer jusqu'au printemps de l'année 1992. Un radiotélescope à bord du satellite COBE enregistra des fluctuations du fond de rayonnement de micro-ondes valant trente millionièmes de kelvin seulement. L'échelle angulaire de ces fluctuations découvertes par le satellite COBE était si vaste (de dix à quatre-vingt-dix degrés dans le ciel) qu'aucun processus causal de la cosmologie standard telle que l'avaient envisagée Friedmann et Lemaître ne pouvait les expliquer. Les fluctuations en température sont censées retracer la structure présente au commencement de l'univers. L'univers était hautement uniforme, mais pourtant pas complètement. Les fluctuations, comme nous le verrons, constituent des indices cruciaux sur l'origine de l'univers.

À bord du satellite COBE, il fut possible de détecter ces fluctuations, grâce au radiomètre à micro-ondes différentiel (*Differential Microwave Radiometer*) conçu par George Smoot. Ce radiomètre a ceci de remarquable qu'en utilisant la même technologie « prêt-à-monter » (depuis 1975) que celle dont il se servit pour mesurer l'anisotropie dipolaire, Smoot fit une découverte fondamentale en cosmologie. Les théoriciens avaient prédit que, pour un ordre de grandeur de un pour cent mille, on devrait détecter une atténuation du fond de rayonnement cosmique, semence de la structure à grande échelle. Pour parvenir à augmenter à ce point la sensibilité, plus de cent fois supérieure à celle qui fut nécessaire pour mesurer l'anisotropie dipolaire, il fallut utiliser une plate-forme de lancement spatiale, et Smoot éleva l'expérience du radiomètre à micro-ondes au rang de réincarnation à bord du satellite COBE. Initialement, il était destiné à la Station spatiale, mais le désastre de *Challenger* obligea à repenser l'instrumentation et à en réduire la taille afin qu'il puisse tenir dans une fusée Delta. COBE fut la première mission de la NASA consacrée à la cosmologie, et recueillit des données pendant quatre ans, de 1989 à 1993, jusqu'à ce que la NASA y coupe court pour des raisons budgétaires.

Le radiomètre à micro-ondes mesurait l'intensité du rayonnement pour trois fréquences astucieusement choisies (à 31,5, 53 et 90 gigahertz) à la fois autour du maximum d'intensité du fond de rayonnement cosmique et autour du minimum du signal provenant de la galaxie, source de bruit au premier plan. Il était alors possible de distinguer les émissions cosmologiques des émissions galactiques grâce à leur allure spectrale différente. Le radiomètre disposait de deux antennes de réception, chacune équipée de deux détecteurs différents pour les trois fréquences et pointant dans des directions du ciel séparées de soixante degrés. Le bruit était réduit à quelques millionièmes seulement en comparant les différentes mesures relevées par l'instrument.

À gauche : si l'on observait la Terre avec la résolution angulaire de l'expérience DMR de COBE, et après avoir éliminé tout bruit de fond, on obtiendrait un résultat semblable à cette simulation idéalisée. À droite : cette carte donne une vision plus réaliste de la façon dont COBE cartographierait le monde. La différence avec la carte idéale précédente tient à ce que l'on a ajouté le « bruit de fond » expérimental, équivalent à deux ans d'acquisition de données. On peut voir des « fluctuations » à diverses échelles angulaires correspondant aux continents et aux océans, mais on a perdu l'essentiel de la définition. Cela donne une idée de la difficulté que rencontre COBE dans ses tentatives de reconstruire l'allure des fluctuations en température du fond de rayonnement cosmologique.

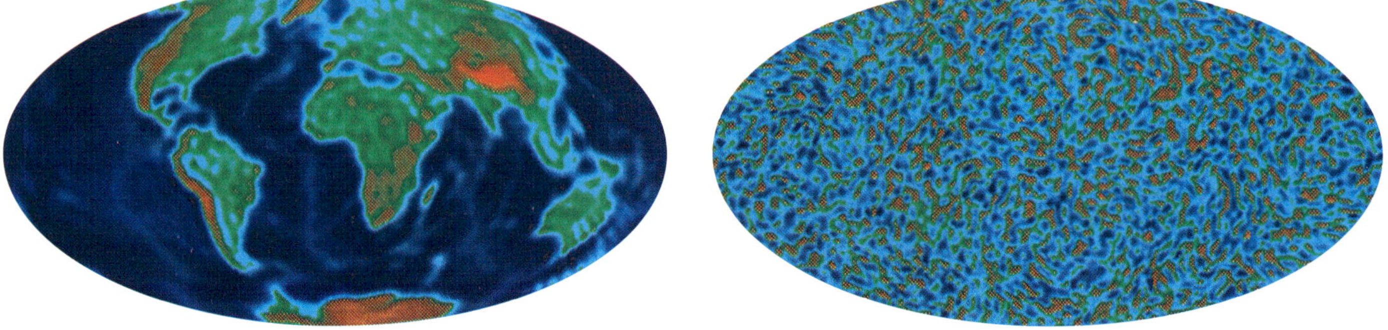

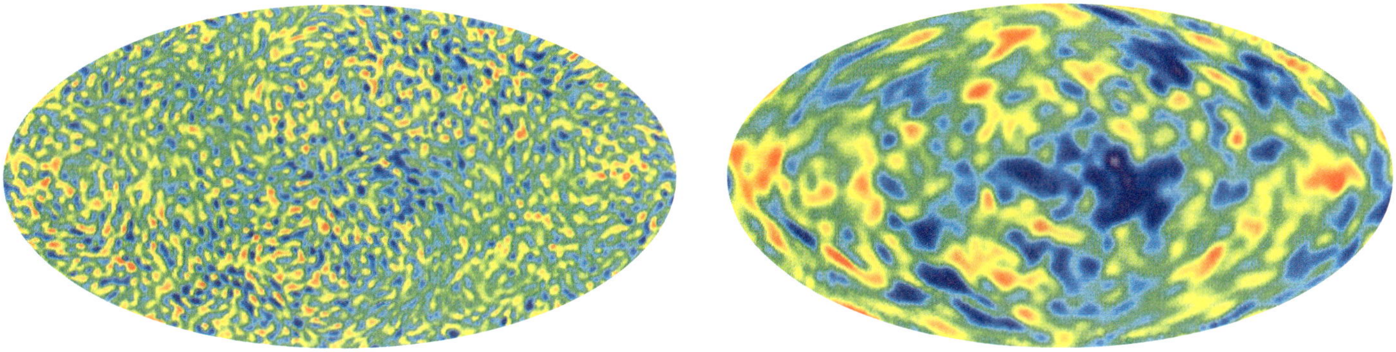

À gauche : une carte brute des données du DMR de COBE après un an d'acquisition de données. À droite : lorsque les données sont lissées sur dix degrés et que l'on soustrait la contribution galactique aux fluctuations, une structure émerge, qui provient principalement du bruit instrumental. Toutefois, une analyse statistique révèle qu'il subsiste un véritable signal dû aux fluctuations cosmologiques.

Tous les six mois, le radiomètre à micro-ondes dressait une carte de la totalité du ciel. Après l'année complète qui fut nécessaire pour analyser toutes les données, les expérimentateurs purent sans ambiguïté mesurer les anisotropies du fond de micro-ondes cosmologique. Ils pouvaient être certains que ces anisotropies étaient celles du fond de rayonnement cosmologique parce que les variations de température exhibaient le spectre typique du corps noir, comme prévu. Les fluctuations avaient une amplitude caractéristique de trente millionièmes de kelvin, mesurée pour des distances angulaires qui s'échelonnaient, dans le ciel, entre dix et quatre-vingt-dix degrés. Il y avait des zones chaudes et des zones froides de diverses tailles, avec un décalage de cet ordre. Cependant, les données recueillies lors de la première année de fonctionnement du radiomètre à micro-ondes étaient assez brouillées — le rapport du signal cosmologique sur le bruit était seulement de l'ordre de l'unité — pour qu'on ne puisse pas percevoir directement les fluctuations sur l'image. L'impression visuelle qu'on en retirait était dominée par le bruit. Seulement en traitant l'image du ciel pouvait-on montrer que les fluctuations étaient significatives dans un sens statistique ? Après qu'on eut corrigé la contamination de premier plan venue de notre propre galaxie, il subsistait un véritable signal cosmologique dont l'amplitude équivalait à un niveau de trois pour cent mille, exactement ce que prédisaient les théoriciens. Ce niveau de fluctuation est unc centainc dc fois inférieur à l'anisotropie dipolaire due au mouvement relatif de la Terre par rapport au fond de rayonnement cosmologique.

Les fluctuations cosmologiques résiduelles à des échelles allant de quelques degrés jusqu'à quatre-vingt-dix degrés, comme celles mesurées par COBE, sont approximativement en accord avec les prédictions des modèles les plus simples de formation des structures à grande échelle. En fait, les fluctuations observées valaient à peu près deux fois ce que prédisait la théorie. Mais cela représentait néanmoins un véritable succès. Un peu comme si l'on pouvait faire mouche, au tir à l'arc, à une distance de cent mètres... dans le noir !

Dans les dix années qui ont suivi l'expérience de COBE, on a dressé la carte des fluctuations du fond de rayonnement cosmologique grâce à une bonne vingtaine d'expériences, jusqu'à atteindre une résolution de quelques minutes d'arc seulement. Le lien entre la théorie de la formation des structures et l'univers tel qu'on l'observe aujourd'hui a finalement été établi. Je décrirai au chapitre 10 comment la cosmologie moderne a permis de prédire ces fluctuations découvertes pour la première fois en 1992.

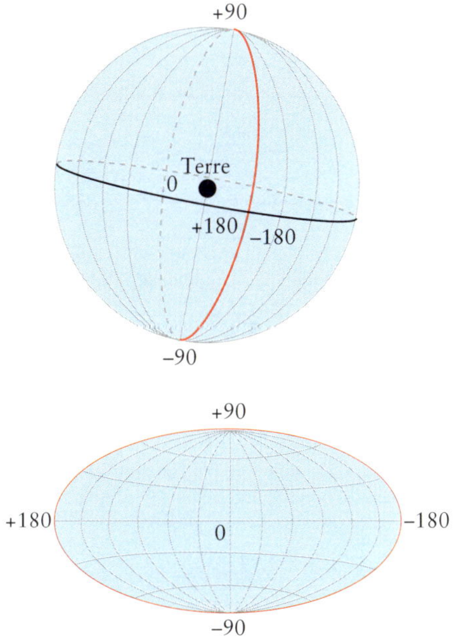

Pour mesurer des degrés dans le ciel, imaginons un globe céleste centré sur la Terre (en haut) que l'on aurait découpé le long de la ligne de raccordement rouge avant de le mettre à plat (en bas).

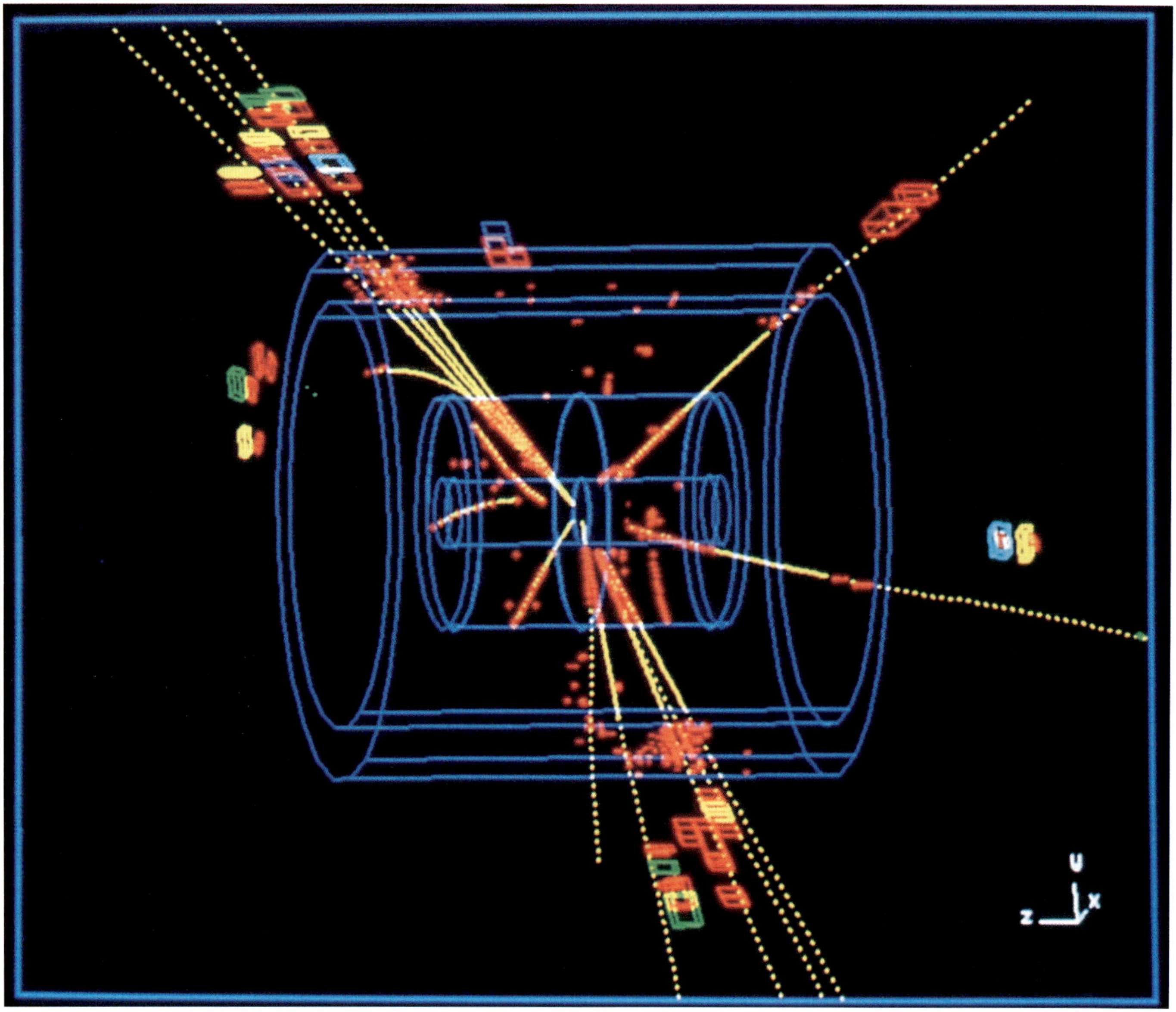
U
X
Z

Chapitre quatre

La première 10^{-43} seconde de l'univers

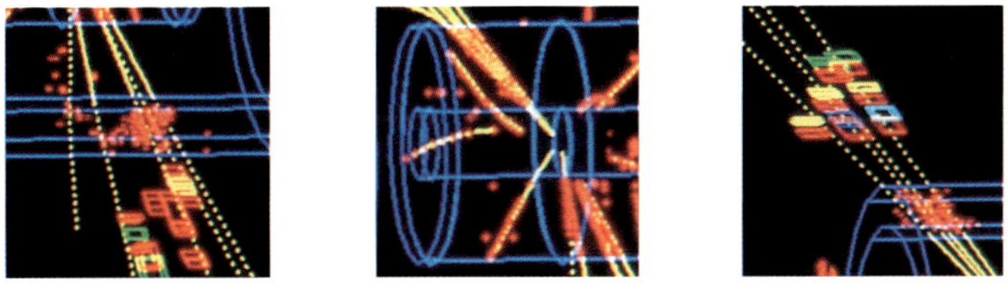

Dans cette simulation d'événements dans le Grand Collisionneur de hadrons (LHC) du CERN, un proton et un antiproton de haute énergie entrent en collision et produisent des jets de courte durée de vie de particules hautement énergétiques vouées à se désintégrer. Les physiciens étudieront en détail la composition des débris et chercheront éventuellement à mettre indirectement en évidence des particules interagissant faiblement, dans l'espoir de préciser la nature des interactions entre particules à très haute énergie. Parce que des énergies comparables furent atteintes lors des premiers instants du big-bang, les tentatives de recréer ces conditions devraient contribuer à lever le voile sur la création de la matière.

L'histoire de l'expansion de l'univers a commencé lorsque la matière se trouvait dans un état de densité et de température considérablement élevées. Comprendre le commencement de l'univers représente un défi pour la science, aussi bien pour la physique des particules élémentaires que pour celle de l'espace et du temps. Le fond de rayonnement cosmologique nous permet de remonter jusqu'aux premiers instants de l'univers. Mais cela n'est pas encore assez pour les physiciens ; ils sont parvenus à élucider certaines des questions les plus mystérieuses qui entourent les tout premiers instants.

Singularités

L'univers a débuté à l'instant zéro dans un état de densité infinie. Tout au moins, cet état singulier est celui que l'on obtient lorsqu'on extrapole l'univers d'aujourd'hui en remontant dans le temps. Bien sûr, parler d'un « état de densité infinie » donne une description physique de l'univers parfaitement inacceptable : les physiciens ont horreur des infinis.

Une grande part des développements nouveaux apparus au XXe siècle, comme l'élaboration d'une théorie cohérente de l'électrodynamique quantique, avait pour but initial de se débarrasser des infinis. La théorie de la gravitation de Newton en contenait : dans un univers infini, le potentiel gravitationnel diverge. La théorie de la relativité générale d'Einstein éliminait cet infini et ouvrait ainsi la voie à une cosmologie moderne. La grande découverte de la fin du XXe siècle qu'est la théorie des cordes émergea elle aussi comme un moyen de s'affranchir de certains infinis.

Une singularité est pire encore qu'un infini dans nos équations. Elle signale que les lois de la physique s'effondrent. La résolution du paradoxe tient simplement au fait que notre théorie de la gravitation ne peut rendre compte de cet état extrême. Le temps de Planck, qui vaut 10^{-43} seconde, marque le commencement du temps selon nos théories en vigueur. Néanmoins, la théorie de la gravitation d'Einstein, en admettant qu'elle soit valable, prédit l'existence des singularités et l'effondrement des concepts d'espace et de temps comme des lois de la physique.

Avec une singularité, matière et énergie peuvent être créées puis relâchées dans l'univers. D'ordinaire, les singularités existent au cœur des trous noirs, mais elles y sont dissimulées. On suppose que certaines sont des vestiges d'univers en formation, des reliques de minitrous noirs qui se seraient évaporés pour ne laisser qu'une singularité nue. Si tant est qu'ils existent, l'évaporation des minitrous noirs pourrait être observable. Par exemple, on s'attendrait à voir une explosion de rayons gamma. On observe effectivement ce type d'explosions, mais il existe une bonne centaine d'hypothèses pour expliquer leur origine.

L'existence d'une singularité nue serait une mauvaise nouvelle pour la physique, mais pourrait représenter un certain soulagement pour les esprits religieux. Ce serait la porte ouverte aux miracles. Sans aucun signe avant-coureur, d'énormes effusions d'énergie seraient apparues en violation de l'une de nos croyances les plus chères : la loi de conservation de la masse et de l'énergie. Au voisinage d'une singularité, le passé et le futur s'enchevêtrent inexorablement, ce qui va à l'encontre du concept de causalité, si fondamental en physique. Des trous de vers peuvent apparaîtrent, qui seraient des passages vers d'autres univers, passés, présents ou futurs. L'existence de ces passages pourrait conduire à d'étranges contradictions : on pourrait rendre visite à nos parents avant même d'avoir été conçu... Il semble qu'un univers physique ne devrait pas contenir d'entités comme celles-là, ou du moins pas dans notre voisinage. Fort heureusement, nous n'avons encore découvert aucune singularité nue. On a même émis l'hypothèse que ce type d'objets résideraient au centre de ces astres lointains que l'on appelle des « quasars », et qu'ils représenteraient la source de particules de haute énergie nécessaire à leurs débordements énergétiques considérables. Il existe toutefois une interprétation beaucoup plus plausible concernant la source d'énergie des quasars, supposant l'existence de trous noirs supermassifs (chapitre 8).

Si l'on en croit la théorie, il devrait exister au moins *une* singularité quelque part dans l'univers. C'est la conséquence d'un théorème puissant qu'ont démontré Stephen Hawking et Roger Penrose. L'existence d'une phase dense dans les premiers instants de l'univers est nécessaire pour rendre compte du fond de rayonnement cosmologique. Or elle conduit inexorablement à la prédiction d'une phase plus antérieure encore, de densité très supérieure, qui, elle, pourrait avoir une origine singulière. Espérons qu'une théorie de la gravitation plus aboutie fera un jour son apparition pour nous tirer d'affaire et nous permettre d'esquiver la prédiction d'un tel monstre tapi quelque part dans le ciel.

La quête d'une théorie ultime de la gravitation a donné naissance à la gravité quantique, un domaine de recherche à part entière. C'est l'étude de la première « dix moins quarante-trois » seconde de l'univers. C'est là qu'Einstein et Heisenberg se rencontrent, là que la gravité doit compter avec l'incertitude.

Le vide quantique

Le big-bang fut un acte de création. Était-ce un événement singulier unique, où la création de matière se produit naturellement ? L'univers a-t-il été créé à partir de rien ? Pour mieux comprendre ces questions, il est nécessaire de préciser ce que l'on entend par « rien » ou, plus exactement, par le « vide ».

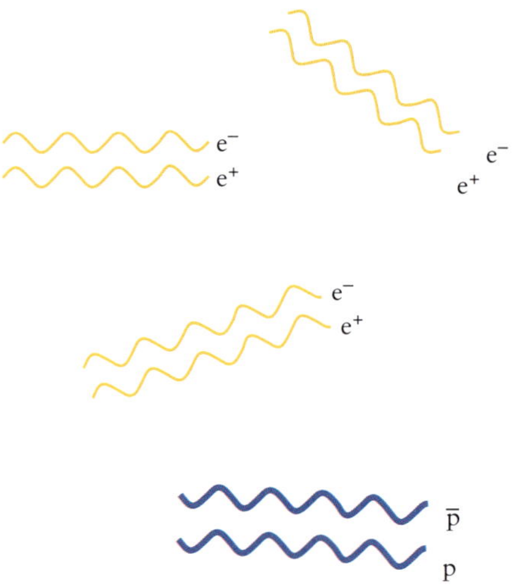

Le vide n'est pas vraiment vide. Au contraire, si l'on en croit la théorie quantique, le vide est le siège de la création et de l'annihilation perpétuelles de paires éphémères de particules-antiparticules.

Le vide obéit aux relations d'incertitude de Werner Heisenberg, concept fondamental à la physique quantique. Ces relations stipulent qu'il est impossible de mesurer simultanément à la fois la position et la vitesse d'une particule élémentaire. Il existe toujours une incertitude sur l'une ou l'autre mesure, que l'on exprime *via* la constante de Planck, h. Notons Δp l'incertitude sur la quantité de mouvement (égale au produit de la masse et de la vitesse) et Δx celle sur la position ; si h dénote la constante de Planck, alors $(\Delta x)(\Delta p) \geq h$. Cette inégalité nous indique qu'il existe une incertitude irréductible du produit de la quantité de mouvement et de la position.

Supposons à titre d'exemple que l'on cherche à mesurer la position d'une particule avec une précision arbitrairement élevée ; la quantité de mouvement de la particule pourrait alors prendre n'importe quelle valeur, elle aussi arbitrairement élevée. Lorsque les mesures approchent la limite quantique pour laquelle le produit des incertitudes sur la position et la quantité de mouvement atteint presque h, alors on ne peut plus perfectionner l'une des mesures qu'au détriment de l'autre.

Les relations d'incertitude ont des conséquences importantes pour les particules apparemment au repos, disons à une température proche du zéro absolu. Il est impossible pour une particule d'être vraiment au repos à une position bien définie, si basse que soit la température. Les relations d'incertitude définissent une incertitude résiduelle en position et en quantité de mouvement que l'on peut interpréter comme une énergie résiduelle du vide. Même là où il semble ne rien y avoir, il y a quelque chose : ce qu'on appelle les « fluctuations du vide » définit l'énergie du vide.

En vertu de la théorie quantique, un vide n'est jamais vraiment vide, si parfait soit-il, même dénué de la moindre particule de matière. Au contraire, on peut décrire le vide quantique comme une mer de particules qui apparaissent et disparaissent continuellement. Elles se manifestent par cette effervescence très différente en apparence de leur agitation thermique. Ces particules sont des particules « virtuelles » et non pas réelles. On ne peut pas observer directement les particules virtuelles, en vertu des relations d'incertitude : le fait même de les observer les rendrait réelles. L'énergie est « empruntée » au vide pour créer des particules, et elle lui est presque immédiatement restituée. Les particules sont créées par paires de particules de matière et d'antimatière de charge opposée (afin de satisfaire à la conservation de la charge), et elles s'annihilent continuellement. À tout instant, le vide est plein de ces paires virtuelles, qui laissent leur signature par leur influence sur les niveaux d'énergie des atomes. On a vérifié leur existence par des expériences en laboratoire qui recherchent les modifications correspondantes des niveaux d'énergie. Par exemple, les paires de particules virtuelles secouent légèrement les atomes d'hydrogène, et cela provoque un léger déplacement de leur niveau d'énergie le plus bas. On a mesuré ce déplacement, baptisé du nom de Willis Lamb : il revient à un décalage d'environ un pour un million.

L'influence des paires de particules virtuelles se mesure également par ce que l'on appelle l'« effet Casimir ». On refroidit un gaz jusqu'à une température extrêmement basse de façon à supprimer toute source de bruit et d'agitation thermique, puis l'on insère deux plaques conductrices parallèles. En dehors des plaques, il existe toutes sortes de fluctuations et de paires virtuelles, mais, entre les deux plaques, seulement certaines paires sont possibles. Si l'on représente les mouvements quantiques par un mouvement ondulatoire, alors les seules paires présentes sont celles dont le mouve-

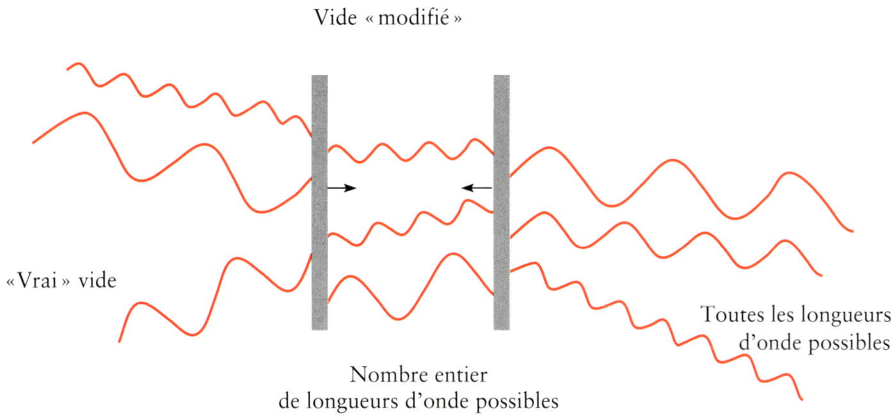

L'effet Casimir démontre que le vide n'est pas vraiment vide : deux plaques conductrices disposées parallèlement s'attirent l'une l'autre d'une quantité infinitésimale, du fait que le vide « modifié » qui règne entre elles exerce une pression très légèrement inférieure à celle du vide environnant.

ment quantique attendu en vertu des relations d'incertitude permet l'existence d'un nombre entier de longueurs d'onde sur la distance qui sépare les deux plaques. Les ondes entre les deux plaques sont donc moins nombreuses qu'à l'extérieur ; cela engendre une pression non nulle qui tend à rapprocher les plaques. Pour un éloignement de 10^{-7} centimètre, la pression quantique est de l'ordre de 10^{-4} fois la pression atmosphérique, et l'on a pu mesurer cet effet en laboratoire. Le vide est modifié entre les deux plaques mais pas en dehors.

Cette légère diminution de la densité d'énergie des paires virtuelles entre les deux plaques a une conséquence étonnante. Puisque la pression dans le vrai vide vaut zéro, il doit exister d'une manière ou d'une autre une certaine contribution négative à la densité d'énergie dans le vide modifié. Le gradient de pression qui en résulte tend à rapprocher les plaques. À mesure qu'elles se rejoignent, la quantité d'« énergie négative » augmente. Les longueurs d'onde qui peuvent maintenant « tenir » entre les deux plaques sont de moins en moins nombreuses. Par conséquent, si on les sépare, la quantité d'« énergie négative » diminue. Dans la théorie de la gravitation d'Einstein, toute densité d'énergie positive est source de gravitation et exerce une force attractive. Inversement, une densité d'énergie négative exercerait une force répulsive. L'effet Casimir illustre la réalité d'une densité d'énergie négative. Ces faits nous signalent qu'il existe des régions dont la densité d'énergie est négative et qui conduisent néanmoins à une répulsion plutôt qu'à une attraction. Il s'agit d'un phénomène quantique, et le même effet existerait pour les champs gravitationnels si l'on avait une théorie complète valable de la gravitation. Bien que nous ne disposions pas encore d'une telle théorie, il paraît très probable, comme nous le verrons bientôt, qu'une densité d'énergie négative similaire ait existé pendant un court instant dans l'univers primordial.

Si l'on en croit les dernières données astronomiques, une force de répulsion analogue serait à l'œuvre aujourd'hui, accélérant les galaxies les plus distantes qui s'éloignent de nous. Plus précisément, c'est l'espace qui est accéléré, mais à un rythme très lent, correspondant à une constante cosmologique qui serait équivalente à une densité de masse pour l'énergie du vide de l'ordre des deux tiers de la valeur critique d'un univers destiné à s'effondrer à nouveau sur lui-même.

On pense qu'une force répulsive analogue, quoique 10^{100} fois plus intense, aurait prédominé pendant un court instant au commencement de l'univers, environ 10^{-35} seconde après le big-bang, enclenchant une expansion exponentielle du volume de l'espace. Cette période de l'univers primordial dominée par l'accélération correspond à ce que l'on appelle l'« époque de l'inflation ». Alors, la densité d'énergie du vide était supérieure à la valeur actuelle de plus de cent facteurs de dix. Comme nous le verrons, personne ne sait pourquoi la densité actuelle du vide est si infime et pourtant non nulle.

Forces fondamentales

Il existe quatre forces fondamentales dans la nature, qui rendent compte de tous les phénomènes connus, depuis la naissance d'une galaxie jusqu'à celle d'un bébé. Bien que la force de gravitation soit la plus faible, elle contrôle néanmoins le mouvement de la Terre autour du Soleil comme celui d'un ballon de foot envoyé en l'air. La force électromagnétique est la deuxième force en intensité et elle est plus forte que la gravitation d'environ quarante puissances de dix. Considérons deux électrons séparés par une distance r. La force de répulsion électrique vaut $-e^2/r^2$ avec e la charge de l'électron, tandis que l'attraction gravitationnelle s'écrit Gm_e^2/r^2 avec m_e la masse de l'électron. Le rapport des forces gravitationnelle et électrique vaut donc Gm_e^2/e^2, soit environ 10^{-42}.

Il pourrait sembler que la gravitation soit complètement insignifiante. Cependant, elle s'impose parce que les charges électromagnétiques positives et négatives se trouvent généralement par paires, comme les électrons et les protons par exemple, de sorte qu'à grande échelle les charges positives et négatives se compensent, et la force électrique résultante est donc nulle. En outre, les autres forces fondamentales sont des forces qui s'exercent à relativement courte distance. À suffisamment grande échelle, la gravitation joue forcément un rôle majeur. Les étoiles vivent sur le fil, entre l'attraction gravitationnelle et la tendance opposée qu'exerce la pression en leur cœur porté à haute température, conséquence de la force électromagnétique. À plus grande échelle encore, comme celle des galaxies, c'est la gravitation qui domine.

Les forces électromagnétiques sont à l'origine de toutes les propriétés atomiques. Elles gouvernent les lois de la chimie, jusqu'à la structure des molécules d'ADN qui déterminent notre patrimoine génétique. De la puissance de nos muscles jusqu'à celle de la dynamite, depuis les battements d'ailes d'un papillon jusqu'à la charge d'un rhinocéros, la plupart des phénomènes naturels qui nous sont familiers procèdent de la force électromagnétique.

Les deux forces fondamentales restantes sont les forces nucléaires qui assurent la cohésion des noyaux des atomes. Elles sont de loin les plus intenses de toutes les forces fondamentales. La force nucléaire faible se manifeste dans les désintégrations radioactives des noyaux lourds instables. Elle est responsable de l'émission de particules dénuées de masse appelées « neutrinos ». En outre, elle rend compte de l'existence et de la désintégration des neutrons, ces particules qui, en dehors des noyaux, s'avèrent instables. L'interaction faible est transmise par une particule analogue au photon. Appelée « boson *W* », cette particule médiatrice de la force faible fut découverte en

1985, et sa masse vaut environ quatre-vingts fois celle du proton. Il existe en fait deux bosons *W*, l'un portant une charge positive, l'autre une charge négative. Il existe également une troisième particule du même type qui, elle, est neutre : le « boson *Z* ». Ces particules rendent compte de la différence considérable, à basse énergie, entre les intensités de la force électromagnétique et de la force faible.

La force nucléaire forte contrôle directement la cohésion des protons au sein des noyaux des atomes. Elle agit selon la théorie, *via* la formation et la destruction de particules de courte durée de vie appelées « pions ». Sans les pions, les noyaux se désagrégeraient sous l'effet de la répulsion électromagnétique entre leurs protons. Ces pions furent mis en évidence pour la première fois dans des rayons cosmiques grâce à des expériences menées à bord de ballons de haute altitude ; ils furent ensuite produits dans les accélérateurs de particules.

Le proton n'est pas une particule fondamentale. On a découvert qu'il était constitué de particules élémentaires que l'on appelle les « quarks ». La théorie moderne des particules fondamentales attribue le confinement des particules au sein du noyau atomique à des forces associées à des échanges de quarks. Les forces nucléaires doivent l'emporter sur la répulsion électromagnétique et sont donc beaucoup plus intenses aux échelles subnucléaires.

Les quarks possèdent des charges fractionnaires ; les protons sont ainsi composés de trois quarks de charge respective 2/3, 2/3 et –1/3. Les quarks sont confinés à l'intérieur du proton par des particules dénuées de masse appelées « gluons », qui sont les médiateurs de la force nucléaire forte. Ces particules jouent un rôle analogue à celui des photons pour l'interaction électromagnétique et des bosons *W* et *Z* pour l'interaction faible. Une distinction importante entre les photons et les gluons est que ces derniers possèdent une propriété quantique, semblable à la charge, que l'on appelle la « couleur ». La force de couleur, qui est une composante de la force nucléaire forte, offre une autre description de l'interaction nucléaire forte (attention : la couleur quantique n'a aucun rapport avec la couleur de la lumière !).

Trois des interactions fondamentales, la force électromagnétique et les deux forces nucléaires, admettent une description quantique. La quatrième, la gravitation, est décrite par la théorie de la relativité générale. Il manque une théorie unifiée, une théorie quantique de la gravitation qui permettrait de combiner toutes les interactions fondamentales en une description unique. Une théorie comme celle-là s'avère nécessaire dès lors que l'on cherche à comprendre la physique du commencement de l'univers.

Création de paires

Lorsque règne un champ électrique suffisamment intense, les paires virtuelles du vide peuvent se séparer. Des paires réelles sont alors produites puisque, dès lors que les paires ont été dissociées, elles n'ont plus la possibilité de s'annihiler. Créer une paire formée d'un électron et de son partenaire chargé positivement, le positron, nécessite un champ électrique ou magnétique dont la densité d'énergie dépasse l'énergie requise pour recréer la masse de ces particules. On peut calculer la valeur de cette énergie grâce à la

Une paire électron-positron est capturée au sein d'un des détecteurs du LEP, au CERN. La paire provient de la désintégration d'un boson Z qui a été créé suite à l'annihilation d'un électron et d'un positron.

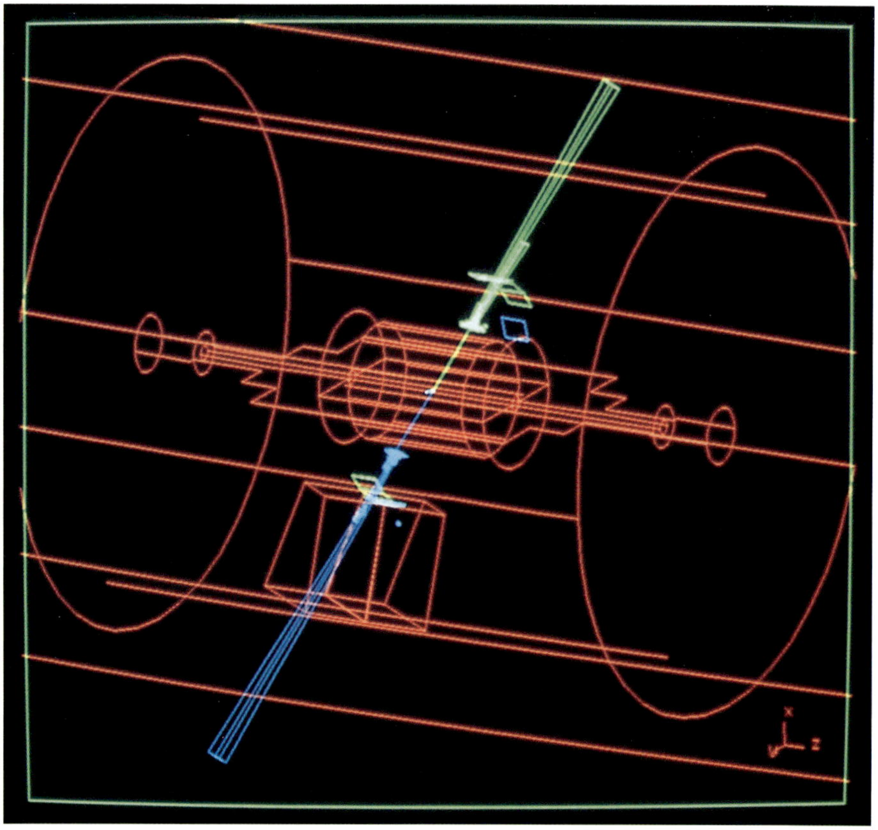

fameuse relation d'Einstein $E = m\,c^2$; dans le cas d'une paire électron-positron, elle vaut un million d'électronvolts. On a pu observer en laboratoire la production de paires à partir du vide, dans les accélérateurs de particules par exemple.

L'univers primordial représente un laboratoire idéal, bien qu'extrêmement reculé dans le temps, pour étudier la création de paires de particules. Pour décrire la température de l'univers primitif, il est commode de passer des unités en degrés aux unités d'énergie, habituellement les électronvolts. La raison en est que les masses des particules sont généralement exprimées en termes de leur équivalent en énergie, en vertu de la formule $E = m\,c^2$. La masse de l'électron, par exemple, vaut un demi-million d'électronvolts (0,5 MeV). Dans les accélérateurs de particules comme dans l'univers primordial, les paires électron-positron apparaissent spontanément lorsque la température dépasse 1 MeV, ce qui correspond à une température de dix milliards de kelvins. Cette température fut atteinte lorsque l'univers était âgé d'une seconde. À mesure que l'univers a vieilli et s'est refroidi en deçà de ce seuil, les paires ont cessé de se former, et celles qui étaient déjà présentes se sont annihilées pour donner du rayonnement. Les électrons de l'univers d'aujourd'hui n'ont jamais été appariés à des positrons, comme nous l'expliquerons dans le prochain chapitre.

Le proton, plus lourd, possède une masse de un milliard d'électronvolts (1 GeV). Les paires proton-antiproton sont produites au-delà d'une température de 2 GeV. Celle-ci est atteinte à un millionième de seconde après le big-bang. À des températures plus élevées, d'autres particules plus exotiques peuvent être créées, dont la durée de vie est habituellement très courte. Ainsi, les tout premiers instants de l'univers ont vu apparaître muons et antimuons, quarks et antiquarks. En fait, à la température de 100 GeV, seulement un dix milliardième de seconde après le commencement, il y aurait eu plus d'une centaine d'espèces de particules et d'antiparticules en équilibre thermique avec le champ de rayonnement.

Ondes et particules

Les particules de l'univers primordial auraient pu être créées par l'action combinée de champs électromagnétiques intenses, c'est-à-dire du rayonnement de haute énergie et de champs gravitationnels très forts. Des champs intenses de l'une ou l'autre sorte étaient présents au commencement de l'univers. Pour comprendre comment les particules sont créées dans un champ gravitationnel de forte intensité, commençons par remarquer que les particules élémentaires se comportent également comme des ondes. Ce fait constitue le principe sous-jacent du fonctionnement d'un microscope électronique. Plutôt que des ondes lumineuses, celui-ci utilise des électrons, qui ont un comportement ondulatoire. Les particules avec une grande quantité de mouvement, et par conséquent une incertitude Δp importante, sont utilisées pour mesurer la position de particules dont l'incertitude Δx en position est faible, par comparaison à ce que l'on pourrait mesurer avec de la lumière ordinaire.

Les électrons se comportent comme des ondes plutôt que comme des particules à une échelle de l'ordre d'un dix milliardième de centimètre. Toutes les particules se comportent comme des ondes dans certaines circonstances. La longueur d'onde associée à un électron de masse m qui se déplace à la vitesse de la lumière est donnée par la relation d'incertitude, c'est-à-dire par la relation $\Delta x = h/mc$. Cette longueur d'onde porte le nom de « longueur d'onde Compton ». Des ondes équivalentes à des particules peuvent apparaître spontanément dans des champs gravitationnels très intenses et variables dans le temps, comme ceux qui émergent dans certains modèles du big-bang. Aux tout premiers instants de l'univers, les énergies mises en jeu pouvaient être si élevées que les paires de particules auraient été créées spontanément à partir du vide.

Cette époque de création des particules et de leur partenaire antimatériel à partir du vide n'a pas duré très longtemps. Toutefois, il en resta une signature remarquable : les fluctuations de la densité d'énergie du vide subsistèrent. Ce phénomène, comme nous allons le voir plus loin, se révéla plus tard à l'origine de toutes les structures que l'on observe aujourd'hui dans l'univers : depuis les galaxies les plus petites et tout ce qu'elles contiennent, jusqu'aux amas de galaxies les plus gigantesques.

On peut même imaginer que l'univers entier ait été créé à partir de rien, à la condition que la création de paires ait eu lieu suffisamment tôt. En effet, dans un vide primordial, on pourrait attendre un temps infini que quelque chose se passe. Finalement, on a émis l'hypothèse qu'une fluctuation quantique ait pu donner le jour à notre univers.

Minitrous noirs

Dans l'univers actuel, on pourrait simuler le phénomène quantique de la création de paires dans le champ gravitationnel intense qui règne autour d'un trou noir. Bien avant Einstein, le mathématicien français Pierre Simon de Laplace publiait en 1799 un compte rendu des idées d'un de ses contemporains, le géologue britannique John Michell, sur ce que celui-ci appelait les « étoiles noires ». Michell avait remarqué que, si la vitesse de libération d'un corps matériel excédait la vitesse de la lumière, alors il n'y aurait aucun moyen de s'échapper de ce corps. Ces objets sont aujourd'hui appelés des « trous noirs », d'après le terme qu'a inventé John Archibald Wheeler. Dans un trou noir, il y a tellement de masse confinée dans une région de l'espace si réduite que le champ gravitationnel y est assez puissant pour piéger jusqu'à la lumière elle-même.

Les trous noirs de l'univers d'aujourd'hui proviennent de la mort d'étoiles dont la masse dépassait cinquante fois celle du Soleil. Certains, plus massifs encore, contenant entre un et plusieurs millions de masses solaires, se forment au cœur de certaines galaxies. On suppose que ces trous noirs extrêmement massifs sont la source d'énergie des quasars. Les trous noirs dont la masse est largement inférieure à celle du Soleil sont appelés des « minitrous noirs ». En admettant qu'ils existent, on suppose que ces trous noirs se seraient formés à l'époque du commencement de l'univers, car les processus astrophysiques qui, aujourd'hui, conduisent à l'effondrement de nuages de gaz ne peuvent engendrer que des trous noirs de masse très supérieure à celle du Soleil.

Quelle est la vitesse requise pour s'échapper d'un corps de masse M et de rayon R ? Une particule en chute libre dans un champ de gravitation, à l'instar d'un caillou qui dégringole d'une falaise, gagne de l'énergie : sa chute est de plus en plus rapide. Pour s'échapper du champ de gravitation, l'énergie du mouvement de la particule, que l'on appelle « énergie cinétique », doit être supérieure à l'énergie qu'elle gagnerait lors de sa chute dans le champ de gravitation, que l'on appelle « énergie potentielle de gravitation ». Pour obtenir la vitesse de libération, on pose l'égalité de l'énergie potentielle de gravitation GM/R et de l'énergie cinétique $v^2/2$ pour une particule de masse unité. Si l'énergie cinétique l'emporte sur l'énergie potentielle de gravitation, alors la particule peut s'échapper de l'attraction gravitationnelle. La vitesse de libération vaut alors $(2GM/R)^{1/2}$. Lorsque la vitesse de libération atteint la vitesse de la lumière dans le vide, on en déduit la valeur du rayon du trou noir : $R_{tn} = 2GM/c^2$. C'est le rayon en deçà duquel plus rien ne peut s'échapper. On le connaît sous le nom de « rayon de Schwarzschild », et son expression est valable dans le cas d'un trou noir sphérique. Pour un objet de masse équivalente à celle du Soleil, le rayon de Schwarzschild vaut à peu près un kilomètre et demi, soit moins d'un cent millième du rayon du Soleil.

Les champs de gravitation intense qui règnent autour d'un trou noir conduisent le vide à s'autodétruire : un jet de particules est produit au voisinage de l'horizon, la surface de non-retour au-delà de laquelle tout est piégé, même les rayons lumineux. Le vide produit des paires, dont l'une des particules s'échappe tandis que l'autre tombe dans le trou noir.

Cet effet a conduit Stephen Hawking à penser que les trous noirs pourraient ne pas vivre éternellement : en gros, les trous noirs s'évaporeraient. Plus la frontière du trou noir est courbe, plus l'effet serait fort, de sorte que les jets de particules emportent d'autant plus de masse que les trous noirs sont plus petits. Puisque le rayon d'un trou noir est proportionnel à sa masse, les plus petits s'évaporent le plus rapidement. En effet, pour des trous noirs suffisamment petits, la durée de l'évaporation serait inférieure à une milliseconde. Ce phénomène de rayonnement des trous noirs, baptisé « rayonnement de Hawking », est une conséquence de la production de paires de particules dans un champ gravitationnel intense. Est-il nécessaire de préciser qu'on n'a pas encore observé cet effet dans la nature ? Les trous noirs les plus gros ne devraient pas être affectés par ce phénomène.

L'échelle de Planck

Si les minitrous noirs existent, ils pourraient représenter l'état de la matière pendant la singularité initiale ou très peu de temps après. Cependant, il n'existe pas de théorie quantique de la gravitation qui permette de décrire ces conditions si extrêmes, et l'on ne peut qu'émettre des hypothèses sur ces vestiges éventuels. Toutefois, il est possible de décrire de manière sensée une façon d'approcher cette situation extrême. Cela requiert que notre théorie de la gravitation soit largement modifiée pour prendre en compte les effets quantiques. On peut atteindre l'état ultime de la matière à des énergies comparables en comprimant la matière jusqu'au stade où une particule comme un proton est sur le point de devenir un trou noir. À ce stade, la longueur d'onde Compton de la particule devient égale à son rayon de Schwarzschild. Théoriquement, si l'on pouvait construire une telle particule, on pourrait reproduire l'état de la matière à l'époque où elle a vu le jour, alors que la densité de l'univers était à son maximum.

La théorie moderne des particules élémentaires suppose que leurs interactions soient ponctuelles, ce qui permet de parler d'échelles extrêmement petites. Pour conduire une particule à un état de compression ultime, on choisit la plus petite échelle de longueur en théorie quantique (c'est-à-dire la longueur d'onde Compton h/mc) et on la pose égale à la plus petite longueur d'onde, pour une masse donnée, en théorie de la gravitation (c'est-à-dire le rayon de Schwarzschild, $2Gm/c^2$). Cela définit une échelle de masse donnée par $m = (hc/2G)^{1/2}$, appelée masse de Planck (m_{pl}) et valant environ 10^{-5} gramme. La masse de Planck correspond à une particule la plus petite et la plus dense possible à laquelle on puisse encore appliquer la théorie classique de la gravitation. En pratique, notre cosmologie commence à cette échelle, qui se résume à toutes les valeurs suivantes et à elles seules : une échelle d'énergie de 10^{19} GeV, une échelle de longueur $l_{pl} = 2Gm_{pl}/c^2$ (ou $h/m_{pl}c$) de l'ordre de 10^{-33} centimètre, une échelle de temps Gm_{pl}/c^3 ou $(Gh/c^5)^{1/2}$ de l'ordre de 10^{-43} seconde. À cette minuscule fraction de seconde, la densité de la matière s'élevait à la valeur incroyable de $m_{pl}/l_{pl}{}^3$, soit 10^{94} grammes par centimètre cube !

Pour atteindre des densités supérieures, des échelles de distance plus courtes ou des instants plus reculés dans l'histoire de l'univers, une théorie quantique de la gravitation s'impose. Bien qu'on y travaille activement, les théories de la gravitation quantique sont aujourd'hui hors de notre portée. Une version de ce type de théorie est appelée « supercorde ». Elle postule l'existence d'un espace à 4, 10 ou 26 dimensions, représentant toutes les combinaisons possibles de particules élémentaires et de leurs interactions. Cet

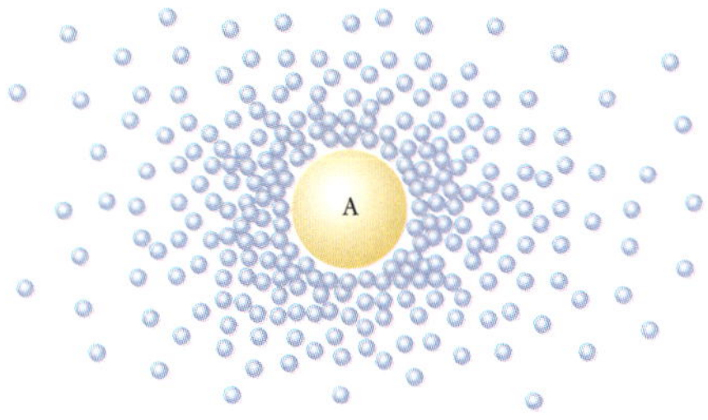

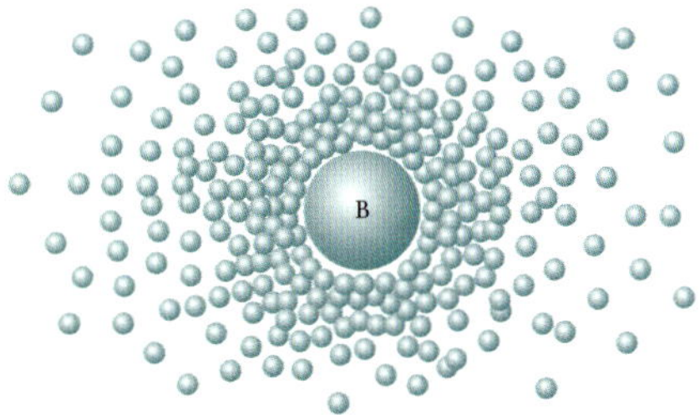

Dans le vide, un électron virtuel (particule A, en haut) est entouré d'une nuée de particules virtuelles de charge opposée, tandis qu'un quark (particule B, en bas) est plongé dans une mer de quarks et de gluons virtuels de la même couleur.

espace n'existe qu'à l'échelle de Planck. Avant de pouvoir considérer que notre univers commence réellement à exister, il faut que cet espace devienne compact, c'est-à-dire que ses dimensions supplémentaires s'effondrent, afin de ne plus laisser que les trois dimensions d'espace plus une de temps que l'on observe aujourd'hui. L'instant correspondant est le temps de Planck, le premier « tic-tac » de l'horloge cosmique. Avant ce premier instant, on peut décrire un univers de durée infinie, composé d'une effervescence quantique de création et d'annihilation continuelle de trous noirs de la masse de Planck. On pense qu'une fluctuation due au hasard, inévitable en fin de compte, aurait enclenché l'expansion qui conduisit au big-bang.

Grande unification

La théorie concernant l'instant de Planck est forcément spéculative, tout au moins dans l'état actuel des connaissances. Il n'existe aucun rapport entre la gravitation quantique et le monde réel des particules élémentaires. Les « supercordistes » rêvent de découvrir, au bout du chemin, la « théorie du tout » à partir de laquelle on pourrait déduire toutes les propriétés connues des particules. Mais ils sont encore loin de pouvoir franchir le fossé qui sépare les supercordes à l'échelle de Planck de tout phénomène observable.

Cependant, à mesure que l'univers a refroidi en deçà de l'échelle de Planck, il est entré dans une phase où la physique devient maniable. C'est l'époque dite de « grande unification », où les interactions fondamentales, gravitation mise à part, sont identiques. À très haute énergie, la force électromagnétique devient plus intense tandis que les forces nucléaires s'affaiblissent, à tel point que les trois forces deviennent indiscernables. La force électromagnétique s'intensifie pour la raison suivante : on peut imaginer le vide comme une mer de paires virtuelles de particules et d'antiparticules. Celles-ci se séparent légèrement en présence d'une particule chargée, de sorte qu'un proton sera entouré d'une nuée d'électrons virtuels. À haute énergie, toute particule chargée peut pénétrer ce halo. Elle subira donc une interaction plus forte avec le proton qu'à basse énergie.

Avec les quarks, c'est précisément le contraire qui a lieu. Un quark tend à s'entourer de quarks et de gluons virtuels portant la même couleur, de sorte qu'un quark de passage à haute énergie pénètre plus loin, voit moins de couleur et subit une force *plus faible*. Cela signifie qu'on s'attend à ne jamais trouver de quark libre à l'état naturel, puisque la force qui s'exerce entre deux quarks s'intensifie à mesure qu'on les sépare.

Les énergies atteintes lors des premiers instants du big-bang sont les plus hautes imaginables. En définitive, au-delà de 10^{14} GeV, soit 10^{14} fois l'énergie correspondant à la masse d'un proton, les forces nucléaires et électromagnétiques atteignent la même intensité. À cette énergie, on parle de « grande unification » de ces trois forces fondamentales. À ce stade, la gravitation n'en fait pas partie : elle reste la plus faible des interactions. Il faut aller jusqu'à l'échelle de Planck, soit, en énergie, jusqu'à quelque 10^{19} GeV, avant que les quatre interactions fondamentales ne s'unifient. Nous n'avons pas encore de théorie quantique de la gravitation pour décrire cette étape ultime de

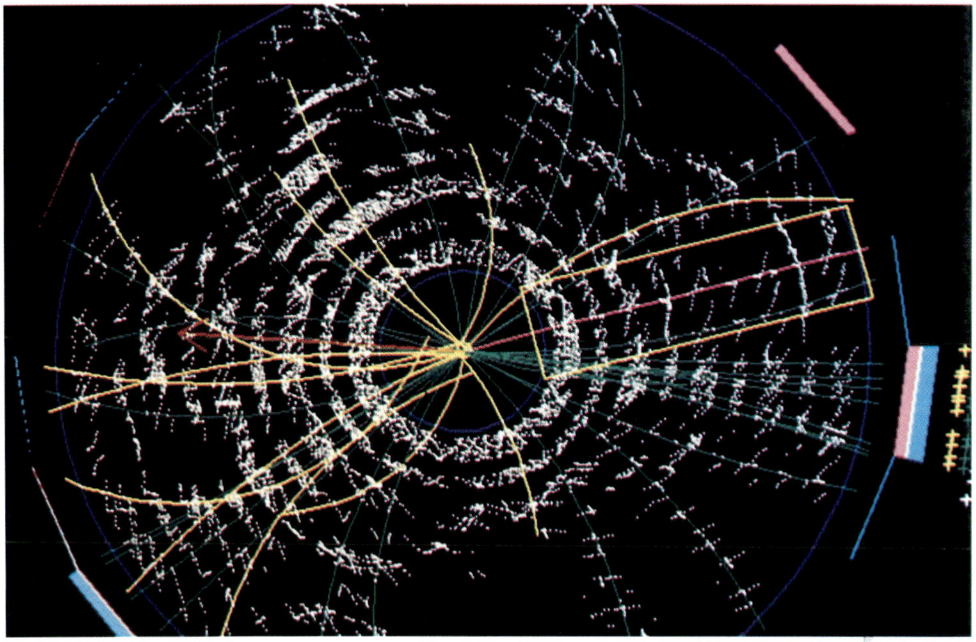

Enregistrement par les détecteurs du Fermilab d'une collision proton-antiproton. On pense qu'un quark t a été produit dans les débris de la collision. Parmi les produits de la désintégration, on trouve un muon (dans le rectangle jaune).

l'unification des quatre forces fondamentales. Mais on s'accorde néanmoins sur le fait que la réponse pourrait tout à fait résider dans un domaine caché au sein d'un univers de plus haute dimension.

Dimensions supérieures

D'où viennent les masses des particules ? Pourquoi le proton est-il mille huit cents fois plus lourd que l'électron ? Pourquoi la force gravitationnelle est-elle si peu intense face à l'interaction électromagnétique, elle-même supplantée par la force nucléaire forte ? Pourquoi l'espace ne possède-t-il que trois dimensions ? Toutes les réponses à ces questions pourraient provenir d'une théorie quantique de la gravitation selon laquelle l'univers que l'on connaît aurait un jour été doté de dimensions supérieures.

Les particules et leurs interactions existeraient sous forme de cordes plongées dans un espace de plus haute dimension. Ce sont les supercordes. Les cordes cosmiques sont leurs analogues tridimensionnels, qui pourraient tout à fait exister, mais ne sont qu'une version cordée des particules élémentaires.

Les cordes cosmiques sont des objets captivants en tant que tels, qui conservent les défauts ou les nœuds d'énergie vestiges de l'univers primitif. L'épaisseur d'une corde cosmique peut ne valoir que 10^{-21} centimètre pour une longueur de plusieurs milliards d'années-lumière et une densité interne considérable. Un centimètre de cette corde pèserait quelque chose comme un milliard de milliards de tonnes, et l'on suppose qu'elle file à toute allure dans l'univers, à la vitesse de la lumière ! En fait, la seule manière de détecter véritablement une telle corde serait d'en percuter une, avec toutes les conséquences fâcheuses que cela impliquerait pour la personne concernée. Heureusement, la probabilité d'une telle rencontre est plutôt faible. Un autre aperçu de la présence des cordes cosmiques pourrait provenir de l'effet de lentille gravitationnelle qu'elles devraient occasionner sur le fond de rayonnement cosmologique. On n'a pas encore découvert de cordes cosmiques, mais elles auraient pu représenter des germes potentiellement importants pour la formation des structures au commencement de l'univers.

Les supercordes, quant à elles, devraient se compacter pour rallier nos quatre dimensions d'espace et de temps et, ce faisant, elles pourraient engendrer des cordes cosmiques tridimensionnelles. Ces versions des supercordes, que rien ne garantit, pourraient néanmoins jouer un rôle important dans la formation des structures, en en semant les graines ou même en stimulant la formation des galaxies. Elles pourraient jouer un rôle fondamental en physique. Si tant est qu'elles existent, seule la cosmologie serait un bon terrain de chasse pour rechercher leurs traces. Elles sont à l'origine de l'unification de la gravitation avec la théorie quantique et le modèle standard de la physique des particules. Les supercordes recèlent toutes les interactions fondamentales, qui deviennent équivalentes et unifiées. En fait, jusqu'à récemment, elles étaient le siège de contradictions fondamentales, à cause de certains champs qui prenaient des valeurs infinies, un peu comme la force de gravitation newtonienne appliquée à une particule diverge dans un univers infini. La théorie de la relativité générale d'Einstein permet de s'affranchir de cet infini grâce à une interprétation géométrique de la gravitation, due à la courbure de l'espace.

Par un *tour de force*[1] mathématique, Michael Green et John Schwartz parvinrent à transformer les supercordes en une théorie dénuée de singularités. Les supercordes ont été incorporées dans des membranes, et cela permet d'éviter les problèmes de divergence de manière remarquable. Notre univers, ou la région censée devenir notre univers, est plongé dans une membrane de haute dimension que l'on appelle une « M-brane ». Plus généralement, les « branes » sont constituées de variétés d'espace-temps de haute dimension, collectivement appelées « p-branes » où p est un entier quelconque qui représente la dimension de ces espaces. Les physiciens aimeraient beaucoup pouvoir prédire p à partir des principes fondamentaux.

Nous savons que p ne peut valoir ni un ni deux, sans quoi nous ressemblerions respectivement à des saucisses ou à des crêpes, avec les conséquences déplorables que cela aurait sur notre appareil digestif, entre autres problèmes. Grâce aux « M-branes », on parvient à quantifier la gravitation, au moins en principe, dans des espaces de haute dimension. Tel est l'essentiel du message de la théorie des supercordes. On se débarrasse des problèmes d'infini (et les infinis sont réellement problématiques pour un physicien) en choisissant p dans un espace de haute dimension. Le nombre de dimensions favori est 10, bien que certains persistent à garder 4 ; 3 serait certainement insuffisant, car on a besoin de la liberté qu'offrent les dimensions supplémentaires.

Peut-être existe-t-il un grand nombre de « branes », ou seulement quelques-unes, voire une seule. La théorie n'est pas très claire là-dessus. Les « branes » n'interagissent que par la gravitation. Cela nous conduit au superespace, la variété principale, dont découlent tous les espaces et toutes les « branes ». Le cœur du superespace ne contient

1. En français dans le texte (*NdT*).

pas de « branes », mais celles-ci flottent dans son voisinage. La totalité de l'univers observable est plongée dans notre « brane ». Si l'on en croit l'une des théories en vigueur actuellement, deux « branes » adjacentes seraient entrées en collision le plus lentement possible, pour se fondre en une « brane » en expansion qui aurait donné naissance au big-bang.

Au départ, les « branes » sont des objets de haute dimension. Tôt ou tard, toutes les dimensions redondantes se flétrissent et finissent dans un état compact à l'échelle de Planck. Notre univers observable tridimensionnel émerge ainsi de notre propre « brane ». La théorie des « branes » prédit l'existence d'autres univers sur des « branes » voisines, complètement invisibles et détectables uniquement par l'entremise de leurs éventuelles interactions gravitationnelles avec notre « brane ». Certains physiciens émettent l'hypothèse que ce qu'on appelle la « matière noire » (dont je parlerai par la suite) pourrait être la manifestation des mondes des « branes » voisines.

La théorie des « branes » est hautement spéculative et plutôt rudimentaire. Toutefois, il existe une théorie, non pas de la première « dix moins quarante-trois » seconde, mais de la première « dix moins trente-cinq » seconde, qui a passé l'épreuve de l'expérience et même généré des prédictions mesurables. Il s'agit de la théorie de l'inflation.

La physique des premiers instants suivant le big-bang ne peut être testée par l'expérience. Toutefois, les cosmologistes ont finalement réalisé qu'une période, juste après le big-bang, était accessible à l'expérience (bien qu'indirectement) *via* la théorie des particules élémentaires. Depuis les années 1920, cette découverte a ouvert la voie de développements radicalement nouveaux en cosmologie. La théorie de l'univers inflationnaire, quant à elle, a vu le jour en 1981.

Brisure de symétrie et inflation

L'une des conséquences de la grande unification est que les forces nucléaire et électromagnétique deviennent indiscernables. Dans le jargon de la physique des particules, on dit qu'il existe une symétrie entre les forces. Au fur et à mesure de l'expansion de l'univers et de son refroidissement en deçà de la température critique de l'unification, cette symétrie doit être brisée : l'équilibre des forces dans l'univers se modifie en sorte que l'une des forces, l'interaction nucléaire forte, devient dominante devant toutes les autres. Si l'on en croit l'une des théories en vogue, la brisure de symétrie aurait été brutale et même violente. La transition libère de l'énergie un peu comme l'énergie, connue sous le nom de chaleur latente, qui est libérée lorsque l'on gèle de l'eau. C'est l'énergie qu'il faudrait fournir pour faire fondre la glace. En effet, sous la surface des lacs gelés, les poissons survivent grâce à la chaleur latente libérée lors de la formation de la glace.

La libération d'énergie de la brisure de symétrie correspond à un changement de vide quantique : le vide quantique de l'état symétrique est ce qu'on appelle un « faux vide », analogue au vide d'énergie « négative » de l'effet Casimir. À l'époque de la brisure de symétrie, le vide devint le « vrai vide », celui de l'époque actuelle, qui coexiste avec les forces disparates de l'univers d'aujourd'hui. L'énergie libérée accéléra le rythme d'expansion de l'univers. En effet, l'univers a enflé à un rythme exponentiel jusqu'à ce que la transition vers le vrai vide fût terminée. Alors l'inflation prit fin.

La théorie des particules fondamentales et de leurs interactions suggère qu'à suffisamment haute énergie les interactions deviendraient indiscernables ; autrement dit, elles seraient unifiées. L'unification des forces électromagnétique et faible a pu être vérifiée dans les collisionneurs de particules ; les expériences menées au sein de ces machines semblent également déceler qu'à des énergies beaucoup plus élevées la force nucléaire forte pourrait s'unifier avec les deux forces précédentes. Dans le cadre d'une théorie quantique de la gravitation, l'interaction gravitationnelle devrait elle aussi s'unifier aux autres, aux alentours de l'échelle de Planck.

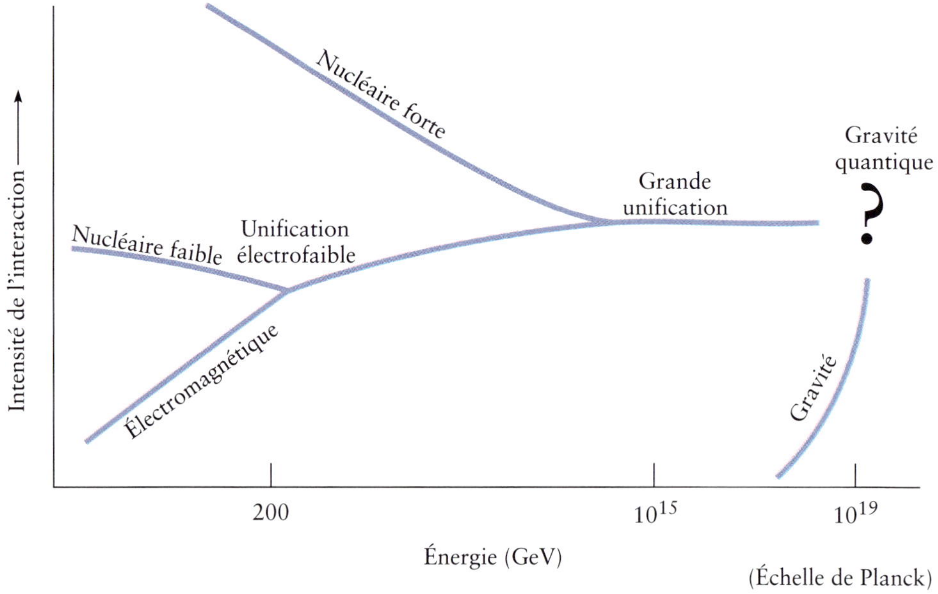

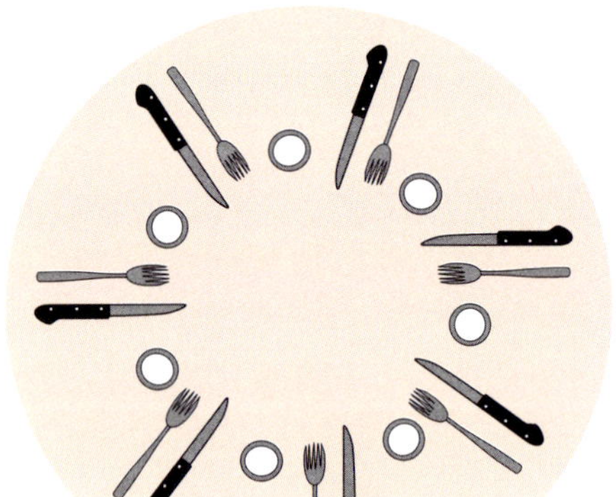

Votre verre se trouve-t-il à votre droite ou à votre gauche ? La table est mise de manière symétrique, la droite et la gauche étant indiscernables jusqu'à ce qu'un premier convive choisisse un verre et brise la symétrie.

Normalement, le rythme de l'expansion de l'univers devrait s'équilibrer avec la gravitation associée à la densité de matière. Au fur et à mesure de l'expansion de l'univers, la densité diminue, et avec elle le rythme de l'expansion. Cependant, à l'époque de la transition de brisure de symétrie, l'apport d'énergie provenant du faux vide maintint temporairement l'expansion de l'univers à un rythme stationnaire. Il s'agit d'un effet assez fin, tout au moins du point de vue gravitationnel. La densité d'énergie de l'univers demeure constante pendant un court instant et, par conséquent, le rythme de son expansion aussi. Pour que le rythme de l'expansion de l'univers puisse rester constant au lieu de diminuer sans cesse comme c'est le cas suite à une explosion, la séparation entre deux particules quelconques doit augmenter exponentiellement. C'est à cette augmentation d'échelle exponentielle que l'on fait référence lorsqu'on parle de l'inflation.

Une manière physique de comprendre l'inflation est de réaliser, comme le montre l'effet Casimir, que certaines paires virtuelles sont absentes du faux vide alors qu'elles sont possibles dans le vrai vide. En conséquence, on peut envisager le faux vide comme possédant une pression constante *négative*. En effet, l'effet Casimir mesure une pression négative qui tend à rapprocher les deux plaques, le vide régnant entre elles étant dépeuplé de certaines des paires virtuelles présentes dans le vide extérieur. Bien sûr, le vrai vide est dénué de pression.

Au début, la pression négative du faux vide n'a pas d'effet sur le rythme d'expansion : il existe une autre pression, plus forte, positive, largement dominante… la pression thermique normale d'un gaz de photons porté à haute température. L'univers primordial est baigné de photons de haute énergie, et à cette mer de rayonnement énergétique correspond une densité d'énergie considérable, qui représente la contribution principale à la densité totale d'énergie des premiers milliers d'années qui ont suivi le big-bang. Le rayonnement exerce également une pression sur les particules présentes. Lorsque la température chute à une valeur telle que la pression de radiation devient comparable à la pression négative du faux vide, la force de pression négative prend le dessus et engendre l'expansion exponentielle. Contrairement à la force attractive qu'exerce la gravitation, cette pression négative est répulsive. (Attention à ne pas confondre cette pression avec la force qu'exerce la pression ordinaire associée à l'agitation thermique des particules, parfaitement négligeable à l'échelle cosmologique !) C'est ce coup de fouet répulsif qui est responsable de l'inflation.

L'inflation aurait commencé seulement 10^{-35} seconde après le big-bang. Un rythme d'expansion exponentiel implique que l'univers aurait ensuite doublé d'échelle à chaque 10^{-35} seconde. Une fois achevée la transition vers le vrai vide, l'inflation prit fin, et l'expansion continua normalement, avec une densité d'énergie perpétuellement décroissante et une pression positive mais elle aussi en diminution. Après l'inflation, l'expansion reprit un rythme lent et continuellement décroissant tandis que la densité de matière diminuait. La force de gravitation affaiblie conduisit à une expansion toujours ralentie. Hier seulement, pour ne pas dire quelques milliards d'années plus tôt, l'expansion de l'univers a recommencé à s'accélérer, à une fraction minuscule du rythme inflationnaire.

Bien que l'inflation ait commencé 10^{-35} seconde après le big-bang, elle avait déjà pris fin à 10^{-33} seconde. À partir de cet instant, l'univers reprit son expansion progressive, de plus en plus de temps étant nécessaire à chaque doublement d'échelle. Au moment de l'inflation, le temps requis pour une expansion d'un facteur deux était de 10^{-36} seconde. Aujourd'hui, il faudrait 3×10^{17} secondes, soit dix milliards d'années.

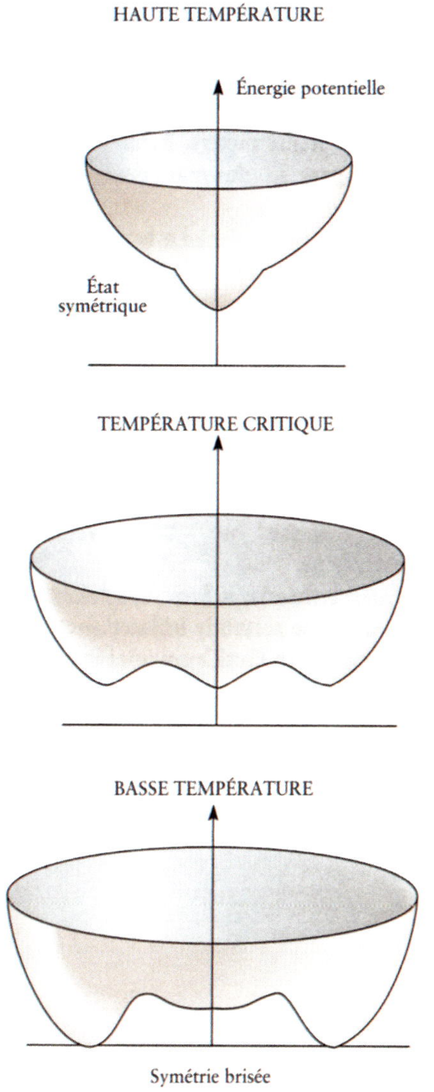

Dans l'état symétrique (en haut), il existe un point unique où l'énergie est minimale. À mesure que l'univers se refroidit, il n'y a plus un minimum d'énergie privilégié mais plusieurs (en bas). L'univers se trouve alors dans un état asymétrique dans lequel, par exemple, il peut y avoir beaucoup plus de matière que d'antimatière.

Pourquoi l'univers est-il si uniforme ?

En 1981, lorsque le jeune physicien Alan Guth présenta la cosmologie inflationnaire, l'une de ses principales motivations était de trouver une explication rationnelle à l'uniformité observée de l'univers qui aille au-delà de la tautologie consistant à dire qu'il est tel qu'il est du fait de ce qu'il était. L'inflation résout le problème car, avant la fin de la période inflationnaire, la distance parcourue par la lumière augmente exponentiellement jusqu'à une échelle au moins aussi vaste que notre univers actuel.

Il n'y a rien de magique dans tout cela. Imaginons que l'univers double sa taille à chaque instant τ. Si l'échelle de départ vaut la distance que la lumière a eu le temps de parcourir, autrement dit $c\tau$, la taille de l'univers atteindra rapidement $2^N c\tau$ après N doublements de taille et donc $N\tau$ secondes. À chaque doublement de taille, l'univers agrandi se remplit, sur toute son étendue, de matière et de rayonnement. Prenons pour N une valeur élevée, disons cent. L'univers est alors largement plus vaste que $Nc\tau$, qui serait la distance parcourue par la lumière depuis le big-bang. Le doublement de taille ressemble à la multiplication des cellules cancéreuses. Il n'y a au commencement qu'une seule cellule malade, puis un organe entier, voire tout l'organisme, se trouve rapidement consumé par une croissance exponentielle.

Dans l'ancienne théorie, celle de la cosmologie préinflationnaire (en haut), une grande partie de l'univers aujourd'hui observable provient de l'expansion d'une région d'environ 1 centimètre de diamètre, 10^{-35} seconde après le big-bang. Si petite qu'elle soit, elle reste amplement supérieure à la distance que la lumière a pu parcourir jusqu'à cet instant, de l'ordre de 3×10^{-25} centimètre. Dans un univers inflationnaire (en bas), l'expansion de l'espace s'est concentrée pendant la période de l'inflation de telle sorte que l'espace devient plus vaste que l'horizon (représenté par le cercle jaune), la distance parcourue par la lumière depuis le big-bang. En conséquence, l'univers serait beaucoup plus vaste que ce que l'on peut observer.

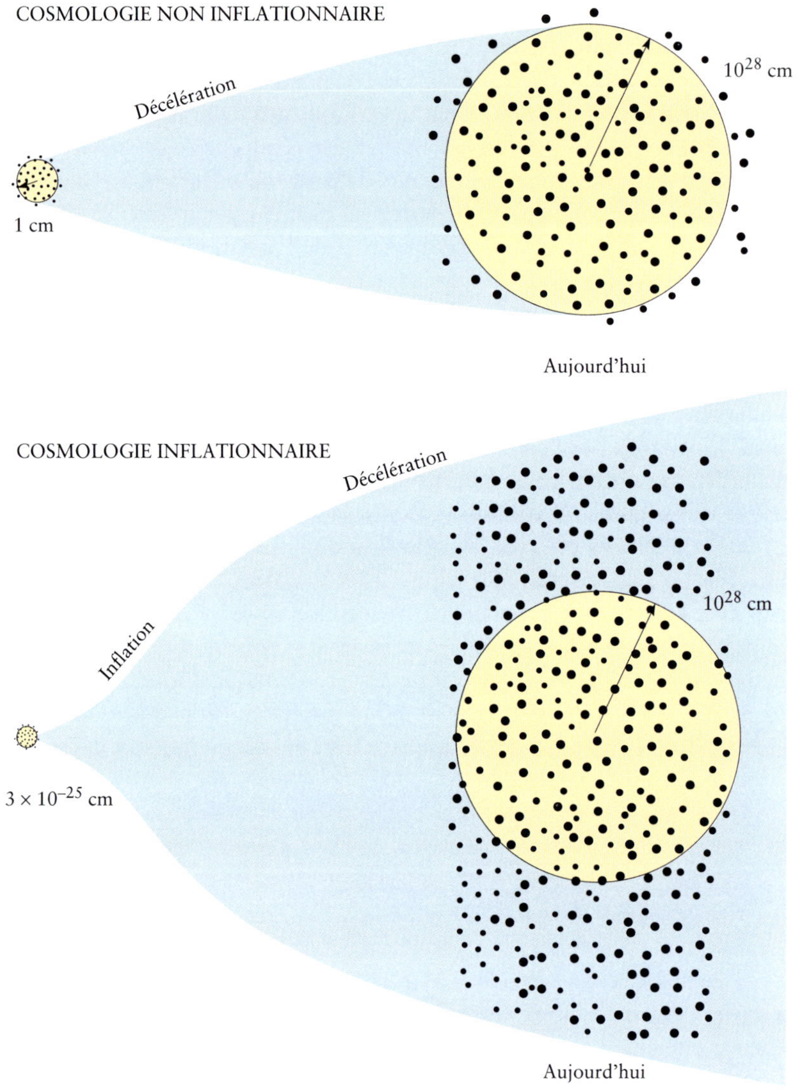

À la lecture de cette explication, on pourrait s'inquiéter du fait que, pour qu'un objet parcoure une distance équivalente au doublement de rayon de l'univers, il devrait cheminer plus vite que la lumière. Et, pourtant, le doublement de la taille n'implique pas que les objets matériels doivent se déplacer plus vite que la lumière. C'est l'espace qui est en expansion. Le mouvement à une vitesse apparemment supérieure à celle de la lumière est une illusion. Il n'est pas plus réel que la vitesse de la trace dans le ciel d'un projecteur en rotation. Les photons se déplacent à la vitesse de la lumière le long du rayon lumineux, et il n'y a pas de mouvement transverse physique. De manière analogue, la taille de l'univers augmente exponentiellement du fait de l'inflation locale de l'espace. L'étendue de l'univers double chaque 10^{-35} seconde, et ce doublement se répète plus de cent fois.

Avant l'inflation, la taille de l'univers observable était simplement égale à son âge, 10^{-35} seconde, que multiplie la vitesse de la lumière, soit 3×10^{-25} centimètre. Toutefois, en partant de l'univers que l'on observe aujourd'hui et en remontant dans le temps, si l'on ignore la période d'inflation, on trouve qu'à la même époque l'univers aurait été extrêmement compact, mais néanmoins avec une taille de vingt centimètres. Au temps de Planck, la taille de l'univers tel qu'on l'observe aujourd'hui n'aurait pas dépassé l'épaisseur d'un cheveu. L'inflation décuple la distance parcourue par la lumière qui passe de quelques centimètres aux quelques années-lumière obtenues à cet instant primordial. Accélérons le film jusqu'à nos jours, et l'on trouve un univers beaucoup plus vaste que l'univers visible. Une des conséquences de l'inflation est que la taille de l'univers observable aujourd'hui englobe dans sa presque totalité la matière qui, avant l'inflation, était complètement inobservable. L'inflation a dévoilé notre horizon cosmique et imposé l'uniformité de la distribution de matière, un peu comme gonfler un ballon le débarrasse de ses replis.

Cependant, l'inflation telle qu'elle fut proposée pour la première fois en 1981 présentait un défaut rédhibitoire. Certes, l'univers y subissait une période d'inflation, mais celle-ci était sans fin, et l'expansion exponentielle continuait à tout jamais. La première théorie inflationnaire de Guth ne proposait aucun moyen de reprendre la phase d'expansion plus tranquille que l'on observe autour de nous comme étant issue du big-bang. Le problème fut rapidement résolu par des travaux indépendants des physiciens américains Andreas Albrecht et Paul Steinhardt et du cosmologiste russe Andrei Linde. Ils découvrirent une manière élégante de sortir l'univers de l'inflation grâce au réchauffement : l'énergie négative du faux vide fut rapidement dominée par l'énergie thermique de la matière ordinaire et du rayonnement, et l'expansion inflationnaire fut brusquement interrompue. La période d'inflation débuta 10^{-35} seconde après le big-bang et prit fin après 10^{-33} seconde. Ce laps de temps suffit à une gigantesque augmentation en taille : peut-être la taille de l'univers fut-elle multipliée par cinquante facteurs de dix, voire plus, ce qui signifie une expansion en taille d'un facteur 10^{50}. Puis, en suivant le rythme d'expansion ordinaire entre ce moment et aujourd'hui, la taille de l'univers augmenta encore d'un facteur 10^{26}. Sans l'inflation, l'augmentation en taille eût été réduite à ce facteur de 10^{26} qui, sans être vraiment négligeable, ne suffisait pas tout à fait à expliquer l'uniformité à cause de la petite taille de l'univers avant l'inflation. C'est ainsi que tout a commencé. L'inflation prédit que l'univers est aujourd'hui beaucoup, beaucoup plus vaste que la plus grande distance à laquelle nous pouvons voir, soit dix à vingt milliards d'années-lumière. En fait, l'expansion exponentielle implique que sa taille actuelle serait au moins égale à dix millions de milliards d'années-lumière ! Notre univers observable n'est qu'un infime grain de poussière dans le grand Tout.

Le problème de la courbure de l'espace

De même que l'inflation d'un ballon lisse les replis qu'il pouvait présenter au départ, on s'attendrait à ce qu'après l'inflation l'univers apparaisse lisse et uniforme. Non seulement devrait-il être lisse, mais, parce que l'inflation l'a porté à une taille très supérieure à celle qui est observable, on s'attend en outre à ce que sa géométrie ressemble à celle d'un petit morceau découpé sur un énorme ballon, autrement dit à la géométrie du plan. La théorie de la relativité générale d'Einstein prédit que la présence de matière courbe l'espace. Toutefois, à un très bon degré d'approximation, l'inflation prédit que la géométrie de l'univers observable ressemble à celle de l'espace euclidien. L'espace euclidien est l'espace plat : en deux dimensions, ce serait un plan infini.

Peut-être la géométrie de l'univers était-elle initialement courbe. Après que l'inflation a fait son œuvre, l'univers, au moins pour tous les domaines d'intérêt, devrait être aussi plat que possible pour expliquer l'absence de courbure que l'on observe aujourd'hui. Toutefois, cela ne s'avère pas forcément possible pour toutes les courbures initiales : malheureusement, certains choix pour la géométrie initiale ne permettent pas une expansion inflationnaire suffisante. Néanmoins, il subsiste beaucoup de possibilités pour les conditions initiales de l'univers (même inhomogénéité, anisotropie et courbure), qui conduisent finalement à un univers uniforme, isotrope, immense et plat. Le fait qu'elle permet d'éviter un ajustement précis des conditions initiales pour l'univers fut une des principales raisons du succès de la cosmologie inflationnaire.

Certains scientifiques ne sont pas convaincus par cette solution, parce que l'inflation pourrait s'avérer insuffisante pour résoudre la question de conditions initiales génériques. Un chaos primordial parfaitement arbitraire n'autorise pas l'inflation. Mais tout ce qu'il faut, c'est un tout petit point qui enfle exponentiellement, et tout le reste suit.

Questions anthropiques

L'inflation de l'univers aurait pour effet de rendre l'espace plat, de la même manière que l'expansion d'une sphère aplanit sa surface.

Il y a un prix à payer pour toute théorie qui unifie gravitation et théorie quantique. Une théorie quantique de la gravitation quelle qu'elle soit engendre trop de descriptions différentes de notre passé. La plupart n'auront aucun rapport avec la réalité. L'univers

qu'elle propose pourrait ne ressembler en rien à l'univers que l'on observe. Il pourrait être beaucoup plus chaotique ou au contraire beaucoup plus paisible. L'une ou l'autre issue serait un désastre pour toute théorie fondamentale. En l'absence de prédictions, ce type de raisonnement sur les issues possibles demeure incomplet. Pour beaucoup de cosmologistes, la gravité quantique doit être complétée par le principe anthropique. Essentiellement, cela revient à confronter le mystère du commencement à ce qui a suivi, ce qui soulève la question de savoir ce que l'on fait ici à se poser ces questions.

Les scientifiques, et plus particulièrement les cosmologistes, adorent les principes. Après tout, c'est le principe cosmologique qui a conduit Einstein aussi loin, même s'il est d'abord parti dans une mauvaise direction. Le principe anthropique stipule que l'univers est tel qu'il est précisément pour que l'on existe. S'il avait été un tant soit peu différent, il n'y aurait pas de cosmologistes pour l'étudier. On peut maintenant ajouter notre origine quantique à ce principe cosmique pour en faire sortir notre propre big-bang.

Tel est le big-bang qui aurait pu subir une phase d'expansion accélérée. En admettant que cela ait effectivement eu lieu, comme nous l'avons expliqué, alors il devient possible de comprendre pourquoi l'univers est si vaste et pourquoi il commence à peine à subir une phase d'accélération si éloignée du big-bang.

Il subsiste quelques nuages noirs à l'horizon de la gravité quantique. Par exemple, les plus grands cerveaux de la physique étudient la théorie des supercordes depuis une vingtaine d'années, mais nous attendons toujours qu'elle propose une prédiction vérifiable expérimentalement et qui ne soit pas ambiguë. Certes, c'est une théorie extraordinairement compliquée. Le principe anthropique fait-il partie de la solution ? La réponse est sujette à controverse.

D'aucuns pourront adopter le point de vue que le principe anthropique est l'une des plus grandes escroqueries de la physique. En effet, c'est de la métaphysique, et c'est ce qui le rend très difficile à accepter par beaucoup de physiciens. La logique anthropique est soit excessivement délicate, lorsqu'on prétend, de par notre simple existence, contrôler le cosmos, soit d'une naïveté sans vergogne, lorsqu'on laisse de côté toute explication physique qu'une théorie ultime pourrait raisonnablement proposer. C'est le pouvoir prédictif, véritable cœur de la physique, qui manque à la métaphysique. Le principe anthropique n'est que l'expression de notre ignorance.

Dès lors que deux théories alternatives conduisent aux mêmes prédictions, il n'y a aucun intérêt à débattre pour savoir laquelle elle est la bonne. C'est du positivisme. Les progrès théoriques ne se font jamais en prouvant que quelque chose est bien exact, mais au contraire en montrant que la théorie pourrait conduire à des prédictions en opposition avec les données expérimentales. Tout ce que l'on peut espérer faire, c'est falsifier la théorie... avant de passer à la suivante.

Le problème de la théorie des supercordes, c'est que, jusqu'à présent, elle s'est avérée incapable de prédire quoi que ce soit. On pourrait dire la même chose du principe anthropique. Ses prétendues prédictions semblent tautologiques. Peut-être la théorie ultime de la cosmologie aura-t-elle finalement des ramifications anthropiques. Mais nous sommes encore loin de cette terre promise.

Chapitre cinq

Genèse des baryons et de l'hélium

L'amas de la Vierge, situé à une distance de quinze mégaparsecs, contient un millier de galaxies, dont les plus lumineuses sont nettement visibles sur ces photographies d'une région large d'environ un million de parsecs. Les amas comme celui de la Vierge contiennent les regroupements de matière ordinaire (les baryons) les plus importants de l'univers, sous la forme de galaxies et de gaz diffus, chaud, émetteur de rayons X.

La création est l'essence même de la théorie du big-bang. Certes, on peut déléguer les questions de la création de l'espace et du temps aux experts de la métaphysique, de la théologie, mais aussi à ceux de la gravitation quantique. Dans ce domaine, il n'est pas toujours facile de distinguer les faits réels de la fiction ou les faits confirmés des produits de notre imagination. En effet, toutes les conclusions qu'on peut tirer restent très éloignées de la physique expérimentale, testable, et même de toute théorie physique cohérente. Une question plus pressante et plus pertinente est celle de la création de la matière. La cosmologie de l'univers primordial attaque de front le problème de la création de matière en proposant une description physique de l'origine de la matière, la substance même dont nous-mêmes, notre planète et toutes les étoiles sommes composés.

Au fur et à mesure de son expansion, l'univers évolue depuis un état de vide quantique jusqu'à celui de plasma. Une fois la température descendue en deçà de 200 GeV, la force électromagnétique se distingue de la force nucléaire forte. Les particules ordinaires de l'univers incluent alors photons, neutrinos, électrons et quarks, les constituants des protons et des neutrons. Ce n'est qu'après une phase transitoire supplémentaire à 300 MeV que la soupe de quarks se condense pour former les particules composites habituelles : protons et neutrons.

Notre connaissance de l'univers primordial se perfectionne de plus en plus aux époques les plus tardives. Lorsque l'univers se refroidit en deçà de 1 MeV, on atteint enfin un régime où existe un lien direct avec les observations des étoiles et des galaxies. Les mesures de l'abondance des éléments légers sont des indices de première importance, car ils dépendent de manière très sensible des conditions qui régnaient durant les premières secondes après le big-bang. Avant, la cosmologie reste entièrement spéculative, bien que souvent fondée sur des arguments raisonnables. Ce chapitre décrit la façon dont la matière ordinaire fut synthétisée après le big-bang, depuis les protons et les électrons jusqu'aux éléments les plus légers.

CHRONOLOGIE DE L'UNIVERS

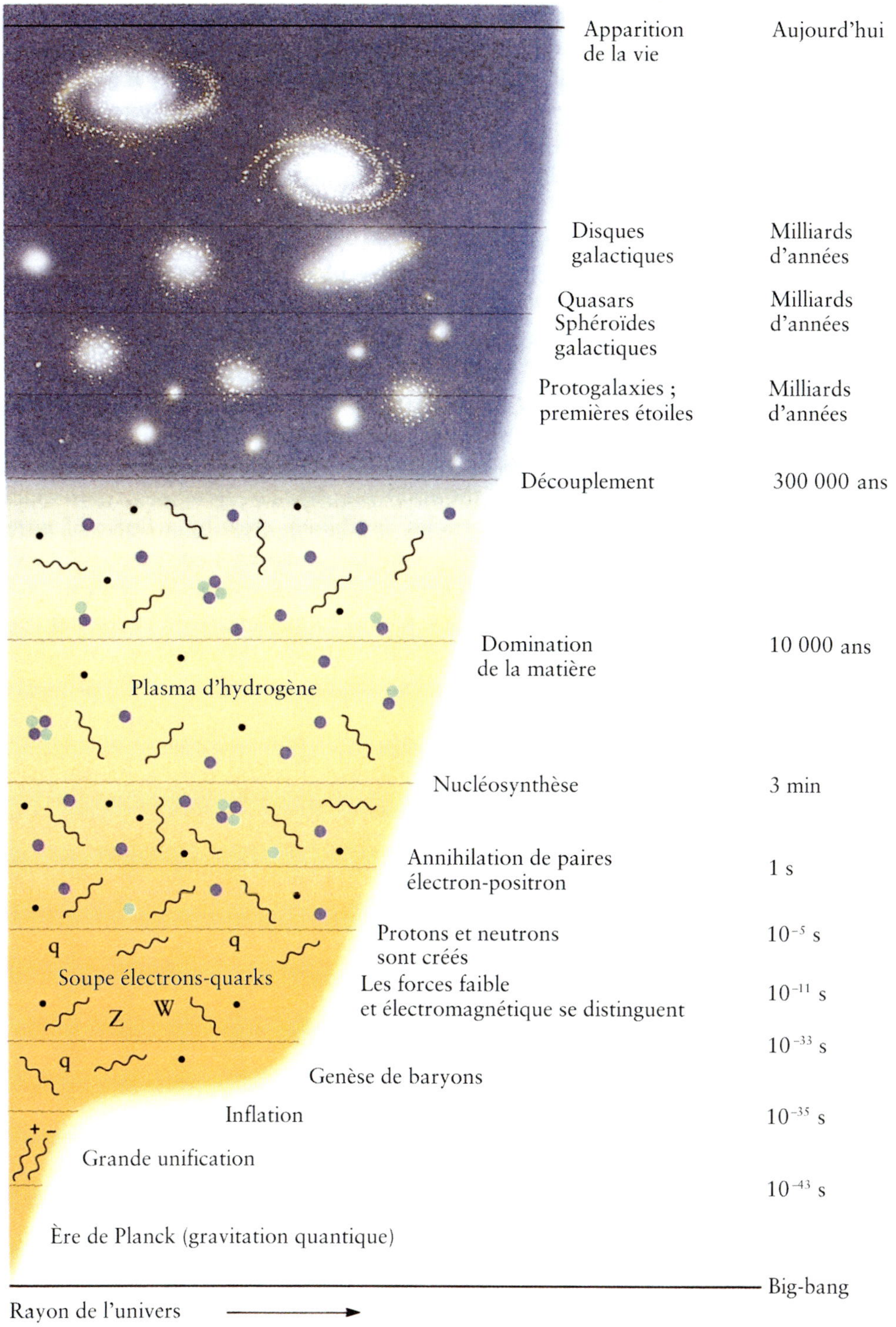

L'énigme matière-antimatière

Les particules fondamentales de matière sont les hadrons et les leptons. À basse énergie, ils se réduisent aux ingrédients constitutifs des éléments chimiques : protons, électrons et neutrons. Ces particules sont collectivement connues sous le nom de « baryons », autrement dit, la matière ordinaire. Un proton et un électron peuvent se combiner pour former un atome d'hydrogène. Environ 73 %, en masse, de ce que l'on observe dans l'univers est composé de cet élément. L'hélium, dont le noyau contient deux protons et deux neutrons, représente à peu près 25 % de la masse visible. Dans notre galaxie, les 2 % de masse restante sont constitués d'éléments lourds, plus particulièrement le carbone, l'oxygène, l'azote, le silicium et le fer. L'essentiel des éléments lourds dans les nuages interstellaires diffus est confiné au sein de minuscules grains de matière de type minéral, de taille inférieure au micromètre (ou millionnième de mètre), comme l'olivine ou le graphite. Ces grains absorbent et diffusent la lumière venue des étoiles, qui se trouve alors rougie et polarisée de manière très caractéristique. Parce que les éléments lourds furent créés dans le cœur chaud des étoiles, le gaz primordial à partir duquel se sont formées les étoiles les plus âgées n'en contenait pas. Outre la matière, il existe un rayonnement électromagnétique diffus, essentiellement composé des photons du fond de rayonnement micro-onde et de radiations dans le domaine visible : la lumière des étoiles, provenant de nombreuses galaxies, jusqu'aux plus lointaines. Pour finir, l'univers est également baigné de neutrinos, vestiges du big-bang ou émis par les étoiles.

Pratiquement toute la matière qui nous environne est de la matière ordinaire et non pas de l'antimatière. Nous le savons pour la simple raison que, lorsqu'un proton rencontre un antiproton, les deux particules s'annihilent dans une explosion d'énergie pure. Cette énergie vaut deux fois l'énergie de masse du proton, soit 2 GeV ; elle est libérée sous la forme de rayons gamma. Les photons des rayons gamma sont hautement pénétrants et donc facilement observables. Pourtant, les expériences menées au-dessus de l'atmosphère terrestre (laquelle, heureusement pour nous, absorbe les rayons X, les rayons gamma et les photons ultraviolets) à la recherche de rayons gamma cosmiques n'en ont détecté que quelques-uns. Elles permettent de conclure que l'antimatière ne représenterait donc tout au plus qu'un millionième de la matière de l'univers.

On a déjà observé de l'antimatière directement, dans l'espace, au sein de rayons cosmiques de haute énergie, dont une particule sur dix mille est un antiproton. Toutefois, ces antiprotons hautement énergétiques sont probablement produits lors de collisions entre des particules du rayon cosmique et des atomes de carbone ou d'oxygène interstellaires. Parmi d'autres débris, ces collisions peuvent occasionner la production d'une paire de particules comme un proton et son antiproton. Pour qu'une paire proton-antiproton puisse être produite à l'issue de ce type de collision, il faut que le rayon cosmique initial ait un surplus d'énergie de quelques gigaélectronvolts.

Un indice des plus fascinants laisse à penser que l'univers, voici bien longtemps, contenait beaucoup plus d'antimatière qu'aujourd'hui. En fait, il fut un temps où les proportions de matière et d'antimatière étaient presque égales. L'énergie des photons du rayonnement de corps noir vaut aujourd'hui, en moyenne, trois dix millièmes d'électronvolt. Autrefois, lorsque l'univers était plus dense, ces photons étaient beaucoup plus énergétiques mais, avec l'expansion de l'univers, ils ont perdu leur énergie par décalage

Doppler. Pour un facteur d'expansion de dix milliards par exemple, leur longueur d'onde augmente, et leur fréquence (ou leur énergie) diminue du même facteur. Ainsi, lorsque l'univers était dix milliards de fois plus petit qu'aujourd'hui ou la densité de matière 10^{30} fois supérieure, l'énergie de ces photons valait 3 MeV. Mais 3 MeV, c'est une énergie qui dépasse l'énergie de masse d'une paire électron-positron, de sorte que ces photons énergétiques pouvaient créer des paires particule-antiparticule. Ces paires de particules sont bien réelles, contrairement aux paires virtuelles, éphémères, créées dans le vide quantique. Si l'on remonte encore un peu dans le temps, même des paires proton-antiproton étaient créées. Ces paires s'annihilent également, ce qui assure l'équilibre entre la création et la destruction de particules que l'on appelle « équilibre thermique » et qui procède de quantités quasiment égales de rayonnement, de particules et d'antiparticules. Puis, avec l'expansion de l'univers, l'énergie des photons décroît jusqu'à devenir inférieure au seuil de création de paires, et l'essentiel des paires de particules s'annihile.

Cela conduit à une énigme : nous vivons aujourd'hui dans un univers largement dominé par la matière. Si l'univers primitif affichait une symétrie stricte entre matière et antimatière, nous ne serions pas là pour en parler puisque tout, ou presque tout, se serait annihilé. Il existe tout de même une solution à cette énigme. Aujourd'hui, l'asymétrie entre matière et antimatière est considérable. Dans le passé, cette asymétrie, bien que beaucoup plus réduite, existait néanmoins. Quelle était l'ampleur de l'asymétrie initiale ? Pour chaque paire de photons du rayonnement fossile qu'on observe aujourd'hui, une paire particule-antiparticule aurait été produite dans l'univers chaud du commencement. Comptons donc le nombre de photons à trois kelvins que nous voyons, en moyenne, pour chaque proton de l'univers. On obtient environ un milliard de photons pour chaque proton, de sorte que l'asymétrie initiale n'aurait été que de un pour un milliard. Les paires de particules se sont annihilées, laissant derrière elles des photons plus le léger excès de matière sur l'antimatière, dont seule la matière pure survit une fois que tout le reste s'est annihilé. C'est ce léger excédent qui permet de rendre compte de notre existence. En définitive… d'où venons-nous ?

de 10^{-35} seconde à 10^{-5} seconde — de 10^{-5} seconde à nos jours

10^{-35} seconde après le big-bang (à gauche), les particules (représentées par des points sombres) et les antiparticules (les cercles) auraient été en nombre égal. À l'âge de 10^{-5} seconde, la majorité des particules se sont annihilées, mais il subsiste un léger déséquilibre entre protons et antiprotons. Les particules s'étant annihilées par paires, elles ne laissent qu'un excès de protons (à droite).

Génération du nombre baryonique

Le rapport du nombre de baryons, c'est-à-dire de particules comme les protons, au nombre de photons du rayonnement de fond cosmologique est ce qu'on appelle le « nombre baryonique » de l'univers. Le nombre de baryons reste constant tant qu'il n'y a ni création ni destruction de photons ou de baryons, comme cela semble être le cas dans l'univers actuel. Bien sûr, les étoiles créent des photons. Cependant, les photons venus des étoiles ne représentent qu'une petite fraction, inférieure à 1 %, des photons du rayonnement de fond.

Les physiciens ont du mal à admettre qu'un nombre baryonique comme 10^{-9} puisse être une condition initiale de l'univers des premiers instants. Trois nombres sortent naturellement du lot : 0, 1 et l'infini. Toute autre valeur, avancent les physiciens, nécessite qu'on fournisse une explication. Quoi qu'il en soit, il n'est pas nécessaire d'avancer une

Neutrino

Direction du spin vers la gauche.

Antineutrino

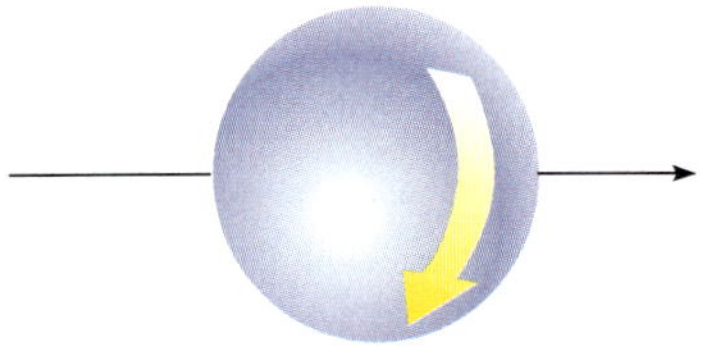

Direction du spin vers la droite.

Toutes les particules élémentaires sont dotées de spin. Par exemple, les neutrinos ont leur spin dirigé vers la gauche par rapport à la direction de leur mouvement, tandis que celui des antineutrinos est dirigé vers la droite.

telle hypothèse : nous l'avons vu plus tôt, l'état de grande unification était censé être un état parfaitement symétrique. Le nombre baryonique de l'univers n'aurait donc été produit qu'après la transition brisant la symétrie. Il existe en effet une théorie simple pour expliquer tout cela.

À l'époque de la grande unification, les particules lourdes (comme les protons) et les particules légères (comme les électrons ou les photons) n'étaient pas encore différenciées. Cela signifie qu'à cette époque, quelque 10^{-35} seconde après le big-bang, le nombre baryonique n'était pas forcément une grandeur conservée. Les protons pouvaient être créés ou se désintégrer sans forcément que l'antiproton correspondant se désintègre ou soit créé. À chaque processus donné n'était pas nécessairement associé le processus inverse. Du fait de l'expansion et du refroidissement de l'univers, la symétrie de grande unification fut brisée, rendant possibles des désintégrations irréversibles. À la fin de l'époque de grande unification, certaines particules pouvaient se désintégrer en protons sans que soient produits les antiprotons correspondants. Une fois la symétrie de grande unification brisée, quelques-unes de ces particules exotiques subsistent : elles se désintègrent et produisent un léger excédent de protons (ou plutôt de quarks, pour être plus précis) par rapport aux antiprotons (ou aux antiquarks). Calculer précisément combien il reste de quarks est une tâche difficile, mais la théorie fournit néanmoins une explication plausible pour le nombre baryonique de l'univers.

Le physicien dissident russe Andrei Sakharov fit remarquer que trois conditions étaient nécessaires pour la genèse des baryons. Premièrement, l'univers devait être hors d'équilibre. C'est une conséquence naturelle de l'expansion de l'univers. Deuxièmement, la conservation du nombre baryonique devait être violée. C'était également inévitable pendant l'époque de la grande unification des forces fondamentales, au-delà d'une énergie de 10^{15} GeV. La troisième condition, capitale, est plus subtile : la conservation de deux propriétés des particules, appelées « conjugaison de charge » et « parité », ne devait pas être satisfaite.

Ces éléments du sabir des physiciens ne sont pas aussi opaques qu'il y paraît. La conjugaison de charge est la propriété en vertu de laquelle les antiparticules sont soumises aux mêmes interactions que les particules de charge opposée qui leur sont associées. Ainsi, en ce qui concerne leurs interactions, matière et antimatière seraient indiscernables. Une étoile constituée de matière aurait la même apparence qu'une étoile d'antimatière. Cependant, on sait bien, grâce aux expériences portant sur l'interaction faible, que particules et antiparticules ne subissent pas forcément les mêmes interactions : en d'autres termes, la conjugaison de charge est violée.

La parité est une mesure des symétries droite-gauche. Lorsque cette grandeur est conservée, une particule et son image dans un miroir sont symétriques. Les particules élémentaires sont dotées de spin et, un peu comme avec un tournevis, celui-ci correspond à une rotation vers la gauche ou vers la droite, dans la direction du mouvement. Pour certaines interactions de particules, le reflet des particules dans un miroir n'est pas symétrique en spin. La parité n'est donc pas non plus un invariant. Toutefois, les physiciens des particules nourrissaient l'espoir que la combinaison de la conjugaison de charge (notée C) et de la parité (P) puisse fournir une grandeur, dénotée CP, qui soit invariante pour toutes les interactions de particules. Au milieu des années 1960, en étudiant les désintégrations d'un méson de courte durée de vie appelé « kaon », les physi-

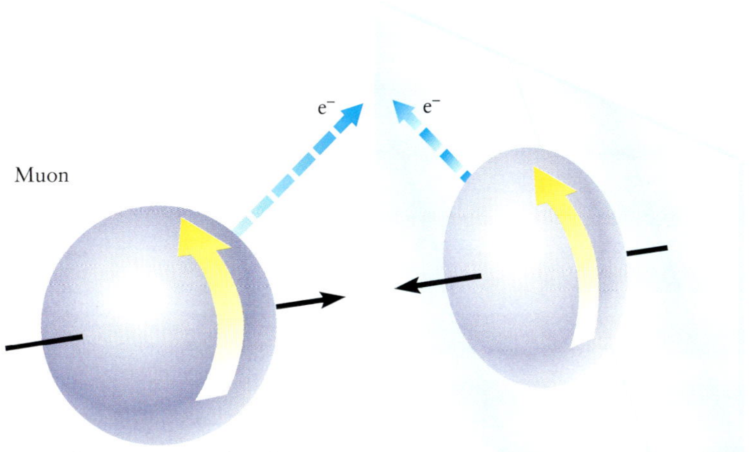

L'électron émis lors de la désintégration du muon viole la symétrie droite-gauche (parité) : un vrai muon émet l'électron vers la gauche par rapport à la direction de son spin, et une véritable image dans un miroir émettrait donc l'électron vers la droite de la direction de son spin. En fait, le muon miroir émet lui aussi l'électron vers la gauche.

ciens James Cronin et Val Fitch découvrirent, à leur grande surprise, que la violation de CP concernait environ une désintégration sur mille. Par conséquent, la violation de CP apparaissait comme une propriété naturelle, au moins pour certaines particules.

Le corollaire pour l'univers est qu'au cours de son évolution initiale des violations de CP ont certainement eu lieu. Dans le méli-mélo complexe des désintégrations, des créations et des annihilations de particules, il y eut une augmentation notable du nombre de baryons. Il suffit d'une violation de CP lors d'une désintégration sur un million pour générer des baryons.

Expériences de désintégrations du proton

La théorie de la baryogenèse a des conséquences intéressantes sur la physique d'aujourd'hui. L'une d'elles est que l'on devrait observer de légères asymétries, extrêmement faibles (des violations de CP) dans certaines désintégrations nucléaires. Cet effet fut mis en évidence pour les kaons, qui sont des particules assez rares. Ce que l'on espère, c'est que la nouvelle génération d'accélérateurs de particules permettra de découvrir d'autres cas de violation de CP à haute énergie, dans des interactions de particules plus ordinaires. Très amplifié, ce même effet permet de rendre compte des désintégrations de particules exotiques qui conduisirent, à l'époque de la grande unification, à la genèse des baryons. Une autre conséquence est que les protons devraient se désintégrer, mais très, très lentement. Dans l'univers à basse énergie d'aujourd'hui, le plus simple mécanisme de grande unification permet d'estimer la durée de vie du proton à 10^{30} années environ.

On ne court aucun danger dans l'immédiat puisque l'univers n'est âgé que de 10^{10} années. Il est intéressant de noter qu'un corps humain de cent kilos contenant environ 10^{29} protons devrait subir à peu près une désintégration de proton tous les dix ans. Le flux de rayons gamma résultant est trop faible pour causer un cancer. Imaginons que la durée de vie du proton soit aussi courte que 10^{14} années : nous finirions tous par mourir d'un cancer.

La grande unification prévoit un taux de désintégration des protons très faible mais néanmoins mesurable. Dans cent tonnes d'eau, ce qui représente 10^{32} protons, une centaine de protons devraient se désintégrer chaque année. La désintégration d'un proton libère beaucoup d'énergie (sous la forme de muons hautement énergétiques et de rayons gamma), de sorte qu'on devrait pouvoir la détecter, au moins en principe. Toutefois, il est nécessaire de protéger l'expérience des rayons cosmiques, qui engendrent des jets de muons dans l'atmosphère.

Plusieurs expériences vouées à détecter des désintégrations de protons sont en cours en différents points du globe. Chacune d'elles utilise des milliers de tonnes d'eau réservées dans des cuves enterrées en profondeur, entourées de compteurs à scintillation censés détecter le moindre signal lumineux issu d'un événement de désintégration. Toutefois, à ce jour, on n'a pas encore observé de désintégration d'un seul proton. De l'absence de ces désintégrations, on déduit que la durée de vie du proton serait supérieure à 10^{32} années. Peut-être les diamants sont-ils éternels, si cela peut réconforter certains. Pour la théorie des particules élémentaires, la conclusion en est, pour le moment, que les modèles les plus simples de grande unification sont faux. Mais cela n'est pas un problème pour les physiciens des particules. Les scientifiques sont pleins de ressources : ils concoctent simplement des modèles légèrement plus compliqués capables de fournir au proton une durée de vie de 10^{32} années au moins.

Le gel des interactions faibles

On peut maintenant retracer complètement l'évolution de la baryogenèse, depuis l'époque de la grande unification jusqu'à la brisure de symétrie finale. À haute température, la matière lors du big-bang se résumait à ses constituants les plus élémentaires, les particules comme les électrons ou les quarks, ingrédients constitutifs des protons. Au-delà de 10^{14} GeV en température, il n'y avait aucune distinction entre particules interagissant faiblement ou fortement, comme entre quarks et neutrinos. La symétrie entre les forces faible, forte et électromagnétique fut brisée une première fois lorsque la température passa en dessous de 10^{14} GeV. Tandis que la température continuait encore de diminuer, les forces nucléaire faible et électromagnétique demeurèrent indiscernables jusqu'à ce que la température atteigne environ 200 GeV. Au-delà de cette énergie, les bosons W et Z existent en très grand nombre.

Souvenons-nous que ces particules permettent d'unifier les interactions faible et électromagnétique de la même manière que le photon unifie électricité et magnétisme en une force unique. Lorsque l'énergie passe en dessous de leur énergie de masse, ces particules se désintègrent, et il n'est plus possible, d'un point de vue énergétique, de les recréer. Par conséquent, en dessous de 200 GeV, l'interaction nucléaire faible devient très différente de la force électromagnétique, comme c'est effectivement le cas dans notre univers à basse énergie.

Aussitôt après l'époque de la genèse des baryons, il n'existait toujours aucune des particules lourdes que l'on connaît, comme les protons et les neutrons qui forment les noyaux atomiques. Baptisées « hadrons », ces particules composites ne purent se former que lorsque la température chuta en dessous de 300 MeV. Avant cela, il n'y avait qu'une sorte de soupe de quarks ; par la suite, environ 10^{-5} seconde après le big-bang, une transition de phase semblable à la congélation de l'eau en glace eut lieu et privilégia l'état de la matière que sont les nucléons ordinaires (encore appelés « hadrons »). Il s'agit uniquement des protons et des neutrons car aucun noyau plus lourd ne pourrait survivre à des températures aussi élevées.

Outre les hadrons, on trouve des particules légères baptisées « leptons », comme les électrons ou les neutrinos, et des photons. Ensemble, hadrons et leptons forment les baryons de la matière ordinaire. Neutrons et neutrinos interagissent avec les électrons et les protons par le biais de l'interaction nucléaire faible. Lorsque la température de l'univers atteignit environ 1 MeV (soit dix milliards de kelvins), le rythme des interactions par la force faible devint inférieur au rythme d'expansion de l'univers, et les interactions faibles prirent fin. À ce stade, il s'est écoulé environ une seconde de temps cosmique depuis le big-bang. Après que les interactions faibles se furent interrompues, le nombre résiduel de neutrons (et de neutrinos) était fixé. Il resta environ un neutron pour dix protons.

Le boson W fut découvert lors des collisions menées au LEP du CERN entre octobre et décembre 1982. Bien qu'on n'ait pas observé la particule directement, on a vu le produit de sa désintégration : un électron et un neutrino. La collision produit un électron de haute énergie transverse, indiqué par la flèche rose. Une partie de l'énergie attendue est « manquante », signe qu'un neutrino, invisible, a également été émis.

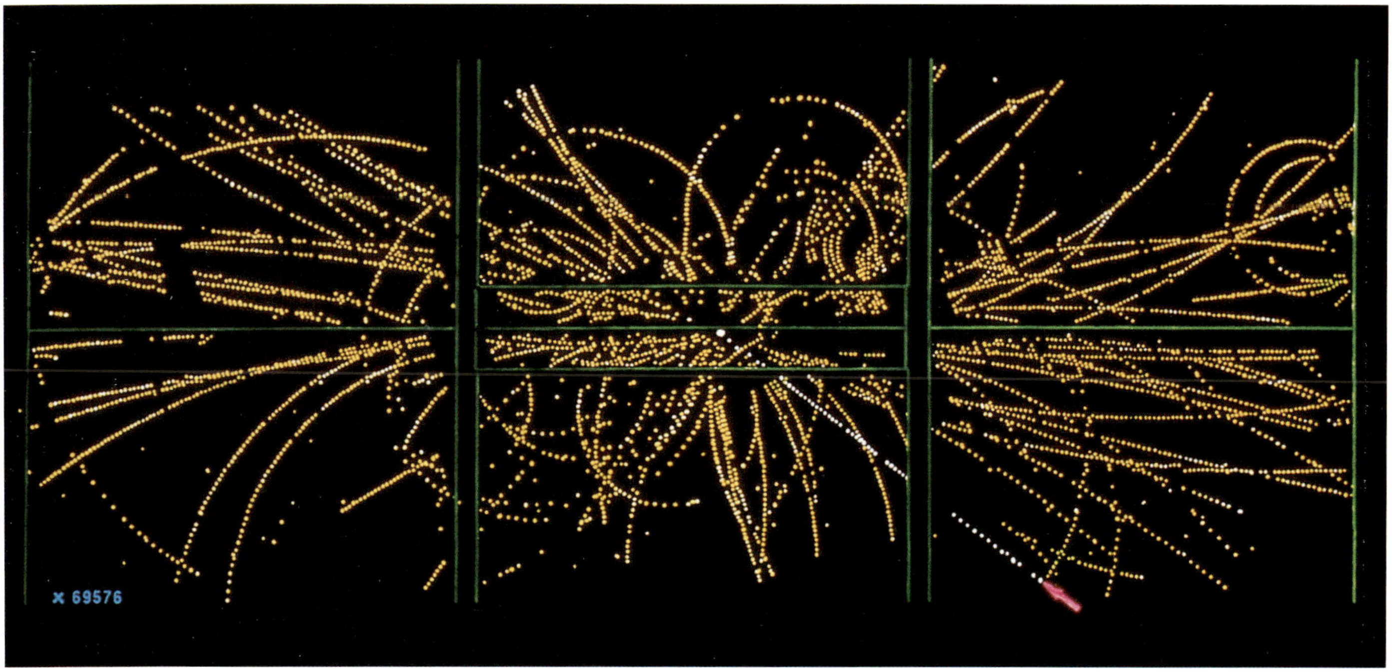

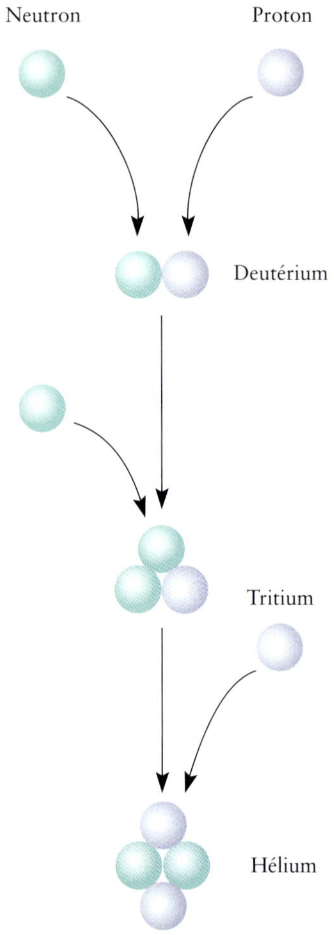

À haute température, comme celle qui régnait lors des premières minutes du big-bang, les neutrons se lient aux protons pour former du deutérium. Celui-ci, à son tour, capture un neutron pour former du tritium, qui se lie à un proton pour former le noyau d'hélium.

Nucléosynthèse primordiale

Avant de se désintégrer, un neutron libre dispose d'une durée de vie d'environ dix minutes et demie. Toutefois, la plupart des neutrons n'ont pas le temps de se désintégrer car, après trois minutes seulement, intervient un autre phénomène : ils interagissent avec des protons pour former des noyaux de deutérium, que l'on appelle aussi l'« hydrogène lourd ». Le deutérium glane rapidement un second neutron pour former du tritium, lequel à son tour absorbe rapidement un proton pour donner un noyau d'hélium de masse atomique 4, composé de deux protons et de deux neutrons. Il n'existe aucun élément stable de masse 5 ou 8 ; autrement dit, d'autres nucléosynthèses où un noyau d'hélium se lierait à un proton ou à un autre noyau d'hélium sont généralement impossibles. Il se forme toutefois des traces d'un ou deux autres éléments lourds, principalement du lithium (de masse atomique 7).

On remarque que pratiquement tous les neutrons finissent dans un noyau d'hélium. Ainsi, la théorie du big-bang prédit la création, lors des trois premières minutes de l'expansion, d'un noyau d'hélium pour dix protons. En effet, on trouve aujourd'hui environ 30 % de la masse de la matière de l'univers sous la forme de noyaux d'hélium ; et le reste est constitué de protons. L'abondance en hélium constitue une prédiction solide de la théorie du big-bang. Elle démontre que l'univers primordial a traversé une phase à très haute température et de très haute densité, un peu comme dans le cœur d'une étoile.

Synthèse de l'hélium

L'hélium est synthétisé au cœur des étoiles par fusion thermonucléaire. Cependant, la plupart des étoiles, comme le Soleil, brûlent toujours de l'hydrogène ; elles n'ont encore produit que peu d'hélium et n'en ont certainement pas évacué beaucoup dans l'espace. L'essentiel de l'hélium synthétisé demeure encore tapi au plus profond de l'étoile. On observe pourtant que l'univers contient un atome d'hélium pour neuf ou dix atomes d'hydrogène. En masse, cela représente environ 27 %.

On sait par exemple que le Soleil contient ce pourcentage d'hélium. Parce que l'atmosphère du Soleil n'est pas encore assez chaude pour exciter ces atomes, son spectre ne présente pas de raies d'absorption de l'hélium. Néanmoins, on a découvert l'hélium au cœur du Soleil avant même de l'identifier sur Terre. On avait observé de courtes raies d'émission de cet élément dans le spectre de la chromosphère, cette couronne de gaz chaud extérieure à la surface du Soleil et que l'on voit habituellement depuis la Terre. Ce n'est que lorsque le corps principal du Soleil est masqué par la Lune, au cours d'une éclipse solaire, que se révèle la faible lueur de la chromosphère.

Des preuves directes de l'abondance en hélium dans le Soleil peuvent également être obtenues à la fois grâce aux rayons cosmiques provenant du Soleil et grâce aux vents solaires. Les rayons cosmiques solaires sont composés de particules de très haute énergie qui sont accélérées dans la couronne solaire, une vaste enveloppe de plasma raréfié, plus chaude encore que l'astre qu'elle entoure. Des particules de faible énergie issues de la couronne sont projetées vers l'extérieur de l'étoile et forment ce qu'on appelle le « vent solaire ». Pour dix protons des rayons cosmiques et du vent solaire, on compte un atome d'hélium. Ces mesures fournissent la meilleure estimation de l'abondance en hélium dans le Soleil. On mesure également 27 % pour l'abondance en hélium dans les gaz interstellaires d'hydrogène ionisé, où les raies d'émission de l'hélium que l'on observe sont produites durant la recombinaison d'un hélium ionisé avec un électron, et dans les étoiles chaudes, où l'hélium est suffisamment excité pour produire des raies d'absorption. À quelques pour-cent près, l'abondance en hélium est la même partout. Les différences les plus fines sont attribuées à des enrichissements locaux dus aux étoiles galactiques.

On obtient la preuve de la constance relative de l'abondance en hélium lorsqu'on compare celle des étoiles les plus âgées, qui sont pauvres en métaux, à celle des étoiles les plus jeunes, riches en métaux. On trouve dans les vieilles étoiles à peine moins d'hélium que dans le Soleil, peut-être 2 ou 3 % de moins. Il existe des galaxies particulièrement dépourvues de métaux, ne contenant que dix, voire 3 % des abondances en éléments lourds que l'on trouve dans le Soleil. Celles-ci contiennent la même quantité d'hélium, ici encore à 2 ou 3 % près. Cela confirme que la majeure partie de l'hélium n'a pas été synthétisée dans les étoiles au même titre que les éléments lourds comme les métaux, mais qu'elle était formée bien avant les étoiles. L'accord entre l'abondance en hélium que prévoit la théorie et celle que l'on observe effectivement constitue l'une des principales pièces à conviction en faveur de la théorie du big-bang. Il justifie l'extrapolation que l'on effectue en remontant dans le temps depuis l'époque actuelle, dix milliards d'années après le big-bang, jusqu'à moins d'une seconde après celui-ci.

D'autres prédictions importantes donnent de faibles quantités de deutérium et de lithium. Pour ces éléments, et principalement pour le deutérium, l'abondance finalement obtenue dépend de la valeur précise de la densité actuelle des baryons, c'est-à-dire de la matière ordinaire. Si cette densité est élevée, alors la nucléosynthèse primordiale opère : l'univers des premiers instants n'aurait quasiment pas fabriqué de deutérium. Si au contraire la densité de baryons est faible, alors l'univers primordial aurait fabriqué une quantité de deutérium comparable à celle qu'observent aujourd'hui les astronomes. Ce que l'on entend précisément par densité « élevée » ou « faible » se révèle capital pour déterminer l'évolution future de l'univers, comme l'expose le prochain chapitre.

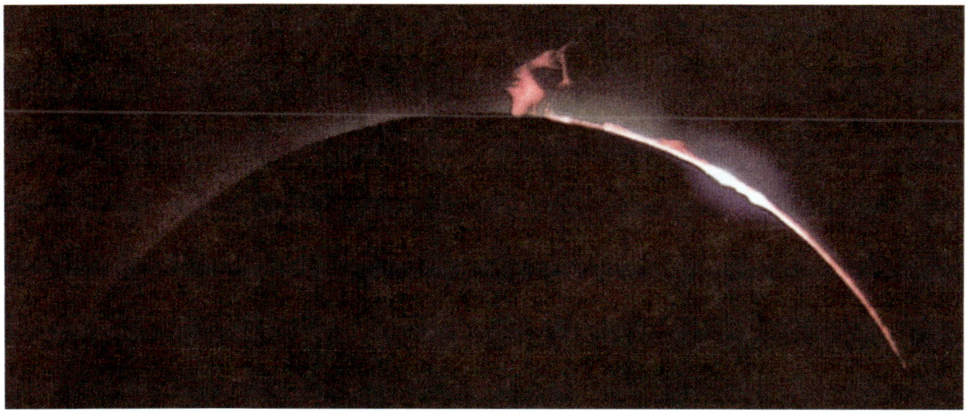

La chromosphère émerge au-dessus de la surface de la Lune lors d'une éclipse totale du Soleil. Sa couleur rouge provient de l'émission de lumière à la longueur d'onde de la raie alpha de l'hydrogène.

Chapitre six

Comment tester le big-bang

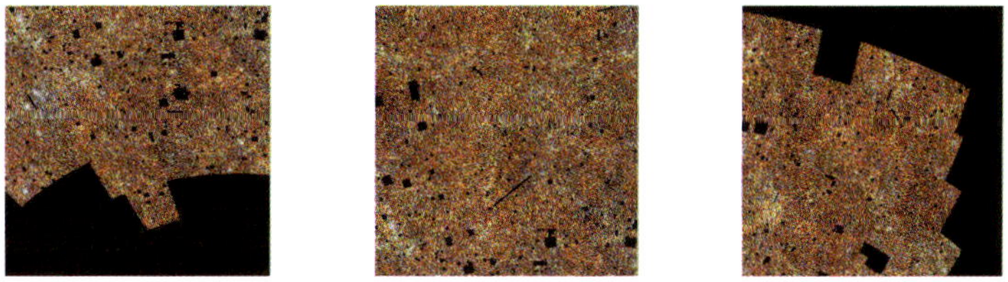

Cette étude portant sur quatre mille degrés carrés du ciel austral montre plus de deux millions de galaxies.

C'est l'expansion de l'univers qui scelle son destin. Le futur de notre univers, pourtant né d'une bombe brûlante extrêmement dense, promet d'être lugubre et glacial. Continuera-t-il son expansion à tout jamais ou celle-ci finira-t-elle par faiblir pour laisser place à une phase de contraction qui recréera, dans un avenir lointain, les conditions de son passé torride ? Les réponses à ces questions se cachent dans l'équation de la théorie de l'univers en expansion, baptisée du nom de ses découvreurs, Alexandre Friedmann et Georges Lemaître. L'équation de Friedmann-Lemaître est le fondement du modèle du big-bang. L'une de ses composantes principales est la densité moyenne de l'univers. C'est la densité qui permet de mesurer la masse de l'univers et de déterminer s'il est destiné à enfler à tout jamais ou s'il finira un jour par se condenser à nouveau. Dès lors que nous comprendrons les futurs possibles de l'univers, nous pourrons élaborer toute une batterie de tests cosmologiques pour voir quel sort l'avenir nous réserve.

La densité de l'univers

On évalue la densité moyenne de l'univers en considérant un volume suffisamment vaste pour en mesurer la masse observable. Pour obtenir cette masse, on compte le nombre total de galaxies visibles et on le multiplie par la masse d'une galaxie moyenne. On suppose que la masse d'une galaxie donnée correspond à la moyenne pour le type de galaxie considéré, elliptique ou spirale par exemple. Cette masse moyenne est obtenue en étudiant avec soin les galaxies voisines une par une. Une méthode consiste par exemple à mesurer la raie à 21 centimètres de l'hydrogène des nuages de gaz en orbite, puis à déduire la vitesse de rotation de l'élargissement de la raie, à différentes distances du centre de la galaxie. On déduit alors une valeur de la masse en imposant l'équilibre entre les forces centripète et gravitationnelle.

L'étendue du volume à étudier est encore contestée. Une chose est certaine : il faut un volume qui s'étende au moins sur cent mégaparsecs afin d'avoir un échantillon d'univers correct. On trouve, en moyenne, environ une galaxie lumineuse pour cent mégaparsecs cubes. Notre plus proche voisine, distante de 0,75 mégaparsec seulement, est la galaxie d'Andromède. Elle est plus proche de nous que la distance moyenne entre galaxies ne permettrait de le prévoir, car elle fait partie du Groupe local. En moyenne, chaque galaxie possède une masse de cent milliards de masses solaires et rayonne dix milliards de luminosités solaires. Cela se traduit par une densité de masse moyenne de l'ordre de un milliard de masses solaires par mégaparsec cube, et par une densité moyenne de luminosité de cent millions de luminosités solaires par mégaparsec cube. Autrement dit, on trouve que la densité moyenne de matière visible, notée ρ, vaut environ 10^{-31} gramme ou 10^{-7} atome par centimètre cube.

Connaissant la densité de matière visible ρ, on peut maintenant s'attacher à présenter la théorie fondamentale du big-bang. Premièrement, elle doit décrire la façon dont la densité de matière décroît avec l'expansion de l'espace, en rendant compte de l'augmentation continuelle de l'éloignement qui sépare deux masses distantes dans l'univers.

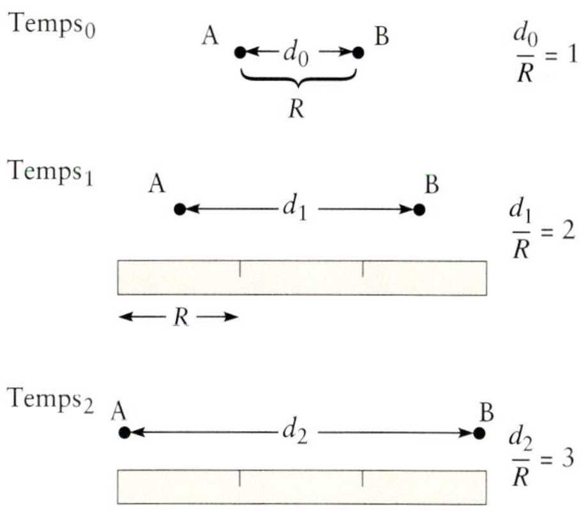

La distance instantanée d *entre deux points change continuellement avec l'expansion de l'univers, tandis que la distance comobile* R *reste constante. Le rapport* d *sur* R *donne le facteur d'échelle* a(t).

Dans un univers en expansion, la distance entre deux points quelconques ne cesse de croître. Il nous faut un moyen de décrire la distance instantanée d entre les deux points considérés, c'est-à-dire la distance à tout instant. Pour ce faire, nous utilisons la distance coordonnée R comme valeur de référence pour mesurer les variations de d. Nous appelons R la « distance comobile », car elle est toujours la même pour deux points donnés. Pour connaître l'expansion à tout instant, il suffit de prendre le rapport de la distance instantanée d entre deux points de l'univers en expansion et de la séparation R de ces deux mêmes points dans un système qui ne serait pas en expansion. Ce rapport est ce qu'on appelle le « facteur d'échelle » $a(t)$. Le facteur d'échelle étant le rapport d/R, alors $d = R\,a(t)$ donne la véritable distance entre les deux points. Le t entre parenthèses indique que le facteur d'échelle prend une valeur différente à chaque instant t.

Bien sûr, l'univers possède trois dimensions d'espace. On peut décrire un volume tridimensionnel en expansion par le volume d^3. On peut également le comparer au volume comobile R^3, qui n'est pas en expansion, pour obtenir l'expression $d^3 = R^3 a(t)^3$. Pour que la masse contenue dans une région donnée reste constante à mesure de l'expansion de l'univers, la densité doit décroître tandis que le volume augmente. La conservation de la masse, ou le fait qu'il n'y a ni création ni destruction de matière dans un volume donné, implique que la densité ρ doit remplir la condition ρ x (volume) = constante. Le volume de la région considérée valant d^3, on en déduit que ρd^3 demeure constant à mesure de l'expansion de l'univers. En fait, ρd^3 vaut justement la masse contenue dans un volume de dimension R. R étant constant, on en déduit que la densité est proportionnelle à $a(t)^{-3}$. On calcule cela en remplaçant R^3 par ρd^3 dans l'expression $d^3 = R^3 a(t)^3$. D'après ce résultat, pour une expansion de l'espace d'un facteur deux, la densité diminue d'un facteur huit.

Le principe cosmologique requiert que la vitesse d'expansion entre deux points quelconques vérifie $v = Hd$ où, en général, H est une fonction du temps (mais non de la distance). À tout instant donné, et en particulier aujourd'hui lorsqu'on écrit H comme étant égal à la « constante » de Hubble H_0, cela revient à simplifier notablement la loi de Hubble pour l'expansion de l'univers. Il était une fois, il y a de cela un temps $1/H_0$ si l'on suppose qu'il n'y a pas eu de décélération, où l'univers était

Un cube renfermant une certaine masse croît en volume à mesure de l'expansion de l'univers. La densité diminue proportionnellement à l'inverse du cube du facteur d'échelle. Ainsi, lorsque l'univers s'étend d'un facteur deux, la densité diminue d'un facteur huit.

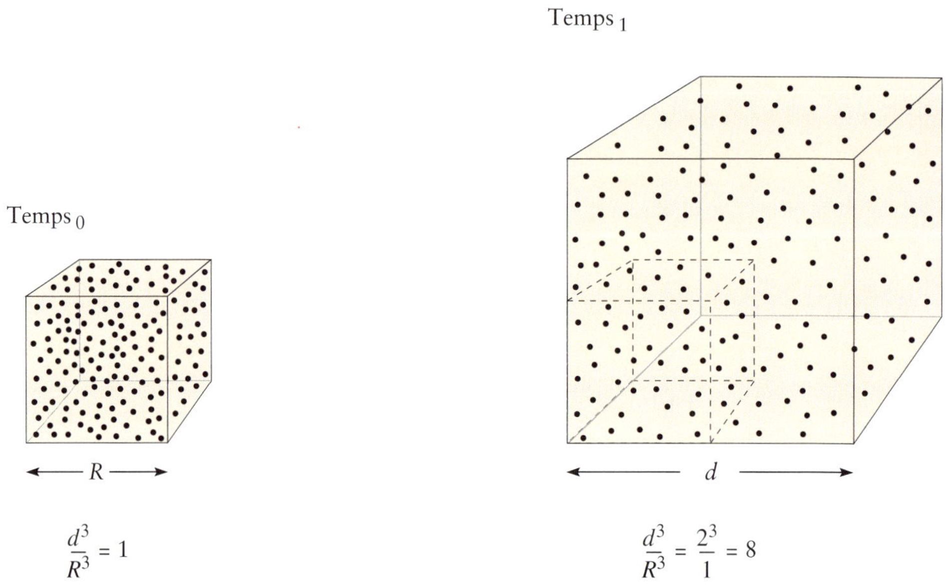

infiniment dense — à condition de prendre la loi de Hubble au pied de la lettre. Bien sûr, comme nous l'avons vu plus tôt, on devrait pouvoir écarter l'hypothèse d'un commencement aussi singulier, si seulement nous connaissions la physique de la gravité quantique. La loi de Hubble stipule que, pour des points de plus en plus distants, la vitesse de récession augmente progressivement.

Prenons maintenant un volume d'univers quelconque. Divisons-le en coquilles concentriques. À chaque coquille sont associés deux types d'énergie : l'énergie du mouvement, ou énergie cinétique, et l'énergie qu'on accumulerait en tombant dans le champ de gravitation qui règne dans la coquille, ou énergie potentielle de gravitation. Le mouvement au sein d'une coquille doit satisfaire au principe de conservation de l'énergie :

énergie cinétique + énergie potentielle de gravitation = énergie totale de la coquille.

Bien évidemment, l'énergie totale de la coquille reste constante, de même que sa masse. Son énergie cinétique décroît avec le temps tandis que son énergie potentielle (négative) augmente. On peut diviser par la masse ; on obtient alors que l'énergie d'une coquille, quelle qu'elle soit et quelle que soit sa masse, est une constante universelle k qui peut être positive, négative ou nulle. Une constante positive implique que l'énergie cinétique l'emporte ; une constante négative indique que c'est l'énergie de gravitation qui domine.

Cette équation d'énergie peut se réduire à une comparaison de la vitesse de la coquille, ou du taux de changement du facteur d'échelle, avec la densité, qui est proportionnelle à l'inverse du volume, c'est-à-dire au cube du facteur d'échelle. L'équation résultante pour le facteur d'échelle est communément appelée « équation de Friedmann-Lemaître », du nom de ses deux découvreurs, le cosmologiste russe Alexandre Friedmann qui publia

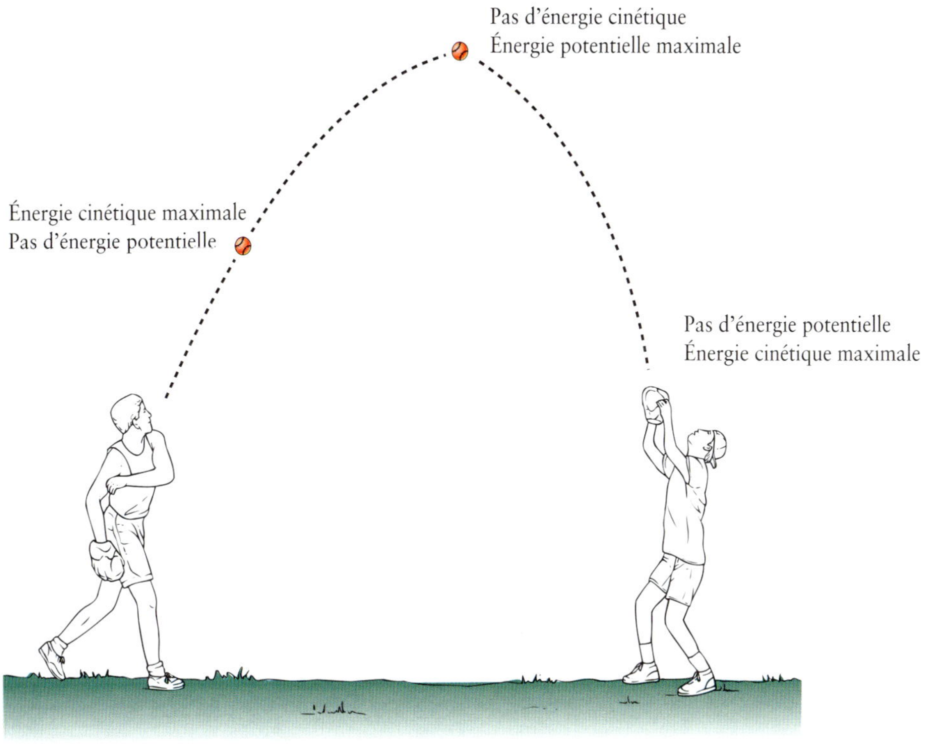

Une balle lancée en l'air offre une bonne illustration du principe de conservation de l'énergie. Pendant son ascension, l'énergie cinétique de la balle se transforme en énergie potentielle de gravitation. Au sommet de la trajectoire, l'énergie de la balle est entièrement sous forme d'énergie potentielle de gravitation, puis elle se transforme à nouveau en énergie cinétique, sous l'action de la gravitation sur la balle. Le long de sa trajectoire, la somme des deux formes d'énergie reste constante.

son résultat en 1922 et le cosmologiste belge Georges Lemaître qui fit une découverte analogue en 1927.

C'est l'équilibre délicat entre l'énergie cinétique et l'énergie potentielle de gravitation qui gouverne l'évolution de l'univers. Si l'énergie cinétique prédomine, alors l'univers est voué à une expansion sans fin ; si l'énergie potentielle gravitationnelle l'emporte, alors il est destiné à s'effondrer sur lui-même. Et tout cela repose sur la valeur de la densité par comparaison à une valeur critique : si la densité est inférieure à cette valeur critique, c'est l'énergie cinétique qui l'emporte, et *vice versa*. Une analogie utile est celle de la vitesse de libération nécessaire pour quitter la Terre. Lorsqu'on lance une fusée en lui communiquant une vitesse supérieure à sept kilomètres par seconde, elle se libère de l'attraction gravitationnelle de la Terre et poursuit sa route à tout jamais. Avec une vitesse inférieure, elle retombe sur Terre. Nous connaissons la masse de la Terre et pouvons ajuster la vitesse de la fusée comme bon nous semble. Dans le cas de l'univers, nous pouvons mesurer la vitesse de son expansion, mais nous ne connaissons pas sa masse. En effet, c'est la densité moyenne de matière qui joue pour l'univers le rôle de la masse de la Terre dans l'exemple précédent. Si l'on connaissait la densité moyenne de matière de l'univers, nous saurions si oui ou non l'univers possède la « vitesse de libération » nécessaire pour continuer son expansion à tout jamais.

Imaginons que l'énergie cinétique équilibre exactement l'énergie potentielle. Dans ce cas, l'énergie totale k s'annule. L'équation de Friedmann-Lemaître se réduit alors

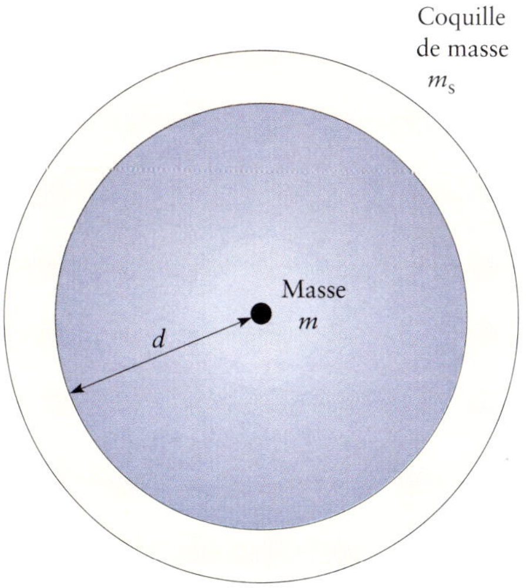

On peut décrire l'univers comme une succession de coquilles concentriques en expansion, centrées sur l'observateur.

Le futur de l'univers dépend du rapport Ω entre la densité réelle et la densité critique, de la même manière que le sort d'une fusée lancée depuis la Terre dépend de sa vitesse.

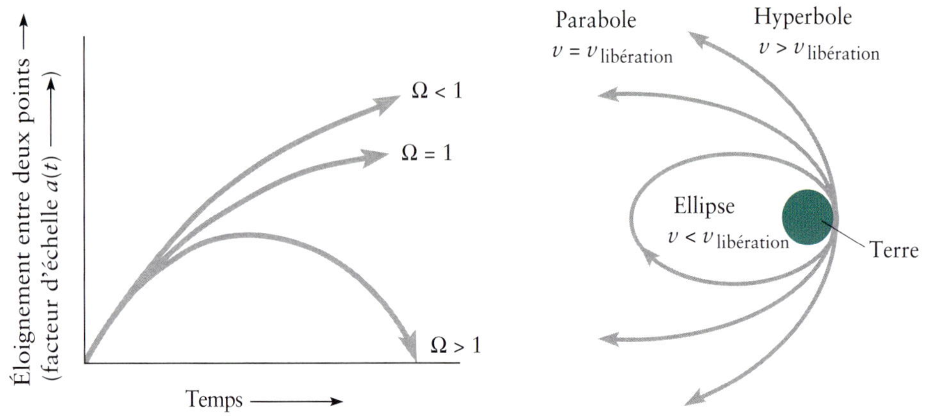

à l'égalité entre la densité et le carré du rythme de l'expansion : $\rho = 3H^2/8\pi G$. Cette relation définit une densité critique pour chaque époque. En général, le terme H est égal à l'inverse du temps écoulé depuis le big-bang. Mesurée à l'époque actuelle, la valeur de H, que l'on appelle « constante de Hubble » H_0, vaut approximativement 1 sur 15 milliard d'années. Plus tôt dans l'histoire de l'univers, H était bien plus élevé car le temps écoulé depuis le big-bang était moindre. Aussi, peu de temps après le big-bang, la densité était très supérieure. Nous voyons donc que la densité était, à une bonne approximation près, proportionnelle à H^2 ou inversement proportionnelle à l'âge de l'univers, puisque le terme faisant intervenir ρ devient très supérieur au terme constant.

Le fait que la densité de l'univers était très supérieure peu de temps après le big-bang n'est pas une surprise, mais son interprétation devient intéressante lorsqu'on étudie l'énergie constante k. Cette énergie peut être positive ou négative. Si elle est positive, alors, après un certain temps (pour a élevé), la densité devient très faible, et H^2 est proportionnel à k/a^2 de sorte que la valeur de H est toujours bien définie. On en déduit que l'expansion de l'univers durera toujours. Mais si k est négative, alors il n'existe plus de solution réelle pour le rythme d'expansion H aux temps élevés. On en déduit que l'univers poursuit son expansion jusqu'à un rayon maximal, pour se contracter ensuite.

Le destin de l'univers, déterminé par la valeur de son énergie constante k, dépend de la valeur de sa densité actuelle par comparaison avec la densité critique. Le facteur d'échelle a reflète le choix arbitraire des unités de mesure, et, le plus simplement du monde, on peut poser sa valeur actuelle égale à un. L'équation de Friedmann-Lemaître devient une équation des plus simples qui relie des grandeurs observables aujourd'hui : H_0, la valeur actuelle de la densité de l'univers ρ_0 et k. Ici, l'indice 0 fait référence aux valeurs actuelles de H et ρ. Clairement, il existe une valeur critique pour la densité aujourd'hui, définie par $\rho_{crit} = 3H_0{}^2/8\pi G$.

On définit habituellement le paramètre de densité cosmologique Ω comme étant égal à la densité ρ, quelle qu'elle soit, divisée par la densité critique ρ_{crit}. Ainsi, $\Omega_0 = \rho_0/\rho_{crit}$. Si la densité actuelle est inférieure à la densité critique, autrement dit, si $\Omega_0 < 1$, alors k est positive, et l'univers continuera son expansion indéfiniment. Si la densité actuelle est supérieure à la densité critique, ou si $\Omega_0 > 1$, alors k est négative, et l'univers finira par se contracter. Avec une constante de Hubble égale à soixante-dix kilomètres par seconde et par mégaparsec, la densité critique à ce jour est de l'ordre de 5×10^{-30} gramme par centimètre cube.

Il nous est facile de détecter la matière visible, de sorte que nous pouvons observer sa densité et calculer que la valeur de Ω pour la matière visible est de l'ordre de 0,005, ce qui est très inférieur à la valeur requise pour que l'univers finisse par se contracter. Toutefois, cela ne nous permet pas de conclure que l'univers continuera son expansion indéfiniment. On a de bonnes raisons de croire qu'une large proportion de la masse de l'univers se trouve sous forme de matière sombre, encore appelée « matière noire ». Or la contribution de cette matière noire pourrait s'avérer très supérieure à celle de la matière visible, et les observations directes ne nous permettent pas d'affirmer avec certitude que $\Omega_0 < 1$ ou $\Omega_0 > 1$.

Si $\Omega_0 < 1$, alors l'expansion de l'univers durera toujours. Les galaxies brûleront toutes leurs réserves de gaz pour créer de nouvelles étoiles, et les étoiles finiront par s'éteindre. Dans quelques dizaines de milliards d'années, l'univers sera devenu sombre et glacial. Au contraire, si $\Omega_0 > 1$, alors l'expansion de l'univers se ralentira, et, d'ici à quelques milliards d'années, débutera une phase de contraction. Étoiles et galaxies s'effaceront à mesure que la densité de matière augmentera et que l'univers deviendra de plus en plus chaud. La fin de l'univers sera un cataclysme violent. Il y aura un *big crunch* final, en quelque sorte une image inversée du big-bang originel.

L'univers finira-t-il de glace ou de feu ? L'avenir du big-bang sera soit le *big crunch*, soit le grand froid. Tout dépend de la valeur de la densité moyenne de l'univers qui, si elle dépasse la valeur critique, assurera que l'univers se contracte à nouveau. C'est bien connu, la densité est une grandeur très difficile à mesurer puisque nous ne voyons que la fraction lumineuse de la matière. Toutefois, il existe une autre méthode pour prédire le devenir de l'univers : observer sa géométrie.

Espace courbe et relativité générale

La théorie de la gravitation d'Einstein réinterprète l'énergie constante k en termes de courbure de l'espace. L'un des concepts fondamentaux de la théorie de la relativité générale d'Einstein est que la gravité déforme l'espace. La gravité courbe l'espace, et l'espace engendre la gravité. Si l'on en croit Einstein, c'est la courbure de l'espace qui fait que la matière se déplace sous l'effet de la gravitation. Comme la gravitation courbe l'espace, la lumière n'y chemine plus en ligne droite. Cet effet fut mesuré pour la première fois en 1919, trois ans après la publication des travaux d'Einstein, lors d'une éclipse totale du Soleil qui a permis d'étudier la déviation des rayons lumineux issus d'étoiles lointaines visibles autour de notre astre. On trouva que la lumière passant près du Soleil ne suivait pas une ligne droite. En fait, et puisque la lumière est dotée d'énergie, même la théorie newtonienne de la gravitation prédit la déviation des rayons lumineux. Cependant, dans la théorie d'Einstein, l'espace étant courbe, on obtient pour la déviation de la lumière le double de la valeur newtonienne.

En présence de matière, la « ligne droite » n'existe plus : la plus courte distance entre deux points est forcément une courbe. Les théorèmes bien connus de la géométrie euclidienne ne sont plus valables : des lignes parallèles peuvent se couper, et la somme des angles d'un triangle ne vaut plus 180 degrés. Au voisinage du Soleil, l'effet est ténu : la somme des trois angles d'un triangle tracé autour de l'astre dépasse les 180 degrés de un pour un million seulement.

La conséquence de ce bouleversement de notre conception de la nature de l'espace est que « la gravité courbe l'espace, et l'espace fait se déplacer la matière », offrant ainsi un nouveau paradigme pour réinterpréter la géométrie de l'univers. La courbure de l'espace joue un rôle important pour le big-bang, puisqu'elle reflète l'intensité de la gravitation. En premier lieu, nous devons réinterpréter la constante k. Il ne s'agit plus d'une énergie mais plutôt, dans le langage d'Einstein, d'une mesure de la courbure de l'espace. La théorie de la relativité générale attribue trois valeurs possibles à k : –1, 0 ou +1, qui sont identiques aux concepts plus classiques d'une énergie positive, nulle ou négative pour l'univers. Ces valeurs correspondent à un espace à courbure positive (comme la surface d'une sphère), à un espace plat (comme un plan), ou à courbure négative (comme une surface en forme de selle ou une surface hyperboloïde). En termes d'énergie totale, ces espaces sont respectivement équivalents à une énergie totale négative (l'énergie potentielle de gravitation l'emporte), nulle (l'énergie cinétique et l'énergie potentielle s'équilibrent exactement) ou positive (l'énergie cinétique, ou d'expansion, prédomine). L'univers pourvu d'une énergie totale négative, dont l'expansion ne dépasserait pas une certaine taille maximale, possède une courbure positive. C'est un espace fermé et fini, alors que l'univers d'énergie positive, dont l'expansion continuerait à tout jamais, est un espace ouvert, infini. L'énergie positive pour l'univers correspond à une géométrie à courbure négative. Dans ce cas, la somme des trois angles d'un triangle est inférieure à 180 degrés tandis que, dans le cas précédent, la somme est supérieure à cette valeur canonique.

Un univers ouvert est infini et l'aurait toujours été. Il est infini simplement parce que, dans une géométrie ouverte, la présence d'un bord irait à l'encontre de son homogénéité, ce qui, en d'autres termes, violerait le principe cosmologique. Or les observations en sa faveur s'accumulent. Cela ne veut pas dire que la distribution des galaxies au sein d'un univers infini ne pourrait pas être limitée dans le temps : un bord comme celui-là signifierait simplement que les galaxies se sont formées à un certain moment dans le passé et qu'il n'y en avait aucune auparavant.

Un univers infini pourrait continuer son expansion indéfiniment car l'infini ne connaît aucune limite. Imaginons un hôtel doté d'un nombre de chambres infini, toutes occupées. On pourrait toujours y loger un nombre infini de visiteurs : il suffit de demander à chaque occupant de déménager à la chambre suivante, libérant ainsi la première chambre. Le nombre de chambres étant infini, il existe toujours une chambre suivante pour accueillir les occupants les uns après les autres. On pourrait penser que cette succession de changements de chambre prendrait un temps infini. Mais, en fait, on pourrait loger un nombre infini de personnes dans le temps qu'il faut compter pour libérer une seule chambre. Il suffit de demander à tous les occupants des chambres à numéro impair de se déplacer dans la prochaine chambre à numéro impair ; cela permet de libérer un nombre infini de chambres. De même, pour une valeur fixée de la densité moyenne, un univers ouvert contiendrait une masse infinie, du fait de son volume infini.

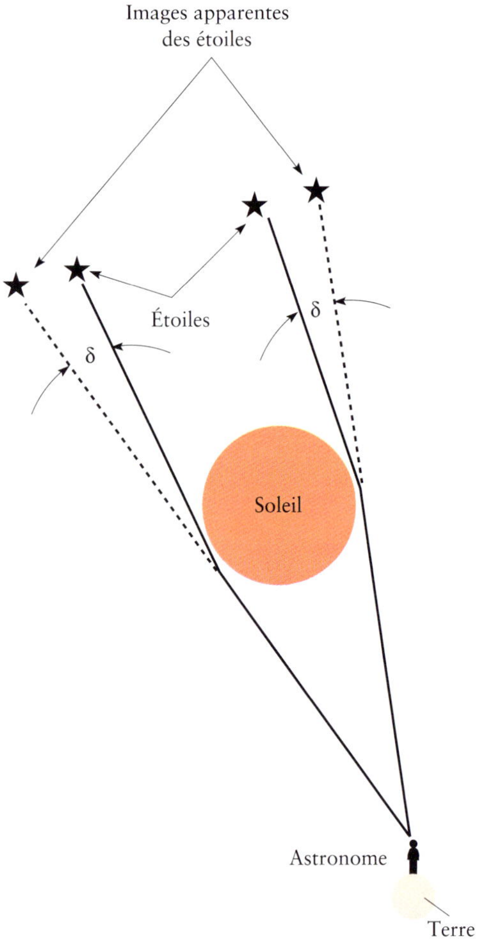

L'attraction gravitationnelle du Soleil dévie les rayons lumineux provenant d'autres étoiles, modifiant ainsi leur position apparente sur la voûte céleste. La déflexion, δ, est de l'ordre de 0,0005 degré.

La géométrie tridimensionnelle de l'espace peut être sphérique, plate ou en forme de selle, de la même manière que les surfaces bidimensionnelles représentées ci-contre. La courbure k *correspond à ce qu'on appellerait, dans le langage de Newton, l'« énergie* 2k *».*

En fait, il faut rester prudent. Un univers ouvert pourrait avoir une topologie qui ressemble, à deux dimensions, non pas à un plan infini mais à un tore très vaste, de surface finie. Localement, il est impossible de distinguer un grand tore d'un plan. On peut avancer des remarques analogues concernant la géométrie d'un espace à trois dimensions : on parle alors d'« hypertore ». La topologie de l'univers est l'un de ses mystères les mieux gardés. Toutefois, du fait de l'inflation, même si la topologie de l'univers était celle d'un hypertore, son rayon aurait très largement subi les effets de l'inflation. Ainsi, l'espace pourrait être infini ou presque infini.

Si l'univers est aujourd'hui ouvert, alors il l'était également au commencement du temps, à $t = 0$, un instant que la théorie de la relativité générale ne permet pas d'atteindre, mais au sujet duquel on peut toujours émettre des hypothèses. À ce tout premier instant, un univers ouvert aurait été infini en volume, mais sa densité de matière aussi. Nous disons qu'un univers ouvert aurait commencé comme une singularité de densité infinie, où la physique connue s'effondre. De manière plus réaliste, on peut commencer l'histoire de l'univers ouvert au temps de Planck, à 10^{-43} seconde, lorsque la densité était déjà finie bien qu'elle occupât un volume infini. Par opposition, un univers fermé aurait commencé comme un point singulier, également de densité infinie, mais dans un volume nul. À nouveau, de manière plus réaliste, l'histoire de l'univers fermé débuterait plutôt au temps de Planck, avec une densité finie. Le volume d'un univers fermé est et a toujours été fini.

La densité de l'univers actuel est remarquablement proche de la densité critique, et sa géométrie de celle d'un espace plat. Pour que cela soit le cas, l'analogie géométrique de la courbure de l'espace nous indique qu'il doit exister un équilibre précis entre l'énergie potentielle de gravitation et l'énergie cinétique de la matière de l'univers en expansion. L'existence de cet équilibre si délicat engendre une difficulté majeure. Le déséquilibre aurait dû être établi avec un haut degré de précision lorsque l'univers était très jeune, car les observations de l'univers actuel indiquent que nous ne sommes pas très loin, aujourd'hui, du point d'équilibre. Plus on remonte dans le temps, plus les deux énergies mises en jeu sont proches. Actuellement, elles pourraient différer d'un facteur dix, mais, au temps de Planck, elles devaient être quasiment égales, à un pour 10^{60} près. Pourquoi les deux formes d'énergie se sont-elles équilibrées de manière si précise ?

C'est l'inflation qui permet de résoudre cette difficulté. L'inflation, au moins dans son incarnation la plus optimiste, débute avec une discordance arbitraire entre énergie cinétique et énergie potentielle. Sans l'inflation, il y aurait un déséquilibre entre les deux formes d'énergie de l'univers. Toutefois, avec l'inflation, tout excédent de l'une ou l'autre forme d'énergie serait très rapidement réduit à une valeur très faible. Dans le langage d'Einstein, ce déséquilibre équivaut à la courbure de l'espace. L'énorme augmentation en taille de l'univers lors de la période d'inflation aurait aplani sa courbure, un peu comme le fait de gonfler un ballon le débarrasse de ses replis et de même que toute surface courbe peut être localement considérée comme plate jusqu'à un bon niveau de précision. Un univers pourvu d'une géométrie plate, tout au moins pour autant qu'on pourrait y observer les objets les plus distants, serait un univers dans lequel régnerait effectivement un équilibre quasi parfait entre les formes d'énergie cinétique et potentielle.

Tests cosmologiques

Un univers qui finirait en *big crunch* serait caractérisé par un espace sphérique, et un univers destiné au grand froid par un espace hyperboloïde. Ces deux géométries sont tout à fait différentes. On peut chercher à trouver la géométrie de l'univers en regardant des galaxies très lointaines, afin de tester son isotropie et son homogénéité. Ce sont évidemment les déviations par rapport au modèle cosmologique idéalement uniforme et isotrope qui rendent l'univers intéressant, et ces imperfections peuvent servir à explorer sa géométrie. Malheureusement, à ce jour, on n'a pu tirer aucune conclusion solide de ces explorations, mais on a tout de même appris beaucoup de choses concernant l'univers.

Homogénéité et décompte des galaxies

Le point de départ de la cosmologie moderne est le principe cosmologique, qui suppose l'univers uniforme lorsqu'on l'observe avec une résolution suffisamment grossière. Un peu comme si les sauts et sursauts que sont les galaxies et les amas de galaxies se brouillaient, comme si on les voyait avec une mauvaise mise au point. Un test de l'uniformité, ou de l'homogénéité, de l'univers consiste à compter les galaxies jusqu'à des magnitudes de plus en plus faibles. Si la densité de l'univers est bien uniforme et constante dans le temps, comme ce qu'on attend d'un univers quasiment plat, le nombre de galaxies obtenu devrait augmenter proportionnellement au volume étudié. On observe effectivement une augmentation proportionnelle au volume jusqu'à environ cent mégaparsecs et l'on démontre l'uniformité de l'univers à grande échelle jusqu'à cette distance. On peut tester l'isotropie de l'univers avec le décompte des galaxies en divisant le ciel en petits segments d'aire égale et en répétant le décompte pour chacun d'eux. Le nombre de galaxies obtenu est identique, disons jusqu'à un facteur deux près.

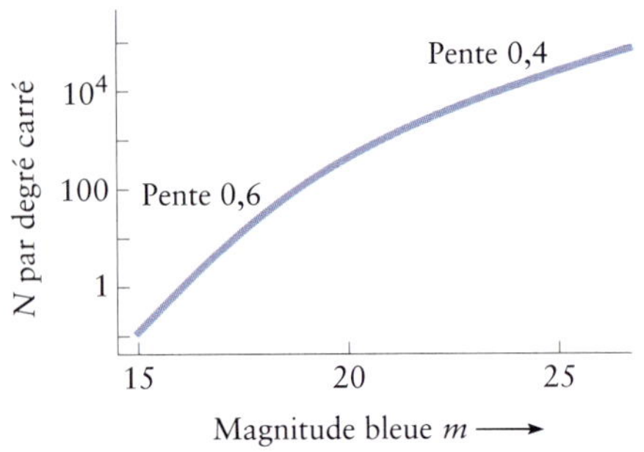

Le nombre de galaxies plus brillantes qu'une certaine magnitude m *augmente avec la magnitude (diminue avec la luminosité) pour finalement se stabiliser.*

Toutefois, à plus grande distance, la densité ne devrait pas être constante. On peut définir un certain volume local d'univers de telle sorte qu'il englobe un nombre donné de galaxies. À plus grande distance, ce volume local rétrécit à mesure que nos observations nous emportent plus loin dans le passé, à une époque où l'univers était plus compact. On compte le même nombre de galaxies, mais dans un volume plus petit : ce n'est que la structure de l'espace, et non pas la matière elle-même, qui se distend lorsqu'on parle, improprement, de l'expansion de l'univers. On s'attend à ce que cela se reflète dans le décompte du nombre de galaxies. En effet, on peut espérer faire la part des choses entre un univers ouvert et un univers fermé grâce à cette technique. Puisqu'un univers fermé serait en phase de décélération, des éléments de volume distants rétréciraient plus rapidement, provoquant un décalage vers le rouge plus important que dans le cas d'un univers ouvert.

On a pris beaucoup d'images de champs de galaxies distantes afin de compter les galaxies. Les résultats ne permettent pas de conclure, parce que les galaxies les plus lointaines semblent avoir des propriétés différentes de leurs analogues plus proches. Elles sont plus jeunes, et, ce n'est pas une surprise, les attributs de leur jeune âge comme le fait d'être plus brillantes affectent le décompte (nous verrons pourquoi sous peu), qui doit toujours être fait pour une brillance apparente donnée.

Isotropie du fond de rayonnement micro-onde

Une autre assertion du principe cosmologique est qu'il ne devrait exister aucune direction privilégiée dans l'univers, une autre manière de dire que l'univers est isotrope. Si cela était vrai pour n'importe quel observateur, alors l'uniformité de l'univers serait une conséquence incontournable. Le test le plus rigoureux pour vérifier l'isotropie de l'univers consiste à analyser le fond de rayonnement cosmologique. Or on mesure avec précision la même température dans toutes les directions : 2,73 kelvins.

Un temps d'exposition très long pour ce cliché d'un champ de galaxies pris avec le télescope VLT de huit mètres de l'Observatoire européen austral au Chili. La densité de galaxies est ici de plusieurs centaines de milliers par degré carré, pour une couverture de cinq minutes d'arc.

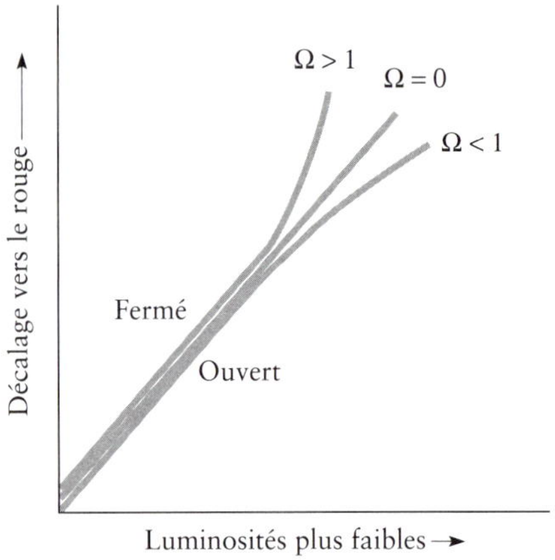

La luminosité d'une galaxie diminue lorsque le décalage vers le rouge augmente. Dans un univers fermé, à décalage vers le rouge donné, les galaxies sont légèrement plus proches et plus lumineuses que dans un univers ouvert.

L'anisotropie que l'on observe, d'environ un dixième de pour-cent, est une anisotropie dipolaire associée au mouvement de notre galaxie. Puisque le fond de rayonnement micro-onde a pris naissance dans des régions maintenant très reculées de notre univers, correspondant à un décalage vers le rouge valant peut-être mille, soit environ trois cent mille années après le big-bang, on en déduit que l'univers était homogène et son expansion uniforme, au moins à ce degré de précision. C'est à ce jour l'une des justifications les plus rigoureuses du principe cosmologique.

En analysant le fond de rayonnement cosmologique avec une sensibilité toujours accrue, on a découvert des fluctuations de température à un niveau très fin, jusqu'à une ou deux unités pour cent mille. Ces mesures, que l'on décrira dans un autre chapitre, nous donnent des indications sur l'importance des petites inhomogénéités primordiales qui auraient donné naissance aux structures à grande échelle.

Mesures de la courbure de l'univers

Peut-être pourrons-nous mesurer la courbure de l'univers en étudiant les objets distants. Un test très important serait la mesure des décalages vers le rouge et de la brillance (magnitude) des galaxies éloignées. Supposons que l'on connaisse les luminosités absolues de ces galaxies. Imaginons en outre que notre univers soit fermé : il aurait très notablement décéléré pendant le temps du parcours de la lumière venant des galaxies lointaines. Dans ce cas, on s'attendrait à ce que ces galaxies nous apparaissent plus brillantes que dans un univers ouvert où la décélération est moindre et donc les distances effectives supérieures. Le décalage vers le rouge permet de mesurer les distances. Ainsi, à rougissement donné, on attend des galaxies qu'elles soient moins brillantes dans un univers ouvert que dans un univers fermé.

Un autre test faisant intervenir des objets éloignés s'appuie sur le fait que la lumière parcourt l'univers selon un chemin courbé, car la présence de matière, inéluctablement, courbe l'espace. Prenons la surface d'une sphère comme analogue bidimensionnel de notre espace courbe à trois dimensions. Imaginons deux points voisins tels que les voit un observateur sur la sphère par le biais des rayons lumineux qui ont fait le trajet depuis les points considérés jusqu'à ses yeux. Ces rayons lumineux ne se propagent qu'à la surface de la sphère. Si l'observateur s'éloigne des deux points fixes, c'est-à-dire lorsque la distance augmente, leur séparation apparente, ou distance angulaire, diminue. Cependant arrive rapidement un moment où l'effet dû à la courbure de la surface devient important et fait finalement diverger les rayons lumineux. Le résultat en est que la séparation angulaire atteint une valeur minimale puis augmente à nouveau. Si nous connaissions la taille intrinsèque des galaxies, ou leur éloignement moyen dans un amas, nous pourrions appliquer ce test à des galaxies très éloignées dans le but de mesurer la courbure de l'espace. Un univers ouvert courbe moins le chemin de la lumière qu'un univers fermé.

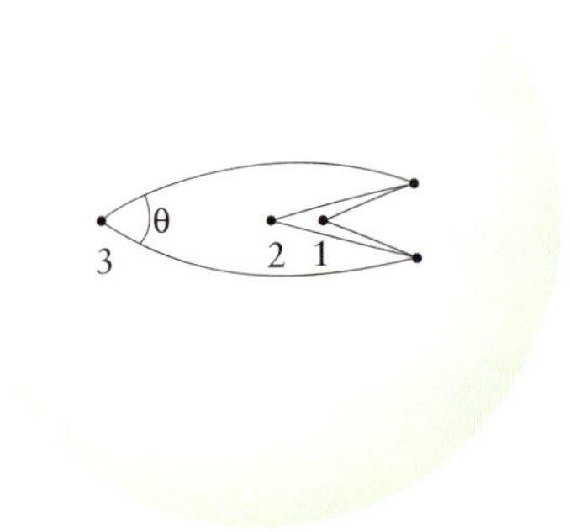

Lorsqu'on regarde deux points sur une sphère depuis un point d'observation plus éloigné (des positions 1 à 3), leur séparation apparente commence par diminuer, puis elle augmente. C'est une conséquence de la modification de l'angle θ formé par les deux rayons lumineux convergents. Cet angle est modifié par la courbure que subissent les rayons lumineux cheminant sur la surface courbe de la sphère.

Le volume de l'espace pourrait, en principe, être mesuré directement en comptant les galaxies et en mesurant leur décalage vers le rouge, pour un volume fini mais néanmoins suffisamment vaste. Cela pourrait représenter un moyen idéal de mesurer la géométrie de l'univers. Toutefois, bien que tous ces tests semblent prometteurs, leur mise en application est parfois rendue très difficile par les effets de l'évolution des galaxies.

La toute dernière mesure de courbure a tout de même été menée grâce au fond de rayonnement micro-onde. La très haute résolution des diverses expériences, de quelque cinq minutes d'arc, a permis d'entreprendre un test fondamental de la nature des fluctuations. Les fluctuations primordiales sont amplifiées par les interactions gravitationnelles. Cet effet ne peut opérer qu'à l'intérieur de l'horizon, le temps écoulé depuis le big-bang définissant une échelle maximale pour toutes les interactions causales. En conséquence, les fluctuations sont amplifiées par la physique des débuts de l'univers aux petites distances angulaires, de l'ordre de un degré, qui correspondent à la distance maximale à laquelle peut se propager, dans l'univers primordial, une fluctuation mue par la pression de radiation. Cette surface dite « des dernières diffusions », encore appelée « l'horizon de l'univers aux dernières diffusions du rayonnement par la matière », possède, en espace plat, une distance angulaire caractéristique valant 45 minutes d'arc. Comme prévu, on a bien mesuré une augmentation de l'intensité de la fluctuation d'environ un facteur trois : cela confirme l'origine primordiale des fluctuations. En outre, cette échelle physique correspond, dans le ciel, à une distance angulaire qui dépend de la courbure de l'univers. Si sa courbure est négative, ou sa densité très basse, on prévoit que le pic se trouve décalé vers les petites distances angulaires. En effet, le champ de gravitation de l'univers agit comme une lentille concave. Si sa densité valait un dixième de la densité critique et que l'univers était ouvert, alors le pic serait décalé d'un quart de degré seulement. Mais nous observons au contraire qu'il est décalé de trois quarts de degré.

Pourquoi trois quarts de degré ? Depuis le big-bang, la lumière a voyagé pendant trois cent mille ans. L'âge actuel de l'univers est estimé à quinze milliards d'années. On pourrait donc en déduire une estimation naïve de la distance angulaire de l'horizon valant 0,3/15 000 radian. Mais ce résultat est faux : nous n'avons pas pris en compte l'expansion de l'espace dont la taille est aujourd'hui augmentée d'un facteur mille. Cette taille de trois cent mille années-lumière est donc mille fois supérieure : elle vaut trois cents millions d'années-lumière. C'est la taille de l'horizon à l'époque des dernières diffusions, dans des unités correspondant à ce que l'on mesurerait aujourd'hui. On les appelle souvent des « coordonnées comobiles » : tout se passe un peu comme si l'on avait supprimé l'expansion de l'univers. Nous devrions donc mesurer 300/15 000 radian, l'ordre de grandeur que l'on prédit pour la taille de l'horizon.

Le pic observé se situe effectivement à une distance angulaire de 45 minutes d'arc, exactement la valeur que prédit le modèle de l'univers plat. La position de ce maximum signifie que la densité ne dépasse pas 10 % de la valeur critique. La théorie prédit un deuxième et même un troisième pic d'amplitude, dus aux oscillations de type ondulatoire des fluctuations mues par la pression de radiation. Ils correspondent au creux de l'onde dont le maximum était à 45 minutes d'arc et au maximum de l'onde suivante. La confirmation de l'existence de ces pics représente un témoignage remarquable aussi bien du caractère plat de l'espace que de la nature cohérente des oscillations, comme le laissait présager leur origine inflationnaire.

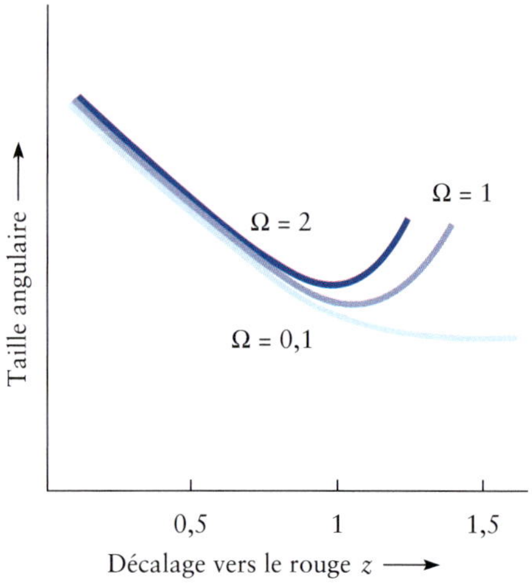

La taille angulaire d'un objet diminue lorsque le décalage vers le rouge augmente, puis finit par augmenter. Elle augmentera d'autant plus dans un univers dont la densité est supérieure à la valeur critique, du fait de sa courbure plus importante.

Empêchements dirimants

La lumière issue d'une galaxie dont la distance correspond à un décalage vers le rouge valant un a mis environ sept milliards d'années à nous atteindre. Nous voyons cette galaxie telle qu'elle était avant même la formation de notre système solaire, qui date seulement de 4,59 milliards d'années, moins d'un tiers de l'âge de l'univers. Rien ne nous garantit que la luminosité ou la taille d'une galaxie donnée soient restées constantes durant tout ce temps. Par exemple, dans leur lointaine jeunesse, les galaxies ont pu être beaucoup plus lumineuses et contenir beaucoup plus d'étoiles massives qu'aujourd'hui. Les galaxies sembleront plus grandes ou plus petites selon que leurs premières étoiles se seront formées dans le halo ou dans le cœur. Dans le passé, des galaxies ont pu fusionner, et, dans ce cas, certaines galaxies distantes auraient été plus petites et moins massives que les galaxies avoisinantes.

Le fait de voir loin dans le passé a une conséquence plus pernicieuse encore, qui déstabilise nos tentatives d'utiliser les galaxies comme outils de mesure. La plupart des galaxies que nous voyons dans les profondeurs de l'espace, et donc du temps, pourraient avoir des voisines que nous ne pouvons pas détecter. On en arrive à cette conclusion en franchissant un pas supplémentaire au-delà du simple décompte des galaxies. À partir du spectre d'une galaxie, on obtient son décalage vers le rouge. On peut compter les galaxies jusqu'au vingt-huitième degré de magnitude (à peu près la lumière reçue d'une bougie située sur la lune), tandis que l'on ne peut mesurer avec précision le rougeoiement des galaxies que jusqu'au vingt-quatrième degré de magnitude, ce qui revient à sonder l'univers jusqu'à un décalage vers le rouge de l'ordre de un et demi, ou de remonter le temps d'une dizaine de milliards d'années.

On découvre qu'il existe plus de galaxies dans les lointaines profondeurs de l'univers que ce que l'on observe localement. Même après avoir pris en compte les effets dus à l'expansion de l'espace, il y aurait trois, voire cinq fois plus de galaxies à un décalage vers le rouge de un (il y a sept milliards d'années) que nous n'en voyons alentour. Les galaxies supplémentaires ne sont pas particulièrement lumineuses, mais elles sont bleues : signature caractéristique des étoiles massives et d'un jeune âge. Une vaste population de galaxies âgées n'est pas ce que l'on observe dans l'univers de jadis. Cela implique que la formation des galaxies est probablement un phénomène très récent né de la fusion de petites galaxies, et dont l'activité essentielle daterait des cinq derniers milliards d'années. Tout du moins, cela devrait être le cas des galaxies où se créent encore des étoiles, qui sont les plus nombreuses si l'on en croit le décompte des galaxies.

Corriger nos tentatives de mesure de la courbure de l'espace en prenant en compte ces divers aspects de l'évolution des galaxies n'est pas chose facile car il est impossible de calculer précisément leur amplitude. À cause de cette incertitude, toute mesure directe de la géométrie de l'univers semble impossible à mettre en œuvre dans un futur proche.

Avec des données en nombre suffisant et des télescopes assez grands, on peut espérer un jour s'affranchir de ces difficultés. Par exemple, avec des données spectroscopiques appropriées concernant la nature des étoiles dans une galaxie éloignée, on pourrait estimer jusqu'à quel point sa luminosité est supérieure à celle des galaxies voisines qui, elles, n'ont pas eu le temps d'évoluer. La technique la plus prometteuse aujourd'hui consiste à étudier un échantillon de galaxies qui s'étend à longue distance, avec une très haute résolution spectrale. On pourrait alors mesurer les masses des galaxies grâce à leur rotation ainsi qu'aux mouvements aléatoires des étoiles, qui ont pour effet d'élargir et de moduler les raies spectrales. Cela permet d'estimer les masses. Si l'on disposait d'un échantillon de masses de galaxies suffisamment fourni, on pourrait alors réinterpréter le test densité-volume d'une manière qui ne dépende pas de la luminosité ni du stade d'évolution des galaxies. Cela permettrait de mesurer directement le volume apparent d'une région de volume comobile donné située dans une partie reculée de l'univers. L'écart de volume apparent dépend de la courbure de l'espace : par exemple, un espace sphérique possède beaucoup moins de volume accessible au-delà d'un décalage vers le rouge donné qu'un espace plat, qui a lui-même moins de volume qu'un espace hyperbolique.

Le principal problème vient de ce qu'il faut recueillir énormément de décalages vers le rouge pour des galaxies peu lumineuses, quelque cent mille étant nécessaires pour atteindre le rougeoiement un. Recueillir ces données prend beaucoup de temps et requiert l'utilisation des plus grands télescopes du monde. Ceux-ci sont dotés d'instruments spécialisés capables de relever les décalages vers le rouge de centaines de galaxies en une seule exposition. Ces instruments commencent aujourd'hui à fournir des résultats.

Les astronomes, frustrés d'avoir à regarder si loin pour s'assurer du sort de leur univers, pourraient commencer à toucher les dividendes d'une autre stratégie. En effet, on peut tenter de mesurer la densité de l'univers directement, grâce à des mesures relativement locales. Puisque c'est la matière qui détermine la courbure de l'espace, on peut suivre une méthode très différente en évaluant la contribution à la densité de l'univers des différentes formes possibles de matière. Le but, en d'autres termes, est la détection directe de la matière noire.

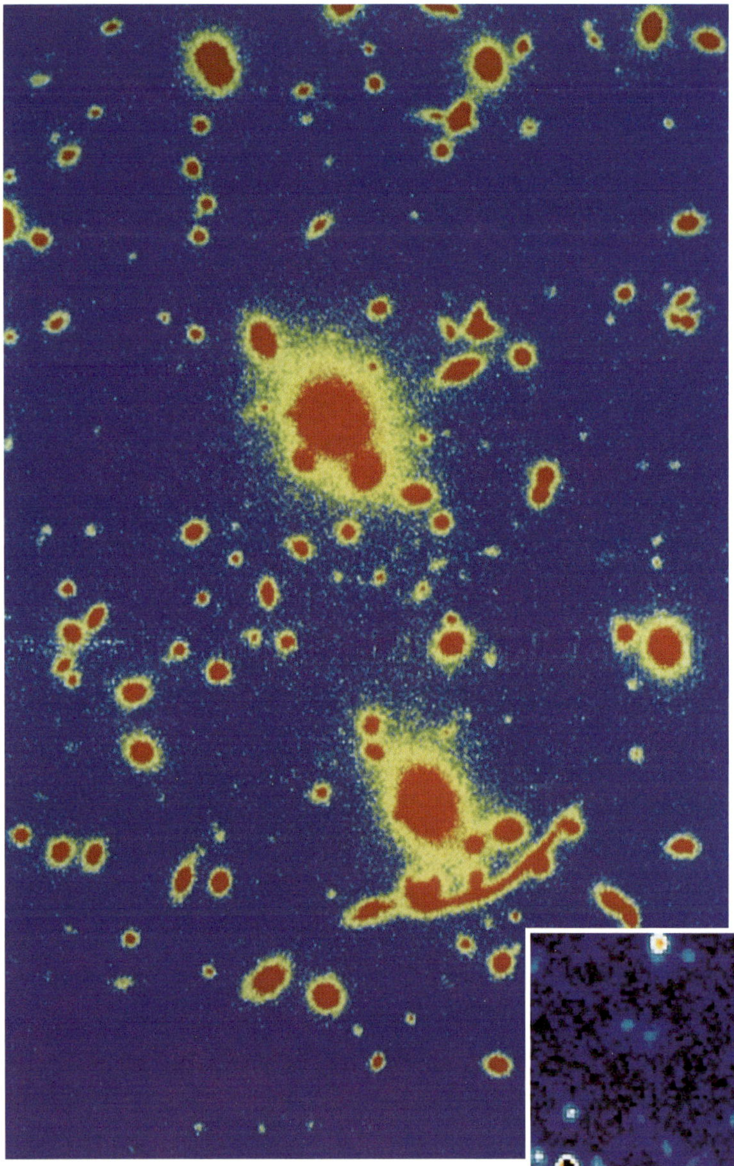
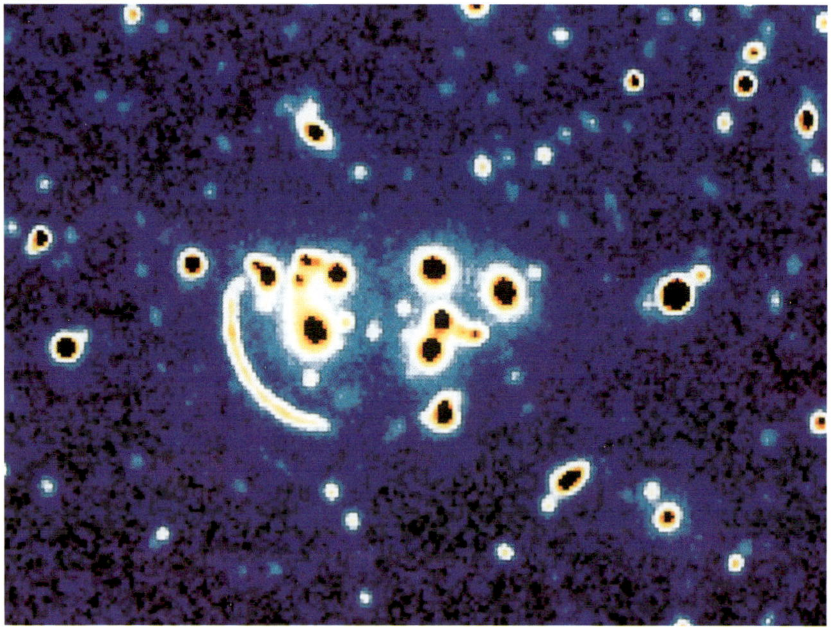

Chapitre sept

Matière noire

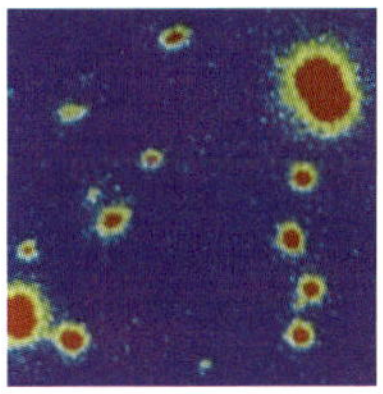

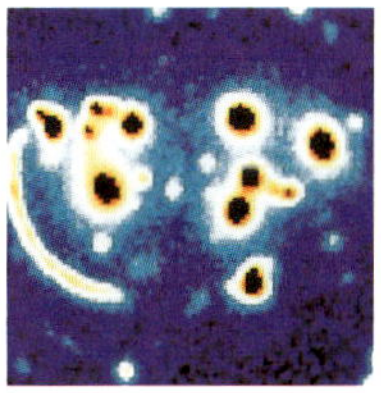

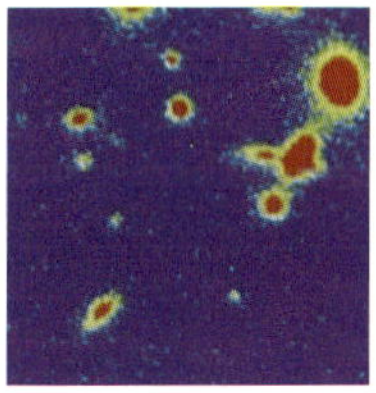

À gauche : l'amas de galaxies Abell 370, situé à un décalage vers le rouge de 0,374, est distant d'environ six milliards d'années-lumière. Par effet de lentille gravitationnelle, l'amas engendre l'arc de cercle que montre ce cliché en couleurs artificielles. Cet arc correspond à l'image déformée d'une galaxie distante située en arrière-plan, à un décalage vers le rouge de 0,724, c'est-à-dire à une distance de dix milliards d'années-lumière. La courbure de cet arc donne une mesure de la masse de l'amas et indique ainsi quelle fraction de cette masse se trouve sous la forme de matière noire, invisible.
À droite : ici encore, l'immense arc de cercle est une image agrandie et distordue d'une galaxie lointaine en arrière-plan, obtenue par l'effet de lentille gravitationnelle qu'exerce l'amas de galaxies Cl 2244-02.

Voici près de soixante-dix ans, Fritz Zwicky comprenait que les amas de galaxies étaient principalement composés de matière sous une forme non lumineuse. En cosmologie, la recherche de la matière noire a occupé le devant de la scène pendant un demi-siècle. On a obtenu des mesures précises voici une vingtaine d'années, lorsqu'on a mis en évidence la matière noire pour la première fois dans les halos des galaxies. On n'a toutefois confirmé que récemment son existence sur des échelles plus vastes encore que les amas de galaxies.

L'astrophysicien Fritz Zwicky a proposé, le premier, des idées comme celles de la matière noire et des étoiles à neutrons, on lui doit également d'avoir répertorié un grand nombre de supernovæ et de galaxies très brillantes.

Pour comprendre comment on recherche la matière noire, il est indispensable de connaître quelques bribes de la structure des galaxies. Notre galaxie est composée d'un anneau d'étoiles de dix kiloparsecs de rayon (1 kiloparsec = 1 000 parsecs soit 1 000 fois 3,2 années-lumière) et de cinq cents parsecs d'épaisseur, plongé dans un halo d'étoiles quasi sphérique. Les étoiles du disque, dites de « population I », contiennent les étoiles les plus jeunes de la galaxie. Elles se déplacent sur des orbites approximativement circulaires autour du centre de la galaxie, dans des régions où se forment les étoiles, dans des groupements d'étoiles peu denses que l'on appelle des « associations stellaires » et dans des amas ouverts, regroupements plus fournis d'étoiles de tous âges. La majorité des gaz et poussières interstellaires de la galaxie est distribuée dans le disque ; leur masse vaut environ 5 % de la masse des étoiles visibles de la galaxie. En fait, les gaz moléculaires et les étoiles les plus jeunes occupent un disque de cent parsecs d'épaisseur.

Les plus vieilles étoiles de la galaxie, dites de « population II », se trouvent dans un volume central de forme quasi sphérique qu'on appelle le sphéroïde. Ce sphéroïde galactique occupe un rayon de un kiloparsec au centre et s'étend de manière graduelle, si bien que l'on trouve certaines de ces étoiles jusqu'à cinquante kiloparsecs, voire plus, du centre de la galaxie. Ces étoiles marquent effectivement la trace du halo sombre qui autrement ne serait pas visible. Les étoiles de population II contiennent aussi bien des étoiles réparties tout autour du halo galactique que des étoiles regroupées en amas très denses, appelés « amas globulaires » et dont on sait qu'ils sont très âgés grâce à leurs diagrammes de Hertzprung-Russell. La composition chimique des étoiles de population II se distingue de celle des étoiles de population I en ceci qu'elles sont pauvres en métaux : leur spectre révèle une abondance en éléments lourds au moins dix fois infé-

La structure d'une galaxie spirale observée par la tranche.

rieure à celle du Soleil. C'était à prévoir, sachant que les étoiles de population II sont plus âgées, puisque au début de l'histoire de la galaxie l'abondance en métaux était inférieure à celle de l'époque actuelle. Le halo de la galaxie est la région la plus extérieure, qui s'étend depuis le cœur de la galaxie jusqu'à environ cent kiloparsecs dans toutes les directions. Il contient les étoiles les plus externes et, sans elles, serait invisible. Ces étoiles ont des orbites elliptiques et ne sont pas confinées au plan de la galaxie. Par conséquent, dans le voisinage du Soleil, les étoiles de population I ont de faibles vitesses puisque leur orbite est presque la même que celle du Soleil, tandis que les étoiles « intruses » de population II ont une vitesse élevée, sur des orbites très différentes.

Indicateurs locaux de la présence de matière noire

On mesure la densité de matière dans le voisinage du Soleil grâce à un échantillon uniforme d'étoiles lumineuses choisies bien au-delà du disque galactique. Leur vitesse moyenne ainsi que la distance verticale qu'elles traversent au-dessus du disque fournis-

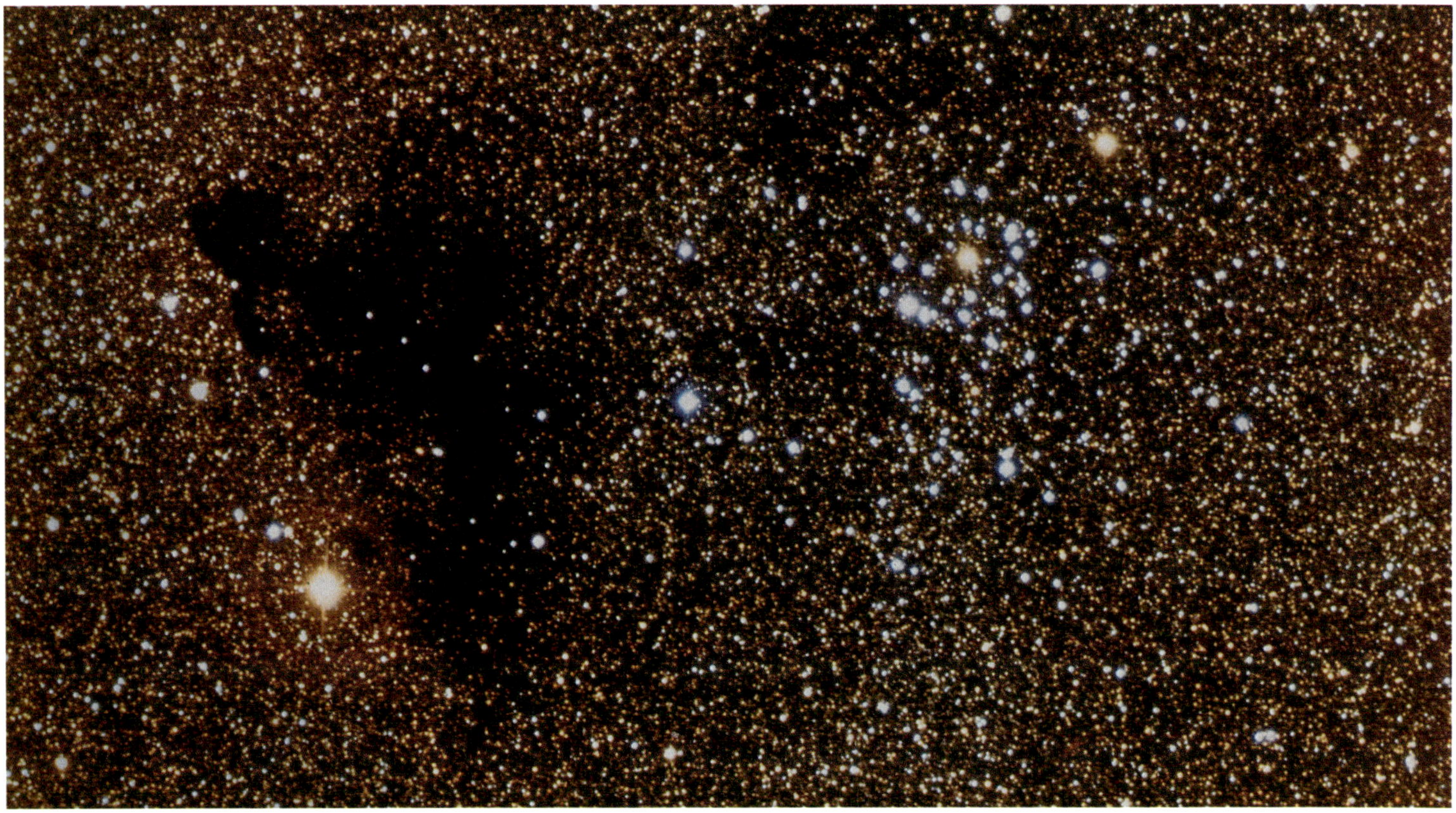

Un amas d'étoiles, NGC 650, et la nébuleuse sombre Barnard 86, que l'on voit au sein de la Voie lactée.

sent une mesure de la force gravitationnelle qui les maintient autour du disque. L'intensité de cette force permet de déduire la densité totale de matière qui exerce cette attraction gravitationnelle. Lorsqu'on compare la densité ainsi obtenue au résultat du décompte des étoiles, on s'aperçoit que le nombre d'étoiles observées est insuffisant, peut-être d'un facteur deux, par comparaison au nombre qui serait nécessaire pour rendre compte de cette densité. Voici le premier indice de la présence de matière noire, déjà aux alentours du Soleil.

Il y aurait dans le disque une quantité de matière noire au moins égale à la quantité de matière visible. Il convient de remarquer que cette insuffisance de matière visible dans le disque est sujette à controverse. De manière plus conservatrice, on estimerait la quantité de matière noire à environ 25 % de la quantité de matière visible. En fait, cette composante matérielle supplémentaire n'est pas forcément de nature exotique.

Que pourrait être cette matière noire ? Il est fort probable que la matière noire du disque est composée d'étoiles très sombres, comme des naines blanches, voire des naines noires. Le stade de l'étoile naine blanche est le destin des étoiles comme le Soleil, auquel elles parviennent lorsqu'elles ont brûlé tout leur carburant nucléaire. La masse typique d'une naine blanche est de l'ordre de 0,6 masse solaire, pour une taille inférieure à celle de la Terre. Cette étoile se forme à partir du cœur chaud d'une nébuleuse planétaire, la dernière phase lumineuse dans l'évolution stellaire après que l'enveloppe de la géante rouge a été éjectée tandis que le cœur brûle les dernières réserves de carburant nucléaire. En refroidissant, la naine blanche s'éteint et tombe lentement dans l'oubli pour devenir une naine noire.

On obtient une mesure utile de la masse en prenant son rapport à la luminosité de toutes les étoiles dans un volume de plusieurs centaines de parsecs autour du Soleil. Les étoiles moins massives que le Soleil sont beaucoup moins lumineuses : en effet, la luminosité d'une étoile est approximativement proportionnelle à une puissance élevée de la masse (la masse à la puissance quatre). Les étoiles les moins massives sont plus sombres que le Soleil, tandis que les plus massives sont plus lumineuses. Si la majorité des étoiles environnant le Soleil avait une masse du même ordre, le rapport de la masse totale sur la luminosité totale vaudrait un ; il serait supérieur à un si l'étoile moyenne était moins massive, et inférieur à un pour des étoiles plus massives. Puisque le rapport obtenu pour les étoiles avoisinantes est de l'ordre de deux en unités de masse solaire sur la luminosité, on en déduit que l'étoile moyenne est légèrement moins massive que le Soleil. Dans le voisinage de celui-ci, il n'est pas vraiment utile de faire appel à d'autres formes de matière noire que les étoiles naines sombres.

Les régions lumineuses des galaxies

On n'a que peu d'indices de la présence de matière noire aux échelles plus grandes qui correspondent aux régions visibles des galaxies comme la Voie lactée. La région lumineuse d'une galaxie s'étend sur un rayon d'environ dix kiloparsecs. Le Soleil, par exemple, réside aux confins de la Voie lactée, à une distance du centre de la galaxie d'environ huit kiloparsecs. La rotation de la galaxie nous permet de calculer la masse de cette région.

Les nuages, tout comme les étoiles, participent à la rotation circulaire de la galaxie. On détecte des nuages interstellaires HI partout dans la Voie lactée en observant leur raie d'absorption à la longueur d'onde de 21 centimètres. On trouve que ces nuages se déplacent dans le disque le long d'orbites quasi circulaires. Grâce à l'élargissement de la raie à 21 centimètres, on calcule la vitesse de rotation de la galaxie à diverses distances de son centre : on trouve qu'entre trois et huit kiloparsecs du centre la vitesse de rotation est à peu près constante. Cela implique que les parties les plus internes du disque ont une période de rotation plus courte.

Pour calculer la masse de la région visible de la galaxie, on considère un nuage en orbite au voisinage du Soleil. La vitesse de rotation du Soleil est de l'ordre de 250 kilomètres par seconde. Il faut environ vingt millions d'années au Soleil pour parcourir un tour d'orbite autour de la galaxie, et il a fait vingt-cinq fois le tour depuis sa formation. On mesure la masse totale contenue à l'intérieur de l'orbite du Soleil à partir de sa vitesse de rotation autour de la galaxie et de sa distance au centre de la galaxie. Ces données fournissent une valeur de la force centripète, laquelle doit équilibrer la force gravitationnelle due à toute la masse contenue à l'intérieur de l'orbite du Soleil. Considérons des nuages dans la partie extérieure de la région du disque peuplée d'étoiles (le disque s'étend jusqu'à quinze kiloparsecs environ) ; à l'aide de la vitesse de rotation d'un nuage situé à un rayon donné, on peut déduire que la masse totale de la partie de la galaxie contenue à l'intérieur de ce rayon augmente avec le rayon jusqu'à une centaine de milliards de masses solaires. D'un autre côté, la luminosité cumulée de toutes les étoiles de la Voie lactée est de l'ordre de dix milliards de luminosités solaires. Le rapport de la masse sur la luminosité vaut donc dix. Toutefois, cette disparité ne suggère pas forcément la présence de matière noire. En effet, on conclut plutôt que la moyenne des étoiles a une masse de moitié inférieure à celle du Soleil (et donc une luminosité considérablement inférieure). Ce n'est pas une grande surprise. Après tout, les environs du Soleil contiennent, comme les autres bras spiraux, des étoiles plus jeunes et relativement plus massives et plus lumineuses que la population moyenne de toute la galaxie. Mais la matière noire montre tout de même son bout du nez dès lors qu'on va plus loin dans la galaxie.

Halos galactiques

La première vraie surprise vient des parties les plus externes des galaxies, appelées les « halos galactiques ». Là, la lumière des étoiles est négligeable car celles-ci sont peu nombreuses et très clairsemées. Mais on trouve néanmoins, à l'occasion, des nuages de gaz (atomique ou ionisé) en orbite et ceux-ci permettent de mesurer vitesses de rotation et distances. On trouve que la vitesse de rotation ne décroît pas lorsque augmente l'éloignement au centre de la galaxie. Or, si la distribution de masse était la même que celle de la lumière, alors, loin des parties les plus lumineuses de la galaxie, le champ gravitationnel devrait être plus faible. En outre, la vitesse nécessaire pour maintenir l'orbite circulaire à cette distance devrait être inférieure à celle que l'on mesure en se rapprochant du centre de la galaxie. La constance de la vitesse implique que la distribution de masse de la galaxie ne peut en aucun cas être concentrée à l'instar de sa distribution lumineuse. La masse cumulée doit continuer d'augmenter avec la distance radiale depuis le centre de la galaxie, même si la quantité totale de lumière, elle, a cessé de croître.

Au juste, combien y a-t-il de masse supplémentaire dans le halo ? La vitesse de rotation satisfait la condition d'équilibre selon laquelle une unité de masse située dans le halo possède une énergie cinétique $1/2v^2$ égale à l'énergie potentielle de gravitation (proportionnelle à la masse divisée par le rayon), avec M la masse intérieure au rayon r considéré. On déduit alors de la constance de v avec le rayon que M augmente proportionnellement à r. Cette augmentation semble prendre fin autour de cinquante kiloparsecs, distance à laquelle le halo semble tronqué ou, tout au moins, où l'on ne trouve plus de contribution notable à la masse du halo. On en déduit que le rapport masse sur luminosité de la galaxie, halo inclus, est environ cinq fois supérieur à l'estimation faite sur la région interne la plus lumineuse, c'est-à-dire de l'ordre de cinquante. Cela représente la première preuve tangible et irréfutable en faveur de la matière noire. On a mesuré les vitesses de rotation en divers endroits de plusieurs galaxies spirales, et toutes ont révélé cette prédominance de la matière noire.

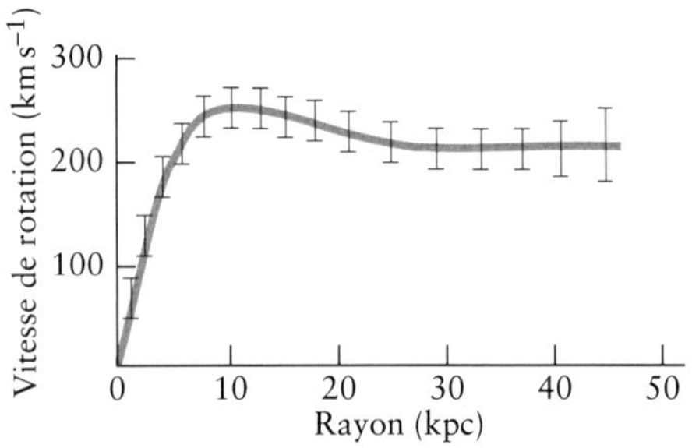

La courbe de rotation d'une galaxie spirale naine, DDO 154, indique sa vitesse de rotation en fonction de la distance au centre. Aux grandes distances du centre, la vitesse de rotation devient constante.

Les régions lumineuses d'une galaxie spirale sont un mélange spectaculaire d'étoiles et de gaz interstellaire, en orbite autour de la galaxie. La galaxie NGC 3310 est en train de former des amas de nouvelles étoiles à un taux prodigieux sur cette image prise par le télescope spatial Hubble. Il y a relativement peu de matière sombre dans les régions internes de la galaxie ; c'est seulement plus loin, là où la vitesse de rotation reste constante, que nous déduisons que la galaxie est entourée par un halo de matière sombre.

Groupements de galaxies, amas et superamas

En allant encore plus loin, on peut également évaluer le rapport masse sur luminosité en étudiant des paires, des groupes ou même des amas de galaxies. Dans tous les cas, on mesure les vitesses et les échelles de distance qui nous permettront de déterminer la masse totale du système observé. La force gravitationnelle engendrée par cette masse est en effet nécessaire pour empêcher le système de voler en éclats. Pour des paires de galaxies dont la séparation vaut typiquement une centaine de kiloparsecs, le rapport masse sur luminosité obtenu est de l'ordre de cent, en unités de masse solaire sur luminosité solaire. Ce rapport atteint trois cents pour les groupes et les amas de galaxies répartis sur une échelle de l'ordre du mégaparsec. À cette échelle, 95 % de la masse mesurée est sombre.

La plus grande échelle à laquelle on a mesuré la densité de masse avec une certaine précision est celle des superamas. Un superamas est un groupement de plusieurs amas de galaxies qui s'étend sur une dizaine de mégaparsecs. Notre superamas local est une distribution étendue de galaxies centrées sur l'amas de la Vierge, à une distance de dix ou vingt mégaparsecs de nous. La Voie lactée forme, avec la galaxie d'Andromède, un petit groupe (le Groupe local) membre du superamas de la Vierge. La masse répartie

L'amas de galaxies de l'Abell 2218 affiche quelques portions d'arc de cercle, qui sont les images par effet de lentille gravitationnelle de galaxies lointaines situées en arrière-plan. Ces images sont dues au fait que l'amas courbe la lumière venue de ces galaxies. La distribution des sections d'arc donne une carte de la distribution de la matière noire dans l'amas.

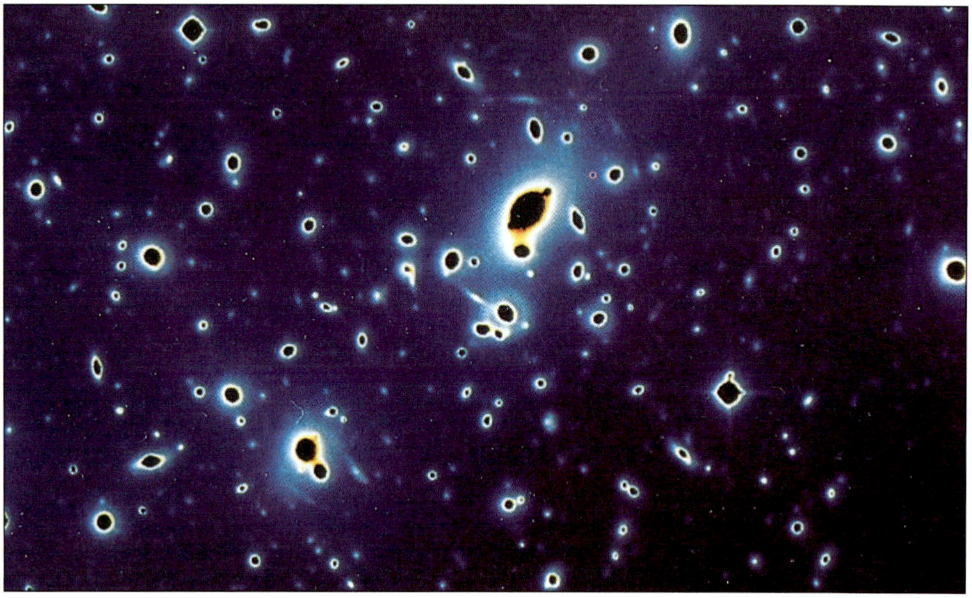

entre nous et l'amas de la Vierge tend à ralentir d'environ 10 % la récession de notre galaxie par rapport à l'amas de la Vierge que prévoit la loi de Hubble. On peut tracer les grandes lignes de cet écart par rapport à l'expansion uniforme pour toutes les galaxies de cette zone et obtenir ainsi une mesure de la densité moyenne au sein du superamas de la Vierge. Sur toute l'étendue de notre superamas local, soit environ vingt mégaparsecs, on trouve encore un rapport masse sur luminosité à peu près égal à trois cents.

Flots à grande échelle et matière noire

Aux plus grandes échelles, il n'y a plus d'objets liés par la gravitation. Toutefois, la répartition des galaxies n'est pas parfaitement uniforme : il subsiste de petites fluctuations de densité qui ont perduré depuis les premiers instants de l'univers. La matière noire qui permet de rendre compte de la valeur de la densité critique pourrait tout à fait être répartie uniformément à l'échelle des superamas de galaxies. Cependant, elle devrait — au moins la plupart des différents types de matière noire — participer aux fluctuations de densité à plus petite échelle. Se contenter de mesurer la densité de luminosité en comptant les galaxies ne permet pas de mettre le doigt sur la fraction de matière noire. Il existe toutefois une technique qui mesure le contenu en matière noire de l'univers sur des échelles de l'ordre de dizaines voire de centaines de mégaparsecs.

Lorsque ces petites fluctuations présentent un excès en densité, elles exercent une légère attraction gravitationnelle sur leur entourage tandis que, si elles présentent un petit déficit en densité, c'est une répulsion qu'elles exercent. Cet effet se manifeste sur les galaxies environnantes comme de petits écarts par rapport à l'uniformité ambiante de l'expansion de Hubble. Ces valeurs « particulières », par rapport au flot de Hubble, des

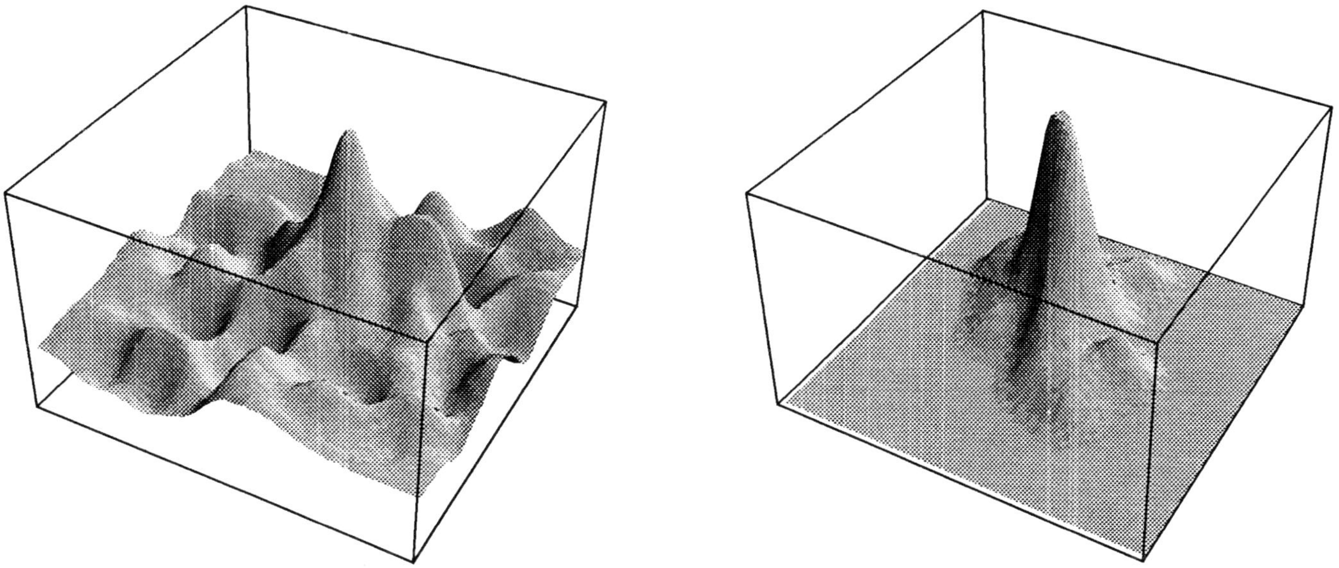

La distribution de matière noire dans un amas de galaxies lointain (à gauche), obtenue à partir des images par effet de lentille gravitationnelle de galaxies lointaines, pourrait être plus étendue que la distribution de matière lumineuse (à droite). L'échelle horizontale de la boîte représente environ un quart de degré.

vitesses de galaxies permettent de suivre la composante fluctuante de la matière noire. La corrélation de Tully-Fisher est particulièrement utile à cet égard. Cette relation entre la luminosité d'une galaxie et sa vitesse de rotation fournit une mesure de la distance de la galaxie. Le décalage vers le rouge permet lui aussi d'obtenir la distance, par le biais de la loi de Hubble. Toutefois, la distance calculée à partir du décalage vers le rouge est déformée vers des valeurs supérieures ou inférieures à la distance exacte selon que la vitesse particulière de la galaxie s'ajoute ou se soustrait à sa vitesse de Hubble. Bien sûr, par application de l'effet Doppler, on ne mesure que la composante de la vitesse le long de la direction d'observation. Cela suffit néanmoins à nous donner une bonne idée des distorsions dans l'espace des décalages vers le rouge (qui n'existent pas dans l'espace physique) et nous permet donc de tracer l'allure du champ des vitesses aléatoires. En comparant les mesures aux prédictions pour les « distances » de milliers de galaxies, on peut modéliser la structure des vitesses particulières jusqu'à cent mégaparsecs.

Les tracés obtenus révèlent l'existence de flots à grande échelle qui s'élèvent à 10 % de l'expansion de Hubble et qui restent cohérents sur plus de trente mégaparsecs. Ces flots proviennent de l'attraction gravitationnelle de toute la matière présente et permettent donc d'estimer la quantité totale de matière, qu'elle soit sombre ou visible. Les observations indiquent que, pour rendre compte des amplitudes des flots observés, la quantité de matière noire devrait s'élever à 20 ou 30 % de la densité critique. On peut même localiser les sources de ces flots puisque ce sont de vastes concentrations de matière qui en sont responsables. La plus proche a été baptisée « Grand Attracteur » et se trouverait à une distance de quarante mégaparsecs de nous. Si celui-ci existe réellement, il devrait contenir plus de galaxies qu'une douzaine d'amas particulièrement opulents. Le plan de notre galaxie fait écran à une grande partie du Grand Attracteur de sorte qu'il nous est impossible de compter les galaxies directement. Il pourrait exister d'autres concentrations de galaxies du même type qui aideraient à générer ces flots.

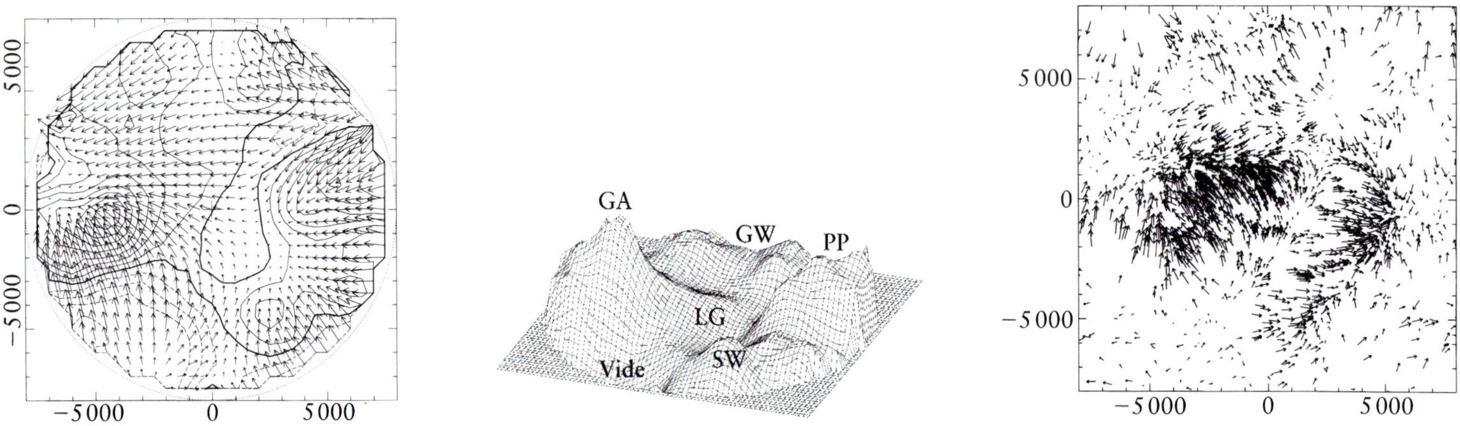

À gauche : cette reconstruction du champ de vitesse à grande échelle, fondée sur des mesures effectuées pour des galaxies émettant dans la partie visible du spectre, révèle l'existence d'un flux d'ensemble en direction du Grand Attracteur situé sur la gauche. L'échelle de longueur est mesurée en kilomètres par seconde : chaque pas de vitesse (75 kilomètres par seconde) correspond à un mégaparsec. Au centre : on a retracé le champ de densité à grande échelle, pour le même groupe de galaxies. À droite : ce champ de vitesse à grande échelle a été déduit de mesures concernant un échantillon de galaxies émettant dans la partie infrarouge du spectre. Il s'agit d'une projection sur le plan médian du superamas de la Vierge, la Voie lactée étant positionnée à l'origine (0,0). En comparant les deux vues, on voit que les galaxies présentent des vitesses particulières en direction des zones de plus haute densité.

Un univers à la densité critique ?

La théorie de l'inflation prédit que nous vivons dans un univers plat, où le paramètre de densité cosmologique Ω vaut un. Autrement dit, la densité de matière dans l'univers devrait être exactement égale à la densité critique de l'univers. Toute déviation par rapport à la densité critique à l'époque de l'inflation peut être interprétée comme une légère courbure de l'espace qui se serait adoucie pendant l'ère inflationnaire, où l'univers a subi une expansion très importante. Pouvons-nous dire, à partir de la quantité de matière noire observée, si l'univers est bien à la densité critique comme le prédit la théorie de l'inflation ?

On peut transformer le paramètre Ω, qui mesure la densité de masse en fonction de la valeur critique (exprimée en termes de constante de Hubble par $3H_0^2/8\pi G$), en un rapport de masse sur luminosité. On le fait en prenant le rapport de la densité critique et de la densité de luminosité observée pour un volume moyen et suffisamment vaste de l'univers. Le résultat en est que le rapport masse sur luminosité vaut 1 500 Ω. En d'autres termes, si $\Omega = 1$, il faudrait un rapport masse sur luminosité de 1 500 pour que l'univers se ferme. Cette quantité de matière est très supérieure à celle que l'on

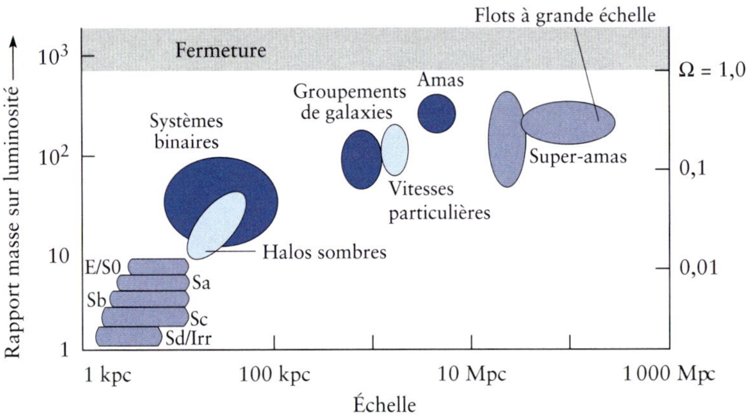

Le rapport de la masse sur la luminosité donne une indication de la quantité de matière noire contenue à l'intérieur du système considéré. Ici, on a reporté le rapport masse sur luminosité pour divers systèmes à des échelles allant de quelques kiloparsecs (ce qu'on mesure pour les galaxies) à environ deux cents mégaparsecs (Mpc). Il semble qu'on trouve d'autant plus de matière noire que la distance est plus élevée.

observe directement. Par ailleurs, si l'on attribue une valeur universelle au rapport de trois cents que l'on mesure à grande échelle, on en conclurait que $\Omega = 0{,}2$, une valeur très inférieure à celle que prédit l'inflation.

On peut néanmoins réconcilier la théorie de l'inflation avec l'observation à condition que le gros de la matière noire soit distribué uniformément sur des échelles de l'ordre de quelques dizaines de mégaparsecs au moins. Dans ce cas, la matière noire ne se serait pas encore manifestée, puisque à ces échelles seuls les regroupements de matière ont été mesurés. Une densité à la valeur critique ne serait pas compatiblc avcc la densité mesurée par les flots, qui concernent des échelles entre une dizaine et une centaine de mégaparsecs.

La nature de la matière noire que prédit l'inflation est un véritable mystère qui demeure encore sans solution. Deux choix sont possibles. Soit la matière noire est composée de matière ordinaire, baryonique, soit elle contient des formes de matière plus exotiques. Cette dernière possibilité semble satisfaire l'énigme inflationnaire : non pas la matière noire mais l'*énergie* noire serait la contribution principale à la densité critique. L'énergie noire est relativiste : elle ne forme pas d'amas et échappe à toute tentative de détection directe. Toutefois, comme nous le verrons, il existe des indications cosmologiques solides de son existence. En fait, outre la matière non baryonique présente en quantité appréciable, il y a également de la matière baryonique, sombre pour la majeure partie, dans des proportions inférieures mais néanmoins suffisantes pour qu'elle représente une composante de l'univers manifestement essentielle à notre existence.

J'aborderai en premier lieu le cas de la matière sombre baryonique, le seul type de matière noire que l'on a réellement détecté. L'histoire de l'univers durant les premières minutes offre une mesure intéressante de la quantité totale de matière baryonique de l'univers, et celle-ci pourrait nous aider à débrouiller l'énigme.

Deutérium et densité de baryons

À la recherche d'indices significatifs concernant la composition de la matière noire, nous observons l'abondance de l'isotope le plus lourd de l'hydrogène, le deutérium (sa masse vaut le double), qui fut créé au cours du big-bang. Contrairement à l'hélium, le deutérium est un élément très fragile. Il brûle à une température de un million de kelvins seulement, bien en deçà de la température du cœur du Soleil. Jusqu'à ce jour, une fraction considérable du deutérium primordial présent à la naissance des galaxies aurait été détruite à l'intérieur des étoiles. L'observation le confirme : les nuages interstellaires contiennent du deutérium, tout comme les étoiles encore alimentées par la seule force de gravitation et dont le cœur n'a pas encore entamé les réactions nucléaires ; à l'inverse, les étoiles plus évoluées n'en contiennent pas.

Pour estimer la quantité de deutérium qui fut créée lors du big-bang, on doit prendre en compte tout celui qui a été détruit entre-temps. Le pourcentage de cet isotope détruit depuis le big-bang peut se calculer si l'on connaît son taux de destruction. On peut l'obtenir en comparant l'abondance de deutérium dans les nuages interstellaires à l'abondance dans l'atmosphère de Jupiter des molécules dans lesquelles un atome d'hydrogène

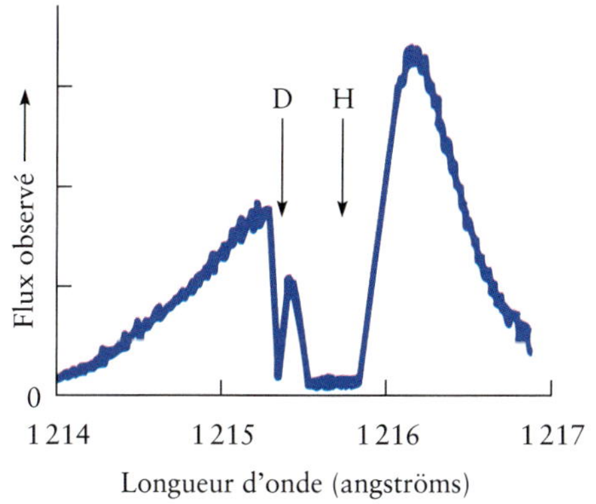

Le spectre de l'étoile proche Capella, obtenu à l'aide du télescope spatial Hubble révèle la présence d'hydrogène froid interstellaire (le puits large) et d'une petite quantité de deutérium (le puits étroit). Les atomes de deutérium étant deux fois plus lourds que l'hydrogène, l'absorption de rayonnement Lyman alpha est légèrement décalée vers le bleu, de 80 kilomètres par seconde. Ce décalage permet de distinguer la signature spectrale du deutérium de celle de l'hydrogène.

Les abondances d'aujourd'hui en hélium, deutérium et lithium 7 dépendent amplement de la densité de l'univers à l'époque de leur création, ce qu'on mesure ici par le rapport du nombre de baryons sur le nombre de photons (axe inférieur) et par le paramètre de densité Ω (axe supérieur). La conversion du deutérium en hélium est plus prolifique dans un univers de haute densité, et conduit donc à une moindre abondance de deutérium et à plus d'hélium. Les zones ombrées indiquent les incertitudes qui affectent certaines abondances observées.

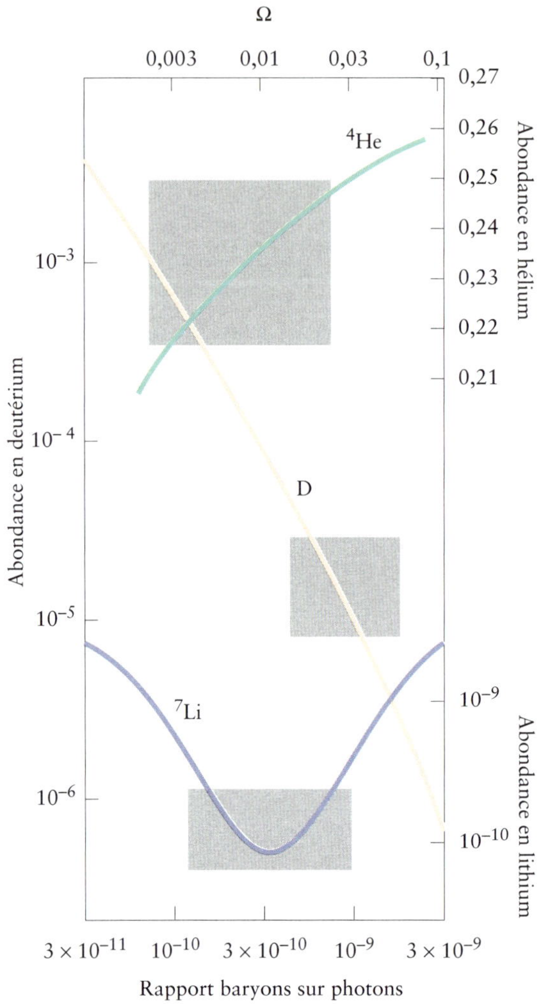

a été remplacé par un atome de deutérium : l'eau lourde, HDO, en est un exemple. Le deutérium détecté sur Jupiter est représentatif de ce qu'était le gaz interstellaire à la formation du système solaire, voici 4,6 milliards d'années. L'abondance de deutérium sur Jupiter, d'environ deux pour cent mille, vaut à peu près deux fois celle que l'on trouve dans le gaz des nuages interstellaires ; le deutérium fut détruit par les étoiles qui ont vécu et se sont éteintes plus tôt dans la vie de la galaxie.

Les observations menées grâce au télescope spatial Hubble comme celles provenant d'expériences précédentes confirment en effet l'abondance notablement inférieure du deutérium atomique dans les nuages interstellaires. On étudie par ailleurs l'absorption par des nuages de l'espace intergalactique de la lumière venue de quasars situés en arrière-plan (les quasars font partie des objets les plus lumineux de l'univers). On a découvert ainsi une abondance en deutérium très légèrement supérieure à ce que l'on mesure localement, cela était attendu puisque les nuages de gaz les plus distants sont quasi vierges de toute évolution.

La tendance manifeste pour le deutérium est incontestable : il décroît avec le temps. On s'y attendait, puisque les étoiles brûlent du deutérium sans reconstituer leur stock. Mais, comme tout le gaz interstellaire n'est pas passé par le cœur chaud des étoiles, une partie du deutérium primordial survit néanmoins. En estimant quelle proportion est détruite par les étoiles, on en déduit une abondance prégalactique du deutérium par rapport à l'hydrogène de l'ordre de trois millièmes de pour-cent.

Comment comparer ce chiffre à l'abondance en deutérium que prédit la théorie du big-bang ? Malheureusement, on ne peut répondre à cette question sans connaître la valeur actuelle de la densité de matière baryonique, que l'on ne peut déterminer mieux qu'à un facteur dix. On cherche alors à prendre le problème par l'autre bout en tentant d'estimer la densité de baryons de l'univers à partir de l'abondance en deutérium que l'on mesure. Lors des trois premières minutes, environ 25 % de la masse d'hydrogène fut transformée en hélium. Le deutérium n'est qu'un intermédiaire dans cette chaîne de réactions, dont environ un pour dix mille survit. Si la densité de matière ordinaire est élevée, alors l'univers primordial aurait synthétisé l'hélium avec une telle efficacité qu'il n'aurait quasiment pas fabriqué de deutérium. Il faut choisir une valeur de la densité de baryons qui ne dépasse pas un dixième de la densité critique de l'univers, sans quoi on prévoit trop peu de synthèse primordiale de deutérium. Inversement, la densité de baryons ne doit pas non plus être trop faible et ne peut passer en deçà de 1 % de la valeur critique, sans quoi il y aurait surproduction de deutérium par comparaison à ce que l'on observe dans le système solaire. Ces limites restent très pru-

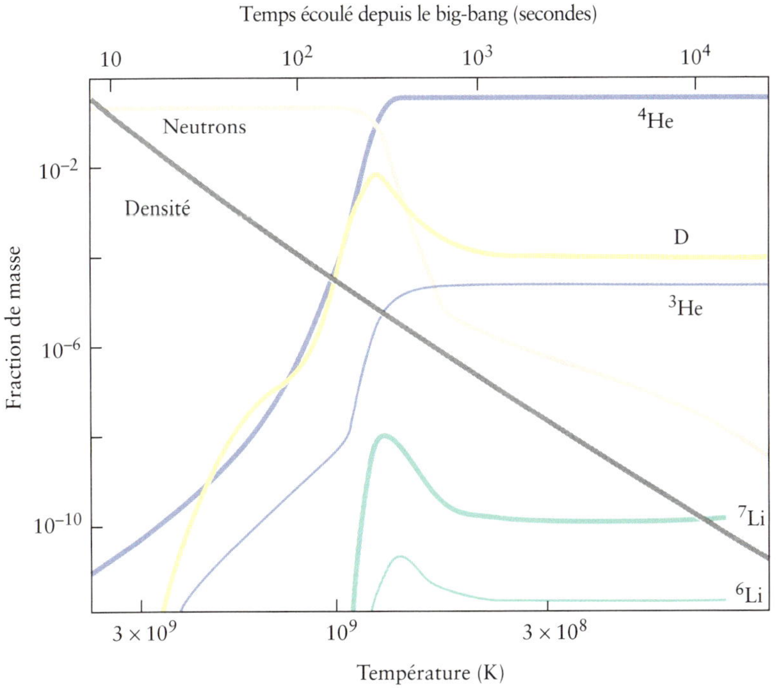

L'histoire de la synthèse des éléments lors des premières trois minutes de l'univers. Par exemple, tandis que l'abondance en hélium augmente progressivement jusqu'à atteindre environ 25 % en masse, le deutérium atteint une abondance maximale autour de 1 %, puis diminue pour retomber à une valeur très basse à mesure que l'hélium est synthétisé.

dentes : la valeur que favorisent largement les observations donne une fraction de baryons dans l'univers primordial de 4 % de la densité critique.

Il n'existe pas d'autre source de deutérium que le big-bang, puisque les étoiles détruisent le deutérium plutôt qu'elles ne le produisent. La signification de ce résultat est que, si la densité de l'univers vaut un tiers de la valeur critique, alors 90 % de la matière de l'univers serait non baryonique. Autrement dit, la majeure partie de la matière noire serait composée de particules neutres interagissant faiblement et n'ayant pas participé aux réactions nucléaires qui ont conduit à la production de deutérium.

L'énigme du lithium

Hélium et deutérium ne sont pas les deux seuls éléments produits lors du big-bang. Le lithium est beaucoup plus rare et, comme le deutérium, il est lui aussi détruit dans le cœur chaud des étoiles. On mesure de fait l'abondance de lithium dans les étoiles jeunes (dites de type T-Tauri). Ces étoiles très jeunes, baptisées du nom d'un prototype dans la constellation du Taureau, sont alimentées par la seule force de gravitation et souvent plongées dans des nuages de gaz interstellaire. Elles sont caractérisées par une atmosphère convective turbulente et particulièrement riche en lithium. Cet élément, détruit dans le cœur des étoiles, est une signature fiable du jeune âge des étoiles du disque galactique. À mesure que l'étoile vieillit, le lithium est détruit. Au début de l'évolution de l'étoile, avant qu'elle ne fasse partie de la séquence principale, la convection brasse les gaz atmosphériques et emporte le lithium déjà présent jusqu'aux régions les plus chaudes de l'étoile, où il sera ensuite systématiquement brûlé. Une étoile d'âge moyen comme le Soleil ne possède aucune trace détectable de lithium dans son atmosphère.

La synthèse du lithium provient du big-bang mais également des rayons cosmiques dans les nuages interstellaires et aussi des étoiles parvenues au terme de leur évolution. Les rayons cosmiques sont des particules énergétiques qui engendrent des réactions nucléaires lorsqu'elles entrent en collision avec des atomes interstellaires, carbone, azote ou oxygène. À l'occasion, ces atomes lourds éclatent en éjectant un noyau de lithium. Une signature caractéristique de ce processus, que l'on appelle « spallation par rayon cosmique », est qu'il produit les noyaux de deux isotopes du lithium, l'un de masse atomique 6 et l'isotope ordinaire, de masse 7. Les étoiles les plus âgées, celles de population II, affichent une proportion de lithium d'environ un pour dix milliards par rapport à l'hydrogène ; cette abondance semble indépendante de celle d'autres éléments, comme le fer. En outre, l'isotope de masse 7 représente l'essentiel du lithium : la proportion de lithium 6 est très en deçà de celle que l'on prédit par le truchement de la spallation et très en deçà de celle que l'on mesure dans les rayons cosmiques. À l'inverse, dans les étoiles plus jeunes de population I, on mesure environ dix fois plus de lithium. On pense que le lithium de ces étoiles jeunes provient en partie de spallations et aurait été produit dans les nuages interstellaires à partir desquels l'étoile se serait formée. La plus grande partie est éjectée par les étoiles arrivées à un stade avancé de leur évolution. Lorsqu'une étoile de plusieurs masses solaires a épuisé l'hydrogène contenu dans son cœur, commence une phase appelée « super géante rouge », caractérisée par la combustion de l'hélium situé dans le cœur de l'étoile et, simultanément, de la couche d'hydrogène qui l'entoure. Cette phase, très lumineuse, déclenche l'expansion de l'enveloppe de l'étoile et a pour conséquence une perte de masse importante. La masse perdue, enrichie de carbone et de lithium, se mélange au milieu interstellaire. Cela conduit à un modèle autocohérent pour la formation et la destruction du lithium. Une chose est à peu près sûre : dans les étoiles plus âgées du sphéroïde, nous voyons le lithium produit lors du big-bang. Cela vient du fait que ces étoiles moins massives ont une température de surface inférieure à celle du Soleil, ce qui inhibe la combustion du lithium primordial.

On déduit que la matière sombre non baryonique devrait prédominer, mais, pour expliquer les proportions de lithium, de deutérium et d'hélium, il faudrait pourtant une quantité minimale de matière baryonique. Cette quantité minimale est toutefois supérieure à ce que l'on mesure directement dans les galaxies. On conclut donc qu'il devrait tout de même exister une petite portion de la densité critique sous forme de matière sombre baryonique. Actuellement, la meilleure valeur est de quelques pour-cent. Seulement 10 % environ de ces baryons sombres auraient été détectés sous la forme d'étoiles et de gaz interstellaire.

WIMPs : particules exotiques de matière noire

Si, dans un univers ayant une densité critique, la principale forme de matière noire ne peut pas être de nature baryonique, alors quelles autres formes peut-elle prendre ? Parmi les vestiges possibles de l'univers primordial, on trouve des espèces stables de particules interagissant faiblement. Le neutrino en est un exemple, si tant est qu'il possède une petite masse. En principe, on suppose le neutrino dénué de masse, mais la possibilité qu'il soit doté d'une masse non nulle n'est pas à exclure. Il reste tellement de neutrinos issus du big-bang que même une masse de cinquante électronvolts, soit un dix millième de la masse de l'électron, suffirait à engendrer un univers fermé.

Toutefois, la cosmologie élimine la possibilité de neutrinos dotés d'une telle masse. Les neutrinos étaient relativement chauds à l'époque de la formation des structures et, comme nous allons le voir, ils avaient un effet défavorable sur la formation des galaxies. Les masses de neutrinos les plus faibles sont plus difficiles à exclure, mais, dans ce cas, la contribution des neutrinos à la densité critique serait minime.

Des expériences en laboratoire sont en cours dans différents pays pour tenter d'attribuer finalement leur masse aux neutrinos. À ce jour, elles ne sont pas encore concluantes. La limite supérieure actuelle pour la masse du neutrino de l'électron, que l'on obtient grâce à des expériences sur la désintégration du tritium, est de l'ordre de trois électronvolts. Les autres espèces de neutrinos pourraient avoir des masses plus élevées. La limite directe pour la masse du neutrino du muon est 190 électronvolts et, pour le neutrino du tau, elle atteint dix-huit millions d'électronvolts.

Des études sur les neutrinos atmosphériques de haute énergie, qui sont produits lorsque les rayons cosmiques pénètrent l'atmosphère terrestre, montrent que des oscillations ont lieu entre les neutrinos mu et tau. Les neutrinos mu passent donc une grande partie de leur traversée sous la forme de neutrinos tau, réduisant ainsi de 50 % le flux de neutrinos mu reçu sur Terre. Cela correspond au déficit que l'on observe, au sol, du nombre de neutrinos mu par comparaison aux neutrinos de l'électron. Pour que ces oscillations puissent avoir lieu dans l'atmosphère terrestre, la masse du neutrino tau doit valoir au moins 0,1 électronvolt de plus que la masse du neutrino mu. Il y aurait donc autant de masse sous la forme de neutrinos que sous la forme de matière ordinaire, bien que les neutrinos soient sans effet sur la dynamique ou la formation des galaxies.

Le déficit en neutrinos de l'électron provenant du Soleil s'explique également par le truchement d'oscillations, cette fois entre les neutrinos de l'électron et du muon. La sensibilité des expériences décrites plus haut concerne surtout les neutrinos de l'électron produits par réactions thermonucléaires au cœur du Soleil. Une masse au moins égale à 0,001 électronvolt pour le neutrino mu, supérieure à celle du neutrino électronique, suffirait à engendrer des oscillations des neutrinos de l'électron en neutrinos du muon, et permettrait donc de rendre compte du déficit en neutrinos de l'électron. Une masse aussi faible n'aurait absolument aucun effet sur la cosmologie.

Pour des particules très massives, plus lourdes qu'un proton par exemple, on a imaginé une dénomination particulière : on appelle « WIMP » (*Weakly Interacting Massive Particule*) les particules massives interagissant faiblement. Elles doivent être électriquement neutres, sans quoi on les aurait déjà découvertes. On a postulé l'existence de WIMPs exotiques, comme le « photino », en quantité suffisante pour que l'univers soit fermé. Le problème est qu'on n'a aucune garantie que ces particules existent bel et bien. En passant outre cette incertitude, la théorie du big-bang permet de prédire leur densité actuelle, si tant est que ces particules existent et qu'elles soient stables à l'échelle de l'âge de l'univers.

C'est la théorie que l'on appelle « supersymétrie » et que l'on aime à surnommer « SUSY » qui propose l'existence du photino. Cette théorie double le nombre des particules connues en postulant l'existence de particules partenaires, dont certaines sont affublées du suffixe « -ino ». Ces particules sont presque toutes de courte durée de vie et n'auraient existé en grand nombre que dans l'univers primordial, à l'époque où la température était suffisamment élevée pour dépasser l'échelle d'énergie caractéristique de la supersymétrie. Plus tard, avec le refroidissement de l'univers, la supersymétrie fut brisée. La théorie ne donne pas l'échelle d'énergie correspondante mais elle doit dépasser 100 GeV si l'on veut éviter d'entrer en conflit avec les expériences. La plupart des WIMPs se seraient donc annihilées les unes les autres, à l'instar de la matière et de l'antimatière. Toutefois, les WIMPs interagissant beaucoup plus faiblement que les protons, elles finissent par s'annihiler de moins en moins à mesure que l'éloignement entre WIMP et antiWIMP augmente. Du fait de leur masse élevée, les quelques WIMP survivantes, à condition qu'elles soient stables, sont de bonnes candidates à la matière noire. Dans l'univers à basse énergie d'aujourd'hui, la particule supersymétrique la plus légère serait stable, contrairement aux particules SUSY les plus lourdes. Ce pourrait être un vestige des WIMPs. On s'attend à ce que cette particule soit le partenaire (dans le sens de la complémentarité des spins) du photon, de sorte qu'on l'appelle « photino ». Sa masse devrait s'échelonner entre cinquante et mille fois celle du proton. Le photino n'est pas chargé et n'interagit que très faiblement avec la matière.

Il existe des indices solides en faveur de la supersymétrie, provenant d'expériences menées au CERN. Celles-ci mesurent l'intensité des interactions nucléaires, laquelle augmente avec l'énergie. Toutefois, rien ne garantit que les intensités des forces électromagnétiques, faible et forte, doivent converger à une même valeur de l'énergie. C'est la grande unification des forces fondamentales, dont la brisure dans l'univers primordial a engendré l'inflation, qui propose que toutes les interactions fondamentales convergent à très haute énergie. Cette énergie, de quelque 10^{15} GeV, est beaucoup plus élevée que ce qui est directement accessible par l'expérience, et pourtant on observe déjà la tendance à la convergence de ces différentes forces. Si la supersymétrie décrit effectivement le monde à haute énergie, ces trois forces fondamentales peuvent ainsi devenir indiscernables à une énergie unique ; alors seulement la SUSY permettra d'entériner le caractère inévitable de la grande unification.

Malgré la faiblesse des interactions du photino, plusieurs expériences ont été conçues pour le mettre en évidence. Il en existe quatre types. Le premier fait usage des accélérateurs de particules, ces machines qui réduisent les atomes en miettes. D'ordinaire, les collisions à haute énergie ayant lieu dans ces engins produisent des jets de hadrons énergétiques, outre les particules et antiparticules qui sont éjectées lors de la collision. Afin d'assurer la conservation de la quantité de mouvement, les jets de hadrons partent dans des directions opposées, transverses à la direction de la collision. Bien que le photino, interagissant faiblement, soit en théorie invisible, il transporte néanmoins une certaine quantité de mouvement qui, dans l'autre sens, devra être compensée par un jet détectable. L'observation d'un jet unique traduirait l'occurrence d'une particule supersymétrique. Le LHC, le grand collisionneur de hadrons (*Large Hadron Collider*), sera un accélérateur de particules circulaire de 50 kilomètres. Actuellement en construction au CERN, le LHC sera en mesure de détecter la signature à un seul jet des particules supersymétriques.

Des détecteurs en laboratoire, de haute sensibilité, recherchent directement des photinos du halo galactique qui auraient été interceptés par la Terre et par le Soleil tandis que celui-ci tourne sur son orbite autour de la galaxie. En fait, les photinos piégés par le Soleil s'annihileraient en son cœur. La chaleur ainsi produite pourrait affecter, très légèrement mais peut-être de manière significative, l'évolution du Soleil. Un effet dérivé des annihilations de photinos est la production de neutrinos énergétiques tout à fait différents de ceux que produisent les réactions de fusion thermonucléaire au cœur du Soleil. Tout comme les neutrinos produits par les interactions de photinos sur Terre, ces neutrinos de haute énergie pourraient être observés dans certains détecteurs souterrains consacrés à la détection de neutrinos solaires ou provenant de supernovæ.

On utilise d'autres méthodes, radicalement différentes, pour rechercher les débris des interactions de photinos dans le halo de la galaxie. Des télescopes spatiaux ou envoyés par ballon sont en chasse au-dessus de l'atmosphère de la Terre, trop absorbante, aux particules comme aux rayons cosmiques d'antiprotons ou de positrons produits dans le halo par des annihilations de photinos. Toutefois, les protons des rayons cosmiques interagissent avec des atomes lourds interstellaires et engendrent eux aussi des antiprotons et des positrons relativement pauvres en énergie. Il faut trouver un moyen de distinguer les deux signaux. Bien sûr, la détection ne serait-ce que d'un seul antinoyau lourd, même de l'antihélium, serait une découverte extraordinaire qui impliquerait l'existence d'antiétoiles, voire d'antigalaxies. Est-il utile de préciser que nous n'en avons encore jamais détecté ? Une expérience actuellement en cours de construction sera mise en place sur la station spatiale internationale. Elle est conçue pour rechercher les vestiges en question et améliorer la possibilité de distinguer les signaux d'antiprotons de WIMP de ceux des antiprotons secondaires produits par des interactions de rayons cosmiques ordinaires.

Une stratégie analogue consiste à rechercher d'autres dérivés des interactions de photinos, comme des photons par exemple, plus particulièrement des rayons gamma, produits des annihilations de photinos dans le halo. On s'attendrait alors à ce que le halo sombre rayonne une faible lueur de ces rayons gamma. Le satellite GLAST, que la NASA prévoit de lancer en 2007, partira à la recherche de ce rayonnement.

Énergie noire

La matière noire ne représente qu'un tiers de la densité de masse critique. Et pourtant l'univers semble plat. Cela signifie que la densité de matière serait égale à la densité critique : $\Omega = 1$, à 10 % près. La solution réside dans la fameuse équation d'Einstein $E = mc^2$ qui pose l'équivalence entre masse et énergie. Deux tiers de la densité critique sont composés d'énergie noire répulsive. L'énergie noire est l'énergie du vide associée aux relations d'incertitude de Heisenberg et que l'effet Casimir permet de mesurer. L'effet Casimir ne mesure l'énergie du vide que localement, à très petite échelle. Mais, en principe, cet effet montre que le vide contient de l'énergie et qu'il est répulsif.

L'énergie cosmologique du vide est beaucoup trop ténue pour avoir une quelconque influence sur les expériences de laboratoire. Mais, à des échelles suffisamment vastes, ses effets s'accumulent jusqu'à rendre compte de l'accélération que les supernovæ de galaxies très lointaines permettent d'observer. L'énergie du vide est toujours uniforme. Dans sa plus simple incarnation, elle ne varie pas avec le temps mais reste constante. Elle commence tout juste, aujourd'hui, à dominer la matière ordinaire car la densité de matière a diminué avec l'expansion de l'espace.

On mesure l'énergie cosmologique du vide de deux manières différentes. L'une est une méthode directe, l'autre indirecte. Les deux techniques ont montré que sa contribution à la densité critique revient à une fraction Ω_{vide} de l'ordre de 0,7.

La méthode directe s'appuie sur les supernovæ lointaines. Ces explosions d'étoiles s'accompagnent de véritables bombes qui libèrent presque invariablement la même énergie. On la mesure grâce à l'énergie cinétique des débris éjectés et à la courbe de lumière de la supernova. Les supernovæ atteignent toutes une luminosité comparable avant de s'éteindre complètement, sur une année environ. La courbe de lumière d'une supernova mesure la variation de sa luminosité avec le temps, et les courbes de lumière s'avèrent quasiment identiques pour toutes.

Comme on l'a déjà vu, il existe deux types de supernovæ, associées respectivement aux étoiles de faible masse et aux étoiles massives, que l'on a baptisés, de manière très imaginative, supernovæ de type I et de type II. Les supernovæ de type I sont les plus lumineuses et sont donc de grande utilité en cosmologie car on peut les reconnaître même à l'autre bout de l'univers. Elles proviennent de l'union de deux étoiles naines blanches, laquelle conduit à une explosion cataclysmique. Les supernovæ de type II sont l'issue de l'évolution des étoiles massives. Lorsque l'étoile a épuisé toutes ses réserves de carburant nucléaire, son cœur se contracte et devient une étoile à neutrons ; l'énergie ainsi libérée est à l'origine de l'explosion. Les supernovæ de type I sont environ dix fois plus lumineuses que celles de type II et font donc de bons indicateurs de distance. Elles atteignent, au pic de luminosité, l'équivalent d'un milliard de soleils ! Elles peuvent dominer une galaxie entière.

La plupart des supernovæ de type I sont caractérisées par leur spectre et alimentées par l'éjection explosive de nickel radioactif : elles semblent former une classe d'objets tous identiques. Elles peuvent servir à mesurer les distances des galaxies lointaines. Parce qu'on peut les détecter de très loin, on les utilise également pour rechercher des écarts par rapport au flot de Hubble. Pour la majorité des cosmologistes, les résultats étaient stupéfiants : l'univers semble accélérer.

La gravitation provoque une décélération dont la matière ordinaire, de densité $\Omega_{\text{matière}}$, est responsable. L'énergie noire du vide est source de répulsion et engendre une accélération. Des relations qu'ils observent entre vitesse et distance, les cosmologistes déduisent la différence entre $\Omega_{\text{matière}}$ et Ω_{vide}. Les observations montrent que Ω_{vide} est prédominant : la densité d'énergie noire vaut environ le double de celle de la matière ordinaire. Ce que l'on mesure réellement est en fait la différence entre gravité et antigravité, $\Omega_{\text{matière}} - \Omega_{\text{vide}} \approx 0{,}4$ avec une incertitude d'environ 20 %.

Une autre expérience, parfaitement indépendante, est parvenue à mesurer la courbure de l'espace. L'étude des fluctuations du fond de rayonnement cosmologique, dont le maximum se situe autour d'une échelle angulaire de un degré, requiert que l'espace soit plat. Or la courbure est créée par la totalité de la matière et de l'énergie contenues dans l'univers. Les cosmologistes mesurent grâce à des études à très grande échelle que $\Omega_{\text{matière}} + \Omega_{\text{vide}} = 1$ avec une incertitude de dix pour cent seulement.

Et ce n'est pas tout ! Il existe une autre étude, indépendante mais indirecte, pour évaluer Ω_{vide}. Il s'agit en effet de mesurer $\Omega_{\text{matière}}$. Des analyses du rougeoiement des galaxies lointaines, on conclut que les vitesses particulières, interprétées comme des déviations par rapport au flot de Hubble, sont une mesure de la distribution de matière noire. Seuls des groupements de matière peuvent produire des vitesses particulières. L'énergie noire en est incapable car elle reste toujours uniforme. On trouve que $\Omega_{\text{matière}} \approx 0{,}3$ avec une incertitude de trente pour cent.

Et nous voici à la croisée de trois chemins cosmiques : le fond de rayonnement cosmologique, les supernovæ de type I et les structures à grande échelle donnent collectivement deux confirmations indépendantes du fait que c'est l'énergie noire qui domine l'univers.

Un mystère reste entier. Qu'est-ce donc que cette énergie noire ? La conjecture d'Einstein concernant la constante cosmologique est aussi bonne qu'une autre et même motivée ultérieurement par l'expérience. Mais pourquoi la constante cosmologique est-elle si faible, et pourquoi ne commence-t-elle à dominer l'univers qu'aujourd'hui ? C'est un mystère que seule la gravité quantique peut résoudre.

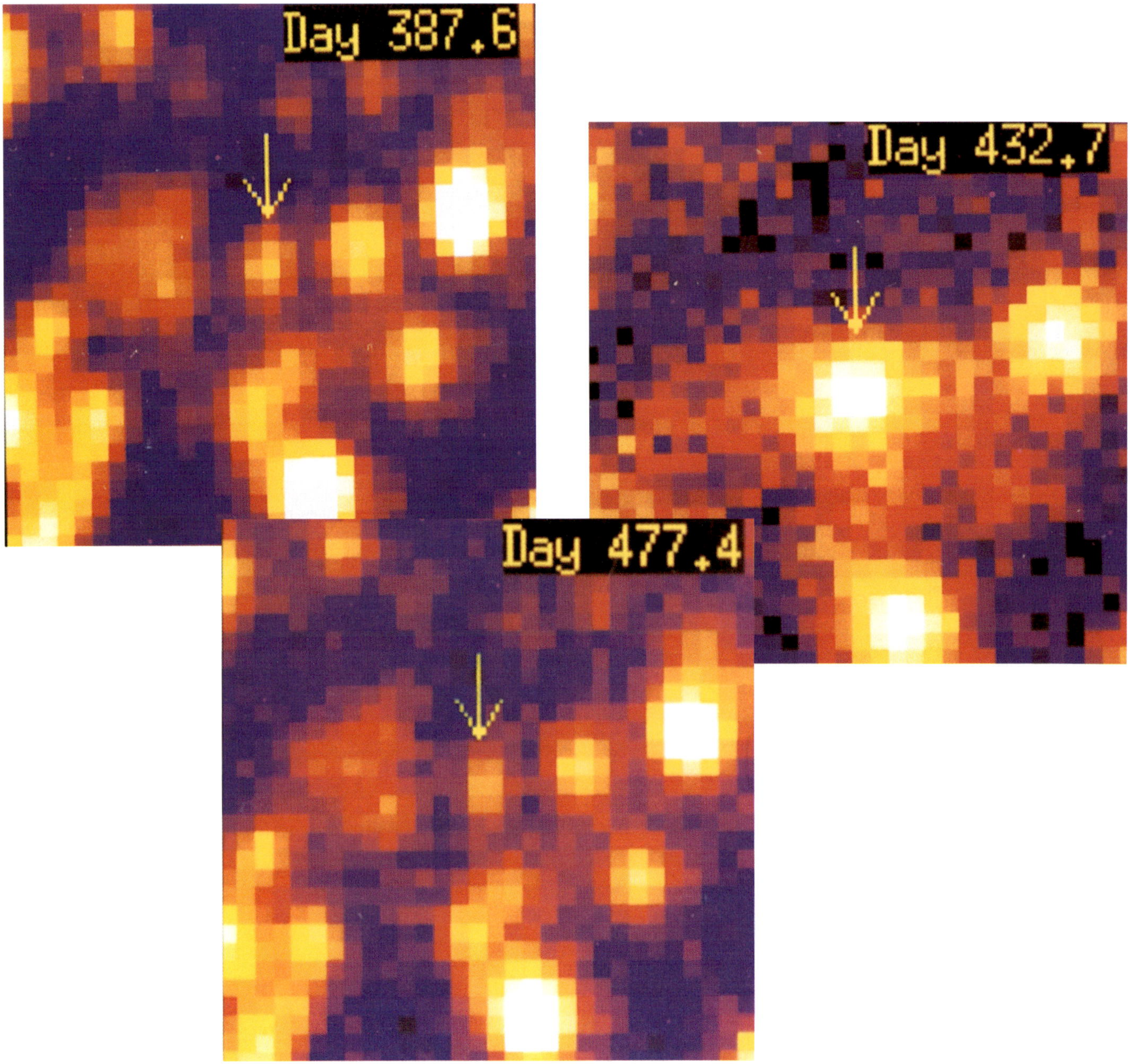
Day 387.6
Day 432.7
Day 477.4

Chapitre huit

Matière sombre baryonique

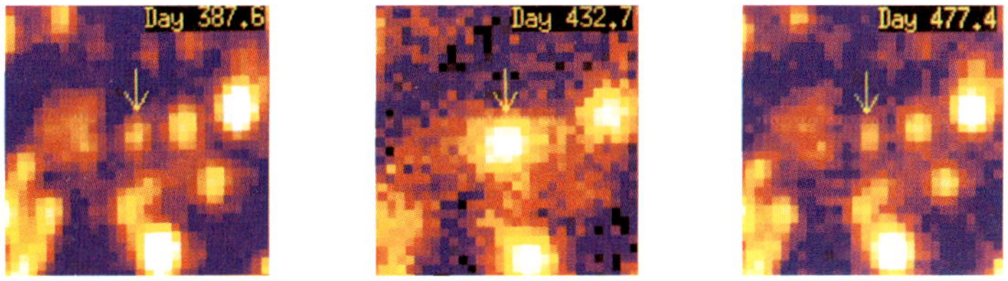

Un événement MACHO trahit la présence de matière noire : la lumière d'une étoile dans le Grand Nuage de Magellan est amplifiée lorsqu'un MACHO (objet du halo massif et compact) du halo de notre galaxie, invisible, traverse la ligne de mire de l'étoile.

Si la matière noire s'avère assez abondante pour représenter la contribution principale à la densité moyenne de l'univers, alors elle aura des effets gravitationnels importants. Les particules dotées d'une masse, qu'il s'agisse de neutrinos légers ou de photinos lourds, jouent immanquablement un rôle significatif dans les débuts de l'évolution des structures de l'univers. Mais, avant de nous tourner vers les effets gravitationnels de la matière noire, penchons-nous sur les formes plus ordinaires, et beaucoup plus massives, qu'elle peut prendre.

La forme la plus naturelle pour la matière noire est tout bonnement celle que nous connaissons, autrement dit les baryons. L'explication qu'offre le big-bang des proportions des éléments légers requiert l'existence de matière sombre baryonique. Bien que ces mêmes proportions impliquent que la majorité de la matière noire soit non baryonique, la quantité de matière noire baryonique nécessaire reste plusieurs fois supérieure à celle de la matière baryonique visible. Cela représente environ 4 % de la densité critique. Mais où chercher la matière sombre baryonique ?

En premier lieu, on pourrait s'attendre à ce que qu'elle soit formée des étoiles du halo galactique ayant brûlé tout leur carburant. D'autres éventualités restent néanmoins possibles, comme celles de planètes ou de trous noirs. La matière sombre baryonique existe bel et bien : ce qui est moins certain, c'est qu'il en existe suffisamment pour résoudre certains des problèmes liés à la matière noire — la matière noire dans le halo des galaxies, dans les amas ou les superamas de galaxies ou la quantité de matière noire nécessaire pour assurer que l'univers soit fermé. Comme on va le voir, il y a peu de chances que la matière sombre baryonique puisse rendre compte de la densité critique : pour cela, nous devrons faire appel aux WIMP ou à tout autre type de particule interagissant faiblement. Toutefois, la matière sombre baryonique reste une bonne candidate pour la matière noire des halos galactiques, sinon à plus grande échelle. Pour tenir compte de la rivalité entre ces deux formes de matière noire, les favoris pour la matière sombre baryonique furent baptisés MACHO (*Massive Astrophysical Compact Halo Objects* ou objets astrophysiques massifs et compacts du halo).

La vie après la séquence principale : les naines blanches

Le destin d'une étoile de plusieurs masses solaires est de finir ses jours dans une effusion ardente de brillance stellaire. Une fois le cœur de l'étoile dépourvu d'hydrogène, sa source d'énergie nucléaire se trouve temporairement épuisée. Les réactions nucléaires dans le cœur prennent fin tandis que la combustion de l'hydrogène se poursuit dans la couche qui l'entoure. En brûlant l'hydrogène, cette couche devient de plus en plus chaude, et la production d'hélium plus vigoureuse. L'injection de chaleur supplémentaire dans cette couche provoque une expansion de l'enveloppe de l'étoile. Son rayon augmente d'un facteur de l'ordre de cent, et l'étoile devient une géante rouge.

Au fur et à mesure de son expansion, l'enveloppe se refroidit. Ce refroidissement des couches de gaz externes de l'étoile s'explique par une propriété de la luminosité stellaire. La luminosité d'une étoile est proportionnelle à la puissance quatre de sa température de surface T et au carré de son rayon. Ainsi, lorsque le rayon de l'étoile augmente, les réserves en carburant de l'étoile, et donc sa luminosité, restent constantes ; sa température doit donc nécessairement décroître.

Tandis que l'enveloppe se refroidit, le cœur d'hélium qui contient environ 10 % de la masse de l'étoile se contracte et se réchauffe. Une fois la température suffisamment élevée (elle augmente de plusieurs puissances de dix, jusqu'à environ cent millions de kelvins), la combustion de l'hélium s'amorce. Trois noyaux d'hélium se combinent pour former un noyau de carbone, suivant la réaction triple alpha, en libérant l'énergie de la fusion. Pendant la phase de combustion de l'hélium, qui dure une centaine de millions d'années, l'étoile passe sur la branche horizontale du diagramme de Hertzprung-Russell.

Tandis que la couche de combustion de l'hydrogène épuise son carburant et commence à se contracter, l'étoile répond en se rétrécissant et devient de plus en plus bleue. La phase correspondant à la branche horizontale du diagramme prend fin lorsque l'hélium du cœur est épuisé. Le cœur anciennement formé d'hélium est maintenant composé de carbone, mais ce cœur de carbone n'est pas assez chaud pour enclencher la fusion de ces atomes : il se contracte. Ce faisant, l'hélium extérieur au cœur de carbone se réchauffe et finit par devenir suffisamment chaud pour allumer les réactions nucléaires. Cette couche d'hélium brûle sans relâche, et la chaleur qu'elle libère enclenche la fusion de l'hydrogène dans la couche qui l'entoure. La chaleur de ces deux couches en fusion fait gonfler l'enveloppe qui forme une géante rouge encore plus grande. Celle-ci, appelée « supergéante rouge », rayonne autant de lumière qu'un millier de soleils. Le cœur de carbone se réchauffe alors suffisamment pour produire de l'énergie par la fusion du carbone. Le carbone, de masse atomique 12, se combine avec de l'hélium, de masse 4, pour former de l'oxygène, de masse 16. La production d'énergie est telle que l'étoile devient alors instable ; les couches externes sont éjectées par un vent stellaire. Finalement ne subsiste que le cœur de carbone entouré par une couche en expansion de gaz ionisé, représentant environ 10 % de la masse initiale de l'étoile. Celle qui était une supergéante rouge est devenue une nébuleuse planétaire. La couche de gaz s'enrichit des débris des réactions nucléaires qui ont eu lieu durant la vie de l'étoile. Au centre de la nébuleuse planétaire se trouve la relique brûlante de l'étoile, qui se refroidit rapidement.

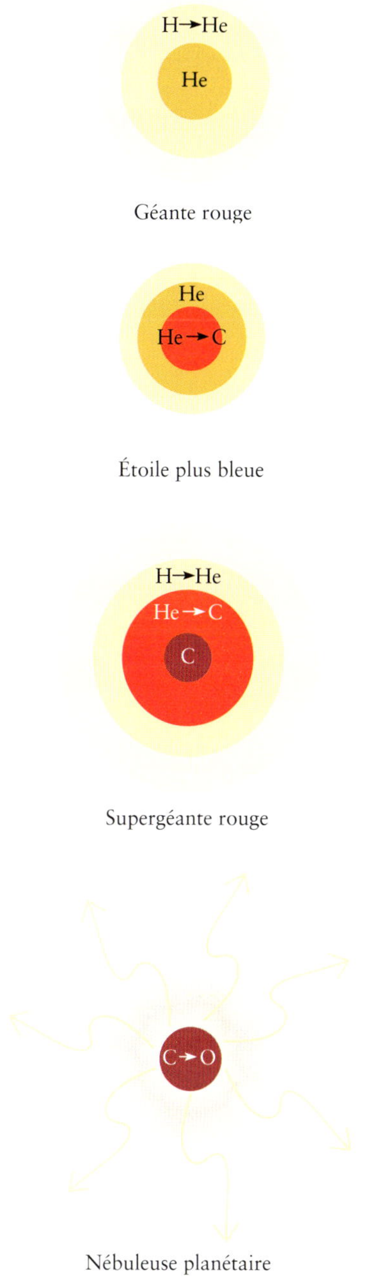

Les dernières étapes de l'évolution d'une étoile de plusieurs masses solaires.

L'évolution d'une étoile de cinq masses solaires tracée sur le diagramme de Hertzsprung-Russell, du moment où elle quitte la séquence principale jusqu'à son extinction finale en naine blanche.

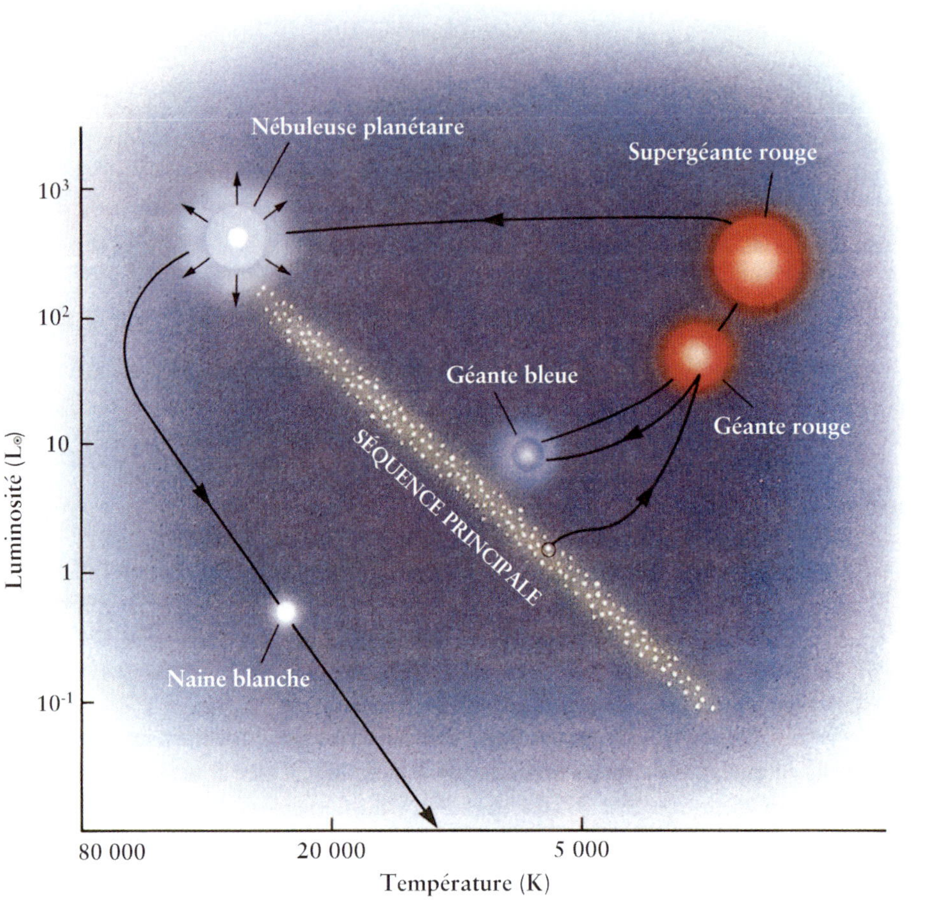

L'étoile au centre d'une nébuleuse planétaire est une étoile naine blanche. Sa température n'est pas suffisante pour enclencher la combustion du carburant restant, essentiellement composé de carbone et d'oxygène (ou d'hélium pour les naines blanches de faible masse). Bien que l'étoile ne soit plus le siège d'une pression de radiation suffisante pour contrebalancer l'attraction que la gravitation exerce vers l'intérieur, elle ne s'effondre pas pour autant, grâce à la pression de dégénérescence des électrons. Cet effet quantique est une conséquence des relations d'incertitude, décrites au chapitre 4, en vertu desquelles les propriétés des particules possèdent une certaine incertitude quantique. Cette incertitude est équivalente à des mouvements infinitésimaux qui exercent une pression. Dans une naine blanche, cette pression est celle des électrons qui s'entassent à mesure que l'effondrement de l'étoile rapproche les atomes les uns des autres jusqu'à ce qu'ils se chevauchent. C'est la pression de ces électrons dits « dégénérés » qui permet à la naine blanche de lutter contre la force de gravitation. Plus une naine blanche est massive, plus sa taille est réduite. La masse maximale possible pour une naine blanche est de 1,4 masse solaire, qu'on appelle la « masse de Chandrasekhar ». Au-delà de cette masse, la pression de dégénérescence des électrons ne suffirait plus à maintenir la cohésion de l'astre.

Les noyaux des atomes occupent un volume beaucoup plus petit que les électrons et, à ces densités, ne sont pas dégénérés. Plus aucune réaction nucléaire n'est possible dans une naine blanche, celle-ci ne brûle plus que par le biais de la chaleur qu'elle a accumulée. Une fois que l'étoile a rayonné toute son énergie, après une dizaine de milliards d'années, la naine blanche devient une naine noire. Il s'agit d'une étoile compacte de taille comparable à celle de la Terre, mais avec une température et une luminosité très faibles. De tels objets sont des formes possibles de matière noire.

Une étoile dont la masse initiale est inférieure à huit masses solaires environ finit en naine blanche de masse inférieure à la masse de Chandrasekhar, la limite maximale pour des étoiles de ce type. Nous voyons des naines blanches dans l'amas des Hyades, où des étoiles de masse inférieure à six masses solaires sont encore dans la phase de combustion de l'hydrogène de la séquence principale. Les naines blanches des Hyades ont dû se former à partir de précurseurs de plus de six masses solaires. Le disque galactique, et peut-être aussi le halo, contient une population de naines blanches très âgées flottant librement. Elles se sont formées il y a bien longtemps, alors que le disque était essentiellement gazeux. Il y a de grandes chances que leur contribution à la masse totale soit assez faible. Néanmoins, leur présence indique l'existence d'une population importante d'étoiles de courte durée de vie qui ont donné naissance aux naines blanches. Peut-être ces étoiles relativement massives, de quelques masses solaires, faisaient-elles partie de la première génération d'étoiles galactiques.

Une étoile de masse initiale supérieure à huit masses solaires ne perd pas assez de masse dans les vents solaires pour devenir une naine blanche. En effet, on définit une étoile massive comme une étoile dont la masse est trop élevée pour lui permettre de finir ses jours sous cette forme. Son destin est bien différent et offre d'autres formes possibles de matière sombre baryonique.

La formation d'une étoile à neutrons

Les étoiles massives passent relativement peu de temps dans la phase de combustion d'hydrogène de la séquence principale. Une étoile de quinze masses solaires passe dix millions d'années dans la séquence principale, et une étoile de trente masses solaires n'y passe que un million d'années. Du fait que les étoiles massives évoluent si rapidement, les couches extérieures ont très peu de temps pour brûler l'hydrogène lorsque le cœur d'hélium se contracte et s'allume à nouveau tandis que l'étoile devient une géante rouge. Une fois l'hélium épuisé, le cœur se condense à nouveau et devient le siège de réactions triple alpha. Le cœur devient finalement assez chaud pour enclencher la combustion du carbone en oxygène. À ce stade, il est entouré d'une couche de combustion d'hélium, et l'enveloppe s'étend pour former une supergéante rouge. Le cœur continue de brûler jusqu'à ce qu'il atteigne la température de 10^9 kelvins ; la fusion thermonucléaire brûle des éléments de plus en plus lourds, jusqu'à finalement créer un cœur de fer. Le fer est le stade ultime de la fusion nucléaire : la synthèse de tout autre élément plus lourd à partir d'éléments plus légers ne produit pas d'énergie ; au contraire, elle en consomme. On dit ainsi que le cœur de fer est endothermique (il

L'évolution d'une étoile de masse élevée tracée sur le diagramme de Hertzsprung-Russell, du moment où elle quitte la séquence principale jusqu'à son explosion finale en supernova.

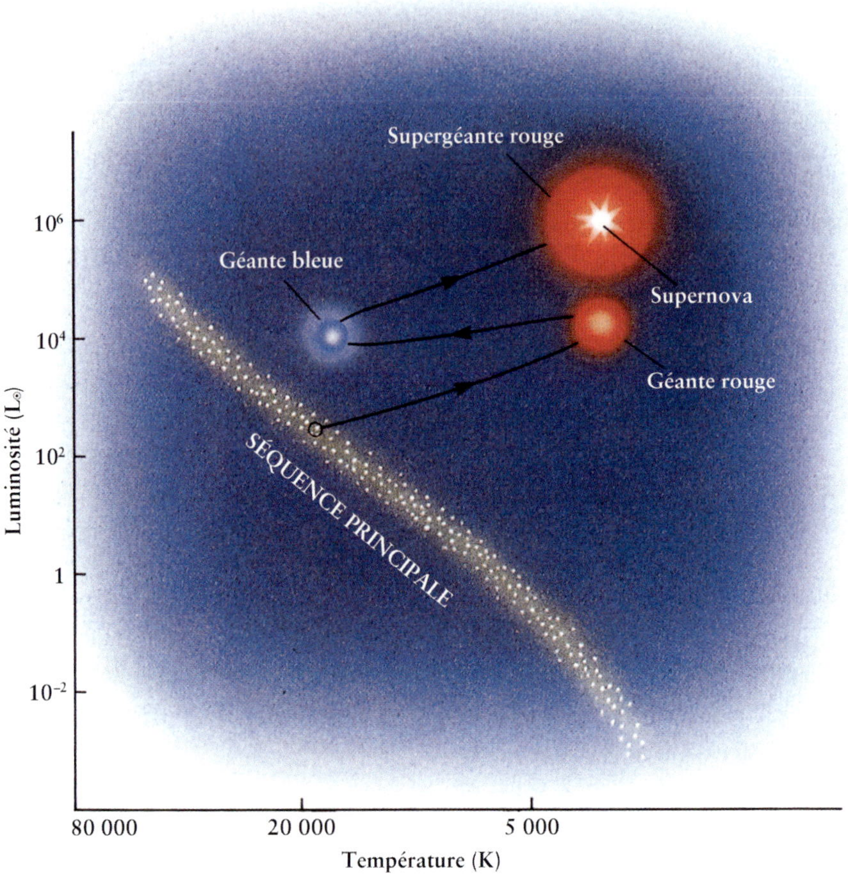

absorbe de la chaleur) pour les réactions de fusion comme de fission : aucune autre réaction nucléaire ne peut avoir lieu.

Tandis que la chaleur s'échappe, le cœur se contracte, et la température dépasse le milliard de kelvins. Lorsque la masse du cœur approche 1,4 masse solaire, même la pression de dégénérescence des électrons ne suffit plus à assurer sa cohésion. Le cœur s'effondre alors pour former un état de matière beaucoup plus dense, dans lequel les noyaux des atomes, et non plus les atomes eux-mêmes, sont compressés. À ce stade, les protons peuvent capturer des électrons pour former des neutrons. Dans le même temps, l'étoile rayonne de l'énergie sous forme d'antineutrinos qui, puisqu'ils interagissent faiblement, n'ont aucun mal à s'échapper de l'étoile. Cette perte d'énergie accélère la formation de ce qui s'apparente à un énorme noyau ne contenant plus que des neutrons. Une étoile à neutrons est une sphère de gaz comprimée jusqu'à la densité d'un neutron et dont la cohésion est assurée par la pression de dégénérescence des neutrons, c'est-à-dire la pression quantique engendrée lorsque les neutrons sont près de se toucher.

L'étoile à neutrons possède un rayon d'environ 1 kilomètre et une densité de l'ordre de un milliard de tonnes par centimètre cube. L'effondrement du cœur de l'étoile crée une onde de choc qui expulse les couches externes de la supergéante rouge dans une explosion considérable. C'est une supernova. L'étoile à neutrons qui subsiste est chaude ; elle émet des rayons X. Toutefois, comme elle ne possède aucune source d'énergie pour maintenir sa température, elle se refroidit petit à petit. Après quelques millions d'années, elle devient invisible, tout du moins du point de vue de ses émissions thermiques. C'est alors de la matière noire.

Les supernovæ sont elles aussi des sources prolifiques de neutrinos. Ces particules signent sans ambiguïté la formation d'une étoile à neutrons. En effet, 99 % de l'énergie de l'explosion est émise sous forme de neutrinos et des antineutrinos associés. Ces particules interagissant faiblement, elles sont notoirement très difficiles à détecter. Heureusement, le 23 février 1987, deux « télescopes » à neutrinos étaient en fonctionnement lorsque la supernova SN 1987A a explosé. Bien sûr, en réalité, l'explosion de cette supernova a eu lieu voici cinquante mille ans, mais le Grand Nuage de Magellan, qui abrite la SN 1987A,

La supernova SN 1987A apparaît sur le cliché de droite, pris quelques jours après l'explosion, comme un gros point lumineux en haut à droite, à un endroit où il n'y avait rien auparavant. La supernova, apparue le 23 février 1987 près de la nébuleuse de la Tarantule, provient d'une supergéante de vingt masses solaires située dans le Grand Nuage de Magellan.

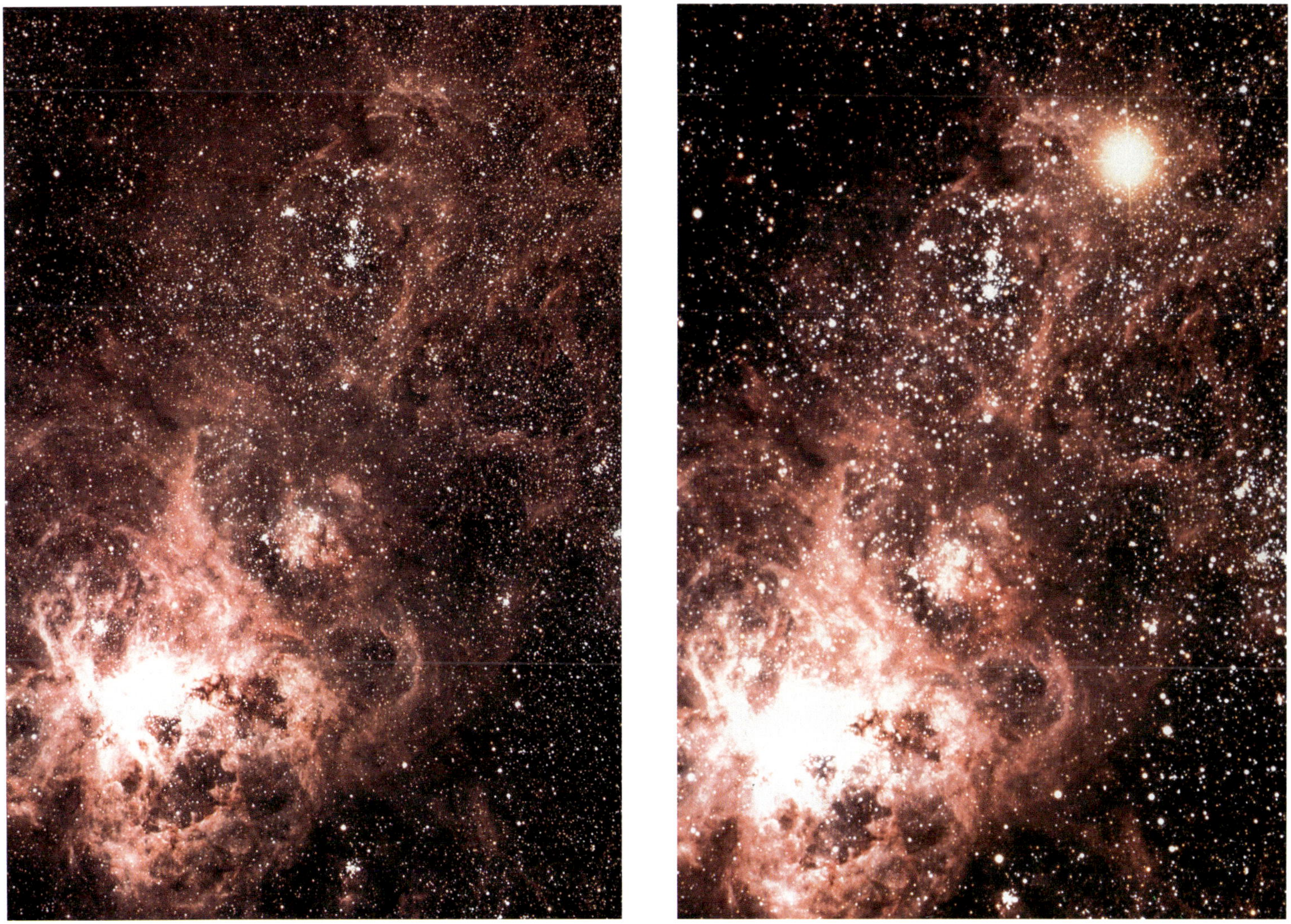

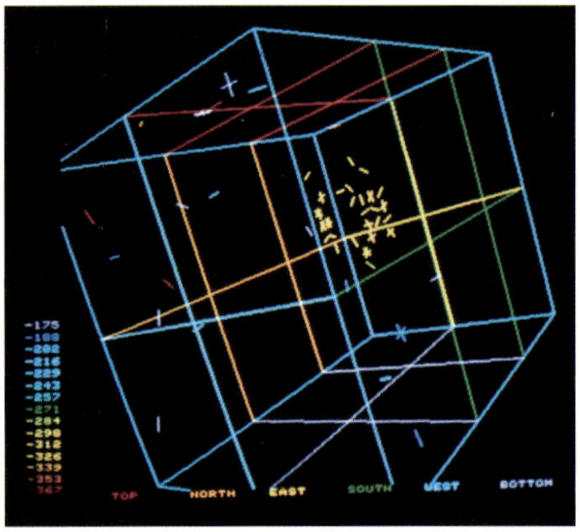

Le 23 février 1987, environ trois heures avant qu'on ne prenne les premières photographies de la supernova SN 1987A, douze neutrinos ont interagi avec les électrons des huit mille tonnes de liquide détecteur enfoui dans les profondeurs de la mine de zinc Kamioka, près de Tokyo. Huit neutrinos furent observés dans un détecteur analogue, situé dans une mine de sel près de Cleveland. Ce cliché retrace le dernier événement.

se situe à une distance de cinquante mille années-lumière du Soleil. En effet, rétrospectivement, on comprend maintenant que les neutrinos issus de la supernova parvinrent sur Terre plusieurs heures avant que l'on ne détecte le signal lumineux.

Les expériences de détection de neutrinos se font dans d'énormes cuves souterraines remplies de milliers de tonnes d'eau, surveillées en permanence par un vaste réseau de phototubes. Lorsque neutrinos et antineutrinos atteignent les cuves, les neutrinos sont diffusés par les électrons des molécules d'eau tandis que les antineutrinos sont absorbés par les protons de ces mêmes molécules, produisant des neutrons et des positrons avec un mouvement aléatoire. Les électrons et les positrons rapides sont ralentis par l'eau et émettent en décélérant une lueur appelée « rayonnement Cerenkov ». Le 23 février 1987, on a détecté onze diffusions déclenchées par des neutrinos dans la direction du Grand Nuage de Magellan sur un laps de temps de treize secondes, environ quatre heures avant le premier rapport venu du Chili signalant l'explosion visible d'une supernova. La détection de neutrinos et d'antineutrinos confirmait qu'une étoile à neutrons voyait le jour. La poignée d'événements détectés impliquait que 10^{57} neutrinos et antineutrinos furent émis par seconde lors de la formation de l'étoile à neutrons.

L'observation des étoiles à neutrons

En 1054, les historiens chinois de la dynastie Sung attestaient la présence d'une nouvelle étoile dans la constellation du Taureau. On sait maintenant que c'était une supernova. Bien que l'étoile se soit éteinte dans le courant de l'année suivante, les astronomes contemporains purent identifier ses reliques grâce à la position indiquée dans les comptes rendus historiques. Ces reliques ne sont autres que la nébuleuse du Crabe, formée de filaments de gaz en expansion à la vitesse de 1 000 kilomètres par seconde. Le mouvement de ces filaments confirme qu'ils ont pris naissance dans l'explosion de 1054. La nébuleuse du Crabe est une source intense d'ondes radio polarisées, de lumière visible, ainsi que de rayons X. On a rapidement compris qu'il devait exister une source d'énergie pour expliquer ces rayonnements.

L'énigme fut résolue en 1968 avec la découverte d'une étoile à neutrons au centre de la nébuleuse du Crabe. On avait observé à l'intérieur de la nébuleuse qu'un objet émettait des signaux lumineux réguliers toutes les 0,033 seconde, bien que la fréquence des signaux semblât décroître très graduellement. Le ralentissement des signaux fut attribué au ralentissement de la rotation d'une étoile à rotation rapide appelée « pulsar ». Ce ralentissement serait dû à la perte d'énergie occasionnée par l'émission de rayonnement électromagnétique, exactement le même qu'on observait en provenance du vestige de la supernova. La source de ces signaux devait être beaucoup plus compacte qu'une naine blanche pulsante ou en rotation ; seule une étoile à neutrons pouvait remplir les conditions requises. Les pulsations lumineuses proviennent de rayonnements émis dans les directions des pôles nord et sud magnétiques de l'étoile à neutrons en rotation, un peu comme la lumière d'un phare. Grâce au ralentissement des signaux, on a pu définir la date de formation de l'étoile à neutrons et vérifier qu'elle correspond effectivement à l'année 1054 d'explosion de la supernova.

La nébuleuse du Crabe vue aux rayons X (en bleu) et dans l'optique (en rouge) avec le pulsar en son centre, dans cette image composite depuis le Chandra X-Ray Observatory et le télescope spatial Hubble.

On a observé des pulsars pour la première fois en 1967, mais les premiers furent simplement identifiés comme des sources quasi stellaires de signaux radio, avec des périodes extrêmement régulières. La découverte d'un pulsar dans la nébuleuse du Crabe a confirmé qu'il s'agit d'étoiles à neutrons formées lors d'explosions de supernovæ. On a maintenant observé des centaines de pulsars, dont les périodes s'échelonnent entre quelques millisecondes pour les plus rapides et quelques secondes pour les plus lents. La plupart se trouvent au sein de la Voie lactée, dans le plan galactique. Deux pulsars se sont formés à partir d'étoiles à neutrons, l'un dans les vestiges de la supernova du Crabe et l'autre dans celle de Vela, lors d'explosions vieilles de mille et vingt mille ans respectivement. Les pulsars mis en évidence dans des vestiges de supernovæ récentes semblent avoir eu une période extrêmement élevée de dix ou vingt millisecondes à l'époque de leur formation.

Les pulsars les plus rapides que l'on connaisse ont des périodes de l'ordre de la milliseconde. La stabilité de leur période est à la hauteur, en précision temporelle, des meilleurs chronomètres élaborés par l'homme. À l'échelle d'une année ou plus, les pulsars tiennent le rythme jusqu'à quelques unités pour cent millions de milliards, ce qui est comparable aux performances des meilleures horloges atomiques terrestres. Outre ceux que l'on trouve dans les vestiges des supernovæ les plus jeunes, on a découvert beaucoup de pulsars de période de l'ordre de la milliseconde dans les amas globulaires, qui sont des groupements d'étoiles âgées d'au moins dix milliards d'années. On pense que la vitesse de rotation de ces pulsars de courte période s'est vue augmenter du fait de l'accrétion de la masse d'une étoile partenaire évoluant en supergéante rouge. Cette étoile voisine grossit tout en perdant de la masse au profit de l'étoile à neutrons.

Le champ magnétique variable d'un pulsar en rotation engendre un petit faisceau de rayonnement électromagnétique émis le long des directions des pôles magnétiques sud et nord de l'étoile. Du fait de la rotation de l'étoile, le faisceau semble tourner ; si la Terre est sur son chemin, nous observons alors une salve de rayons lumineux ou, plus communément, d'émission radio.

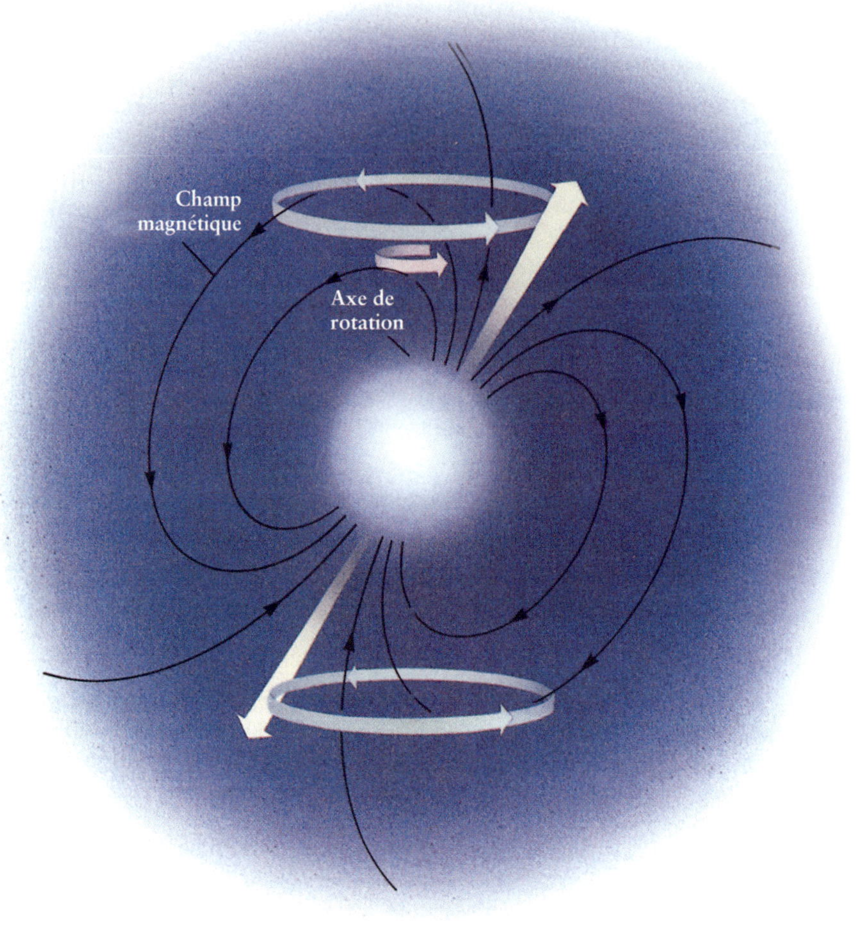

Les pulsars ressemblent à des aimants en rotation. Avec le temps, leur rotation ralentit, et le rayonnement électromagnétique émis en pâtit jusqu'à devenir invisible, même aux fréquences radio. Notre galaxie grouille d'étoiles à neutrons qui sont en fait des pulsars morts depuis longtemps.

Naines brunes

Si les étoiles mortes sont une forme de matière sombre baryonique, d'autres formes de cette matière noire pourraient être des étoiles ratées. Les naines brunes sont des objets dotés d'une masse si faible que leur cœur n'atteint jamais la température suffisante pour déclencher les réactions nucléaires de fusion. Des astres de masse inférieure à huit centièmes de masse solaire, y compris les planètes géantes, ne peuvent produire aucune énergie nucléaire et ne rayonnent donc pas de lumière. Toutefois, ces objets produisent une petite quantité d'énergie gravitationnelle, car ils se contractent très progressivement.

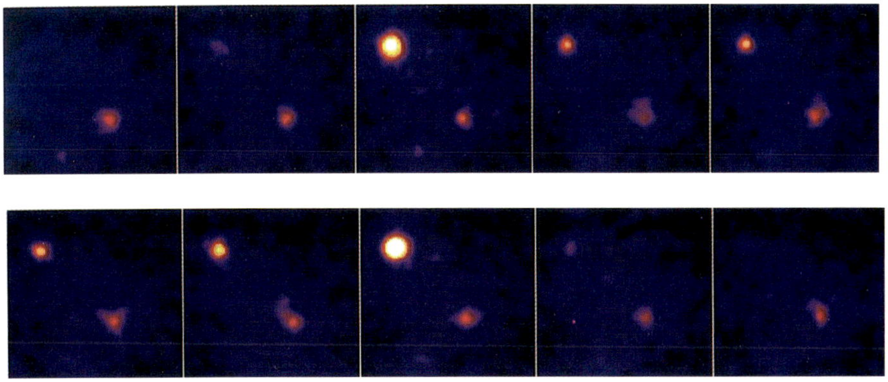

Geminga est un pulsar à rayons gamma, une étoile à neutrons en rotation, dont les pôles émettent du rayonnement gamma à mesure qu'elle tourne autour de son axe, un peu comme un phare. Geminga est l'étoile à neutrons la plus proche que l'on connaisse ; distante d'une centaine de parsecs, elle produit environ quatre salves de rayons gamma par seconde.

Jupiter, par exemple, se contracte de quelques centimètres par an. En fait, la planète émet dans l'infrarouge 50 % d'énergie en plus que ce qu'elle reçoit du Soleil.

Les astronomes recherchent les naines brunes en deux types d'endroits. Dans un système binaire, la présence d'un compagnon de faible masse pourra contraindre l'étoile primaire, plus massive, à un certain mouvement orbital autour du centre de masse du système. Ce mouvement serait détectable soit grâce à un décalage Doppler périodique de quelques mètres par seconde, soit grâce à un déplacement périodique du point lumineux central de l'ordre d'une fraction de seconde d'arc par an pour les systèmes les plus proches. Les études spectroscopiques et astrométriques menées sur des étoiles proches semblables au Soleil n'ont pas permis de mettre en évidence des naines brunes en quantité significative. On a toutefois découvert un grand nombre de planètes extérieures au système solaire, des planètes de la masse de Jupiter partenaires d'étoiles de même type que le Soleil. On a également trouvé quelques partenaires naines brunes.

Une autre approche consiste à rechercher dans des associations d'étoiles voisines, relativement jeunes, des naines brunes évoluant librement qui pourraient encore être visibles comme sources infrarouges. La petite quantité d'énergie rayonnée par une naine brune ne pourrait être visible que dans l'infrarouge, du fait de la faible température de surface de l'astre. Il existe toutefois d'autres types d'étoiles qui émettent dans l'infrarouge, et la signature caractéristique d'une naine brune serait sa position, dans le diagramme de Hertzprung-Russell, au-dessus de la partie la plus basse de la séquence principale. Avec un minimum de foi en la théorie, on se convainc aisément que les naines brunes devraient exister en très grand nombre. Après tout, pourquoi un nuage interstellaire de plusieurs milliers de masses stellaires identifierait-il la masse nécessaire à la formation d'une étoile et en particulier la masse minimale d'une étoile en phase de combustion de l'hydrogène ? Les naines brunes, de masse trop faible pour brûler de l'hydrogène et être aisément visibles, pourraient être en effet très nombreuses.

Ce credo a largement porté ses fruits. On a détecté beaucoup de naines brunes dans des systèmes stellaires proches comme les amas des Pléiades ou des Hyades. Les naines brunes elles-mêmes y sont jeunes et donc encore relativement lumineuses, puisqu'il faut compter plusieurs milliards d'années pour qu'elles rayonnent toutes leurs réserves d'énergie thermique. Même jeune, une naine brune émet dix mille fois moins de lumière que le Soleil, et sa lumière est avant tout émise dans l'infrarouge.

Karl Schwarzschild, l'astrophysicien qui, à partir de la théorie de la relativité générale d'Einstein, a découvert l'expression mathématique du champ gravitationnel autour d'un trou noir.

Les naines brunes connues et les planètes externes au système solaire ne sont d'aucune aide en ce qui concerne le problème de la matière noire. Néanmoins, on ne sait pas si ces objets auraient tout de même pu se former en si grand nombre en l'absence d'étoiles. Peut-être le halo galactique regorge-t-il de naines brunes et de jupiters, mais, comme nous le verrons par la suite, elles ne pourraient pas représenter plus de 20 % de la masse du halo.

Trous noirs

Les trous noirs sont la forme la plus sombre imaginable pour la matière noire ! Bien qu'on ne puisse pas les observer directement, les astronomes disposent de stratégies indirectes pour déceler leur présence. Parce qu'ils sont invisibles, ils constituent de bons candidats à la matière noire. Cependant, on ne sait pas s'il en existe suffisamment pour résoudre le problème qu'elle pose.

Qu'est-ce qu'un trou noir ?

La théorie de la relativité générale prédit l'existence de trous noirs. Il existe en fait deux théories de la relativité, toutes deux créations d'Albert Einstein. La théorie de la relativité restreinte décrit la structure de l'espace et du temps, tandis que la théorie de la relativité générale décrit l'espace, le temps et la gravitation. La première stipule que l'espace et le temps sont des aspects différents d'un espace-temps quadridimensionnel. Ainsi, un point dans l'espace a un passé et un futur. Une explosion est un exemple d'événement dans l'espace-temps : l'explosion a lieu en un point donné de l'espace et à un instant précis du temps. On peut dire d'un observateur ou d'un signal lumineux qu'il se déplace en direction du futur. S'il voyage suffisamment loin et suffisamment longtemps, en théorie, il pourra toujours atteindre tout autre point de l'espace à un instant futur. La seule exception à cette règle concerne les objets au voisinage d'un trou noir, que l'on définit comme une région de l'espace-temps d'où rien ne peut s'échapper, pas même la lumière. Un trou noir est une *surface de non-retour* : si l'on traverse cette surface (appelée « horizon »), on ne peut plus revenir en arrière !

Le rayon d'un trou noir, baptisé du nom de l'astronome Karl Schwarzschild, est proportionnel à sa masse. Pour un trou noir de masse égale à celle du Soleil, on trouve que le rayon de Schwarzschild vaut seulement trois kilomètres. Pour des trous noirs supermassifs, dont on pense qu'ils contiennent jusqu'à un milliard de masses solaires, le rayon de Schwarzschild n'atteindrait qu'un dix millième de parsec, ce qui est excessivement petit eu égard aux normes astronomiques. Les planètes ne seraient pas nécessairement happées par un trou noir : si le Soleil venait à être remplacé par un trou noir de même masse, la Terre continuerait sur son orbite comme si de rien n'était car le champ de gravitation à cette distance serait inchangé. Une fusée venue explorer les alentours d'un trou noir subirait le même champ de gravitation qu'autour d'une étoile jusqu'à ce qu'elle s'approche à une distance de quelques rayons de Schwarzschild. Alors seulement les forces de marée commenceraient à exercer leur influence sur elle.

On mesure la gravitation en observant les effets de marée. Lorsqu'elle agit sur un corps étendu, la gravitation exerce son attraction dans de nombreuses directions très légèrement différentes. Cela conduit le corps à développer des tensions internes. Considérons le cas de la Terre en rotation, avec ses nombreuses couches d'eaux profondes : les marées des océans sont une manifestation de l'attraction gravitationnelle de la Lune et du Soleil. Toutes les formes de matière subissent, dans un champ gravitationnel, l'analogue des marées, rendant manifeste cette tendance de la gravitation à générer des cisaillements. Il existe effectivement un point de détail subtil au sujet des marées : elles prouvent que la gravitation n'agit pas en un point unique de l'espace mais sur une région étendue ; elle tire et elle pousse à la fois.

Une expérience de pensée très connue qu'avait proposée Einstein illustre comment mesurer la gravitation par le biais de l'inéluctable gradient de force qui émerge lorsqu'elle agit sur autre chose qu'une masse ponctuelle idéalisée. Imaginons un ascenseur en chute libre quelque part près de la Terre. Plaçons une pomme en son centre, celle-ci donnant un exemple de masse ponctuelle. Il n'existe aucun mouvement de la pomme par rapport à l'ascenseur et donc aucun moyen de dire, de l'intérieur, si la pomme tombe vers la Terre ou au fin fond de l'espace, loin de toute source de gravitation. En effet, que la Terre soit là ou non, la trajectoire de la pomme dans l'ascenseur ne sera pas modifiée. Plaçons maintenant une seconde pomme à côté de la première… on peut alors détecter les effets de l'attraction gravitationnelle de la Terre : les deux pommes tombent toutes deux vers le centre de la Terre de sorte qu'elles se rapprochent légèrement l'une de l'autre. Aux alentours d'un trou noir, ces forces de marées sont très fortes, et aucun objet matériel de taille finie ne peut les supporter : tout objet quel qu'il soit tomberait en lambeaux.

Dans l'un des tests les plus draconiens de la relativité générale, on étudie les forces de marées dans un champ gravitationnel fort, près d'un système binaire de deux étoiles à neutrons que l'on observe comme une paire de pulsars. Si l'on en croit la théorie, les forces de marées devraient conduire les deux pulsars à tourner l'un autour de l'autre en spirale. Leur énergie orbitale serait progressivement rayonnée sous forme d'ondes gravitationnelles. Comme conséquence, les étoiles à neutrons, distantes d'environ un million de kilomètres, devraient partir en spirale à un rythme de quelques centimètres par an. La stabilité remarquable des pulsars, qui constituent des horloges d'une précision stupéfiante, permet de chronométrer leur orbite avec exactitude. On a ainsi pu vérifier la prédiction d'Einstein avec une précision de près de 99,7 %, en termes d'un paramètre défini pour mesurer les déviations possibles à la relativité générale, où 100 % représenteraient un accord parfait.

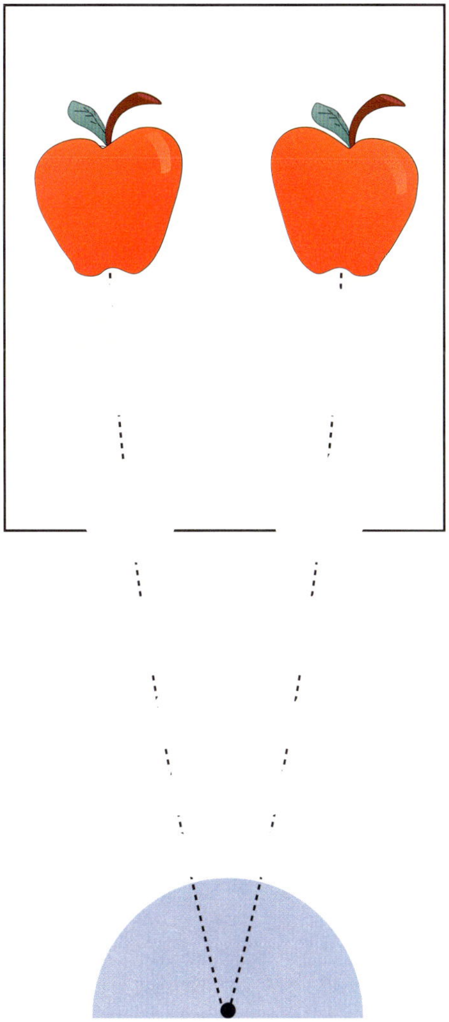

Une expérience de pensée d'Einstein. Deux pommes sont dans un ascenseur en chute libre vers la Terre. Pour un observateur installé au centre, la seule indication de cette chute libre est que la distance entre les deux pommes se réduit à mesure que l'ascenseur se rapproche de la Terre.

Distorsion de l'espace et du temps

Nous avons vu que la gravité déforme l'espace. La relativité générale prédit qu'il en va de même pour le temps et, plus généralement, pour l'espace-temps. Le « tic-tac » d'une montre est ralenti aux environs d'un champ de gravitation intense. Cet effet a été mesuré sur Terre, en laboratoire, sur des cristaux atomiques : certains types de cristaux, lorsqu'ils sont dans un état excité, sont le siège d'oscillations très stables. Or on trouve que la fréquence du cristal dépend de son altitude au-dessus de la surface de la Terre.

L'orbite du pulsar PSR 1913 + 16 se réduira de plus en plus à mesure qu'il s'enroulera en spirale en se rapprochant de l'étoile partenaire. Le chronométrage des orbites constitue un test important de la théorie de la gravitation d'Einstein.

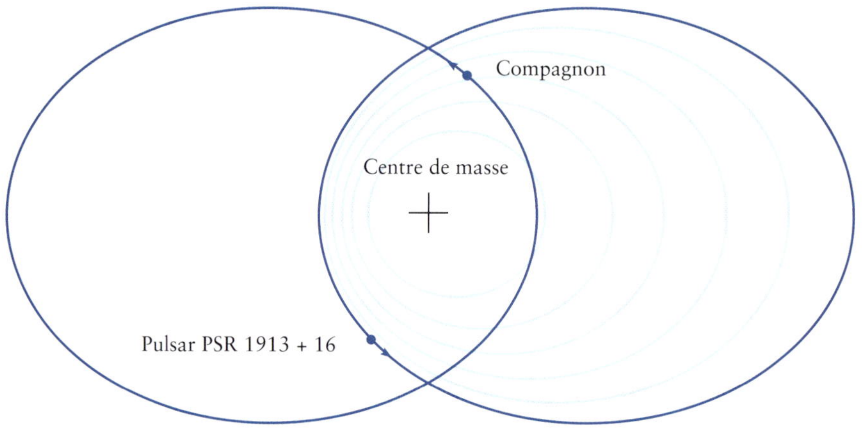

Lorsqu'on modifie l'altitude des cristaux, leur fréquence varie de un pour un milliard environ. On appelle « décalage vers le rouge gravitationnel » ce ralentissement du temps dû à la gravitation, puisqu'il résulte en un décalage vers le rouge de la lumière qui s'échappe d'un champ gravitationnel fort. À la surface du Soleil, cet effet revient à un décalage en fréquence de l'ordre de un pour un million.

Il est difficile de mesurer ce petit effet pour le Soleil. Toutefois, on a détecté des décalages vers le rouge gravitationnels pour des étoiles naines blanches. Ces étoiles sont une centaine de fois plus petites que le Soleil, et leur énergie potentielle de gravitation est cent fois supérieure. Cela implique que le décalage vers le rouge gravitationnel au voisinage d'une naine blanche est cent fois supérieur à celui qu'on observerait autour du Soleil (il vaut donc environ un pour dix mille).

Autour d'un trou noir, le ralentissement du temps est beaucoup plus intense. En effet, lorsqu'une navette qui chute vers un trou noir se rapproche du rayon de Schwarzschild, aux yeux d'un observateur extérieur, toutes les horloges à bord semblent retarder de plus en plus. Toute radiation émise par la navette serait alors de plus en plus décalée vers le rouge, jusqu'à finalement disparaître complètement.

On a déjà détecté des effets du décalage vers le rouge gravitationnel dus à un trou noir massif. On observe que l'émission de rayons X par le fer est décalée vers le rouge d'environ 10 % par rapport à la fréquence attendue. Cela mérite d'être confirmé par des observations de meilleure qualité et de sensibilité accrue, effectuées par des télescopes à rayons X sur satellites.

D'où viennent les trous noirs ?

Les trous noirs représentent le stade ultime de l'évolution des étoiles très massives. Peut-être les étoiles dont la masse initiale dépasse cinquante masses solaires sont-elles destinées à finir en trous noirs. Aucune pression connue, pas même aussi considérable que la pression de dégénérescence des électrons ou des neutrons, ne pourrait juguler l'effondrement d'un cœur d'étoile plus massif que plusieurs soleils.

On pense que des trous noirs extrêmement massifs, dotés de masses valant des milliers, des millions, voire des milliards de masses solaires, peuvent se former lorsque le

La galaxie spirale M100 dans l'amas de la Vierge possède un noyau lumineux qui pourrait renfermer un trou noir massif.

cœur d'un amas d'étoiles ou le bulbe d'une galaxie deviennent instables et s'effondrent. Si l'on en croit les spéculations théoriques, lorsque des étoiles se regroupent avec une densité suffisamment élevée, il arrive qu'elles entrent en collision les unes avec les autres et que les débris occasionnés s'accumulent en un gigantesque trou noir.

Lors des premières étapes de la constitution des galaxies, les conditions étaient particulièrement favorables à la formation de trous noirs supermassifs. Il y avait de grandes quantités de gaz, et le refroidissement était suffisant pour que se forme un cœur dense de gaz froid. Le gaz froid accumulé aura inévitablement acquis un moment angulaire, et, à mesure de sa contraction, un disque en rotation se formera. Ce disque sera gravitationnellement instable et se fragmentera en plusieurs morceaux. Résultat, le cœur, instable, est voué à se contracter et à se fragmenter en petits paquets de gaz qui formeront les étoiles massives. Celles-ci sont de courte durée de vie, et leurs débris, à leur tour, se refroidissent et s'accumulent au centre de la galaxie, où les conditions de densité et de refroidissement peuvent favoriser l'apparition d'un trou noir supermassif.

La densité de matière lorsque se forme un trou noir supermassif n'est pas forcément énorme. En effet, elle est proportionnelle à la masse divisée par le volume (M/R^3), mais le rayon de Schwarzschild du trou noir vaut $R = 2GM/c^2$: la densité est donc proportionnelle à $1/M^2$. Cela signifie que la densité de matière dans un trou noir de un million de masses solaires est relativement faible (de l'ordre de la densité de l'air) lors de sa formation (c'est-à-dire lorsque sa taille est de l'ordre de son rayon de Schwarzschild). Tout vient simplement du fait qu'il y a une telle quantité de masse dans une région de l'espace si petite que le champ de gravitation est assez important pour former un trou noir. Dans un trou noir de faible masse, la densité est beaucoup plus élevée.

Propriétés des trous noirs

Le plus simple des trous noirs n'est défini que par sa masse : à masse fixée, le trou noir résultant apparaît unique à tout observateur extérieur. En fait, pour les trous noirs simples, la masse (qui détermine le rayon de Schwarzschild) est la *seule* quantité mesurable. D'autres types de trous noirs, plus compliqués, peuvent exister et sont alors caractérisés par deux grandeurs supplémentaires outre leur masse : leur moment angulaire et leur charge. On peut mesurer ces grandeurs en observant les orbites des particules autour du trou noir. Sa composition ne joue aucun rôle. Peu importe ce qui s'effondre pour finir en trou noir puisque l'observateur extérieur, lui, perd toute l'information concernant le détail de sa composition. Cette conclusion fait l'objet d'un théorème : on dit que les trous noirs sont « dépourvus de cheveux ». Plus précisément, les trois grandeurs — masse, moment angulaire et charge — suffisent à décrire complètement un trou noir quel qu'il soit.

Les trous noirs affichent quelques propriétés exotiques. On peut extraire de l'énergie d'un trou noir tournant, un peu comme on ferait rebondir une balle sur un disque en rotation. Le centre d'un trou noir est une singularité d'espace-temps, un point où la théorie de la relativité générale autorise l'éventualité d'un passage, que l'on appelle un « trou de ver », donnant sur un autre espace-temps. Pour la théorie de la relativité générale, les trous noirs sont éternels — une fois dedans, on ne peut plus jamais s'en échapper. Au contraire, la théorie quantique de la gravitation prédit un drôle de destin pour les minitrous noirs : s'il est suffisamment petit, un trou noir peut s'évaporer. Nous avons vu plus haut comment l'énergie peut, à la frontière du trou noir, se libérer de son emprise pour se trouver éjectée sous la forme de particules accélérées. Si l'on en croit la théorie quantique, même dans le vide, des paires de particules sont créées temporairement pour une courte durée. Or la force de marée, très puissante autour du minitrou noir, peut séparer les particules d'une paire qui vient d'être créée. L'une des deux particules est piégée tandis que l'autre se libère et s'échappe, emportant donc de l'énergie.

Aussi, pourquoi ne pas imaginer que la matière ordinaire qui a vu le jour avec le big-bang ait pu prendre la forme de minitrous noirs, outre les formes que l'on connaît bien, comme les protons ou les électrons ? Il faudrait dix milliards d'années à un trou noir de la masse de l'Everest (à peu près dix milliards de tonnes) pour s'évaporer complètement et moins de temps pour des trous noirs plus petits. Aujourd'hui, ces derniers auraient déjà disparu, mais l'héritage de l'univers primordial pourrait être une prolifération de trous noirs dotés de la masse d'une montagne et de la taille d'un proton. Si l'on devait un jour découvrir un minitrou noir, alors il ne pourrait provenir que du big-bang car les étoiles de moins de trois masses solaires ne peuvent pas former de trou noir.

Comment observer des trous noirs

Au moment de leur évaporation complète, les minitrous noirs pourraient produire des explosions de particules et de photons durant moins de une milliseconde. Or on a détecté des sursauts de rayons gamma : leur origine n'est pas connue, mais il est pos-

La matière provenant d'une étoile ordinaire est aspirée par le trou noir voisin, formant un disque d'accrétion autour de ce dernier. Le gaz s'échauffe à mesure qu'il orbite autour du centre du disque. Ainsi, il émet des flots de rayons X avant de disparaître de nos observations.

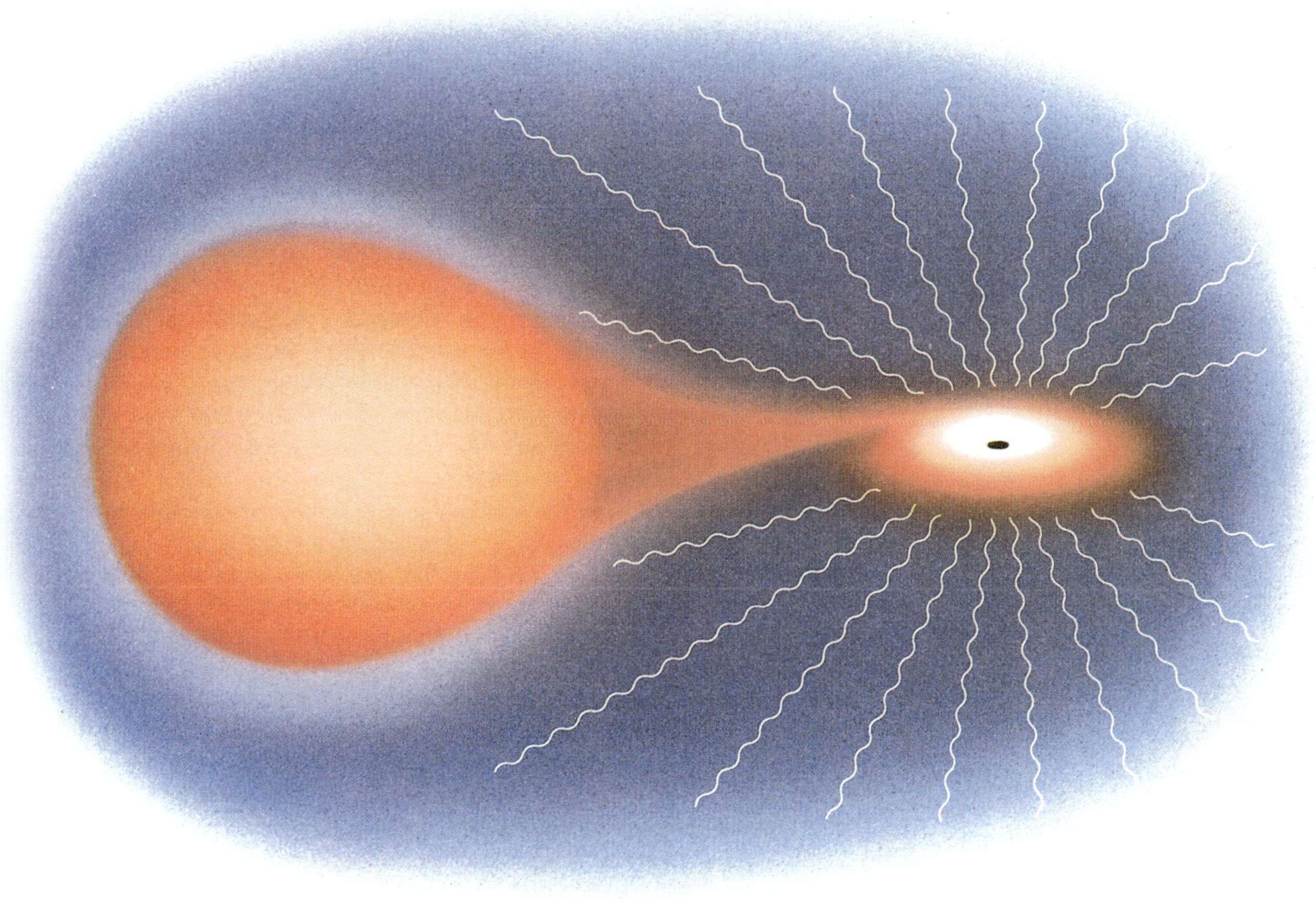

sible qu'ils correspondent à la signature de la mort d'un minitrou noir issu de l'univers primordial.

Bien que les trous noirs provenant d'étoiles soient invisibles, on peut parfois les mettre en évidence lorsqu'ils sont couplés à une étoile partenaire car, dans ces circonstances, ils deviennent de puissants émetteurs de rayons X. Le trou noir étant suffisamment rapproché de l'étoile partenaire, lorsque celle-ci évolue en géante ou supergéante rouge, la matière de l'atmosphère de l'étoile se déverse dans le trou noir. Le gaz y tombe lentement en spirale. Au fur et à mesure de l'accrétion du gaz, celui-ci se réchauffe et émet des rayons X.

Le meilleur candidat pour constituer un trou noir est Cygnus X1. Il s'agit d'une source de rayons X invisible, en orbite autour d'une étoile géante bleue lumineuse, connue sous l'appellation HDE 226868. La période orbitale est de 9,6 jours, et la masse du compagnon invisible semble supérieure à trois masses solaires. Le système de Cygnus X1 est cinq fois plus brillant à la fréquence des rayons X que dans le domaine optique du fait de l'accrétion du gaz. L'objet invisible possède une luminosité en rayons X équivalente à cinq mille luminosités solaires, et la luminosité optique de la géante bleue partenaire vaut environ celle de mille soleils. En outre, l'émission de rayons X fluctue rapidement, avec une période de quelques millisecondes ou moins. Ce sont là les caractéristiques précises attendues pour le disque d'accrétion autour d'un trou noir. Les rayons X sont émis lorsque des paquets de matière arrachés au disque d'accrétion tombent dans le trou noir, tandis que leur intermittence rapide est le résultat du court laps de temps nécessaire aux paquets de matière pour tomber à l'intérieur du rayon de Schwarzschild (environ 10^{-4} seconde). Il existe à peu près une douzaine d'autres systèmes binaires massifs émetteurs de rayons X dont on suppose qu'ils contiennent des trous noirs, situés dans notre galaxie et dans les galaxies voisines.

La théorie permet de supposer que les trous noirs supermassifs pourraient être à l'origine de phénomènes hautement énergétiques venant du centre de certaines galaxies. Les galaxies de Seyfert, du nom de l'astronome Carl Seyfert, représentent environ 1 % des galaxies spirales, et leur caractéristique est d'avoir un noyau extrêmement brillant, appelé « noyau galactique actif ». La plupart des galaxies, et la nôtre en particulier, renferment un trou noir supermassif en leur cœur, mais celui-ci est généralement inerte. Le fait que l'on observe des noyaux actifs dans 1 % seulement des galaxies normales suggère par ailleurs que la phase active ne dure que très peu de temps, peut-être 1 % de l'âge actuel de l'univers. La plupart des galaxies auraient connu une phase active dans leur passé. La confirmation de cette hypothèse réside dans le fait que beaucoup de galaxies possèdent encore des trous noirs massifs, mais inertes, en leur cœur. Une fois que le monstre du centre n'est plus alimenté, le disque d'accrétion s'éteint, et même un trou noir supermassif ne laisserait plus qu'une trace ténue de sa présence au sein de la galaxie.

Dans certains cas, le spectre des noyaux galactiques actifs révèle la présence de courants de gaz à très haute vitesse, jusqu'à un tiers de la vitesse de la lumière, dans des régions compactes qui s'étendent sur moins d'une année-lumière. On déduit le diamètre de la région de ces courants à partir des variations de l'émission lumineuse : si la luminosité d'un objet varie sur une échelle de temps d'une année par exemple, alors la taille physique de la région émettrice ne peut pas dépasser une année-lumière. On pense que

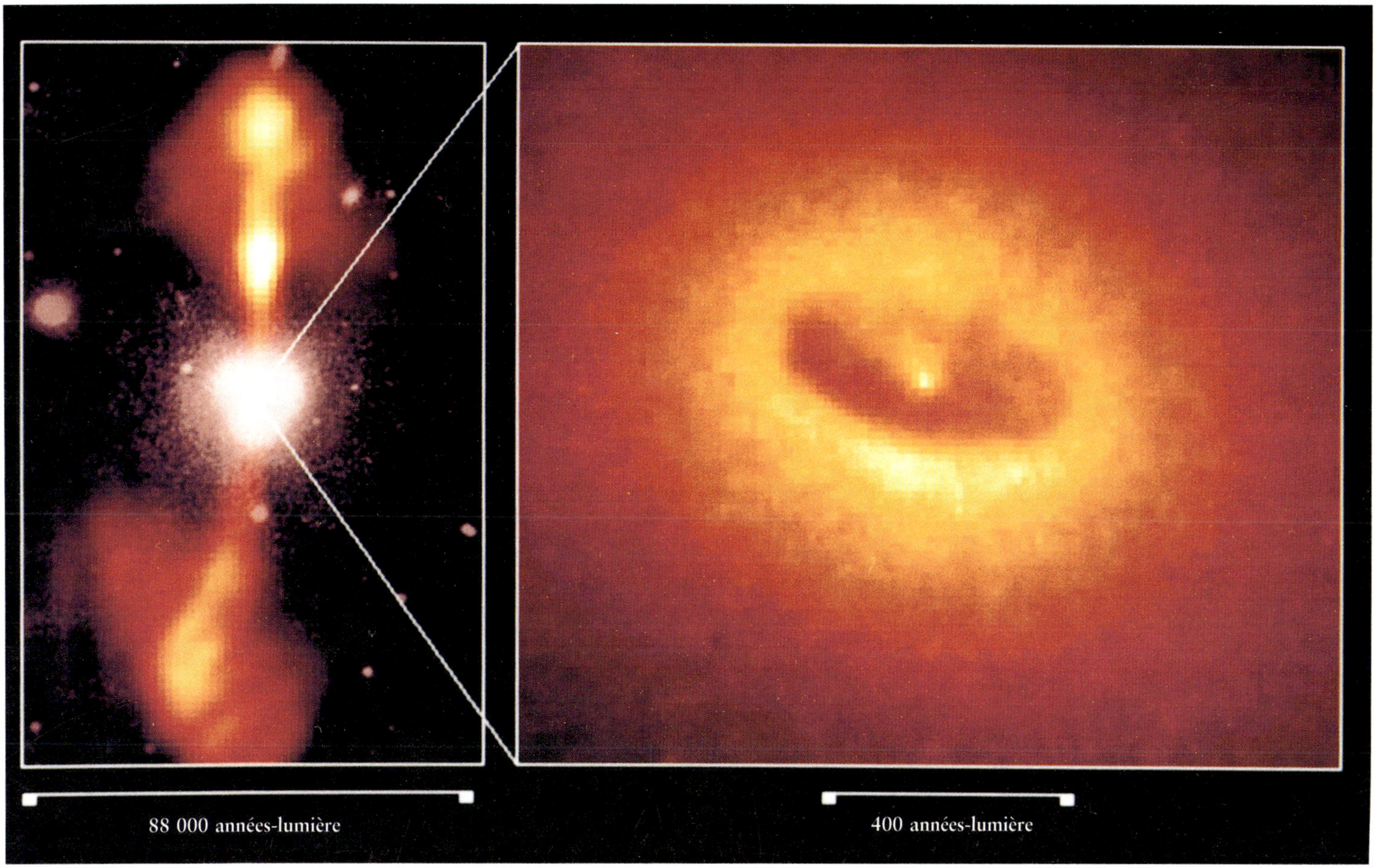

NGC 4261 est une galaxie active connue comme la source de deux jets d'émission radio intense (à gauche). Le télescope spatial Hubble a permis d'obtenir des images de haute résolution du noyau de la galaxie, qui ont révélé la présence d'un disque d'accrétion, aux bords très lumineux, en forme d'anneau, centré sur une source d'énergie que l'on pense être un trou noir massif (à droite).

du gaz provenant d'étoiles en cours d'évolution à l'intérieur de la galaxie alimenterait un trou noir massif situé au centre. Avant d'atteindre le rayon de Schwarzschild, la matière qui tombe vers le centre sur une orbite radiale est accélérée jusqu'à des vitesses proches de celle de la lumière. Du fait de la rotation de la galaxie, le gaz possède un moment angulaire. On s'attend donc à ce que la majeure partie du gaz tombe en spirale en formant un disque d'accrétion de taille, cette fois, très supérieure à ce que l'on prédit pour les trous noirs stellaires. Le gaz se réchauffe avant de traverser l'horizon du trou noir et de disparaître. Les collisions entre les atomes rapides du gaz peuvent libérer de grandes quantités d'énergie, à condition que les réserves de matière en accrétion le permettent. Il arrive également, dans le noyau dense des galaxies, que des étoiles entrent en collision ; les débris éjectés lorsque les étoiles éclatent pourraient représenter une source de carburant supplémentaire pour le trou noir.

De tout l'univers, les objets les plus lumineux et qui émettent avec la meilleure stabilité sont les « quasars », dont le nom est un acronyme de l'anglais *quasistellar radio sources* (sources radio quasi stellaires). On pense que ces objets, semblables à des étoiles, sont des galaxies dont le noyau est tellement lumineux que l'on distingue à peine la galaxie qui l'entoure, sauf dans certains cas très rares et relativement proches de nous. Les quasars sont des émetteurs de rayonnement, généralement très intense, dans les domaines des ondes radio, infrarouge, X et gamma ; le maximum d'énergie étant émis dans le domaine des rayons X plus qu'à toute autre fréquence. Chaque année, des dizaines de masses solaires sont nécessaires pour alimenter en carburant les trous noirs supermassifs que l'on pense être à l'origine des quasars. Il est possible que des réserves de gaz aussi importantes aient été disponibles durant la phase de formation des galaxies, avant que beaucoup d'étoiles ne se forment. En effet, les quasars les plus proches sont rares, et leur nombre augmente en flèche proportionnellement à leur éloignement. La plupart des quasars se trouvent à un décalage vers le rouge compris entre deux et trois, c'est-à-dire, lorsqu'on remonte l'histoire de l'univers, à plus des deux tiers du temps qui nous sépare du big-bang. Cette époque, et peut-être n'est-ce pas une coïncidence, serait également celle de la formation de la plupart des galaxies que l'on observe dans l'univers.

Les meilleurs endroits pour mettre en évidence l'existence de trous noirs supermassifs sont donc les noyaux des galaxies voisines. Les candidats les mieux étudiés résident au centre de notre propre galaxie, de la galaxie voisine connue sous le nom de NGC 4158, de la galaxie d'Andromède (Messier 31) et de la galaxie elliptique voisine, Messier 87, exceptionnellement lumineuse. Pour analyser le champ gravitationnel autour du centre d'une galaxie, les astronomes disposent de deux méthodes : soit ils cherchent, dans le profil lumineux de la galaxie, un pic central qui indiquerait une concentration de masse inhabituelle au centre, soit ils étudient la dispersion des vitesses des nuages de gaz et des étoiles dans un rayon de quelques parsecs autour du centre.

Le télescope spatial Hubble a photographié un disque tournant de gaz chaud dans le noyau de la galaxie elliptique géante M87. Le spectre des décalages vers le rouge et vers le bleu de la lumière du disque montre que celui-ci tourne à une vitesse de 550 kilomètres par seconde. L'explication la plus vraisemblable de cette vitesse élevée viendrait de la présence au centre de la galaxie d'un trou noir supermassif, de masse équivalente à un milliard de soleils.

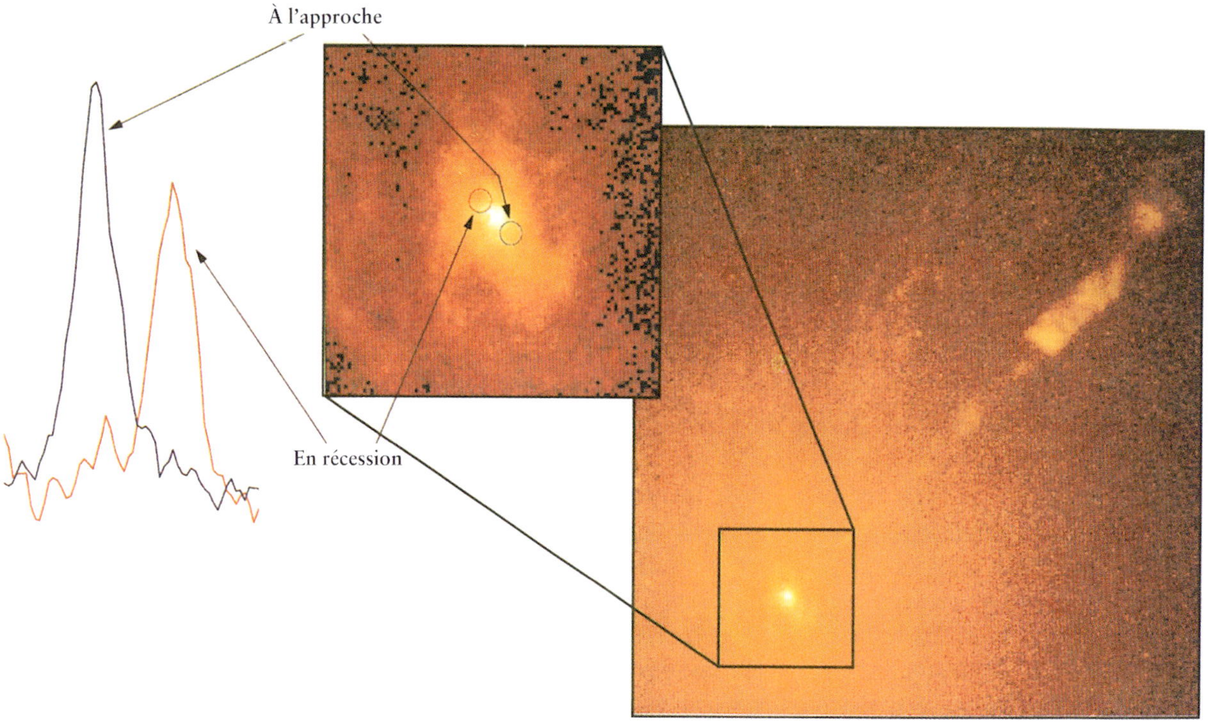

S'il y a un trou noir suffisamment massif, la gravitation qu'il engendre aura pour effet d'augmenter les vitesses des étoiles voisines. Des poussières interstellaires font écran, dans la ligne d'observation, au centre de notre galaxie, et, pourtant, on dispose d'indices solides en faveur de la présence d'un trou noir central.

Une expérience remarquable est parvenue à confirmer la présence d'un trou noir supermassif au centre de la Voie lactée. Pendant cinq ans, on a méticuleusement accumulé les données des positions et des mouvements des étoiles de l'année-lumière centrale de notre galaxie. Chaque année, la position angulaire des étoiles était très légèrement modifiée : cela fournissait la composante du mouvement transverse à la ligne d'observation. Le décalage vers le rouge ou vers le bleu donnait la composante du mouvement dans la direction d'observation. Cela permit de reconstruire le mouvement des étoiles en trois dimensions. On a trouvé qu'elles suivaient un mouvement aléatoire qui s'accélérait systématiquement vers le centre de la galaxie où leurs vitesses devenaient tellement élevées (des milliers de kilomètres par seconde) et dans une région tellement compacte (moins d'un millier de parsecs) que seul un trou noir supermassif pourrait fournir la source de gravitation correspondante. La masse de ce trou noir serait de 2,6 millions de masses solaires.

On a également des indices de la présence de trous noirs de trente millions de masses solaires au centre de notre voisine Andromède, de quarante millions de masses solaires au centre de la galaxie spirale NGC 4258 et de trois milliards de masses solaires au centre de M 87. Dans NGC 4258, comme dans le cas de notre galaxie, les indices sont sans ambiguïté : seul un trou noir supermassif pourrait engendrer, dans un espace aussi compact, une source de gravité aussi importante que celle qui découle de nos observations. Toutefois, on manque encore de haute résolution pour observer les candidats plus éloignés afin de fournir des preuves convaincantes de l'omniprésence de trous noirs supermassifs.

Sur le front théorique, l'existence de trous noirs qui alimentent les noyaux actifs des galaxies est de première importance : aucun autre mécanisme n'explique aussi bien l'ensemble des phénomènes observés. Notre meilleure ouverture sur l'activité du noyau provient des jets d'émission radio émanant du noyau central qu'observent les radioastronomes. On explique l'origine de ces jets simplement lorsqu'on admet la présence d'un trou noir supermassif au centre : le disque d'accrétion fournit un mécanisme naturel pour canaliser l'énergie sortante, issue de la source centrale, en faisceaux étroits perpendiculaires au disque.

Pour mieux étudier ces jets, les astronomes font appel à une batterie de radiotélescopes qui, collectivement, ont un pouvoir de résolution bien supérieur à ce dont on disposerait avec un seul télescope. Avec plusieurs radiotélescopes différents en observation simultanée, distants de plusieurs centaines de kilomètres ou même disposés sur différents continents, on peut effectivement reproduire en partie le fonctionnement d'un télescope géant dont le diamètre serait donné par la séparation maximale entre les antennes. De cette manière, on peut parvenir à une résolution dans le domaine radio plus d'un millier de fois supérieure à la résolution possible, dans les longueurs d'onde du visible, même avec le télescope spatial Hubble. Ces batteries de télescopes de grande ampleur permettent même de déceler que de petits paquets émettant dans le domaine radio sont éjectés de la source centrale à des vitesses proches de celle de la lumière. Il

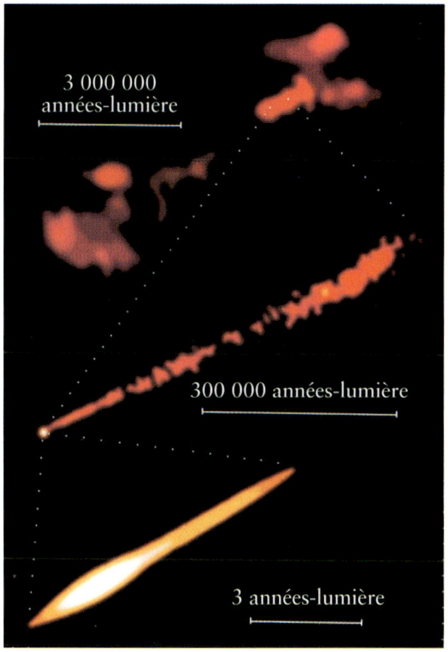

Une galaxie radio observée avec une résolution de plus en plus fine. Sur une échelle de trois millions d'années-lumière, on voit des lobes géants d'émission radio. Ces lobes radio sont alimentés par un jet d'ondes radio que l'on voit en dessous, à une échelle valant un dixième de la première. Un zoom sur le noyau central révèle, à l'échelle de trois années-lumière, un jet central qui alimente le jet plus gros et les lobes radio. On suppose qu'il émane d'un trou noir supermassif.

est difficile d'imaginer qu'autre chose qu'un trou noir supermassif soit capable de produire une telle énergie.

Les débordements d'énergie provenant des quasars sont forcément des phénomènes de courte durée qui ne s'étendent, au mieux, que sur une centaine de millions d'années, soit juste 1 % de l'âge de l'univers. Nous l'avons déjà noté : ces objets étant de courte durée de vie, localement, ils sont plutôt rares. Toutefois, au décalage vers le rouge de trois, le nombre de quasars et de noyaux galactiques actifs est tellement élevé que l'on pourrait avancer que toutes les galaxies massives auraient traversé une phase transitoire de type quasar. Ce n'est qu'une déduction statistique, mais néanmoins plausible sachant que les quasars les plus proches semblent plongés dans des galaxies hôtes massives, normales par ailleurs, et que des trous noirs supermassifs, complètement passifs, résident au cœur des galaxies les plus proches.

La confirmation indirecte de la relation entre quasar et galaxie vient d'une corrélation remarquable. Des études dynamiques portant sur le centre des galaxies avoisinantes révèlent la présence de concentrations de masse centrales qui proviendraient certainement de trous noirs supermassifs. On trouve que la masse de ces trous noirs est intimement corrélée à celle des étoiles sphéroïdes. La corrélation s'étend depuis la Voie lactée jusqu'à Messier 87, ce qui représente un facteur de mille sur la masse. La formation des trous noirs supermassifs irait de pair avec la formation des galaxies... sans que l'on sache exactement comment. Il se pourrait même que les événements violents associés aux quasars soient stimulés par la formation de la première génération d'étoiles, pour ensuite l'alimenter.

Il y a peu de chances que les trous noirs supermassifs, ou même seulement massifs, puissent constituer la matière noire du halo. S'il existait des trous noirs en orbite dans le halo, ils rencontreraient fréquemment des amas globulaires. Or, sur la durée correspondant à l'âge de la galaxie, les forces de marées très intenses que les trous noirs exerceraient à leur passage auraient complètement disloqué ces amas. On peut en déduire que la masse maximale possible pour des trous noirs composant la matière noire du halo serait de l'ordre de mille masses solaires. Comme nous allons le voir plus bas, il est toujours possible que le halo soit composé de matière baryonique, même en l'absence de trous noirs, mais seulement si la matière noire du halo procède des vestiges d'étoiles massives.

Il est assez peu probable que les trous noirs existent en nombre suffisant pour résoudre le problème de la matière noire en général. Les trous noirs de masse stellaire se seraient très certainement formés à la suite d'explosions de supernovæ qui, souvenons-nous, sont également sources de tous les éléments lourds. Si la matière noire était composée de trous noirs, il aurait fallu tellement d'explosions de supernovæ aux premiers âges de la galaxie qu'on aurait découvert des proportions en éléments lourds beaucoup plus importantes que celles qui semblent en vigueur. Après tout, on trouve dans le halo des étoiles pauvres en métaux des étoiles qui se sont formées tôt dans l'histoire de la galaxie, mais pas assez tôt pour n'avoir pas accumulé, lors de leur formation, les débris issus d'étoiles plus anciennes encore, de courte durée de vie.

Une autre hypothèse plus probable serait qu'une partie de la matière noire du halo, et très certainement la majorité, proviendrait de trous noirs massifs de quelques centaines ou quelques milliers de masses solaires chacun. On appelle « hypernova » l'implosion qui marque la formation de ce type d'objets. Les hypernovæ sont créées par la mort d'étoiles très massives, mais les trous noirs seraient si massifs et leur champ de gravitation si intense qu'ils engloutiraient les couches externes de ces étoiles massives en implosion avant qu'aucune explosion puisse avoir lieu. Toutefois, de grandes quantités d'énergie gravitationnelle seraient libérées sous forme de rayonnement électromagnétique. C'est la découverte de sources de rayons X inhabituelles qui suggère l'existence de ces trous noirs massifs, ces sources de rayons X étant beaucoup plus lumineuses que ce qu'on attendrait habituellement de l'accrétion par un trou noir formé comme la suite logique de l'évolution stellaire classique.

Un autre type d'objets fort mystérieux est celui des sources de sursauts de rayons gamma. On les détecte dans le visible, et leurs spectres y servent à établir les spectres d'absorption par des galaxies intermédiaires. On observe des sursauts gamma à des décalages vers le rouge élevés : ils sont extrêmement lumineux sur un très court laps de temps. Pendant quelques secondes, un sursaut de rayons gamma engendre une luminosité, dans le domaine des rayons gamma, qui équivaudrait à l'émission de lumière totale d'une supernova. Pendant leur court moment de gloire, ils sont un million de fois plus lumineux qu'une explosion de supernova. En effet, les sources de sursauts gamma sont les objets les plus lumineux de l'univers. Ils sont très probablement associés à des hypernovæ.

Une conséquence intéressante en serait que les trous noirs massifs de l'univers primordial se seraient formés dans un feu d'artifice cosmique très lumineux. De tels objets, isolés à des distances énormes, ne seraient pas détectables, mais l'effet cumulatif des rayonnements émis pourrait engendrer, à décalage vers le rouge élevé, un fond diffus de lumière extragalactique observable dans le domaine des rayons gamma et de l'infrarouge. Cette hypothèse n'a pas encore été mise à l'épreuve faute d'avoir entrepris les recherches adéquates pour observer un tel fond diffus.

La question de la contribution des trous noirs à la matière noire n'est pas encore éclaircie. Mais, nous l'avons vu, les trous noirs sont loin d'être les seuls candidats à la matière sombre baryonique.

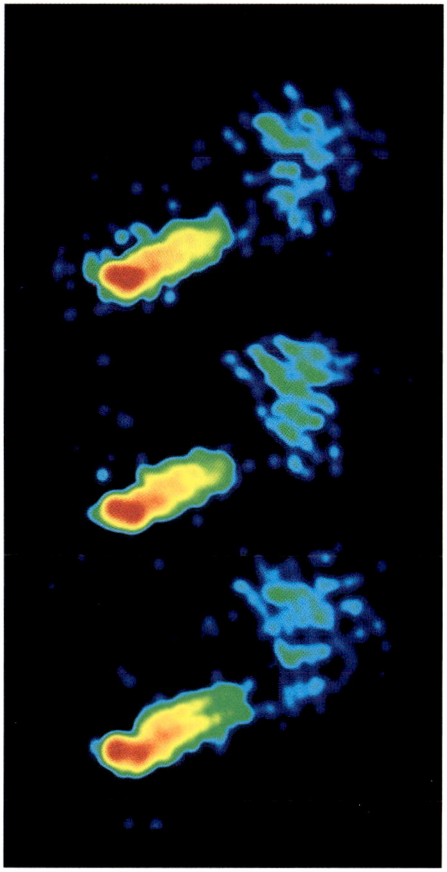

Ces clichés radio du quasar 3C 345 furent pris à la longueur d'onde de 6 centimètres, à trois époques différentes : en avril 1989, mars 1990 et septembre 1991. Ils montrent l'émergence d'un jet provenant du noyau du quasar, situé à gauche. Les deux lobes rouges du jet sont d'abord proches l'un de l'autre, puis ils se séparent à une vitesse apparente plusieurs fois supérieure à celle de la lumière. En réalité, la direction du jet est légèrement inclinée par rapport à la ligne de mire ; ainsi, des vitesses proches de celle de la lumière peuvent donner l'illusion d'un déplacement à une vitesse supérieure.

Les halos sont-ils baryoniques ?

Le foyer le plus probable de la matière sombre baryonique, sachant qu'il en existe sûrement en excès, se trouve dans le halo sombre des galaxies. Qu'il s'agisse de reliques d'étoiles ou d'objets de type planétaire, on s'attend à trouver la matière sombre baryonique à proximité de la matière baryonique visible. Le halo semble donc l'endroit idéal, contrairement aux profondeurs de l'espace intergalactique. Bien qu'il y ait peu de chances que la densité critique soit atteinte grâce à la matière sombre baryonique, et ce pour les raisons énoncées au chapitre 7, il reste plausible que le halo sombre des galaxies soit de nature baryonique, tout comme la matière noire dans les amas des galaxies.

Quelques indices marquants pourraient laisser penser que les halos des galaxies sont essentiellement baryoniques. La vitesse de rotation galactique mesurée au sein du halo est la clé de la recherche de sa matière noire. Comme nous l'avons vu, cette vitesse de

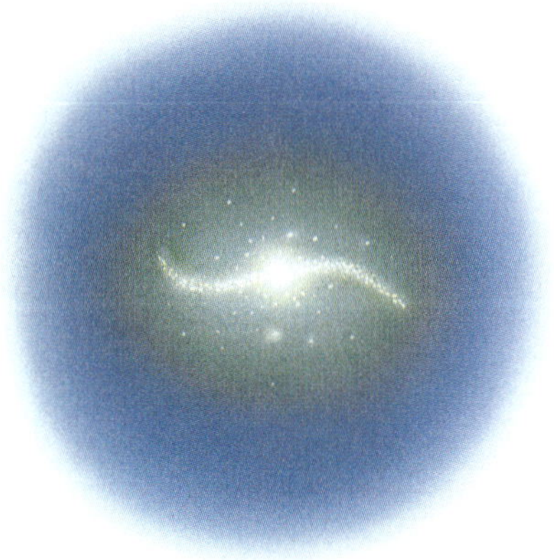

Un disque galactique déformé est forcément plongé dans un halo sombre aplati (comme ici) ou étiré.

rotation reste constante en dehors de la région où la matière est visible, et cela prouve de manière directe la présence majoritaire de matière noire dans les galaxies. Plus la vitesse de rotation des étoiles et des nuages de gaz en orbite autour de la galaxie est élevée, plus les mesures de la vitesse de rotation s'étendent loin, et plus la masse de la matière noire requise pour maintenir les étoiles sur leur orbite est élevée. Ce qui est curieux, c'est le fait que la forme de la courbe de rotation, donnant la distribution des vitesses de rotation en dehors du centre de la galaxie, ainsi que la vitesse de rotation maximale mesurée pour un grand nombre de galaxies spirales semblent dépendre de la quantité de matière et de sa distribution dans le disque, qui, bien sûr, est essentiellement composé d'étoiles. Ce serait vraiment un coup de théâtre cosmique si les halos contenaient des particules exotiques plutôt que de la matière baryonique.

Des études des régions internes des galaxies montrent que toutes les formes de matière sombre non baryonique devraient y être minoritaires. L'existence d'une barre centrale, habituelle dans les galaxies spirales et que l'on trouve également dans la Voie lactée, requiert que la matière sombre non baryonique ne puisse rendre compte d'une grande partie de la matière totale contenue dans les régions internes des galaxies. Les étoiles représentent l'essentiel de la masse.

La forme de certains halos sombres donne d'autres indications sur leur contenu en matière sombre baryonique. Bien qu'on ne puisse pas toujours observer leur forme directement, on peut parfois la deviner en observant la distribution des étoiles. Un bon exemple vient de l'étude de plusieurs galaxies présentant des anneaux polaires, c'est-à-dire orthogonaux au plan du disque. Ces systèmes sont le produit de l'union entre deux galaxies où subsiste un anneau d'étoiles autour du petit axe de la plus grande des deux galaxies. Cet anneau d'étoiles permet d'étudier l'orbite des étoiles le long du petit axe comme du grand axe et donc de sonder la distribution de matière noire. Les halos des galaxies apparaissent souvent aplatis, un peu comme des sphéroïdes compressés.

Un autre signe habituel de l'aplatissement du halo sombre est la présence d'un disque galactique déformé. La déformation s'installe à mesure que la galaxie oscille, comme un drapeau au vent. Pour éviter que les oscillations ne prennent fin rapidement, le disque doit être plongé dans un halo aplati ou étiré. Les galaxies elliptiques, elles aussi, sont aplaties, bien qu'on ne soit pas certain de savoir si elles sont étendues en largeur ou plutôt en longueur, c'est-à-dire allongées. En projection dans le ciel, un système allongé apparaît comme aplati.

On comprend facilement l'origine de cette déformation, surtout s'il s'agit d'une extension en largeur, dans le cas où les halos sont baryoniques : un sphéroïde aplati représente l'issue naturelle pour un nuage de gaz tournant qui s'effondre sur lui-même. Le halo pourrait être étiré en longueur si des amas de matière baryonique s'étaient constitués bien avant le disque et s'étaient regroupés pour former le halo sombre. Mais c'est exactement la manière dont la matière non baryonique s'amasse dans le halo. Pour pouvoir conclure, des résultats plus précis sur l'étendue et la forme du halo s'imposent.

Les galaxies barrées représentent d'autres indicateurs, qui suscitent étonnement et controverse. Une barre est une distribution d'étoiles allongée qui prédomine dans le centre d'une bonne moitié des galaxies spirales. Les autres contiennent des distributions sphéroïdes outre les disques stellaires. Pour qu'une barre puisse exister, la matière alentour doit être essentiellement baryonique. En effet, l'existence des barres traduit la

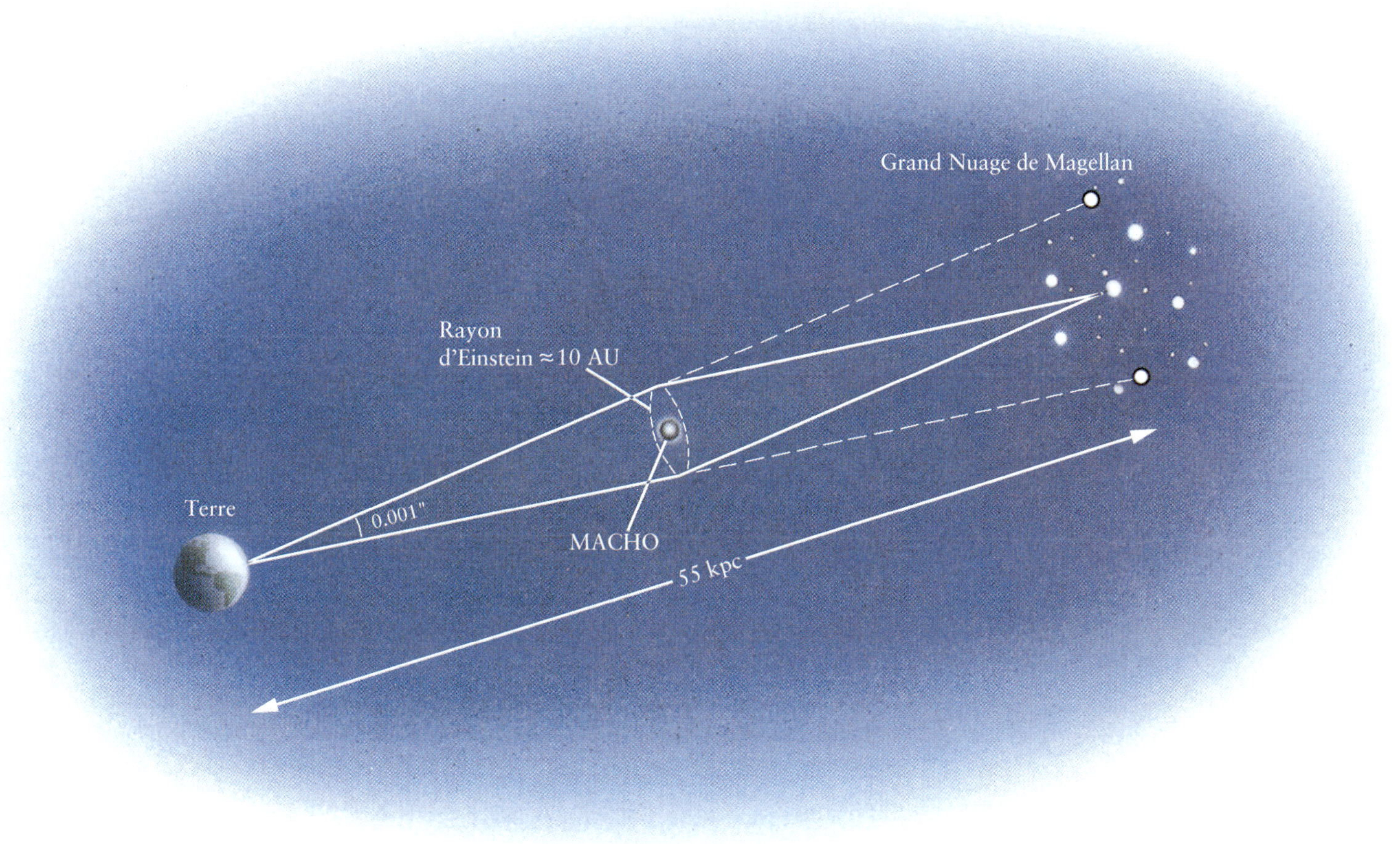

L'effet de lentille gravitationnelle exercé par la lumière d'une étoile du Grand Nuage de Magellan par un MACHO. La lumière est légèrement courbée autour du rayon d'Einstein, produisant une image double d'un seul objet lumineux. La séparation des images est trop faible pour qu'on puisse l'observer, mais on peut détecter l'amplification correspondante de la lumière provenant de l'étoile en arrière-plan.

présence de baryons. Il ne reste que peu de place à l'intérieur des galaxies pour la composante sphéroïdale de la matière non baryonique. Il peut toujours exister un halo sombre, mais avec une densité intérieure très atténuée, de sorte qu'il ne contribue que peu à la quantité de masse au sein de la galaxie.

MACHO : matière noire astrophysique ?

On trouve, parmi les différents objets astrophysiques qui peuplent le halo, des vestiges d'étoiles, des étoiles sombres comme les naines blanches, les étoiles à neutrons ou même des trous noirs, ainsi que des objets qui n'ont jamais vraiment réussi à devenir des étoiles du fait de leur faible masse. Parce qu'ils sont invisibles ou presque, ces objets font d'excellents candidats à la matière noire. En outre, les MACHOs le sont plus naturellement que les WIMPs, puisqu'on sait déjà qu'ils existent.

Diverses expériences ont donné la preuve de l'existence des MACHOs. La technique employée s'appuie sur l'effet de microlentille gravitationnelle. Si un MACHO du halo de notre galaxie passe très près de la direction d'observation entre la Terre et une étoile distante, son champ gravitationnel, qui autrement reste invisible, agit comme une lentille qui courbe la lumière venue de l'étoile. Il se forme alors plusieurs images de la même étoile, séparées d'un millième de seconde d'arc, ce qui est beaucoup trop ténu pour être observé au sol. Cependant, l'étoile distante semble temporairement plus brillante lorsque le MACHO traverse la ligne de mire au cours de son orbite autour du halo de la Voie lactée. L'idée est de mesurer cette variation de la luminosité pour des étoiles lointaines. Deux difficultés majeures se présentent. Premièrement, les effets de microlentille gravitationnelle sont très rares. À un instant donné, seulement une étoile sur deux millions subit cet effet. Deuxièmement, il existe beaucoup d'étoiles intrinsèquement variables qui présentent des variations de luminosité. Fort heureusement, l'événement de microlentille gravitationnelle possède quelques signatures uniques qui permettent de le distinguer d'une étoile variable. Il doit être symétrique dans le temps, achromatique et n'avoir lieu qu'une seule fois pour une étoile donnée.

Pour surmonter la difficulté due à la faible probabilité d'occurrence des événements de microlentille gravitationnelle, on a conçu des expériences pour analyser plusieurs millions d'étoiles dans le Grand Nuage de Magellan. Au cours d'une année, chaque étoile était observée plusieurs centaines de fois. L'analyse des données, qui représentaient six ans de relevés en filtres bleus et rouges, révéla une vingtaine d'événements affichant les signatures caractéristiques de l'effet de microlentille gravitationnelle. Leur durée variait entre trente et cinquante jours.

La durée d'un événement de microlentille gravitationnelle donne une mesure directe de la masse du MACHO, avec une relative incertitude tout de même, car on ne connaît pas sa vitesse transverse lorsqu'il traverse la ligne de mire. La durée de l'événement vaut simplement le temps nécessaire au MACHO pour parcourir la taille effective de la lentille gravitationnelle, que l'on appelle « rayon d'Einstein ». Le rayon d'Einstein est approximativement égal à la moyenne géométrique du rayon de Schwarzschild du MACHO et de sa distance. Pour un MACHO à mi-chemin du Grand Nuage de Magellan, cette distance vaut cinquante-cinq kiloparsecs. Le rayon d'Einstein est à peu près égal à une unité astronomique, c'est-à-dire la distance Terre-Soleil. Pour subir un effet de lentille, les MACHOs doivent être plus petits que la lentille et donc de taille inférieure à une unité astronomique, soit à peu près de l'ordre du rayon d'une étoile géante rouge. Les événements détectés correspondent à presque 20 % de la masse du halo sombre dans un rayon de cinquante kiloparsecs environ autour du Soleil, et la durée des événements suggère une masse typique de l'ordre de 0,4 masse solaire.

L'étude des effets de microlentille gravitationnelle continue, et l'interprétation des MACHOs, si elle est correcte, prédisent un schéma de résultats bien défini. On voit, dans la direction du centre de la galaxie, des centaines d'événements de microlentille gravitationnelle entre deux étoiles. Cela fournit une mesure précise du nombre d'étoiles de faible masse qui seraient invisibles autrement. On peut déjà conclure de la courbe de rotation qui mesure la totalité de la masse, des données infrarouges provenant d'étoiles assombries et des résultats des effets de microlentille gravitationnelle qu'il ne reste que peu de place pour la matière sombre non baryonique à l'intérieur de notre galaxie. Les particules exotiques ne pourront représenter que 10 %, au maximum, de la matière totale au sein du cœur lumineux de notre galaxie.

Il devrait y avoir beaucoup plus d'événements de courte durée et beaucoup plus d'événements de plus faible amplification. De la limite des événements de courte durée on peut déjà conclure que des planètes flottant librement ne peuvent pas rendre compte de la masse du halo sombre, ou en tout cas pas au-delà de 20 %. À partir des quelques événements particulièrement longs que l'on a détectés, on peut également placer une limite au nombre de trous noirs dont la masse s'élève jusqu'à une dizaine de masses solaires.

Les étoiles ayant subi un effet de microlentille gravitationnelle sont choisies de manière aléatoire de sorte que les effets ne portent pas uniquement sur un groupe privilégié qui pourrait s'avérer être des étoiles variables, autrement dit des leurres pour les observateurs qui croiraient voir des événements de MACHOs. On sait que certains événements sont des événements étoile-étoile, produits par des étoiles intermédiaires au sein des Nuages de Magellan : en effet, on peut déduire la distance de la lentille lorsque l'effet se produit sur un système binaire. On ne peut en aucun cas exclure que tous les événements de MACHOs du Grand Nuage de Magellan soient dus à des effets étoile-étoile.

Tout cela deviendra plus clair à mesure que l'on réunira plus de données. À ce stade, on peut dire que ces résultats représentent les meilleurs indices de détection de la matière noire. À moins qu'il n'existe des types d'étoiles variables un peu pervers ou que le Grand Nuage de Magellan soit plus étendu dans notre direction que ne le suggèrent les données observationnelles, les MACHOs sont susceptibles de représenter une fraction importante, mais loin d'être dominante (10 % peut-être), de la masse du halo sombre.

On a détecté de vieilles naines blanches en nombre étonnamment élevé dans la population du halo. Elles pourraient représenter jusqu'à quelques pour-cent de la masse du halo, et ce pourrait bien être elles les MACHOs. S'il venait à être confirmé, ce résultat s'avérerait quelque peu surprenant. En effet, les étoiles de la première population de la galaxie encore très jeune auraient dû être d'exceptionnels « poids lourds » par comparaison avec la distribution de masse avoisinante. Il aurait fallu un excès relatif d'étoiles de quelques masses solaires pour engendrer les vieilles naines blanches, sans quoi on s'attendrait aujourd'hui à ne détecter que très peu de ces ancêtres survivants.

Chapitre neuf

Matière intergalactique

Une masse de gaz chaud dans un petit groupe de galaxies. À un cliché pris dans la partie visible du spectre du groupe de galaxies NGC 2300, on a superposé une photographie en rayons X d'une énorme nébuleuse de gaz intergalactique étendue sur un million d'années-lumière.

Le prochain épisode de notre saga cosmique sur l'évolution de l'univers est celui de la formation des galaxies. Nous y verrons comment se créent les nuages de gaz intergalactique diffus qui sont la matière première à partir de laquelle les régions visibles des galaxies se sont formées. Ce gaz joue un double rôle : non seulement il est l'ancêtre des galaxies, mais il pourrait également fournir une contribution importante à la matière sombre baryonique.

Recombinaison et découplage

Durant les premières centaines de milliers d'années, la matière de l'univers contenait essentiellement de l'hydrogène ionisé, des protons et des électrons, avec 10 % de noyaux d'hélium. À température élevée, des photons de haute énergie séparent les électrons des protons, empêchant ainsi que les deux particules ne se lient pour former des atomes d'hydrogène. Le gaz d'hydrogène se trouve donc naturellement sous forme de plasma ionisé. Il y a tellement de photons ionisants qu'aucun atome ne peut se former sans se voir immédiatement ionisé à nouveau. Toutefois, à mesure de l'expansion et du refroidissement de l'univers, l'énergie moyenne des photons chute tant et si bien que des atomes d'hydrogène peuvent enfin survivre. C'est l'époque dite de « recombinaison » (« combinaison » serait plus approprié) du gaz d'hydrogène. À partir de ce moment, l'univers sera presque exclusivement atomique.

La transition entre la phase de plasma et la phase atomique eut lieu lorsque la taille de l'univers valait un millième de sa taille actuelle. Le rayonnement de fond cosmologique s'élevait alors à mille fois la température de 2,73 kelvins que l'on mesure aujourd'hui. Avant la recombinaison, parce que les électrons libres diffusaient le rayonnement, la température du rayonnement était précisément égale à celle du gaz. Ce rayonnement restait couplé à la matière. Mais, lorsque la matière devint atomique, tous les électrons se lièrent aux atomes. La lumière put alors se propager librement en ligne droite sans subir de diffusion, comme elle le fait encore aujourd'hui. On dit que matière et rayonnement se sont découplés, après quoi leurs températures ne furent plus jamais les mêmes.

La température du rayonnement atteint aujourd'hui 2,73 kelvins, mais l'histoire de la matière a dû être bien différente. On peut concevoir le rayonnement comme un gaz relativiste de photons, c'est-à-dire de particules sans masse qui se déplacent à la vitesse de la lumière, et qui est lui-même en expansion, avec une dispersion des vitesses égale à 60 % de la vitesse de la lumière, soit 170 000 kilomètres par seconde. Un gaz comme celui-là se refroidit plus lentement qu'un gaz non relativiste d'atomes d'hydrogène. Dans un gaz non relativiste, les atomes cheminent en moyenne à la vitesse du son qui, après la recombinaison, n'atteignait que quelques kilomètres par seconde. Parce que la température du rayonnement a chuté d'un facteur mille entre l'époque de la recombinaison et l'époque actuelle, la température de la matière a dû diminuer beaucoup plus, d'un facteur un million. Il en résulterait que la température actuelle du gaz intergalactique s'élèverait au-dessus du zéro absolu d'un millionième de degré seulement.

Notre galaxie est-elle entourée d'un gaz intergalactique aussi froid ? S'il existait en quantité suffisante, un tel milieu intergalactique pourrait représenter une masse assez importante pour rendre compte de la matière sombre baryonique, dont l'existence découle de la nucléosynthèse primordiale de l'hélium, du deutérium et du lithium. Il pourrait même contribuer à fermer l'univers. Toutefois, si l'on en croit certains arguments solides convaincants, toute masse de gaz intergalactique ayant survécu aurait été réchauffée. Bien que le gaz intergalactique soit « sombre » dans le sens où il n'émet que très peu de lumière visible, ce sont ses émissions dans d'autres longueurs d'onde qui trahissent sa présence, ainsi que son absorption de la lumière provenant de quasars lointains.

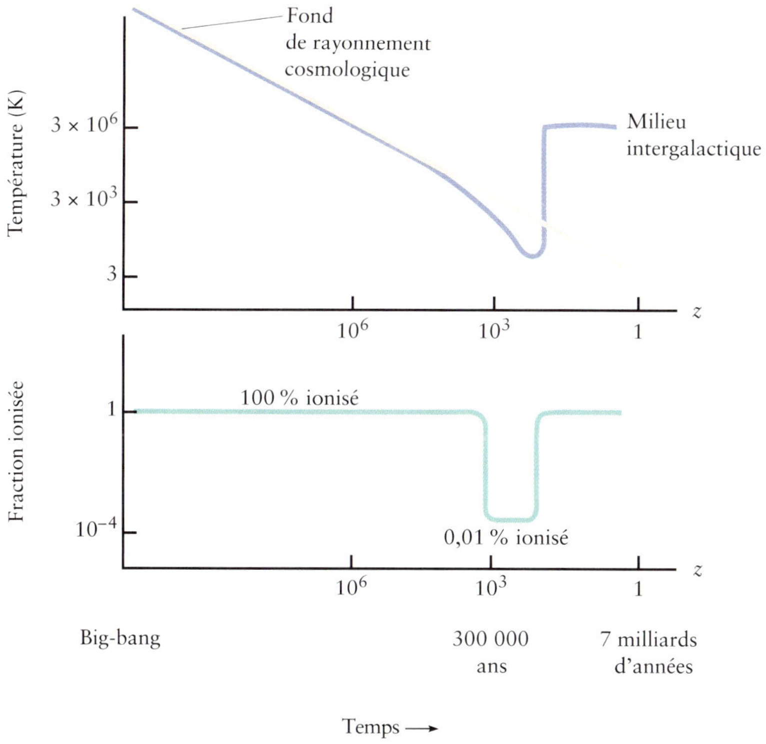

Le milieu intergalactique, en refroidissement constant, aurait pu devenir suffisamment froid pour quitter l'état de plasma, ionisé, après l'époque des dernières diffusions. S'il existe encore, il a dû être réchauffé et réionisé.

Étude du milieu intergalactique

L'essentiel de l'hydrogène créé dans l'univers primitif a servi à la formation des galaxies, où le gaz s'est condensé pour former des étoiles. Il est impossible d'estimer combien il restait de matière intergalactique après la formation des galaxies. Aussi, on a recours à l'observation, le long d'une ligne de visée donnée. Un milieu intergalactique étendu dans tout l'espace, constitué d'atomes d'hydrogène froids, serait facilement détectable grâce à sa signature spectroscopique. En effet, les atomes d'hydrogène absorbent et émettent du rayonnement à une longueur d'onde de 21 centimères, dans le domaine des ondes radio. Toutefois, les recherches spectroscopiques n'ont pas trouvé d'hydrogène atomique dans l'espace intergalactique. On n'a pas vu de milieu diffus avec une densité proche de la densité critique, valant 5×10^{-6} atomes par centimètre cube environ. Toutefois, la limite principale provient d'observations sur une autre partie du spectre, de la lumière des quasars lointains.

La lumière des quasars traverse des milliards de parsecs d'espace intergalactique avant de nous parvenir. Si leur lumière venait à rencontrer des nuages d'hydrogène atomique en chemin, l'hydrogène absorberait la lumière à 1 216 angströms, qui correspond à la raie alpha de Lyman, dans l'ultraviolet lointain. Pour un quasar situé à grande distance (à décalage vers le rouge élevé), le domaine de l'ultraviolet lointain est décalé vers de plus grandes longueurs, dans le visible, parfaitement accessibles à nos télescopes au sol. Or on n'a pas observé d'absorption de la raie alpha de Lyman par un milieu intergalactique distribué uniformément. On en déduit que la densité d'atomes neutres reste inférieure à 10^{-11} par centimètre cube, soit un millionième de la densité critique. L'hydrogène atomique serait donc présent sous forme de milieu intergalactique uniforme en quantité négligeable. Toutefois, on a détecté des nuages de gaz atomique inhomogènes. Les plus diffus d'entre eux ont une densité relativement faible et sont essentiellement composés d'hydrogène ionisé. Peut-être toute la matière baryonique se trouvait-elle sous cette forme lorsque l'univers n'était qu'au quart de sa taille actuelle. Cependant, la masse que l'on observe aujourd'hui dans le gaz intergalactique diffus ne suffit pas à rendre compte de plus d'un tiers de la matière sombre baryonique.

S'il existe un milieu intergalactique gazeux, il doit être ionisé, et, pour qu'il le soit, il faut que le gaz ait été réchauffé. Pour ce faire, les réserves d'énergie disponible ne manquent pas : rayonnement d'ionisation des étoiles chaudes dans les galaxies nouvellement formées, particules de rayons cosmiques issus d'explosions en supernovæ et de galaxies radio. Cependant, il n'existe aucune preuve directe et non ambiguë de la présence d'un milieu intergalactique uniforme et ubiquiste sous forme ionisée. Si ce gaz était très chaud, à une température de plus de un million de kelvins, il émettrait des

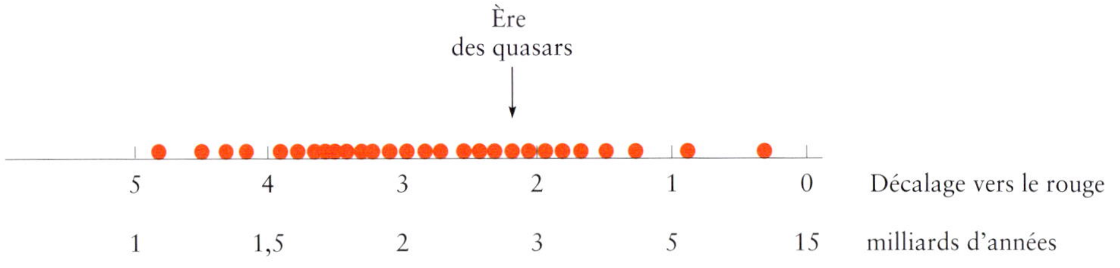

On trouve davantage de quasars à grand décalage vers le rouge.

rayons X en quantité suffisante pour qu'on les détecte, à moins que la température n'ait été précisément ajustée pour que l'essentiel de l'émission se fasse dans l'ultraviolet lointain. L'émission de rayons X est sensible à l'inhomogénéité du gaz. Toutefois, même si ce gaz était homogène, si sa température devait dépasser les dix millions de kelvins, le spectre du rayonnement fossile subirait des distorsions importantes. Mais, si la température du gaz intergalactique s'échelonne entre cent mille et un million de kelvins, l'essentiel de son rayonnement sera émis dans un domaine de longueurs d'onde que l'on n'est pas en mesure d'observer à ce jour. Le problème est que ce régime de température est celui où le gaz se refroidit le mieux : on n'imagine aucune source d'énergie capable de maintenir la température du gaz entre ces valeurs. Néanmoins, on pourrait avoir une fraction substantielle de baryons sombres, c'est-à-dire une petite fraction de la densité critique, dans cet état.

Nuages intergalactiques

On n'a pas découvert de milieu intergalactique uniforme, mais on a détecté du gaz dans l'espace intergalactique. Un milieu intergalactique diffus remplirait tout l'espace entre le quasar observé et notre galaxie. Près du quasar, ses raies d'absorption seraient fortement décalées vers le rouge, et la lumière absorbée par le milieu intergalactique, à mesure qu'on se rapproche de notre galaxie, le serait de moins en moins. Le résultat serait une bande d'absorption continue. Au contraire, des nuages de gaz intergalactique épars produiraient des raies spectrales étroites. On en observe effectivement à la longueur d'onde alpha de Lyman dans le spectre de quasars lointains. Ils sont produits par des nuages d'hydrogène dispersés en grand nombre le long de la ligne de visée, un peu comme les nuages de gaz interstellaire engendrent les raies d'absorption des étoiles proches. On observe également des raies d'absorption par des éléments plus lourds, mais l'avantage de la raie Lyman alpha, en absorption, est d'être produite par l'élément le plus abondant de l'univers : l'hydrogène.

Les quasars contiennent également du gaz ionisé qui émet du rayonnement à la longueur d'onde alpha de Lyman. Cette émission est particulièrement intense en présence d'étoiles chaudes massives ou d'un noyau actif de galaxie, car ces objets sont des sources productives de photons ionisants. Il est difficile de détecter l'émission de la raie Lyman alpha, en émission, pour les galaxies voisines car notre propre milieu interstellaire absorbe énormément de rayonnement à cette longueur d'onde. Le décalage vers le rouge joue en notre faveur puisque la raie Lyman alpha des galaxies distantes est décalée vers une partie du spectre plus transparente. En conséquence, on peut étudier les raies Lyman alpha produites dans l'ultraviolet à la fois grâce à l'émission et à l'absorption, mais elles sont décalées vers le rouge, dans le visible, d'un facteur trois ou quatre. Dans ce cas, on dit des nuages de gaz qu'ils sont situés à un décalage vers le rouge de deux ou trois — souvenons-nous que le décalage vers le rouge z représente le décalage relatif en longueur d'onde, $\Delta\lambda/\lambda$, de sorte que le décalage total $(\lambda+\Delta\lambda)/\lambda = 1+z$. À un décalage vers le rouge de deux, on regarde dans le passé aux deux tiers du temps qu'il faut remonter jusqu'au big-bang, à une distance de quelque dix milliards d'années-lumière.

Un milieu intergalactique uniforme absorbant la lumière venue d'un quasar produirait une bande d'absorption continue (en haut). Dans ce cas, le flux de lumière reçue du quasar pour un vaste échantillon de longueurs d'onde serait uniformément atténué par rapport à ce qu'on attendrait en l'absence de ce milieu intergalactique (ligne en pointillés). Par opposition, un milieu intergalactique formé de nuages distincts produirait d'étroites raies d'absorption en grand nombre (au centre). On montre (en bas) le spectre que l'on observe réellement pour un quasar à haut décalage vers le rouge.

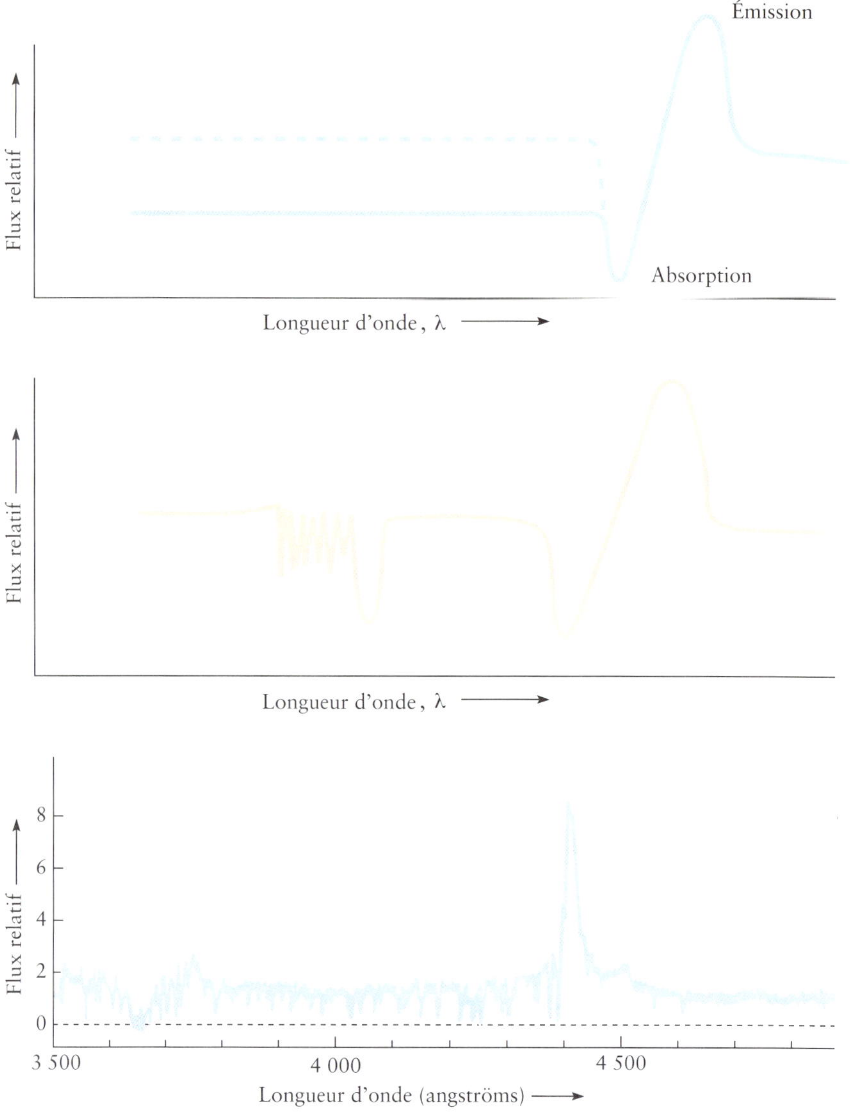

Les astronomes ont une bonne raison de rechercher avec tant d'ardeur l'émission de raies Lyman alpha hautement décalées vers le rouge : ils espèrent que ces émissions trahiront la présence d'une galaxie en formation à partir d'un nuage intergalactique. Les raies d'absorption Lyman alpha ont fourni une vision surprenante du contenu en gaz de galaxies souvent trop lointaines pour qu'on puisse en avoir une image directe. Certaines pourraient se trouver à un stade très précoce de leur évolution. Pourquoi pense-t-on que l'observation de raies d'absorption Lyman alpha dans la direction d'un quasar pourrait signaler la présence de galaxies primitives, à une étape de leur développement où elles seraient beaucoup plus riches en gaz que ne le sont aujourd'hui les galaxies typiques que nous connaissons ? On estime la probabilité de rencontrer une galaxie sur le chemin qui nous sépare d'un quasar à une valeur très faible, de l'ordre de 1 % seulement. Aussi, les nuages absorbants, s'ils sont aussi abondants que les galaxies, doivent être beaucoup plus vastes que les galaxies moyennes qui nous environnent. Une autre solution serait qu'ils soient beaucoup plus nombreux. Chose curieuse, les deux éventualités semblent correctes, pour différents types de nuages. Dans l'un ou l'autre cas, on doit étudier des systèmes beaucoup plus riches en gaz que ceux que l'on rencontre habituellement à l'époque actuelle.

On dispose d'un indice encore plus solide, selon lequel les nuages absorbants seraient beaucoup moins évolués que les nuages interstellaires ordinaires : beaucoup de nuages produisant la raie d'absorption alpha de Lyman ne semblent pas contenir d'éléments lourds. Certes, d'autres nuages contiennent, outre de l'hydrogène, du carbone, de l'azote, de l'oxygène, du fer, du silicium et même du zinc. Malgré cela, il ne fait presque aucun doute que l'abondance de ces éléments lourds reste bien en deçà de celle que l'on trouve dans le Soleil, par exemple. Ces très faibles abondances d'éléments lourds sont une signature caractéristique des objets qui se sont formés au début de l'histoire galactique. En fait, on a détecté trois classes distinctes de nuages absorbants.

Les nuages Lyman alpha purs ne contiennent aucun élément lourd et présentent des raies de très faible intensité. L'intensité des raies d'absorption mesure le nombre d'atomes absorbants du nuage situé le long de la ligne de mire du quasar. Aussi, on déduit de la faiblesse des raies que ces nuages ont une abondance en hydrogène atomique relativement basse. Le nombre d'atomes est très inférieur à ce que l'on rencontre dans les nuages interstellaires qui, eux, sont principalement atomiques. Cela suggère que les nuages Lyman alpha purs pourraient être composés d'hydrogène hautement ionisé à une densité très basse.

On peut également estimer la taille du nuage considéré en comparant la forêt de raies Lyman alpha (c'est le nom que l'on donne aux raies faibles parce qu'on les trouve en grand nombre, comme si elles provenaient d'une forêt de nuages intermédiaires) le long des lignes de visée adjacentes d'un quasar subissant un effet de lentille gravitationnelle. L'image d'un quasar à travers une lentille gravitationnelle est double : il y a deux images identiques du quasar séparées de quelques secondes d'arc, qui sont produites parce que le chemin de la lumière venant du quasar est dévié par une galaxie intermédiaire au voisinage de la ligne de visée. Les deux images du quasar sont légèrement affectées par la présence des nuages absorbants. Les spectres de ces deux images sont identiques, à ceci près que tous les nuages n'apparaissent pas dans les deux. On en déduit qu'un nuage moyen doit être de diamètre inférieur à trente kiloparsecs, mettons entre dix et vingt. Pour une ligne de visée donnée, on trouve beaucoup de tels nuages, beaucoup plus qu'il n'y a de galaxies comme la Voie lactée. On pense donc que ce sont des nuages de gaz primitifs destinés à former une vaste population de galaxies naines.

D'un autre côté, les nuages absorbants riches en métaux sont probablement des nuages interstellaires de galaxies distantes. Ces galaxies sont si lointaines et si peu lumineuses qu'il est généralement difficile de les distinguer de l'éclat éblouissant du quasar. On peut tout de même détecter certaines des plus proches : des images de haute sensibilité de quelques nuages situés à un faible décalage vers le rouge, prises avec un temps d'exposition particulièrement long, révèlent la présence d'une galaxie voisine au même décalage vers le rouge. On en déduit que le gaz absorbant se trouve dans le halo de la

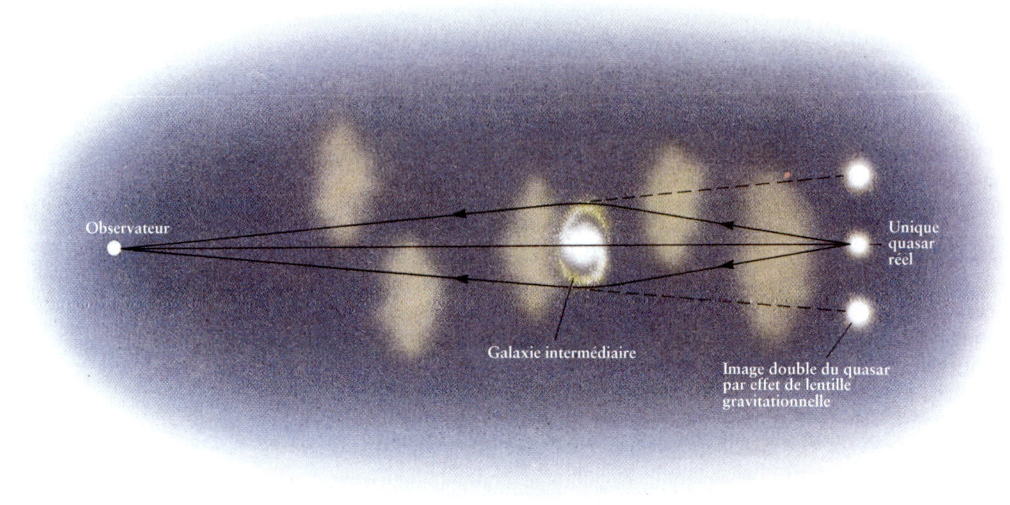

Des nuages d'hydrogène s'interposent fréquemment le long de la ligne de visée de quasars lointains. Une galaxie intermédiaire agit comme une lentille gravitationnelle, courbant la lumière venant du quasar et produisant ainsi deux images du même quasar. Les nuages d'hydrogène, quant à eux, produisent des raies d'absorption dans le spectre du quasar, qui ne sont pas les mêmes pour les deux images. Certains nuages absorbent la lumière d'une des deux images, d'autres celle de la seconde, donnant ainsi la preuve que la plupart des nuages ne sont pas suffisamment gros pour s'interposer devant les deux images à la fois.

galaxie, et l'on peut estimer que celui-ci s'étend sur une centaine de kiloparsecs autour du centre, comme un halo moyen.

Les nuages les plus massifs se distinguent par leurs raies d'absorption Lyman alpha très intenses. Le nombre d'atomes d'hydrogène dans un seul de ces nuages est comparable à celui d'un disque galactique riche en gaz, vu sous un angle arbitraire. Ce type de nuages pourrait correspondre à ce qu'était la Voie lactée lorsqu'elle était essentiellement gazeuse, avant que trop d'étoiles ne se soient formées. Le spectre de ces nuages relativement massifs révèle également la présence d'éléments lourds, mais dans des proportions valant seulement 10 % de celles du Soleil. Les études spectroscopiques de la dispersion des vitesses du gaz contenant les différents ions et atomes dont on mesure l'absorption montrent que le gaz absorbant est agité et systématiquement en rotation, un peu comme ce qu'on s'attendrait à voir pour des disques galactiques riches en gaz aux premiers stades de leur formation. On les voit essentiellement à des décalages vers le rouge entre deux et trois, à une époque où l'univers n'avait qu'un tiers de l'âge qu'il a aujourd'hui.

Gaz intra-amas

On détecte une forme beaucoup plus chaude de gaz intergalactique dans les groupements de galaxies et même dans les amas plus vastes et plus massifs. Ces agrégats de centaines de milliers de galaxies ne sont liés que par la seule force de gravitation qu'engendrent les galaxies et la matière noire. Nous avons déjà signalé la présence inéluctable de matière noire, simplement pour rendre compte de la stabilité de ces regroupements de galaxies.

L'énorme masse des amas de galaxies implique qu'une galaxie moyenne dans un amas orbite autour de celui-ci à la vitesse de 1 000 kilomètres par seconde. Des atomes d'hydrogène plongés dans un amas se déplaceraient à une vitesse analogue. Ainsi, l'énergie provenant des seuls mouvements atomiques suffirait pour que ce gaz soit ionisé et très chaud. En fait, sa température atteindrait cent millions de kelvins. À cette température, les mouvements rapides des électrons et des protons auraient pour conséquence que le gaz émettrait des rayons X en abondance.

En effet, on observe que les amas de galaxies sont d'importants émetteurs de rayons X. On ne peut détecter ces rayons X qu'avec un télescope situé au-dessus de l'atmosphère de la Terre car, heureusement pour nous, l'atmosphère absorbe les rayons X et le rayonnement dans l'ultraviolct lointain. On a donc tracé la carte des rayons X grâce à des télescopes spatiaux montés à bord de fusées ou de satellites, et l'on a trouvé qu'ils baignent la totalité du volume occupé par l'amas. De ce type d'analyse, nous déduisons qu'environ 10 % de la masse des amas de galaxies existe sous la forme de gaz intergalactique, outre les 10 % et quelques d'étoiles ordinaires. Les 80 % restants sont de la matière noire, et nous ne pouvons que spéculer quant à sa nature.

Une découverte remarquable et inattendue a mis en évidence la présence de fer ionisé dans le gaz intra-amas. À cent millions de kelvins, le fer garde encore un ou deux électrons qui se trouvent dans un état excité du fait des collisions avec les électrons libres rapides du gaz. Ils se désexcitent en émettant du rayonnement dans le domaine des rayons X, produisant une raie spectrale semblable à la raie alpha de Lyman. La quantité de fer observée est considérable : son abondance par rapport à l'hydrogène vaut un tiers de celle du Soleil. Cela signifie que l'essentiel du gaz intra-amas a dû être fabriqué par les étoiles puis éjecté par les galaxies, certainement lors d'explosions de supernovæ qui réchauffent le gaz et provoquent un fort vent galactique.

Carte en rayons X de l'amas de galaxies Abell 2104. Une nébuleuse géante de gaz chaud, à la température de cinquante millions de kelvins, pénètre l'amas avec un diamètre en excès de un mégaparsec. On observe également l'émission de rayons X provenant de plusieurs galaxies individuelles.

L'énigme des baryons sombres

Les amas de galaxies contiennent une fraction étonnamment élevée de baryons sous forme de gaz intra-amas chaud, émetteur de rayons X ; ce gaz chaud rend compte d'au moins 10 % de la masse de l'amas. On a sondé certains amas jusqu'à des profondeurs exceptionnelles et l'on a pu suivre le gaz à la trace bien au-delà du rayon visible de l'amas. En fait, la fraction de la masse de l'amas que l'on trouve sous forme de gaz chaud semble augmenter avec le rayon, jusqu'à atteindre une valeur de 15, voire 20 %. Ce résultat est à comparer avec la prédiction issue de la nucléosynthèse primordiale : la proportion de baryons, proche de la valeur critique, serait de l'ordre de 4 ou 5 %. L'interprétation la plus évidente reviendrait à dire que notre univers n'est pas à la densité critique. Toutefois, si sa densité moyenne valait, disons, 30 % de la valeur critique, on pourrait facilement concilier la proportion de gaz chaud avec les prédictions de la nucléosynthèse.

La valeur de la masse du gaz pourrait-elle être fausse ? Ou se pourrait-il que les amas de galaxies représentent des régions de l'univers exceptionnellement riches en baryons ? Si c'était le cas, alors nous pourrions continuer d'affirmer que nous vivons dans un univers à la densité critique et dominé par la matière sombre froide. Cela semble fort peu probable au vu de certains résultats : ceux provenant des études à grande échelle de l'éloignement des galaxies (qui ont conduit aux valeurs particulières de leurs vitesses) ainsi que les conséquences du simple décompte du nombre d'amas à décalage vers

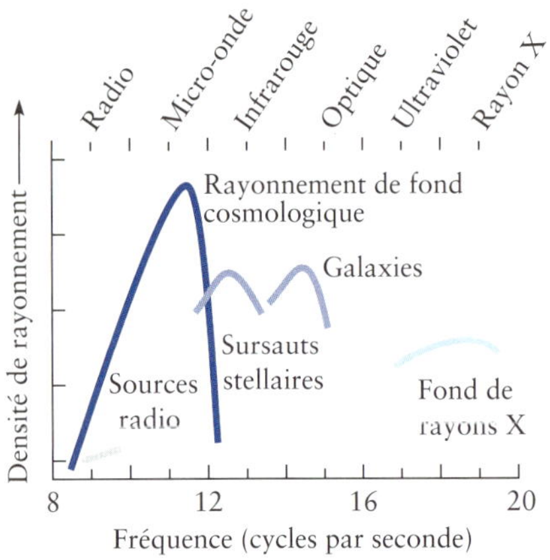

Un observateur regardant dans la direction des pôles galactiques, ou au-delà du plan de la Voie lactée, mesurerait un fond de rayonnement diffus, à des fréquences s'échelonnant entre celles des ondes radio et celles des rayons X. La contribution dominante à cette densité de rayonnement provient du fond de micro-ondes cosmologique. Le logarithme de la densité de rayonnement est porté sur l'axe vertical, et le logarithme de la fréquence sur l'axe horizontal.

le rouge croissant. Toutefois, en cosmologie, un seul argument ne suffit généralement pas : idéalement, il en faut plusieurs pour rendre une proposition réellement convaincante. Bien sûr, un seul argument définitif pourrait suffire, mais c'est justement ce qui nous manque en général. Avant de pouvoir résoudre ces questions, il nous faudra améliorer la qualité de nos observations des amas aux fréquences des rayons X ainsi que notre connaissance de leur formation.

La quantité de gaz chaud dans les nuages intergalactiques et sous forme diffuse, à l'intérieur ou à l'extérieur des amas, s'élève à une fraction négligeable de la densité critique. Pour les nuages dont la signature est l'absorption Lyman alpha, on peut estimer la fraction de gaz visible directement lorsqu'on sonde l'univers suivant les différentes lignes de mire correspondant aux différents quasars que l'on voit dans le ciel. La fraction de baryons dans ces nuages de gaz vaut environ 1 % de la valeur critique pour les nuages à dominante d'hydrogène atomique, et peut atteindre un pourcentage aussi élevé que 3 % pour une forêt de Lyman lointaine, à un décalage vers le rouge de trois au moins. Localement, la fraction de gaz intergalactique dans les nuages à absorption Lyman alpha est très inférieure. Dans les amas, les estimations sont moins précises, mais il y a peu de chances qu'elles dépassent ces valeurs. La fraction de gaz dans les groupements de galaxies est mal connue, car ils émettent des rayons X à basse énergie qui sont plus difficiles à observer.

Deux arguments suggèrent fortement que le milieu intergalactique pourrait ne pas être assez ionisé ni assez dense pour que la densité de l'univers atteigne la valeur critique. Le plus convaincant en est que le big-bang n'aurait produit que très peu de deutérium dans un univers dominé par les baryons. On ne peut expliquer les proportions de deutérium observées que si la densité en baryons, et donc la densité maximale du milieu intergalactique, ne dépasse pas 10 ou 20 % de la valeur critique. Mais peut-être devrions-nous ne pas tenir compte de ce qui a pu se passer pendant les trois premières minutes et nous demander, en admettant qu'il existe un milieu intergalactique dense, si nous pourrions le détecter.

La réponse est oui, et ceci constitue le second de ces arguments : en effet, un milieu intergalactique dense aurait probablement été détecté. À une température de plus de un million de kelvins, il aurait émis des rayons X dont la lueur diffuse et isotrope serait observable. On a effectivement remarqué l'existence d'un fond diffus de rayons X. On attribue au moins 75 % du fond de rayons X à un grand nombre de quasars peu lumineux mais néanmoins discernables ; il subsiste tout de même un flux résiduel diffus, représentant donc 25 % du fond de rayons X total, dont on ne connaît pas encore l'origine. Quelques astronomes ont tenté d'attribuer ce flux résiduel à un milieu intergalactique à une densité valant environ un dixième de la valeur critique (mais cette densité pourrait être notablement inférieure si le milieu en question contient plus ou moins d'agrégats) et porté à une température extrêmement élevée. Si le fond résiduel de rayons X provient effectivement de gaz intergalactique très chaud, son spectre de rayons X devrait fournir une mesure de la température du gaz, et l'intensité du rayonnement une estimation de sa densité moyenne. Ce gaz devrait avoir une température de l'ordre de quatre cents millions de kelvins.

La quantité de gaz chaud ne peut pas être suffisante pour atteindre la densité critique, car on observerait alors une production beaucoup plus importante de rayons X. En outre, un gaz à une température aussi élevée se manifesterait non seulement par ses émissions de rayons X, mais aussi par le biais d'une signature bien plus contraignante. Les électrons d'un tel gaz diffuseraient les photons du fond de rayonnement micro-onde. Chaque diffusion de photon conduirait à un transfert d'énergie du gaz au rayonnement. Le résultat en serait une distorsion du spectre du corps noir aux fréquences proches du pic d'intensité, et ce malgré la faible probabilité de diffusion due à la faible densité du milieu intergalactique. Or le satellite COBE n'a mesuré aucune distorsion de ce type. Cela voudrait dire que cette distorsion serait inférieure à la sensibilité de détection de COBE, et l'on en déduit alors que toute distorsion procédant des effets de diffusion par des électrons, appelée « diffusion Compton », représenterait moins de deux pour cent mille.

On mesure effectivement des distorsions Compton lorsqu'on étudie le fond de rayonnement micro-onde dans la direction de gros amas de galaxies émetteurs de rayons X, mais celles-ci sont dues à la diffusion des photons du fond cosmologique par le gaz intra-amas chaud. Cet effet mesuré dans les amas de galaxies conduit à une distorsion typique de l'ordre de un pour dix mille. On peut déduire de ce résultat la pression du gaz chaud. Connaissant la température du gaz du milieu intra-amas grâce aux observations de rayons X, on peut en déduire la densité du gaz de manière indépendante. Cela nous offre une autre manière de mesurer la masse du gaz. Les deux méthodes, par les rayons X et par l'effet Compton, donnent des résultats semblables : le gaz chaud représente environ 10 % de la masse des gros amas.

On en conclut qu'un milieu intergalactique dense et chaud, à la densité critique, en dehors des plus vastes amas de galaxies, avec une température actuelle de dix ou cent millions de kelvins, aurait été observable grâce à ses émissions de rayons X. Un milieu intergalactique comme celui-là n'aurait pas non plus sa place dans l'univers primordial, disons à l'époque de la formation des galaxies. Bien que l'émission de rayons X par un tel milieu eût été décalée vers le rouge et donc rendue indétectable, elle aurait néanmoins déformé notablement le spectre du rayonnement fossile de micro-ondes.

Il reste une faille. Un milieu intergalactique uniforme pourrait exister sur une marge de température très réduite, choisie précisément pour échapper à la détection. Ce gaz intergalactique aura dû être réchauffé pour éviter de se condenser en galaxies, mais il ne doit pas non plus être trop chaud, disons jusqu'à un million de kelvins, afin d'éviter de déformer le fond de rayonnement cosmologique ou d'émettre des rayons X en trop grande quantité. Ce scénario semble un peu tiré par les cheveux. D'autant qu'un ajustement aussi précis requerrait l'apport d'énormes quantités d'énergie pour maintenir le délicat équilibre faisant que le milieu galactique se trouve tout juste à la température à laquelle le refroidissement est rapide, et la fragmentation du gaz probable.

Toutefois, des simulations numériques sur la formation des structures à très grande échelle suggèrent qu'un réchauffement d'origine gravitationnelle pourrait produire un milieu intergalactique comme celui-ci, mais en quantité relativement modeste, équivalent à 1 ou 2 % de la densité critique. Ce type de gaz intergalactique pourrait s'avérer l'origine d'environ un tiers des baryons sombres : ceux provenant de la synthèse des éléments légers dans l'univers primitif ainsi que ceux que l'on découvre par les études à décalage vers le rouge important de la raie d'absorption Lyman alpha, sans les détecter dans les étoiles.

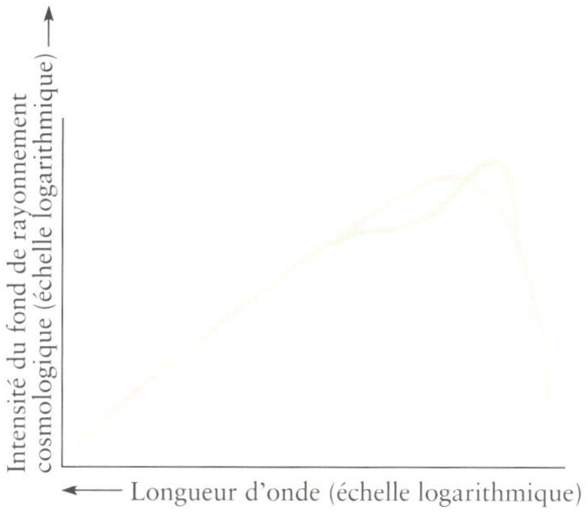

À l'occasion, des photons du fond de rayonnement micro-ondes traversent des masses de gaz chaud ; ces photons, réchauffés, se voient alors décalés depuis la partie du spectre du corps noir correspondant aux longueurs d'onde plus élevées vers celle des longueurs d'onde plus courtes.

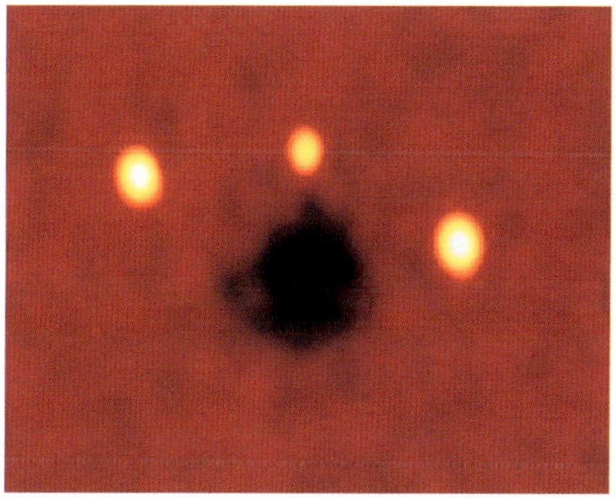

Carte radio de l'amas de l'Abell 2218, montrant la présence d'un « trou » sombre dans la distribution du fond de rayonnement micro-onde. Le gaz chaud présent dans l'amas de galaxies fournit de l'énergie aux photons de grande longueur d'onde (partie radio du spectre) autour du pic du fond de rayonnement cosmologique. En conséquence, il manque des photons radio dans la direction de l'amas, et cela permet de retracer la distribution du gaz. Les trois points jaunes sont des sources radio situées à l'arrière-plan.

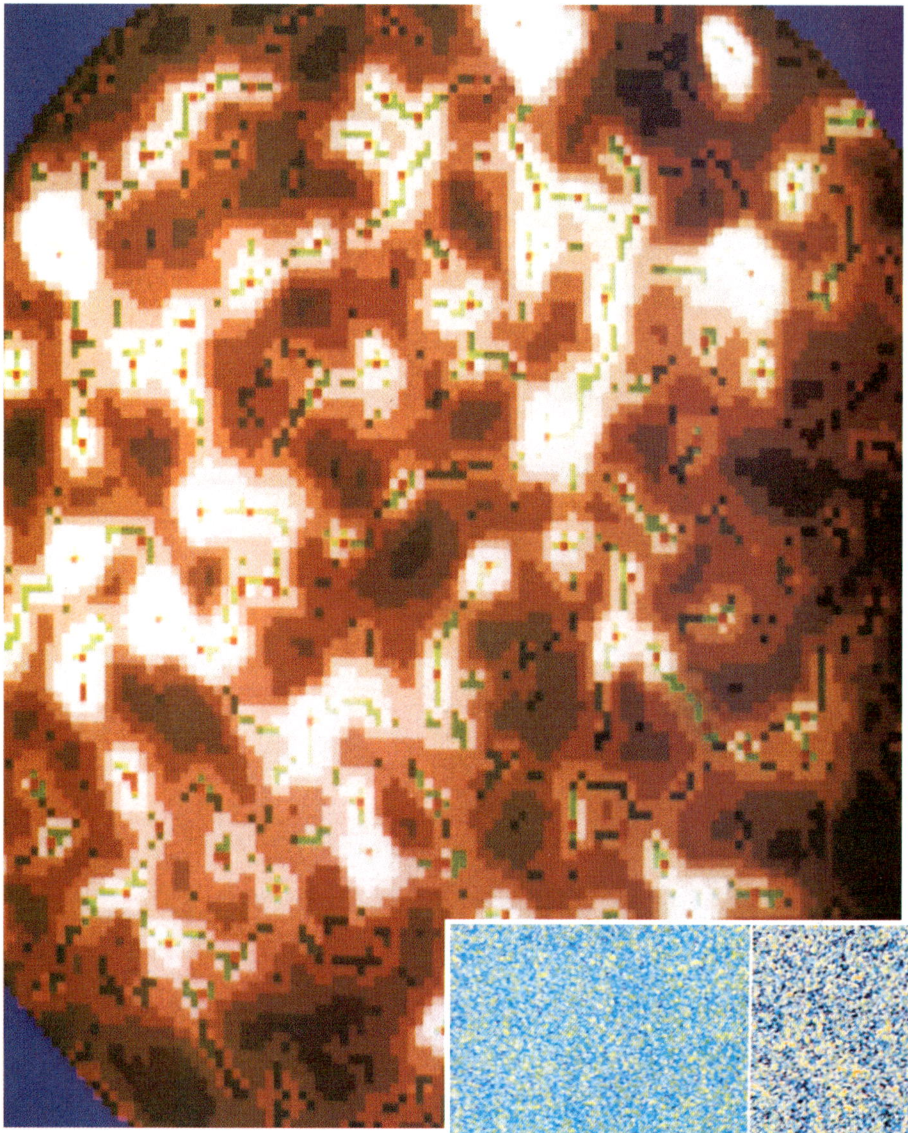

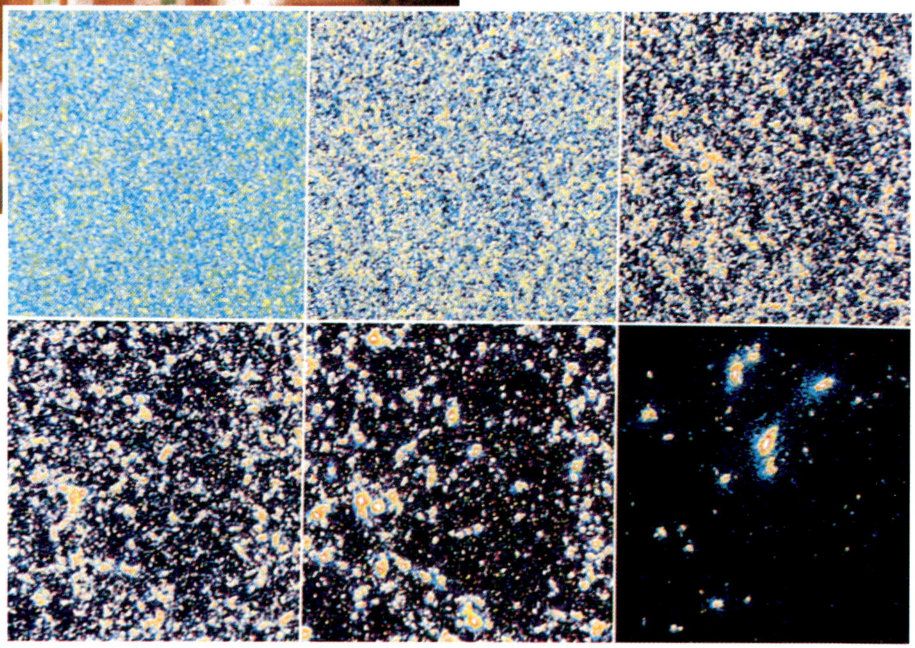

Chapitre dix

L'origine des structures

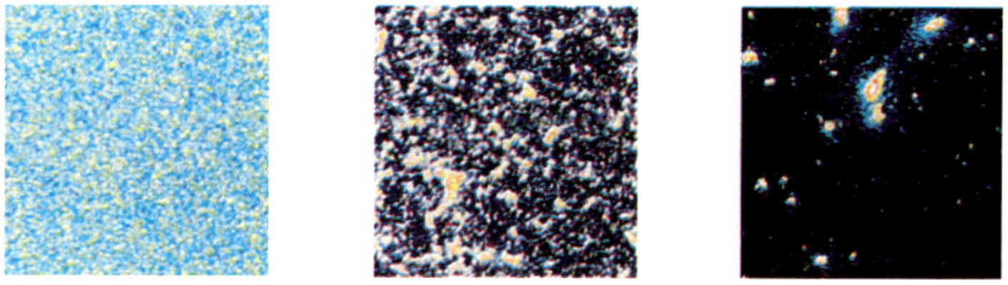

En haut : la structure à grande échelle de l'univers observable mise en évidence par la distribution de quatre cent mille galaxies sur cent degrés dans le ciel, simulée par un programme informatique conçu pour favoriser la structuration en filaments. Les pixels noirs représentent les zones avec un faible nombre de galaxies ; les pixels verts et rouges correspondent au contraire aux maxima locaux de la distribution. Les filaments verts pourraient correspondre à des superamas de galaxies. En bas : une simulation numérique montre comment des galaxies isolées et des groupements de galaxies se sont inéluctablement développés par instabilité gravitationnelle à partir de minuscules fluctuations. La simulation suit l'évolution d'un million de particules réparties aléatoirement et montre la projection d'un cube d'univers comobile vu, en partant d'en haut à gauche, aux facteurs d'expansion de 8, 23, 66, 125 et 250 après le début de la simulation. La dernière case à droite, zoom d'un facteur dix de la case adjacente, represente l'univers aujourd'hui, sur une échelle d'environ vingt mégaparsecs.

En suivant le cours du temps, on traverse successivement les époques de l'inflation, de la baryogenèse, de la nucléosynthèse et du découplage entre matière et rayonnement. Le *summum*, c'est la structuration de l'univers. La façon dont les structures se sont formées à partir de petites inhomogénéités de densité fait partie des questions brûlantes de la cosmologie.

Si l'on en croit le dogme du big-bang, toutes les structures de l'univers ont évolué à partir de fluctuations de densité infinitésimales datant de la nuit des temps. L'instabilité gravitationnelle conduit ensuite inexorablement au développement successif des galaxies, des amas de galaxies et même de structures plus vastes encore. On observe aujourd'hui des structures jusqu'à des échelles de l'ordre de cent mégaparsecs à comparer avec la taille de la Voie lactée qui s'étend sur une douzaine de kiloparsecs. Toutefois, il s'est avéré difficile de confirmer qu'elles proviennent bien de fluctuations de densité primordiales. La raison en est simplement le lien ténu entre ce qui a existé et ce qui existe aujourd'hui.

Petites fluctuations

Le degré d'uniformité du fond de rayonnement micro-onde, d'à peine quelques millièmes de pour-cent, nous indique que l'univers primordial, à l'âge d'environ trois cent mille ans (correspondant à un décalage vers le rouge de mille), était exceptionnellement homogène. Il n'aurait pas pu l'être complètement, sans quoi les galaxies ne se seraient jamais formées : il a donc dû exister de petites fluctuations de densité.

On appelle « fluctuations » de petites variations locales par rapport à un niveau global ; certaines correspondent à une augmentation de densité, d'autres à une diminution. Ces fluctuations sont minuscules au départ, puis, avec le temps, l'instabilité gravitationnelle aidant, elles deviennent de plus en plus prononcées. Une fluctuation positive représente alors un léger excès local de gravité qui attire et tend à ramener vers lui les régions voisines de densité moyenne. Bien que la matière soit partout en expansion, le rythme de l'expansion est légèrement ralenti au voisinage de la fluctuation positive. L'effet est ténu mais il se poursuit inéluctablement, et la fluctuation originelle prend de plus en plus d'ampleur. Une fois que la densité locale dépasse le double de la valeur moyenne, l'effet local de la gravitation devient assez fort pour surpasser les effets de l'expansion. Un nuage de matière commence alors à se contracter : il est sur le point de former une galaxie ou, s'il est suffisamment massif, un amas de galaxies.

Dans un univers statique, les fluctuations infinitésimales de densité grossiraient à une vitesse exponentielle. On dit d'un tel univers qu'il est instable du point de vue gravitationnel. En effet, l'univers tout entier, s'il était statique, pourrait spontanément se contracter ou se dilater : c'était une première objection à l'encontre d'un univers statique qui a conduit Einstein à introduire son hypothétique force de répulsion cosmique pour contenir l'univers et le stabiliser afin, au moins, de le préserver de l'effondrement. Toutefois, dans un univers en perpétuelle expansion, la matière en fluctuation positive est tirée vers l'extérieur par l'expansion et la pression, en particulier celle du rayonnement, en même temps qu'elle est confinée vers l'intérieur par la gravitation. L'imperturbable diminution de la densité moyenne réduit radicalement le rythme de croissance des fluctuations. Dans un univers en expansion, il faut du temps aux structures pour se développer ; aussi fallait-il que les petites fluctuations aient été présentes depuis le début pour pouvoir porter leurs fruits.

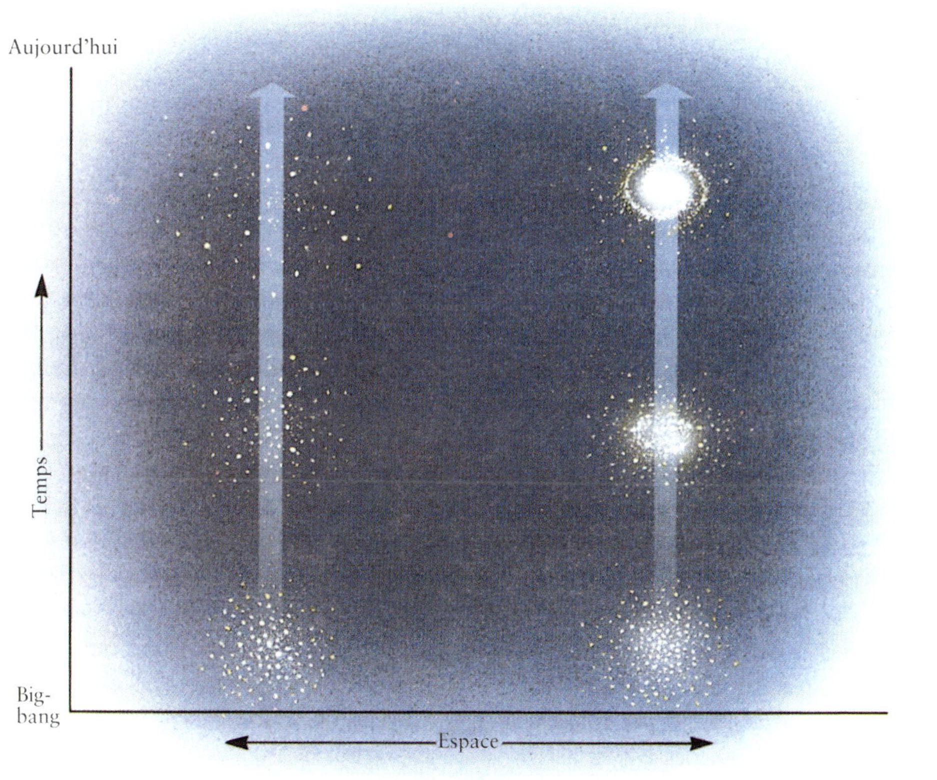

Les fluctuations de densité à petite échelle, de masse relativement faible, se dispersent au fil du temps (à gauche). Toutefois, pour les fluctuations les plus importantes, l'attraction de la gravitation l'emporte sur les effets dispersifs de la pression. Des fluctuations de la masse d'une galaxie se concentrent de plus en plus et finissent par se contracter pour former une véritable galaxie (à droite).

Un léger excès de densité grossit aux dépens de son environnement. Les déficits en densité se creusent toujours plus. Les riches s'enrichissent, les pauvres s'appauvrissent. Si ces fluctuations avaient été trop petites, les structures n'auraient pas encore eu le temps de se former. Si elles avaient été trop importantes, l'univers serait trop grumeleux eu égard à la distribution observable des galaxies. La théorie prédit que les fluctuations primitives nécessaires pour permettre le développement des groupements de galaxies que l'on observe aujourd'hui devaient être de l'ordre de un pour cent mille.

La formation des structures fut progressive : les galaxies naines furent les premiers objets à apparaître. Elles fusionnèrent ensuite pour former des structures de plus en plus massives, pour finir avec les amas de galaxies. Les structures se sont formées des plus petites aux plus grandes, selon le schéma dit de la formation « ascendante » (*bottom-up*). La théorie concurrente, celle de la formation « descendante » (*top-down*), est maintenant tombée en désuétude.

Matière sombre froide et formation ascendante

En « fuyant », le rayonnement emporte avec lui de la matière, lissant les fluctuations en densité de matière.

Le scénario ascendant présente un avantage important sur tout autre concurrent descendant : on dispose d'un nombre de preuves considérable qui indiquent que les galaxies se sont formées avant les amas. Beaucoup d'amas semblent aujourd'hui encore en cours de formation, tandis que de nombreuses galaxies parmi les plus distantes semblent relativement âgées, si l'on en croit l'échantillon des âges des étoiles qui les composent. Avec la vision ascendante, de petites galaxies se regroupent et se fondent, formant progressivement des systèmes de plus en plus massifs. Cette séquence d'événements est celle qui ressemble le plus à l'univers que l'on observe, où les petites structures se seraient formées avant les grandes.

L'inflation donne naturellement naissance à une hiérarchie de structuration de type ascendant. Les fluctuations quantiques appartiennent au champ répulsif qui a engendré l'inflation. Elles marquent leur empreinte sur l'horizon à mesure que l'univers poursuit son inflation. Cette empreinte est telle que toutes les fluctuations, des plus petites échelles aux plus grandes, ont des intensités semblables. En pratique, cela signifie que les structures les plus petites se développent plus rapidement, en taille, que les plus grandes. Certaines des plus grandes ne parviennent à l'horizon qu'aujourd'hui et n'ont donc pas du tout augmenté depuis l'inflation. Ainsi, aux plus grandes échelles, on voit donc directement l'empreinte intacte de l'inflation. Les échelles les plus petites ont, quant à elles, subi un essor exceptionnel puisqu'elles se sont séparées du reste de l'univers en expansion pour s'effondrer en formant des galaxies. Voici un scénario ascendant d'évolution des structures : le développement est défini par des échelles qui, typiquement, correspondent aux masses des galaxies naines, les premières à se former. Avec le temps, des structures de plus en plus grandes se sont développées progressivement puis se sont condensées pour former les galaxies les plus massives. Les galaxies les plus petites sont donc naturellement plus âgées que les plus massives, et les gros amas de galaxies sont les objets les plus récents.

Ce scénario ascendant se met en place d'autant plus simplement que l'on admet l'hypothèse que l'univers est baigné de matière sombre froide. On suppose généralement que la matière sombre froide se compose de particules massives interagissant faiblement (les WIMPs). Elle pourrait aussi bien être constituée de petits grains baryoniques de haute densité (des MACHOs) largement antérieurs aux galaxies. Les fluctuations ne commencent à croître que lorsque l'univers passe sous la domination de la matière plutôt que du rayonnement, soit environ dix mille ans après le big-bang. Après cette époque, le rayonnement continue d'être diffusé par des électrons libres et reste étroitement couplé aux baryons, et ce jusqu'à la formation des atomes d'hydrogène, après trois cent mille ans. Toutefois, dans ce scénario, les baryons ne contrôlent pas la gravitation. Au contraire, c'est la matière sombre froide qui prédomine et elle n'interagit pas autrement avec le rayonnement que par l'entremise de la gravitation. La matière sombre étant froide, elle n'exerce aucune pression thermique qui s'opposerait à la force attractive de la gravitation et ne peut donc pas résister aux regroupements qu'engendrent les fluctuations de densité par l'instabilité gravitationnelle. Parce que la matière sombre n'interagit pas avec le rayonnement, les fluctuations de densité ne se répandent pas en « fuites » de rayonnement qui emporteraient de la masse.

Après le découplage, les baryons sous forme atomique tombent dans les fluctuations de matière sombre en pleine croissance, sans subir d'entrave de la part du rayonnement. Celui-ci n'interagit plus qu'avec la matière ionisée. Les fluctuations de température reflètent les dernières diffusions du rayonnement par la matière ionisée. D'un point à un autre du ciel, leur intensité devrait valoir un pour cent mille, soit un millième de pour-cent. Ces variations infinitésimales de température sont nécessaires pour que le scénario ascendant permette de produire des structures à grande échelle jusqu'à notre époque.

Jusqu'aux années 1990, nos instruments étaient incapables de déceler des fluctuations dans le fond de rayonnement micro-onde. On savait seulement que ces fluctuations, si elles existaient, devaient être plus faibles que les fluctuations les plus ténues que pouvaient mesurer nos instruments. Nous avions déjà une limite supérieure assez basse sur l'intensité des fluctuations. Elle suffisait à poser des conditions strictes sur certains modèles (et même à finalement les éliminer) dans lesquels les galaxies n'étaient fabriquées qu'à partir de matière baryonique ordinaire.

Pour la cosmologie de la matière sombre froide, une explication logique vit le jour. Les fluctuations de la distribution de matière sombre froide ont une longueur d'avance sur les fluctuations de matière purement baryonique : elles commencent à grossir alors que la matière baryonique est encore couplée au rayonnement. Toutefois, l'effondrement ne peut avoir lieu qu'après le découplage entre matière et rayonnement. Lorsque les baryons parviennent enfin à se libérer, ils se précipitent dans le puits de potentiel gravitationnel créé par la matière sombre froide. Les structures à grande échelle proviennent de fluctuations initiales de matière sombre froide minuscules, associées à des variations du rayonnement fossile elles aussi plus petites que celles qu'on trouve dans les modèles où la matière sombre froide ne joue aucun rôle pour favoriser la croissance des fluctuations.

On s'attend à ce que les plus petites régions de fluctuations de densité initiales soient les plus fortes en amplitude. Cela signifie qu'elles sont les premières à se développer et qu'elles disposent de plus de temps pour gagner en intensité. Avec le temps, des régions

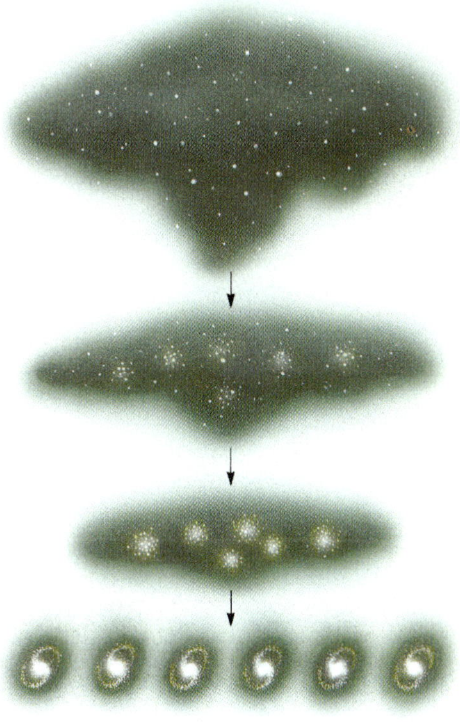

Dans le scénario descendant, les grandes structures se développent avant les plus petites. Typiquement, un vaste nuage de matière s'effondre suivant un axe pour former une fine feuille (une galette) de haute densité. Des protogalaxies commencent à se distinguer au sein de ce feuillet, puis évoluent jusqu'à devenir de véritables galaxies à mesure que la feuille se fragmente.

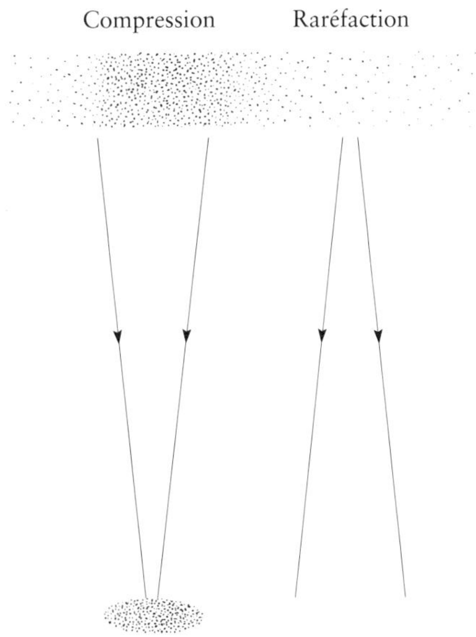

Si l'on en croit le modèle de la matière noire chaude, avec le lissage des fluctuations primordiales à l'échelle des galaxies, les zones de surdensité deviennent des galettes tandis que les zones raréfiées forment des portions d'espace vide.

L'éminent cosmologiste Yaakov Zel'dovich a découvert les galettes cosmiques et fut l'un des défenseurs du scénario descendant de la formation des structures à grande échelle.

de plus en plus vastes développent à leur tour des fluctuations qui croissent en amplitude tandis que celles de plus petite taille se regroupent. Les fluctuations passent des petites aux grandes tailles en suivant un schéma hiérarchique. Les fluctuations les plus petites sont donc les premières à s'effondrer car elles ont eu plus de temps pour gagner en intensité.

Dans un univers dominé par la matière sombre froide, les premiers objets formés sont donc des structures de petite masse, correspondant à des galaxies naines. Les galaxies ordinaires ne se forment pas avant que l'univers ait un milliard d'années, alors que sa taille valait environ un dixième de sa taille actuelle. La formation des galaxies commence par un halo de matière sombre froide, au sein duquel les baryons peuvent s'installer. Ceux-ci rayonnent de l'énergie et se refroidissent ; ils se condensent donc plus que la matière sombre. Le nuage de matière est en mesure de se contracter pour donner une galaxie dès que la gravitation l'emporte sur la pression thermique.

La taille du premier nuage effondré est dictée par la compétition entre l'attraction de la gravité et la tendance opposée qu'exerce la pression thermique entre le centre et la surface du nuage. On peut estimer sa taille en comparant son énergie potentielle de gravitation à cette époque avec l'énergie thermique provenant du mouvement aléatoire (à une vitesse comparable à celle du son, V_S) des atomes du gaz qui résistent à l'effondrement gravitationnel. L'énergie potentielle de gravitation d'un nuage de masse M et de rayon R représente l'énergie libérée, en chute libre dans le champ de gravitation, pour se contracter à sa taille actuelle ; elle vaut GM^2/R. L'énergie thermique est l'énergie cinétique de tous les atomes du gaz ; elle vaut $MV_S^2/2$. La gravitation l'emporte sur la pression si la masse est suffisante et, en particulier, si elle dépasse une valeur critique appelée « masse de Jeans » proportionnelle au cube de la vitesse du son. La masse de Jeans dépend aussi de la densité du gaz, comme l'inverse de sa racine carrée. Ces résultats furent énoncés pour la première fois par l'astrophysicien britannique James Jeans.

On peut maintenant se faire une idée du minimum de masse requis — la masse de Jeans — pour que l'effondrement ait bien lieu. À l'époque du découplage, la taille de l'univers représentait un millième de sa taille actuelle et il était donc un million de fois plus dense qu'aujourd'hui. De même, la température du fond de rayonnement valait mille fois sa valeur actuelle. C'est la température qui nous donne la valeur de la vitesse thermique V_S. Connaissant la vitesse du son et la densité, on peut évaluer la masse de Jeans et l'on trouve qu'elle vaut environ un million de masses solaires. Cette masse correspond à celle des plus petites galaxies. Ainsi, dans un scénario ascendant, les galaxies naines sont les plus petites structures qui se forment et les premières qui se contractent ; ensuite vient le tour de structures de plus en plus vastes, jusqu'aux amas de galaxies.

Et si les neutrinos avaient une masse : le scénario descendant

Bien que le scénario descendant soit aujourd'hui tombé en désuétude, certains de ses aspects méritent d'être analysés. Ils concernent en particulier la question de la masse des neutrinos qui est encore discutée. Ce schéma descendant procède d'une autre approche. Dans ce type de modèle, les fluctuations les plus petites sont détruites par le flot des particules chaudes. Le rayonnement est piégé par les fluctuations plus grandes aussi longtemps que l'univers reste ionisé. Ces fluctuations survivent à l'instar des plus grandes qui seraient produites par la matière sombre sous forme de neutrinos massifs. Cette version séduisante du modèle descendant fait appel à la matière sombre sous forme de neutrinos dotés d'une masse de dix à trente électronvolts. On arrive facilement à cette valeur de la masse : connaissant le nombre de neutrinos qui ont survécu depuis le big-bang (on le calcule grâce à la température du rayonnement fossile), on choisit leur masse de sorte à atteindre la densité critique. Nous nous référons à ce dernier cas comme à celui de la matière sombre chaude pour la raison suivante.

Après que l'univers fut devenu dominé par la matière, ces neutrinos massifs auraient cheminé à une vitesse proche de celle de la lumière. L'énergie typique d'un neutrino en mouvement à cette vitesse avoisine les dix électronvolts, du même ordre que sa masse. Seule une particule beaucoup plus lourde se déplacerait plus lentement. Initialement, les neutrinos rapides partent dans des directions aléatoires, ce qui a pour effet de créer une dispersion importante de leurs vitesses. C'est cette dispersion des vitesses qui permet aux neutrinos de lisser toutes les perturbations de petite taille : les particules fusent en fuyant les zones locales où la densité est en excès. Seules les fluctuations les plus grandes, au-delà de 10^{15} masses solaires, survivent à cette homogénéisation, qui finit lorsque les neutrinos ralentissent. Les nuages restants, de la masse d'un amas, se fragmentent en galaxies : cela correspond au scénario de la formation descendante des structures.

On peut penser cependant que le même processus descendant peut être déclenché aussi bien par le rayonnement « mis en bouteille » dans les fluctuations baryoniques que par les fluctuations de matière chaude des neutrinos massifs. Un tel processus doit être distingué de celui des particules de matière sombre froide, qui sont trop lourdes et ont trop peu de chances d'interagir avec les photons pour suivre des mouvements aussi rapides dans le schéma ascendant. Dans un univers descendant, les grandes structures, de la taille des amas de galaxies, se seraient formées les premières, et les galaxies auraient suivi, avec la fragmentation de ces vastes structures.

Mais ce ne sont pas seulement les neutrinos massifs qui fondent le scénario descendant.

Imaginons un univers dans lequel les baryons ordinaires représentent la principale forme de matière. Dans ce cas, toutes les fluctuations en densité ne survivent pas à l'environnement chaud et hostile de l'univers primordial. En fait, durant les dix mille premières années où l'univers est dominé par le rayonnement, les fluctuations ne grossissent pas du tout. Pendant cette période, elles englobent matière et rayonnement, qui sont comprimés ensemble. On qualifie ces fluctuations d'adiabatiques, par opposition aux fluctuations isothermes où seule la matière n'est pas uniforme. Il est très difficile de « mettre le rayonnement en bouteille » : il a tendance à « fuir » en emportant de la matière avec lui. Ces « fuites » de matière et de rayonnement tendent à atténuer les fluctuations adiabatiques. Seules les fluctuations de plus grande échelle survivent à ce processus d'homogénéisation, car le temps manque pour les effacer elles aussi. Plus les fluctuations sont grandes, plus il faut de temps à un univers contenant essentiellement de la matière baryonique ordinaire pour les effacer. Le lissage des fluctuations se poursuit après les dix mille premières années, et ce tant que des électrons libres continuent de diffuser le rayonnement. Il cesse dès que l'univers devient transparent au rayonne-

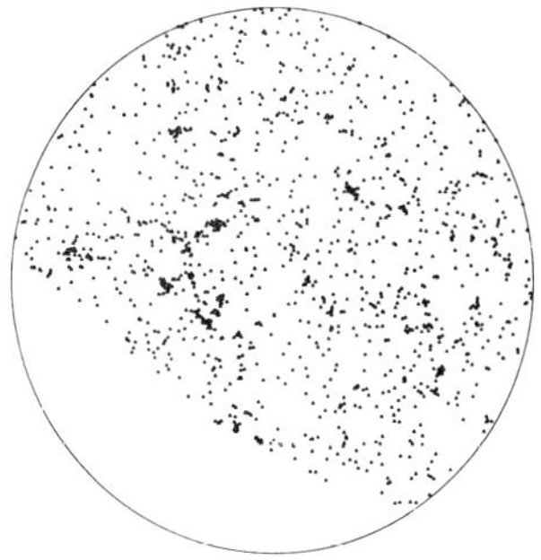

Matière noire froide

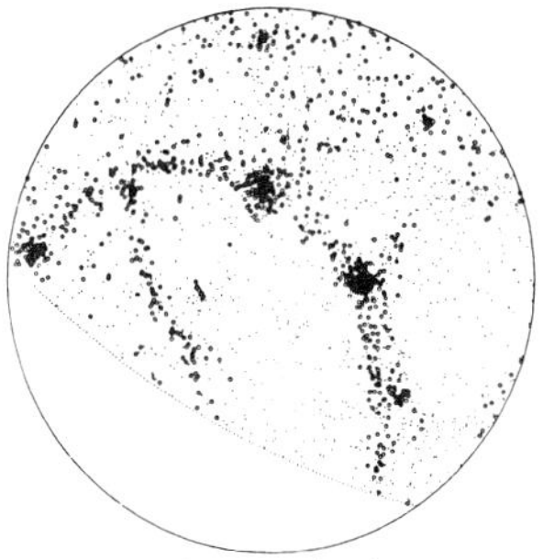

Matière noire chaude

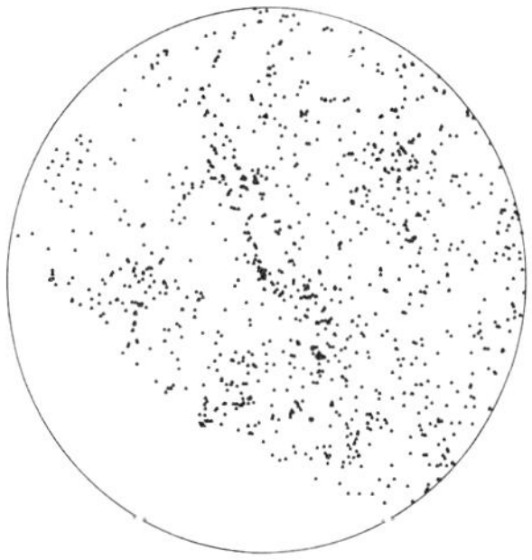

Données réelles

Les deux images en haut et au centre sont des simulations numériques d'un univers dominé par la matière sombre froide et chaude, respectivement. Il s'agit de projections du ciel, avec la Voie lactée à l'extérieur de la circonférence et le pôle nord galactique au centre. Dans un univers de matière noire chaude, les structures se développent suivant la séquence descendante, de sorte que ce modèle conduit à une prééminence des grandes structures. En bas, les données réelles de l'univers que l'on observe : elles sont plus proches des prédictions du modèle de la matière sombre froide.

ment, c'est-à-dire à l'époque du découplage, trois cent mille ans après le big-bang. Les fluctuations restantes représentent au moins une centaine de milliers de masses solaires, c'est-à-dire la masse d'un amas globulaire. Seules les fluctuations de cette taille survivent jusqu'à l'époque du règne de la matière.

Les fluctuations de la taille des amas de galaxies accumulent de la matière et croissent jusqu'à s'effondrer sur elles-mêmes puis se fragmenter en galaxies. On qualifie également de descendant ce scénario, dans lequel les structures les plus grandes se développent avant les petites, sans pour autant faire intervenir des neutrinos massifs. Il peut arriver qu'un grand nuage s'effondre en une membrane fine comme une galette. Il y a peu de chances que l'effondrement du nuage soit synchronisé dans les trois directions orthogonales ni même dans deux seulement, ce qui donnerait, respectivement, une sphère parfaite ou un nuage en forme de cylindre. En général, une direction l'emporte toujours sur les deux autres, à moins que la fluctuation initiale ne soit particulièrement

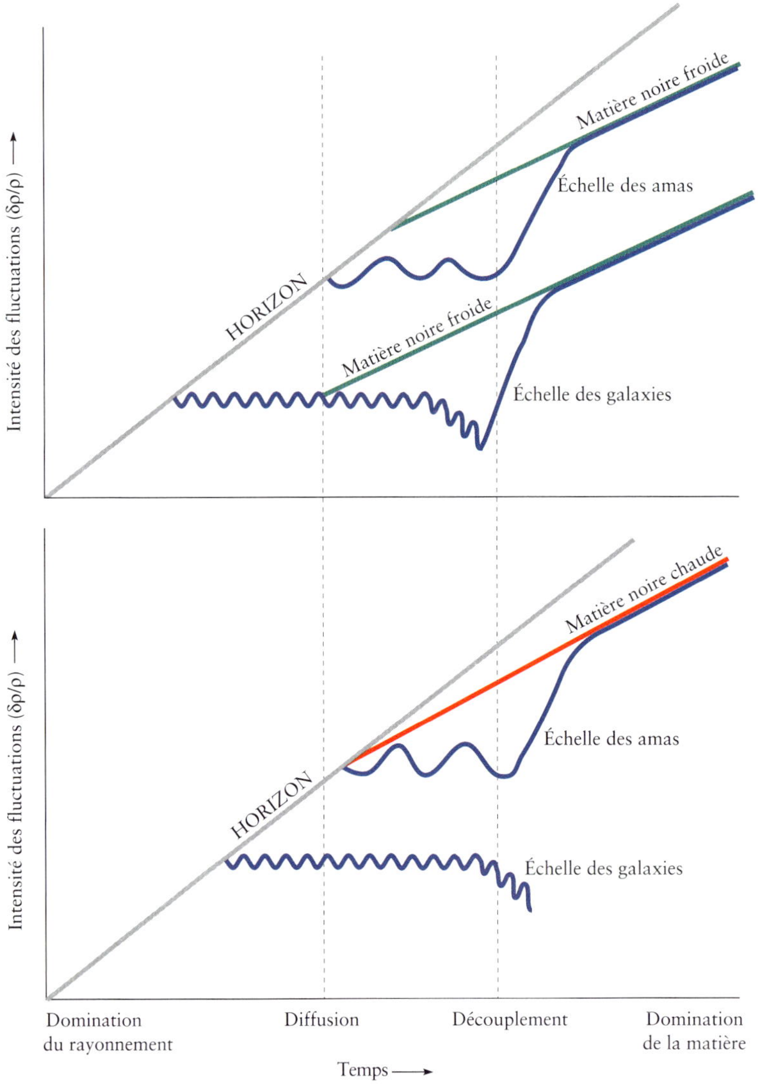

Dans un univers dominé par la matière sombre froide (en haut), les fluctuations de densité de la matière noire froide prennent de l'ampleur aux échelles des galaxies et des amas, après que l'univers est passé sous la domination de la matière. Après le découplage, les fluctuations de la densité de baryons rattrapent les fluctuations de la matière sombre. Cependant, dans un univers dominé par la matière sombre chaude (en bas), seules les fluctuations à l'échelle des amas de galaxies survivent jusqu'à l'ère de la domination de la matière.

symétrique, éventualité rare et peu probable. Le résultat en est une galette de densité élevée qui se morcelle en grumeaux de la taille d'une galaxie. Cela crée de vastes structures dans lesquelles l'essentiel des galaxies se répartit en feuillets. La théorie prédit des amas géants où des feuillets se recoupent, avec de grands vides entre les plans, là où la matière a été évacuée par l'effondrement du nuage. Comme nous allons le voir, il existe, dans la distribution à grande échelle des galaxies, de grands vides, des feuillets et des filaments. Ceux-ci se sont probablement formés à la suite de l'effondrement en galette des nuages que l'on identifie comme les ancêtres des amas et des superamas de galaxies.

Un univers dominé par les neutrinos massifs ou par les baryons avec des fluctuations adiabatiques est un candidat naturel pour le modèle descendant. Toutefois, un univers dominé par les baryons ne pourrait pas atteindre le tiers de la densité critique tout en étant majoritairement constitué de baryons. Les prédictions de la nucléosynthèse primordiale seraient invalidées si les baryons pouvaient atteindre la densité critique. Or un univers à dominance baryonique conduit également à des fluctuations excessives du fond de rayonnement cosmologique.

Dès lors, l'hypothèse de neutrinos massifs reste la seule possibilité pour un schéma descendant. Cependant, le modèle descendant ne convient pas parce que la structuration que l'on observe aujourd'hui dans l'univers n'est pas dominée par les gros amas de galaxies. Nos observations jouent largement en faveur de la structuration de l'univers suivant la vision ascendante. Toutefois, l'un et l'autre de ces schémas partagent une caractéristique identique. Il s'agit de l'occurrence de vastes structures en forme de galettes ou de filaments. On trouve beaucoup plus de galaxies dispersées en petits groupes. En outre, les amas sont jeunes d'un point de vue dynamique, tandis que les galaxies sont relativement vieilles. C'est l'observation du regroupement des galaxies qui représente le test le plus décisif. L'univers obéit au schéma ascendant.

Du scénario ascendant aux filaments cosmiques

Cependant, les galaxies qui ne font pas partie des gros amas sont notablement plus jeunes. Même les galaxies elliptiques font montre d'une certaine jeunesse. On trouve parmi ces galaxies un éventail de propriétés plus large : en particulier, des couleurs plus bleues et des indices de formation récente d'étoiles. Les galaxies au sein d'environnements denses comme les amas se sont formées avant les galaxies des milieux les moins denses. Dans les modèles avec matière sombre froide, les petites structures se forment naturellement avant les grandes. Mais toute règle a ses exceptions. Un des aspects du modèle descendant s'avère générique à tous les modèles hiérarchiques. Les plus vastes structures galactiques s'effondrent généralement avant les petites. Toutefois, les galaxies qui sont destinées à se former au sein de structures de grande taille reçoivent un petit coup de pouce grâce à la surdensité de leur environnement.

Les galaxies, et plus particulièrement les premières formées, s'identifient aux quelques pics sur une distribution gaussienne des fluctuations de densité. Une légère augmentation de la densité moyenne a un effet radical sur ces pics : elle les amplifie. Un peu comme un nain qui parvient à voir plus loin en s'installant sur les épaules d'un géant, pour paraphraser Isaac Newton (accessoirement, celui-ci faisait référence à son rival et contemporain Robert Hooke, qui était excessivement petit). Ce coup de pouce suffit à donner une longueur d'avance aux galaxies qui peuplent feuillets et filaments. On dit que la formation des galaxies est un phénomène biaisé : biaisé en faveur des régions les plus denses et en particulier des pics de la distribution des fluctuations. Les premières galaxies se sont formées dans des structures en feuillets et en filaments. Un peu plus tard, beaucoup des grands espaces vides se remplirent de galaxies en formation, bien qu'à l'occasion certains espaces demeuraient vides.

Les amas de galaxies se forment à l'intersection de ces feuillets et filaments. En fait, la matière coule le long des bords, et c'est ainsi que le halo des galaxies en formation accumule de la masse. Toute structure, quelle que soit sa taille, s'effondre en galette. C'est l'évolution des sous-structures qui détruit rapidement cette allure de galette.

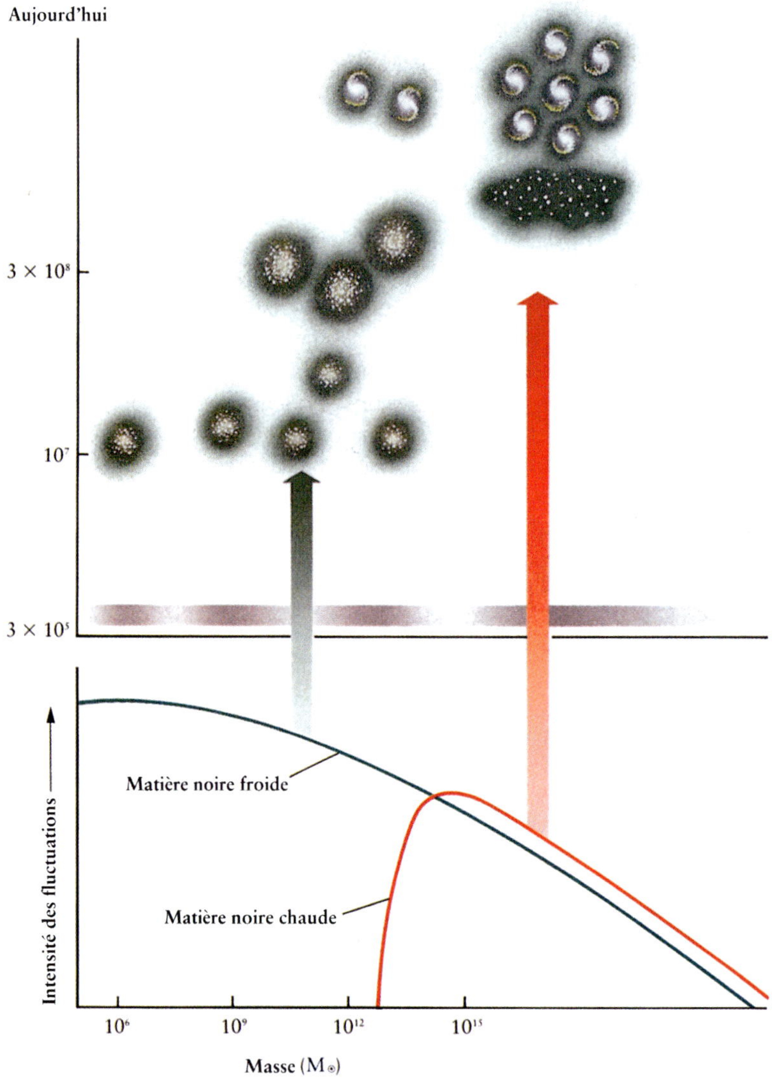

Dans le scénario de la matière sombre froide, les fluctuations les plus importantes sont à l'échelle des galaxies, de sorte que celles-ci se forment à partir de premiers nuages. Dans le scénario de la matière sombre chaude, les premières structures à se former sont d'énormes nuages de matière qui se constituent sur le tard.

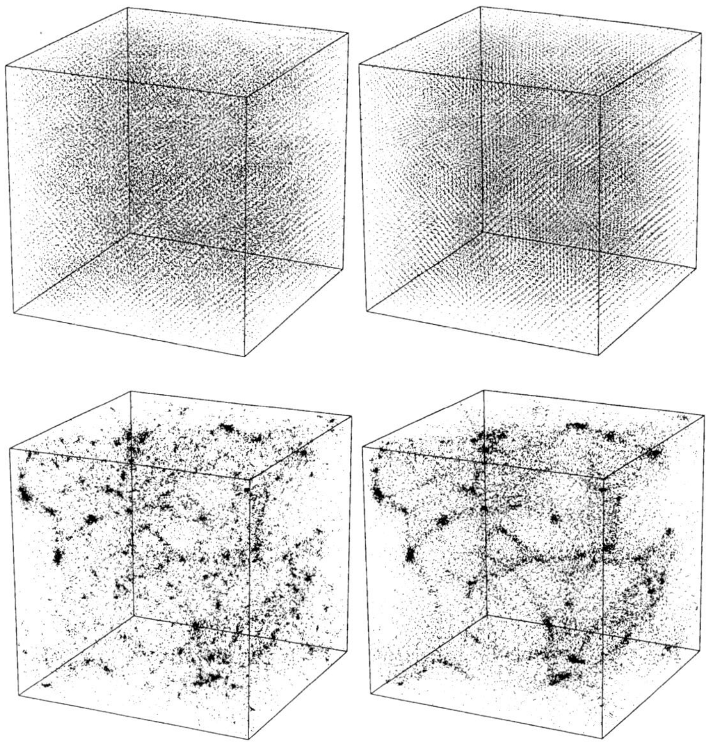

Simulations tridimensionnelles montrant l'évolution d'un univers dominé par la matière sombre froide (à gauche) ou chaude (à droite), avec les conditions initiales (en haut) spécifiques à l'époque actuelle, lorsque la taille de l'univers a augmenté d'un facteur dix (en bas). Chaque cube représente un volume d'univers comobile (on s'affranchit ainsi de l'expansion de l'univers) de soixante-quatre mégaparsecs de côté. Le modèle de la matière noire chaude affiche un réseau de vastes feuillets, de filaments et de superamas plus prononcé que le modèle de la matière noire froide.

Toutefois, si l'on pouvait prendre un cliché de l'univers à un décalage vers le rouge élevé, celui-ci devrait se caractériser par la présence des feuillets et des filaments des premières structures à grande échelle. Celles-ci, le temps d'arriver à l'époque actuelle, se fondent au sein des grands amas de galaxies.

L'origine des fluctuations

Les fluctuations de densité responsables de la structuration de l'univers existaient avant le découplage matière-rayonnement. Mais d'où venaient-elles ? L'avènement de la théorie cosmologique de l'inflation a littéralement bouleversé notre compréhension de leur origine. Comme nous l'avons vu plus haut, le vide quantique contient nécessairement des fluctuations de taille infinitésimale. L'inflation s'empare de ces fluctuations et les amplifie jusqu'à des échelles correspondant à celles des galaxies, des amas, voire des superamas. Et tout cela eut lieu lors de la première 10^{-35} seconde de l'univers. À mesure que l'expansion continue et que l'horizon se déploie à la vitesse de la lumière (par définition), des fluctuations de plus en plus vastes deviennent visibles. Les fluctuations ne purent prendre de l'ampleur que bien plus tard, après que l'univers devint dominé par la matière. Les fluctuations inflationnaires possèdent deux propriétés qui méritent d'être signalées : elles sont adiabatiques et ont toutes la même intensité, quelle que soit l'échelle considérée.

Sans l'effet magique de l'inflation, la recherche des origines physiques des fluctuations est vaine. On s'attend à la présence de fluctuations aléatoires dans n'importe quel gaz, mais, dans l'univers primitif, les fluctuations de ce type étaient probablement négligeables aux échelles galactiques. Prenons deux boîtes identiques remplies du même gaz : le nombre de molécules est toujours différent d'une boîte à l'autre, d'un nombre égal à la racine carrée du nombre moyen de molécules contenues dans une boîte. Appliquons ce raisonnement à la Voie lactée : elle contient environ $N = 10^{68}$ protons, et les fluctuations s'élèvent donc à $\sqrt{N}$ protons. On en déduit que la quantité de masse contenue dans une fluctuation ne vaut que $\sqrt{N}/N$, soit $1/\sqrt{N}$, soit 10^{-34}. Ces fluctuations sont effectivement minuscules, mais pourquoi ne pas imaginer qu'elles puissent croître avec le temps ? On ne peut considérer ces fluctuations à l'échelle d'une galaxie que si l'univers est âgé d'au moins un mois. En effet, ce n'est qu'à ce moment que le temps de parcours de la lumière depuis le big-bang, c'est-à-dire l'horizon, est plus grand que la région qui pourra plus tard donner naissance à une galaxie. Des fluctuations comme celle-là ont certainement existé avant le premier mois, mais elles n'auraient pas pu grandir. À l'époque, elles auraient été plus vastes que l'horizon. Ainsi, différentes parties d'une même fluctuation auraient évolué comme des bouts de big-bang séparés, et leur croissance n'aurait pas pu rester cohérente. Mais un mois est un âge suffisamment avancé dans l'histoire de l'univers pour que l'expansion ultérieure des fluctuations ne permette pas la formation de galaxies. L'obstacle, ici, vient du fait que ces petites fluctuations ne disposent pas d'assez de temps, entre l'âge de un mois et l'époque actuelle, pour croître suffisamment.

L'inflation résout le problème puisqu'elle débute avec une région si petite et contenant si peu de particules que les fluctuations du champ gravitationnel sont importantes. L'origine de ces fluctuations vient de l'incertitude quantique, qui joue forcément un rôle aux échelles infinitésimales que l'on considère. L'inflation fait exploser de toutes petites fluctuations quantiques du champ gravitationnel jusqu'à des échelles qui sont aujourd'hui macroscopiques. Après l'inflation, les fluctuations prennent toutes les tailles, jusqu'aux plus grandes échelles atteintes par l'expansion de l'univers.

Une autre propriété remarquable des fluctuations est qu'elles ont la même amplitude quelle que soit leur échelle initiale. Cette invariance d'échelle est une prédiction importante de la théorie de l'inflation. Toutefois, la théorie ne permet pas de prédire la valeur actuelle de l'amplitude des fluctuations. Pour que les structures que nous observons aujourd'hui aient pu évoluer à partir de petites fluctuations par le biais de l'instabilité gravitationnelle, l'amplitude initiale des fluctuations devait être de l'ordre de 10^{-5}. Nous savons que les fluctuations inflationnaires primitives devaient avoir cette intensité parce que celle des fluctuations en température était proche de cette valeur, comme nous allons le voir. Il est assez remarquable que le niveau mesuré pour les fluctuations soit si proche de ce qui est théoriquement nécessaire. Cela nous conforte dans l'idée que la théorie de l'inflation et celle de la matière sombre froide ne sont sûrement pas trop loin de la réalité.

En fait, on peut utiliser ce résultat pour restreindre le choix de certains paramètres qui interviennent dans le modèle de l'inflation. L'inflation est loin de constituer une formation exclusive : il semble qu'on puisse choisir certaines grandeurs de manière arbitraire pour décrire, par exemple, la durée de l'inflation, le degré d'accélération ou la génération des fluctuations naissantes lors de l'époque inflationnaire. L'échelle d'énergie mise en jeu durant l'inflation est tellement loin de la physique de tous les jours que même le modèle standard de la physique des particules élémentaires ne nous aide pas beaucoup.

Lorsqu'on choisit ses paramètres de façon à créer un niveau de fluctuation initial de 10^{-5}, l'inflation devient une théorie parfaitement viable. Il faut reconnaître que ces paramètres, et tout particulièrement la source d'énergie qui alimente l'inflation, doivent être choisis avec soin. On ne peut pas prédire l'inflation *a priori*. Les cosmologistes tentent plutôt de déduire la valeur des paramètres nécessaire pour que l'inflation ait eu lieu, en comparant avec l'observation de certains de ses vestiges comme les fluctuations de densité. On aimerait que l'inflation opère indépendamment des conditions initiales, mais il ne semble pas en aller ainsi. Notre modèle du big-bang est limité dans le temps : avant l'instant de Planck, nous ne savons rien. En élaborant un modèle de l'inflation, nous devons admettre des conditions initiales pour l'univers, présentant peut-être des inhomogénéités et des anisotropies dans l'expansion, ainsi qu'une courbure de l'espace déjà existante. Même les propriétés des diverses particules élémentaires et de leurs interactions doivent faire l'objet d'hypothèses particulières car, au commencement, elles n'étaient pas forcément telles que les décrivent les théories en vigueur. En effet, les théories de gravitation quantique préconisent qu'au commencement l'espace lui-même n'était pas tridimensionnel mais possédait dix dimensions, voire plus. Ces dimensions supplémentaires se seraient effondrées ensuite, peu après le temps de Planck, pour laisser place à l'espace que nous occupons. Toutes ces éventualités sont à considérer comme des conditions initiales possibles de notre univers.

Pour une grande variété de conditions initiales possibles, les modèles inflationnaires parviennent à adoucir la plupart des irrégularités de la courbure de l'espace. Toutefois, certains modèles, à forte courbure, sont tout bonnement incompatibles avec l'inflation. De même que pour les détails de la physique des particules, imaginer une prescription générale pour l'inflation semble vain. Il existe une infinité de conditions initiales pour l'inflation, et la plupart d'entre elles correspondent à un univers qui n'est pas compatible avec nos observations. La morale de cette histoire est que nous n'avons qu'un seul univers à comprendre ! En physique des particules, on pense souvent qu'il est souhaitable d'éviter l'occurrence de nombres sans dimensions qui soient ou trop grands ou trop petits, car on ne les considère généralement pas naturels. Dans le même ordre d'idée, on essaie également d'éviter d'avoir recours à des conditions initiales qui semblent trop spéciales. L'attitude des cosmologistes est toute différente, pour une seule raison : nous n'avons qu'un univers à étudier, et cela rend difficile d'argumenter en faveur du « naturalisme ». En dernière analyse, on peut espérer qu'une théorie de la gravitation quantique, qu'il s'agisse de la supergravité ou de la théorie des *M-branes*, permettra un jour d'élucider les conditions initiales uniques qui ont conduit à l'inflation.

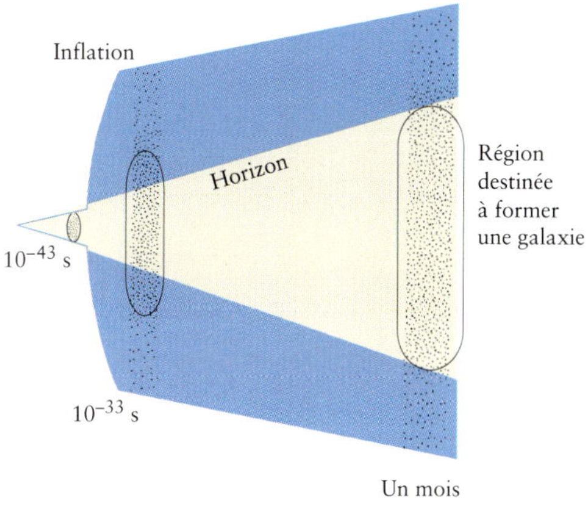

Les fluctuations de densité de la matière à l'échelle des galaxies pénètrent l'horizon un mois après le big-bang.

Un univers dominé par les baryons

De bonnes raisons permettent d'avancer que les baryons ne sont pas les constituants principaux de la matière sombre. Mais, après tout, ils en demeurent les seuls candidats dont nous savons avec certitude qu'ils existent. Rien n'est moins sûr que de savoir s'il existe suffisamment de baryons pour représenter la totalité de la matière sombre, mais il est instructif de reconsidérer l'évolution de la structuration à grande échelle dans un univers à dominance baryonique.

Imaginons que la seule matière sombre existante soit baryonique. On peut maintenir les prédictions de la nucléosynthèse à la seule condition que sa densité ne dépasse pas 10 % de la valeur critique. Dans ce cas, pour construire un modèle viable de fluctuations, on ne peut plus faire appel aux fluctuations adiabatiques primordiales. En effet, dans un univers de faible densité, les galaxies n'auraient pas eu le temps de se former à partir de fluctuations adiabatiques, à moins d'avoir recours à des amplitudes initiales énormes. Cependant, cette solution est à exclure car elle aurait engendré des fluctuations excessives pour le rayonnement de fond cosmologique.

L'approche alternative fait appel aux fluctuations primordiales d'entropie. Les photons du corps noir constituent un état de désordre ultime, et l'on peut concevoir l'entropie comme une mesure de leur nombre, relativement à celui des protons, dans tout l'univers. Avec l'augmentation de l'entropie, nous finirions tous en soupe de photons du corps noir. Même les trous noirs massifs sont voués, dans un futur presque infiniment lointain, après avoir absorbé la moindre étoile survivante, à s'évaporer en radiations. Pour chaque proton de l'univers, il existe environ cent millions de photons de corps noir dans le rayonnement de fond cosmologique, si l'on admet le nombre de baryons issu des prédictions de la nucléosynthèse. La contribution des photons de la lumière des étoiles est négligeable. En principe, le rapport du nombre de photons au nombre de baryons devrait être invariant, fixé une fois pour toutes par la physique de la baryogenèse.

Certes, notre compréhension de l'origine du nombre de baryons est incomplète. Peut-être émerge-t-il peu de temps après la fin de l'inflation, comme une conséquence de la violation de CP (la combinaison des symétries de conjugaison de charge et de parité pour les particules élémentaires que nous avons mentionnée précédemment). Dans cet univers, le nombre de baryons est invariant partout. Toutefois, si l'on fait abstraction de l'inflation, on peut aussi bien imaginer que l'univers primitif aurait généré un nombre de baryons variable d'un endroit à un autre. Ces variations seraient équivalentes aux fluctuations primordiales d'entropie. Une fluctuation d'entropie peut provenir d'une densité de baryons variable dans l'espace, avec un rayonnement que l'on maintient uniforme.

Un univers dominé par les baryons est nécessairement ouvert. Cependant, l'inflation ne conduit pas à un univers ouvert. Ainsi, la prédiction inflationnaire de l'invariance d'échelle des fluctuations de densité ne s'applique plus. Dans un univers ouvert, il n'y a rien pour nous renseigner sur la distribution des amplitudes des fluctuations primordiales d'entropie. Les théoriciens ne sont pas en mesure de prédire la distribution de ces fluctuations *a priori* ; ils doivent ajuster la distribution pour reproduire au mieux les observations des structures à grande échelle. La procédure consiste à deviner plusieurs valeurs de l'amplitude des fluctuations primordiales entre l'échelle des amas et celle des superamas de galaxies. On vérifie ensuite ces valeurs en simulant la formation des amas sur ordinateur. Les fluctuations primordiales d'entropie conduisent toujours à une formation très précoce des galaxies.

Dans un univers de faible densité, la structuration se fait également suivant le schéma ascendant. Toutefois, et plus particulièrement dans un univers peu dense ouvert, au bout d'un certain temps, la gravitation n'aide plus à la croissance des fluctuations.

Tout a lieu très tôt. Si la densité moyenne de l'univers ne vaut que 10 % de la valeur critique, les dernières grandes structures se seraient formées à un décalage vers le rouge de dix, ce qui revient à remonter 90 % du temps jusqu'au big-bang depuis l'époque actuelle. Par la suite, l'énergie cinétique de l'univers l'emporte sur l'énergie potentielle de gravitation, tandis qu'auparavant les deux types d'énergie étaient relativement équilibrés. En d'autres termes, univers ouvert et univers fermé sont identiques à fort décalage vers le rouge et ne commencent à évoluer différemment qu'à faible décalage vers le rouge.

En outre, les simulations numériques impliquent que les fluctuations à petite échelle étaient initialement beaucoup plus importantes que celles à grande échelle. Ainsi, les premières petites structures peuvent se former peu de temps après la recombinaison, à un décalage vers le rouge de cent, à peine dix millions d'années après le commencement. Leur masse approche la limite de Jeans (un million de masses solaires), qui est semblable à la masse des amas globulaires ou des plus petites galaxies naines. Une hiérarchie de structures s'installe : les galaxies se forment après que l'expansion de l'univers a atteint un nouveau facteur dix, et les amas un facteur cent. L'univers que nous voyons serait donc en place depuis longtemps, un peu plus d'un milliard d'années après le commencement. Voilà une prédiction bien différente de celle des modèles cosmologiques à la densité critique.

Notre modèle préféré, un univers plat avec une densité valant un tiers de la valeur critique, mais où l'énergie sombre rétablit l'équilibre, est intermédiaire entre les deux extrêmes d'un univers ouvert et d'un univers à la densité critique. Les premières structures se forment à un décalage vers le rouge autour de vingt. On a pu lire dans le spectre de quasars situés à un décalage vers le rouge de six que l'univers s'est ionisé à nouveau à cette valeur du décalage. La formation des premiers objets à un décalage de dix ou vingt est précisément ce qu'il faut pour rendre compte de la réionisation de l'univers. L'ionisation est produite par des photons dans l'ultraviolet lointain provenant des étoiles massives de ces premières galaxies.

En étudiant les galaxies les plus distantes, peut-être les cosmologistes pourraient-ils remonter suffisamment loin dans le temps pour départager les théories rivales de la formation des structures. Observer le regroupement des galaxies en amas, tout particulièrement à une époque primitive, pourrait représenter un test cosmologique de première importance. Les irrégularités du fond de rayonnement cosmologique sont un autre moyen de faire la part entre les différents types de fluctuations en densité. En effet, ces irrégularités mesurent directement les fluctuations primordiales.

Détection des fluctuations en température

La grande avancée théorique qu'est la cosmologie inflationnaire a conduit à une prédiction précise de la distribution des fluctuations à différentes échelles. Si l'on en croit les versions les plus prometteuses de la cosmologie inflationnaire, les fluctuations auraient été de même intensité à toutes les échelles. On avait déjà avancé la possibilité d'une telle distribution en s'appuyant sur des arguments de simplicité : elle n'est donc pas l'apanage de l'inflation. Ce qui est remarquable, c'est que l'inflation prédise ce type de fluctuations à des échelles si vastes qu'aucun phénomène physique n'aurait eu le temps de les engendrer ni de les détruire. Cela provient du simple fait qu'il ne s'est pas écoulé suffisamment de temps, depuis les dernières diffusions du rayonnement, pour que la lumière puisse parcourir ces fluctuations d'un bout à l'autre. À l'époque des dernières diffusions, la lumière avait parcouru trois cent mille années-lumière depuis le big-bang. Cette distance correspond, telle qu'on la mesure aujourd'hui, à cent mégaparsecs. Cela revient à une distance angulaire de deux degrés. Lorsqu'on observe le fond de rayonnement cosmologique sur des échelles de quelques degrés, on regarde directement les différences de température qui, bien qu'infinitésimales, seraient apparues à l'époque de l'inflation.

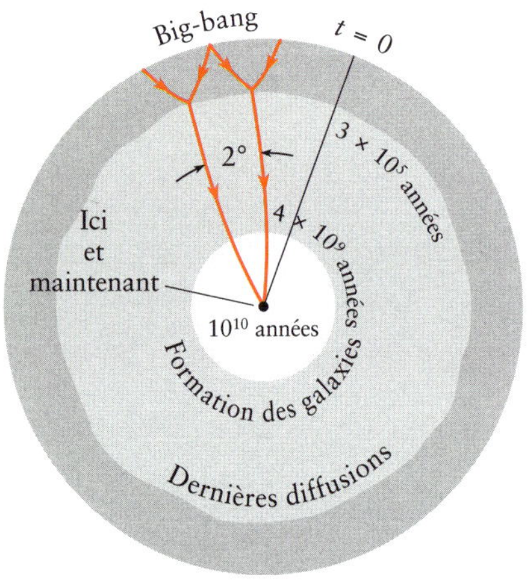

Diagramme d'espace-temps du big-bang dans lequel le temps s'écoule radialement en se rapprochant du centre du cercle dont la circonférence représente les trois dimensions spatiales. La singularité du big-bang au temps zéro est représentée par le cercle le plus externe. La recombinaison du plasma primordial en hydrogène atomique a lieu trois cent mille ans après le big-bang, en même temps que les dernières diffusions des photons du fond de micro-ondes cosmologique. La formation des galaxies commence après environ quatre milliards d'années. Sur la surface dite « des dernières diffusions », depuis laquelle les photons cheminent directement jusqu'à nous, des points séparés dans le ciel de plus de deux degrés n'ont pas pu être en relation causale avant l'époque des dernières diffusions. Ainsi, les fluctuations en température du fond de rayonnement cosmologique que l'on voit à ces échelles devaient exister dès le commencement ou, plus précisément, à l'époque de l'inflation, quelque 10^{-35} *seconde après le big-bang.*

Depuis 1967, les théoriciens calculent l'intensité des fluctuations du rayonnement fossile. Ces calculs sont constamment perfectionnés afin de rester juste en deçà des limites expérimentales. On savait que les fluctuations ne peuvent commencer à croître avant l'époque transitionnelle où la densité de la matière a commencé à dominer celle du rayonnement. En outre, les fluctuations ne prennent de l'ampleur que lorsqu'elles sont confinées à l'intérieur de l'horizon, qui marque la distance parcourue par la lumière depuis le big-bang. Seules les fluctuations à l'intérieur de l'horizon sont « liées par causalité ». Cela revient à dire qu'elles sont suffisamment petites pour qu'un phénomène physique comme la gravitation ait le temps d'opérer sur la totalité de la fluctuation. Par conséquent, les petites fluctuations qui ont pénétré l'horizon les premières à l'époque de la suprématie du rayonnement souffrent de retard de croissance par comparaison avec les fluctuations de plus grande échelle qui ont pénétré l'horizon après l'avènement du règne de la matière.

La taille de l'horizon à cette époque de transition où les densités d'énergie du rayonnement et de la matière étaient égales a laissé son empreinte sur la distribution des fluctuations en densité. Cette empreinte se retrouve dans la distribution des fluctuations que l'on observe actuellement. Par exemple, elle correspond à une échelle de longueur que l'on mesurerait aujourd'hui aux alentours de cent mégaparsecs. Le regroupement des galaxies en amas est un phénomène relativement important à l'échelle de quelques mégaparsecs, et on pense que la seule force qui agisse à une échelle aussi vaste est la force de gravitation. Cela laisse aux astronomes l'espoir qu'ils peuvent comparer la théorie à l'observation en toute sécurité, à une échelle où la physique est censée être simple.

Les fluctuations à l'époque des dernières diffusions du rayonnement laissent leur signature sur le fond de rayonnement cosmologique. Les photons, diffusés dans le champ de gravitation légèrement supérieur qui règne au sein de la fluctuation, perdent de l'énergie en remontant le champ gravitationnel. Ils acquièrent ainsi un petit décalage vers le rouge d'origine gravitationnelle que l'on mesure comme un point du rayonnement fossile légèrement plus froid que le fond. À l'inverse, il devrait également y avoir des points plus chauds aux endroits des trous de la distribution de matière à l'époque du découplage. Pour de grandes ouvertures angulaires, on devrait observer beaucoup de ces points plus chauds ou plus froids comme des fluctuations infinitésimales en température. À plus petite échelle, on rencontre des complications supplémentaires parce que la matière qui diffuse le rayonnement est elle-même en mouvement dans le champ de gravitation induit par les fluctuations de densité. Le décalage Doppler qui en résulte exacerbe d'autant plus les fluctuations de température.

Avec la théorie de la matière sombre froide, on peut maintenant prédire la distribution des fluctuations que l'on pourrait attendre pour différentes ouvertures angulaires. On peut tester cette théorie en comparant ses prédictions avec les fluctuations que l'on observe effectivement dans le fond de micro-ondes d'origine cosmologique. La plus simple des théories inflationnaires prédit des fluctuations initiales de même intensité à toutes les échelles. Au-delà de quelques degrés, la prédiction fait référence à des fluctuations qui n'ont subi aucune interaction causale au cours de leur histoire et qui nous arrivent directement de l'inflation. Autour de un degré, on peut faire un lien direct entre les fluctuations et les structures que l'on observe dans l'univers environnant : on peut tracer la carte des fluctuations à la même échelle (une centaine de mégaparsecs) que celle de la distribution de galaxies qu'elles sont censées devenir. Le spectre simple, qui ne pri-

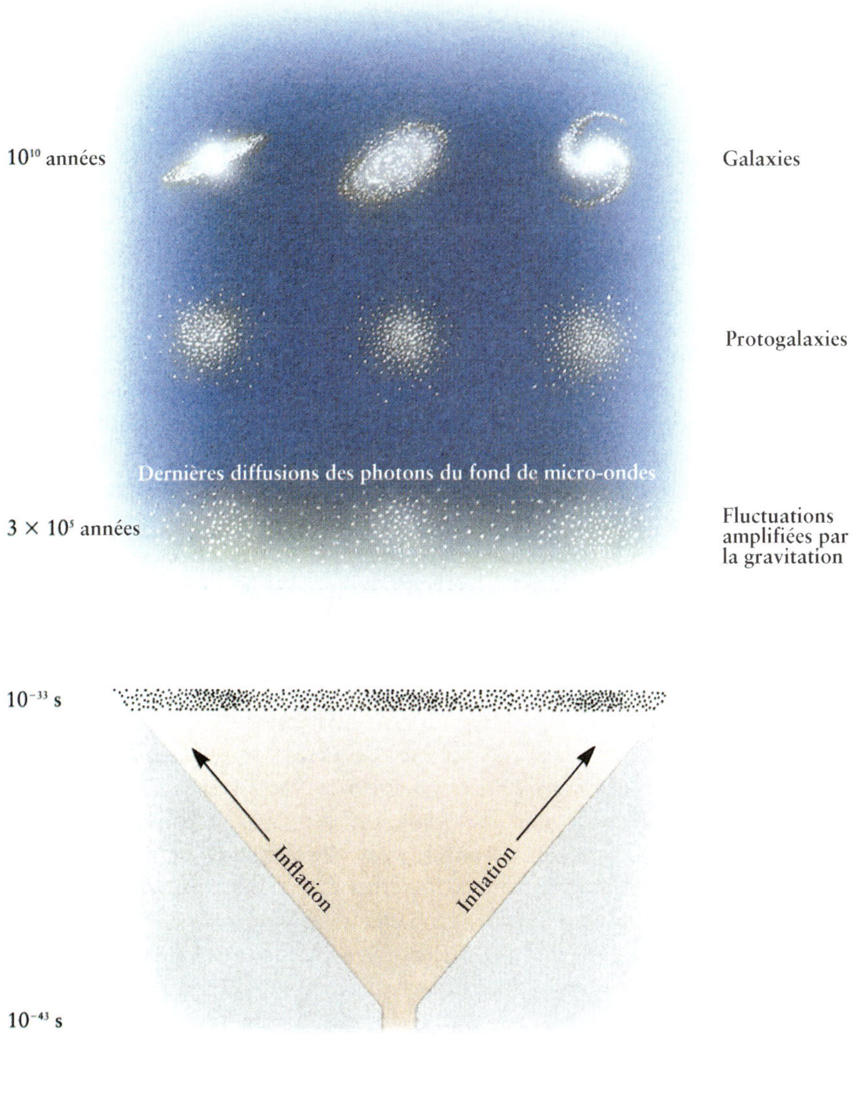

L'évolution des fluctuations en densité retracée depuis les premières fluctuations minuscules, 10^{-33} seconde après le big-bang, jusqu'aux galaxies entièrement formées.

La taille de l'horizon à l'époque de la transition entre la domination par le rayonnement puis par la matière marque une séparation naturelle entre les fluctuations aux différentes échelles. Les fluctuations aux échelles les plus petites ont toutes subi, jusqu'à notre époque, une croissance semblable en intensité au sein de l'horizon. Les fluctuations aux échelles les plus grandes, quant à elles, ont eu une croissance progressivement freinée.

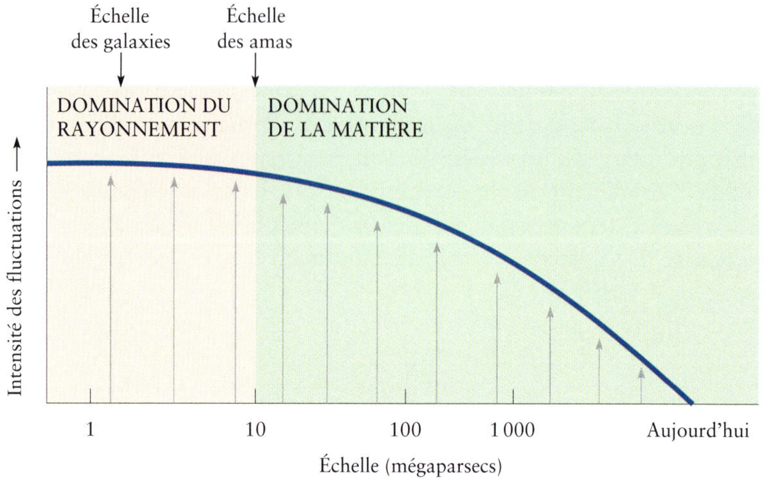

vilégie aucune échelle, conduit à la prédiction de fluctuations en température de l'ordre de un pour cent mille sur des échelles angulaires entre un et quatre-vingt-dix degrés.

Même en adoptant un point de vue très sceptique et en négligeant tous les concepts inflationnaires, il reste toujours à expliquer le regroupement des galaxies en amas et en superamas que l'on observe autour de nous. S'ils proviennent de fluctuations de densité minuscules et très anciennes suivant la vision de l'instabilité gravitationnelle, alors il doit forcément y avoir des fluctuations légèrement plus petites dans le fond de rayonnement cosmologique.

Tous les cosmologistes poussèrent un énorme soupir de soulagement lorsque l'équipe de COBE annonça, en 1992, la première découverte de fluctuations, plus ou moins comme on les attendait. L'amplitude observée était à deux doigts de correspondre à celle des fluctuations de densité nécessaires pour rendre compte des structures à grande échelle. Comme nous le verrons dans le prochain chapitre, la comparaison minutieuse de toutes les données, des plus anciennes aux plus récentes, fut un véritable succès.

Dans l'année qui suivit l'annonce de COBE, la présence de fluctuations fut confirmée par plusieurs autres groupes travaillant sur les anisotropies en température. On a maintenant cartographié de vastes régions du fond de micro-ondes. Les observations ont mis en évidence des fluctuations à un niveau compris entre un et trois pour cent mille sur des distances angulaires entre quelques minutes d'arc et dix degrés. Ces fluctuations furent détectées sur des distances angulaires très inférieures à la résolution de la première carte du ciel de COBE. Ce n'est qu'à des distances angulaires inférieures à un degré que l'on trouve les fluctuations qui sont les ancêtres directs des plus vastes structures observées dans la distribution des galaxies avoisinantes.

Ici, un avertissement s'impose. Notre galaxie émet, elle aussi, un rayonnement présentant de petites fluctuations ; leurs sources sont des émissions interstellaires synchrotron, du *Bremsstrahlung* et des émissions de poussières. Ce bruit, au premier plan, est particulièrement important au-delà de quelques degrés et affecte principalement les expériences qui ne couvrent qu'une petite portion du ciel. À grande échelle, les fluctuations du fond de micro-ondes sont d'origine cosmologique. Il ne fait aucun doute que les expériences à petite échelle détectent bien des fluctuations du fond de rayonnement, mais les premières mesures étaient très certainement contaminées par les émissions galactiques. Le problème a été résolu grâce à des relevés précis, sur plusieurs fréquences, du fond de micro-ondes. Jusqu'en 2002, toute une série d'expériences différentes ont détecté des fluctuations cosmiques à des distances angulaires aussi basses que quelques minutes d'arc, avec une résolution cent fois supérieure à celle de la détection originale par COBE.

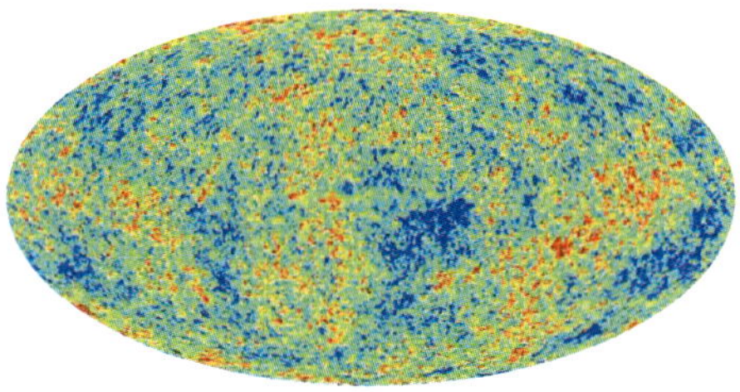

Une carte micro-onde, à la fréquence de 100 gigahertz, créée par l'expérience du satellite WMAP en 2003, avec une résolution angulaire d'un quart de degré. Elle présente des points chauds et des points froids correspondant à une variation de l'ordre de un pour cent mille par rapport à la moyenne du fond de micro-ondes cosmologique. On a soustrait le signal dipolaire dû au mouvement de notre galaxie et de notre terre, ainsi que l'émission galactique du premier plan.

Les murmures de la création

Un certain motif émerge des fluctuations du fond de rayonnement micro-onde, que certains théoriciens avaient anticipé. Les fluctuations en température sont accrues sur une échelle angulaire de un degré. Pour le comprendre, rappelons-nous que les petites inhomogénéités de densité sont à l'origine de la formation des structures, la matière se regroupant grâce aux effets de la gravitation. Durant l'époque où matière et rayonnement étaient intimement couplés, la pression de radiation a conduit ces fluctuations à agir comme des perturbations de la pression, c'est-à-dire comme des ondes sonores. Après les dernières diffusions du rayonnement sur la matière, quelque trois cent mille années après le big-bang, la matière ne voit plus le rayonnement et continue de se condenser sous l'attraction gravitationnelle pour former les premières galaxies. Nous voyons les fluctuations du rayonnement directement telles qu'elles étaient à l'époque des dernières diffusions. De légères variations de température dans le ciel caractérisent l'intensité qu'avaient les fluctuations primordiales avant la structuration de l'univers. Elles sont véritablement les fossiles de la formation des structures.

En fait, la propagation des ondes sonores n'a pas pour effet d'amplifier les fluctuations qu'avait installées l'inflation. Les compressions de l'onde sonore par rapport à la matière sombre étaient maximales à l'époque des dernières diffusions, à une longueur d'onde qui pénètre tout juste l'horizon. Or la compression des ondes sonores nécessite des interactions causales. C'est pour cette raison que l'horizon définit l'échelle du premier pic de la distribution des fluctuations en température, relativement aux fluctuations inflationnaires de plus grande échelle qui gardent leur intensité initiale. On trouve plus de pics aux échelles angulaires plus petites. Le deuxième pic correspond à une onde à un tiers de l'échelle du premier pic, qui a été comprimée avant d'atteindre la raréfaction maximale à l'époque des dernières diffusions. Le troisième pic correspond à une onde d'un quart de l'échelle du premier pic, qui atteint son maximum pour la deuxième fois à l'époque des dernières diffusions.

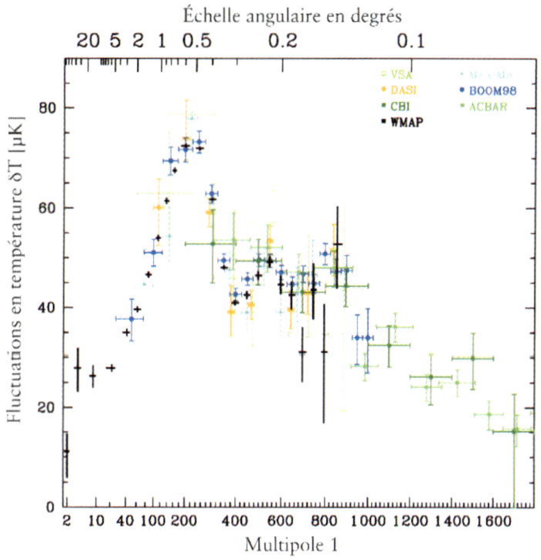

Diverses mesures des fluctuations en température du fond de rayonnement cosmologique en fonction de l'échelle angulaire. Parmi les expériences prises en compte, les résultats de COBE et WMAP couvrent les grandes échelles angulaires, tandis que d'autres résultats obtenus par la suite étendent les relevés de ces fluctuations à des échelles aussi petites que quelques minutes d'arc. Le maximum autour de un degré est clairement mis en évidence.

Les cosmologistes n'en croyaient pas leurs yeux lorsqu'ils ont découvert, en 2001, comment ces pics se mettaient en place. Le premier se situait à un degré, le deuxième à un tiers de degré, et le troisième à un quart de degré : exactement ce qu'ils avaient prédit ! Les ondes qui représentent moins d'un cinquième de l'échelle de l'horizon à l'époque des dernières diffusions sont si petites que les fluctuations en température ne peuvent pas se maintenir : le rayonnement s'écoule. Il reste à vérifier cette « fuite » des fluctuations, qui devrait fournir la confirmation ultime que nous voyons bien les fluctuations inflationnaires, autrement dit les germes de la formation ultérieure des structures.

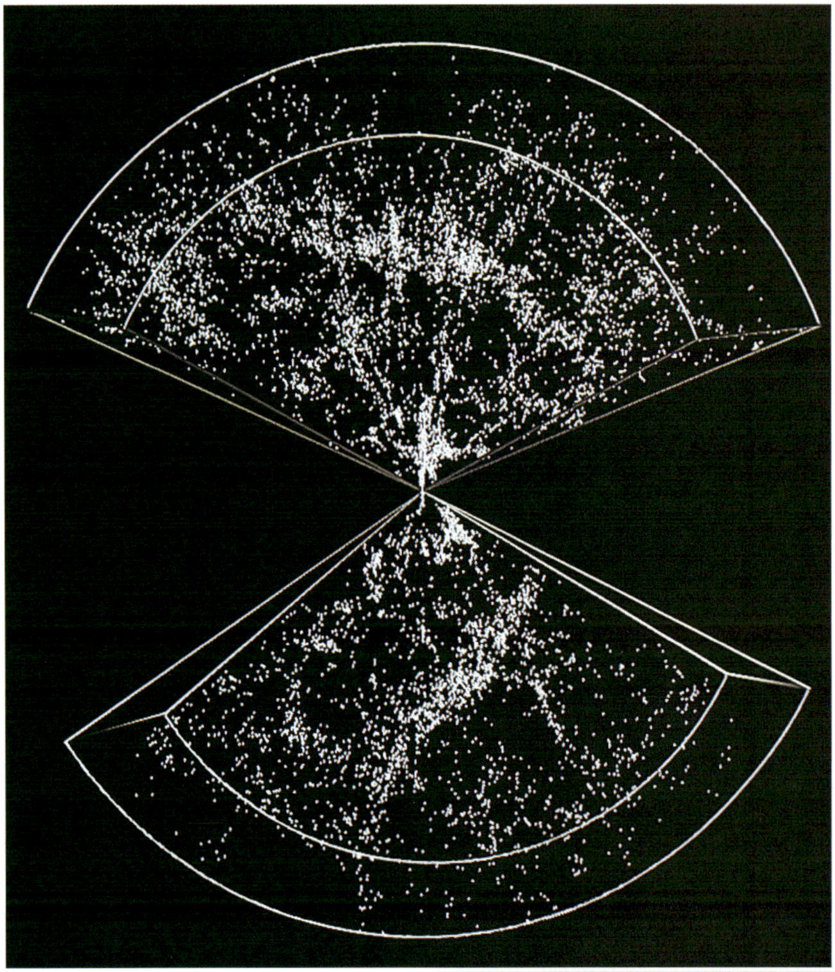

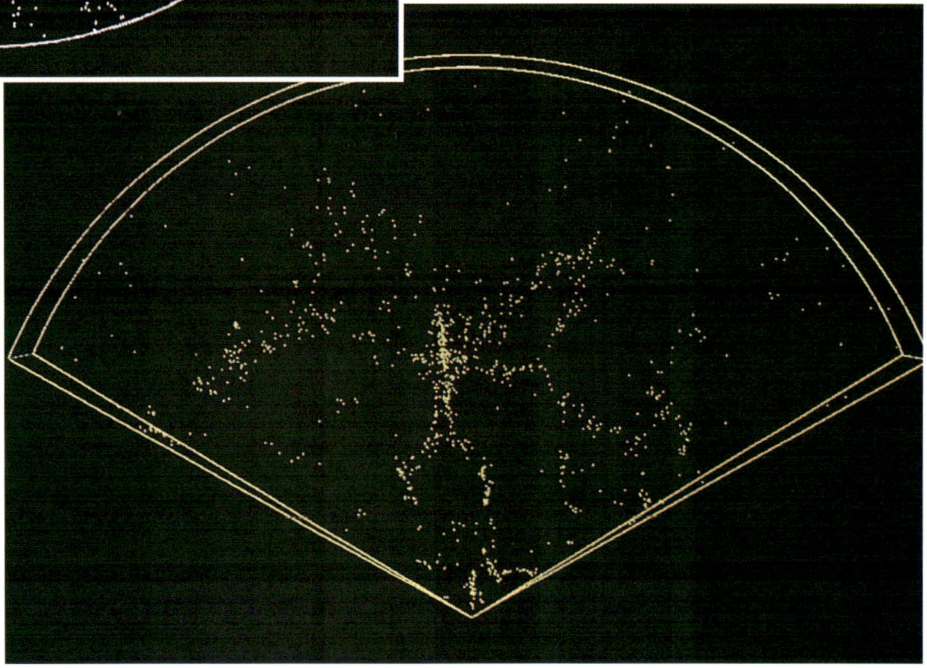

Chapitre onze

Les structures à grande échelle

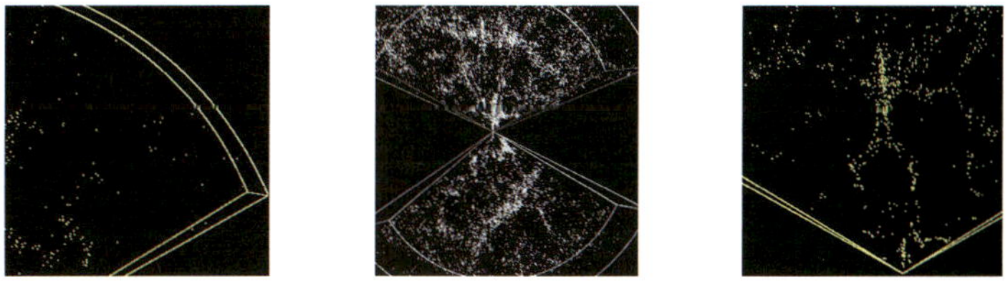

Carte tridimensionnelle de l'univers, montrant les positions de quelque cinq mille galaxies jusqu'à la magnitude 15,5 sur deux sections du ciel de soixante-dix mégaparsecs de profondeur et vingt mégaparsecs d'épaisseur. Nous sommes au centre, et le fait qu'on n'a porté aucune correction aux vitesses locales des galaxies dans les amas conduit à l'effet dit « des doigts de Dieu », dû en réalité à la présence de riches amas de galaxies. La région proche de l'arc externe n'est pas correctement représentée, mais, en deçà de l'arc intérieur, on voit clairement de grands vides et des structures allongées comme le « Grand Mur », une structure proéminente proche de l'horizontale, dans la portion du haut.

Peut-être les données d'observation les plus importantes en cosmologie proviennent-elles de l'étude de la structuration à grande échelle de l'univers. Grâce aux plus grands télescopes, on peut analyser les galaxies et leur distribution dans l'espace qui nous environne, en remontant dans le temps jusqu'à la moitié de l'âge actuel de l'univers. Notre but est de comprendre l'évolution des structures. Nos théories suggèrent qu'à grande échelle les structures se développent d'une manière relativement simple et directe, tant que la gravitation reste la seule force en vigueur.

Les structures les plus vastes : les amas de galaxies

On mesure l'étendue d'une galaxie en dizaines de milliers de parsecs, où un parsec vaut 3,2 années-lumière. Quant à la distance qui sépare les galaxies les unes des autres, elle s'élève typiquement à cinq millions de parsecs. La plus proche voisine de la Voie lactée, la galaxie d'Andromède, n'obéit pas à ces statistiques : elle est distante de deux millions de parsecs à peine (un million de parsecs équivaut à un mégaparsec). En fait, notre galaxie fait partie d'un groupe de galaxies appelé le « Groupe local ». Certaines galaxies ont des voisines plus proches encore, peut-être d'un facteur dix. Et c'est le cas dans les amas de galaxies.

Ceux-ci sont les agrégats de matière les plus vastes de l'univers. Un gros amas peut contenir plus de mille galaxies par mégaparsec cube en orbite les unes autour des autres dans leur champ gravitationnel mutuel. Il existe aussi des superamas, autrement dit des amas d'amas de galaxies. La Voie lactée, par exemple, réside dans les faubourgs du superamas de la Vierge. Bien que l'essentiel de la matière ordinaire se trouve au sein des étoiles, la matière que l'on observe dans les amas se trouve principalement sous forme de gaz intergalactique chaud et diffus, émetteur de rayons X.

Les vitesses orbitales des étoiles dans une galaxie ou des galaxies dans un amas permettent de sonder le champ de gravitation. On déduit de leurs valeurs que, si les amas de galaxies ne volent pas en éclats, c'est que 80 % de leur masse existe sous forme de

Un mélange de galaxies spirales et elliptiques est visible sur ce cliché en profondeur de l'amas de galaxies Abell 1689, pris par la nouvelle caméra installée en 2002 sur le télescope spatial Hubble. Cet amas de galaxies, l'un des plus massifs connus, est situé à 2,2 milliards d'années-lumière, et cette image profonde révèle un fond de galaxies distantes avec des images cisaillées. La gravitation de toutes les étoiles de l'amas et celle de la matière noire agissent comme une lentille d'une largeur de deux millions d'années-lumière dans l'espace. Cette lentille gravitationnelle courbe et amplifie la lumière des galaxies situées loin derrière l'amas.

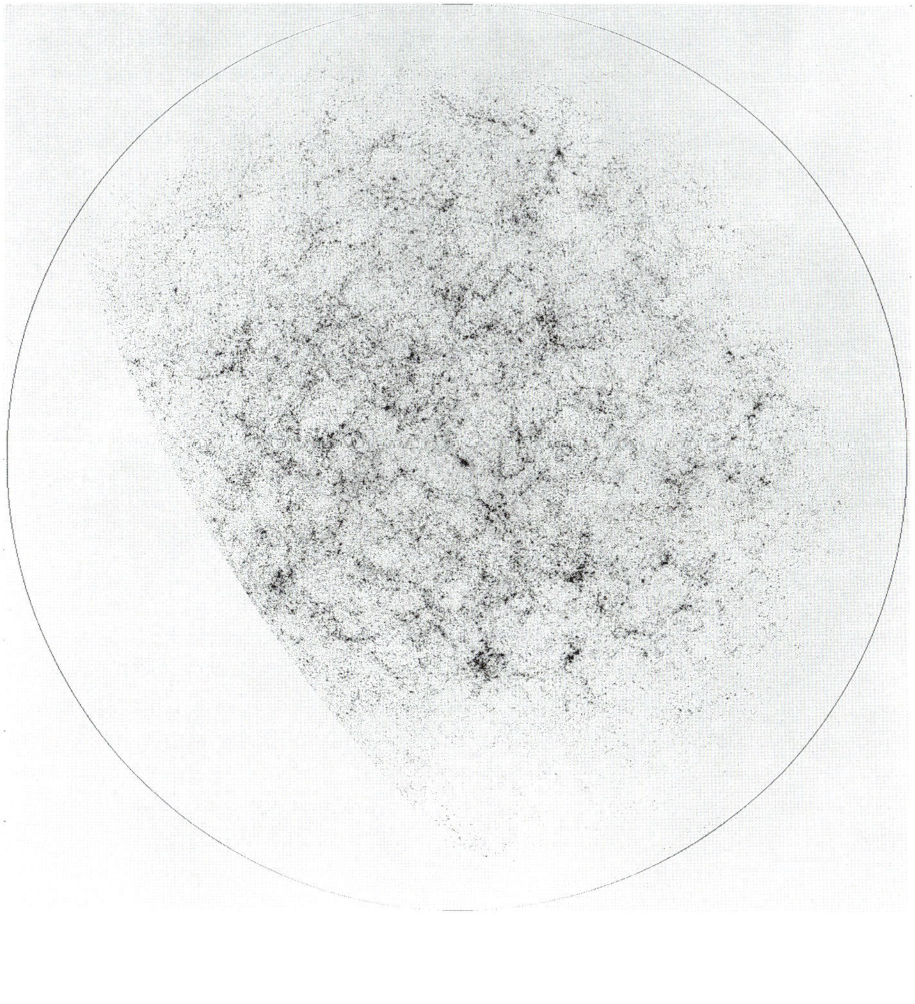

En bas : environ dix mille galaxies jusqu'à la magnitude de 15,5 sont répertoriées sur cette carte du ciel boréal : le pôle nord galactique se trouve au centre, et la Voie lactée à l'extérieur de la circonférence du cercle. L'amas de galaxies de Coma est visible au voisinage du pôle nord galactique, et le superamas de la Vierge apparaît comme la plus grosse concentration visible de galaxies. À gauche : beaucoup d'autres amas, d'une richesse comparable à celle de l'amas de Coma, deviennent visibles lorsque les galaxies répertoriées passent au nombre de un million, pour des galaxies plus lumineuses qu'à la magnitude 19. On retrouve l'amas de Coma près du pôle nord galactique situé au centre.

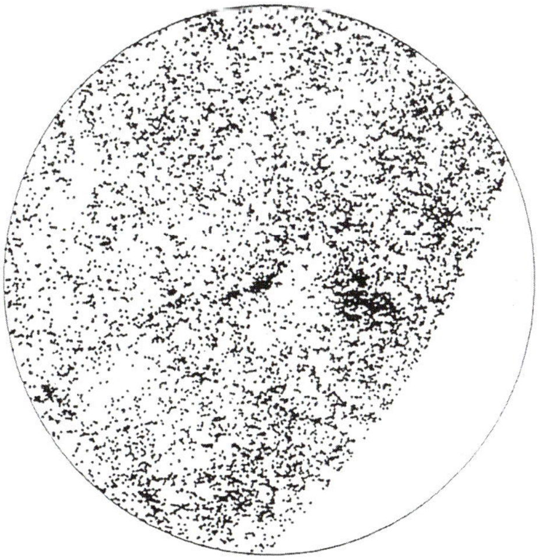

matière noire. Cela implique que l'essentiel de la matière de l'univers est invisible, d'un type encore inconnu, encore jamais détecté, à quelque longueur d'onde que ce soit. Il y a beaucoup plus de masse encore inexplorée que celle que l'on mesure directement dans les étoiles ordinaires ou même dans les gaz intra-amas diffus.

Imaginons un ensemble de grappes de galaxies nouvellement formées ou, mieux encore, de protogalaxies. Elles s'éloignent les unes des autres, environ un milliard d'années après le big-bang. Nous verrons au chapitre 12 comment se forment les galaxies ; le développement des groupements de galaxies aux plus grandes échelles est plus simple à comprendre. La formation des amas n'est pas compliquée car, très tôt, la force de gravitation, relativement simple, est la seule qui opère.

Pour comprendre avec quelle facilité les structures se développent, imaginons que notre grappe de protogalaxies soit destinée à devenir un petit amas d'une dizaine de galaxies. La région correspondante affichera donc une densité de protogalaxies légèrement supérieure, de 10 % peut-être, à la densité environnante. Dans une autre région de la même taille, il pourrait y avoir plus ou moins de galaxies. Ces disparités sont inévitables, même dans un univers uniforme en moyenne — comme il devait l'être dans le passé si l'on en croit l'homogénéité du fond de rayonnement cosmologique. Même un univers uniforme serait le siège de fluctuations statistiques égales à la racine carrée du nombre moyen de galaxies dans un volume donné ; une région pourra contenir cent dix galaxies quand une autre n'en contiendra que quatre-vingt-dix. La région en excès exerce sur son environnement une attraction gravitationnelle supérieure à celle des autres de sorte qu'elle engloutit petit à petit d'autres galaxies. Pendant que l'expansion de l'univers augmente sa taille d'un facteur dix, la densité de la région en excès augmente et passe d'un excès de 10 % (avec cent dix galaxies) à un excès de 200 % (avec deux cents galaxies).

À ce stade, la région considérée exerce une telle attraction gravitationnelle sur elle-même que celle-ci suffit à contrebalancer l'expansion de l'univers : la région cesse d'augmenter de taille. Elle atteint un rayon maximal lorsque sa densité vaut environ cinq fois la densité moyenne qui, elle, continue évidemment de décroître.

Au rayon d'expansion maximale, notre nuage de galaxies n'a que de l'énergie potentielle gravitationnelle, pas d'énergie cinétique. Lorsqu'il commence à se contracter, il perd de l'énergie potentielle et gagne de l'énergie cinétique du fait du mouvement aléatoire des galaxies. Une fois l'énergie cinétique égale à la moitié de l'énergie potentielle (négative), le nuage atteint un état d'équilibre énergétique. Il se trouve à l'équilibre dynamique : le champ de gravitation du nuage ne varie plus avec le temps. L'énergie cinétique des galaxies dont le mouvement est aléatoire agit un peu comme une pression qui s'oppose à l'attraction gravitationnelle, et le résultat de tout cela est que l'amas de galaxies est stable. Si le nuage ne perd pas plus d'énergie en se refroidissant et en rayonnant son énergie thermique, alors il cesse de s'effondrer. À ce stade, le nuage a réduit son rayon d'un facteur deux.

Nous venons de décrire l'évolution d'une région à peu près sphérique qui se contracte pour former un agrégat de galaxies. Mais la physique de départ est la même pour de la matière noire interagissant faiblement qui se condense pour former un halo ; elle est également très semblable lorsqu'il s'agit de la contraction d'un nuage de gaz en une seule galaxie. La seule différence, dans ce dernier cas, vient du fait qu'une galaxie unique continue de se contracter car les atomes du gaz peuvent se refroidir en rayonnant de l'énergie thermique. Le modèle d'effondrement sphérique simple suffit à don-

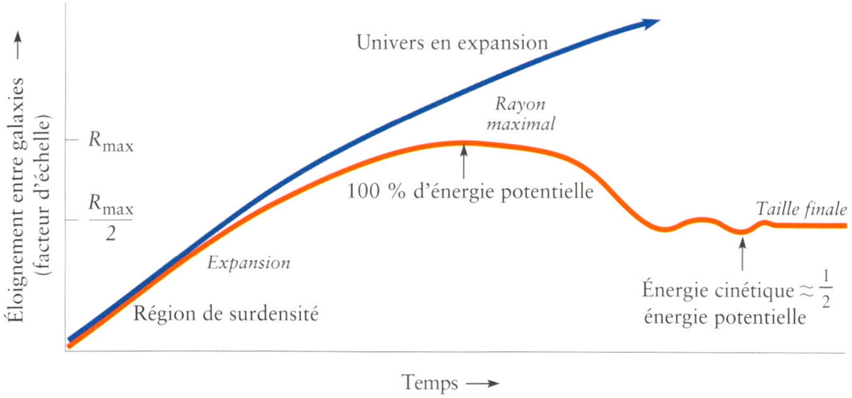

Une portion d'univers en surdensité est destinée à former un amas de galaxies. Cette portion se sépare progressivement du fond en expansion, passe par une taille maximale avant d'atteindre l'équilibre à la moitié du maximum de taille, lorsque ses énergies cinétiques et potentielles de gravitation se contrebalancent.

ner une image sensée d'une réalité plus complexe. Cela rappelle l'image du physicien qui, mis au défi de modéliser un chien, commence sa présentation en proposant un modèle pour un chien sphérique. Certes, le chien sphérique ne remue pas la queue (il n'en a pas !), mais ce modèle simple suffit à certaines considérations fondamentales, par exemple la composition chimique du chien.

La Voie lactée se trouve dans un état d'équilibre. Elle ne suit plus l'expansion de l'univers et elle ne se contracte pas non plus comme un nuage de gaz interstellaire qui s'effondre. On explique sa stabilité par deux raisons. Premièrement, la densité de la Voie lactée dépasse largement la densité moyenne de l'univers, de sorte que son attraction gravitationnelle accrue l'empêche de grossir. Deuxièmement, la Voie lactée est essentiellement composée d'étoiles qui se comportent comme des particules en dehors de toute collision : elles restent sur leur orbite, et leur énergie est donc conservée. Par conséquent, une galaxie comme la Voie lactée est dans un état d'équilibre déterminé par la compensation entre son propre champ de gravitation et l'énergie cinétique du mouvement de ses étoiles.

Vides, filaments et feuillets

Pour bien comprendre la distribution des galaxies, les astronomes ont établi des cartes de l'univers en trois dimensions. On a mesuré les décalages vers le rouge pour des milliers de galaxies dans une région précise du ciel ; ces relevés permettent de répertorier presque toutes les galaxies au-dessus d'une certaine luminosité, aussi basse que possible en fonction des télescopes disponibles et du temps d'observation. Les astronomes convertissent ensuite les valeurs du décalage vers le rouge en distance pour établir la distribution tridimensionnelle des galaxies.

Les premières cartographies de galaxies étaient surprenantes. Certes, on trouvait bien les plus gros amas, mais, à plus grande échelle, la distribution des galaxies ne correspondait pas vraiment à l'univers uniforme tant apprécié des cosmologistes. On a découvert d'énormes trous, des vides, souvent étendus sur plusieurs mégaparsecs. Entre ces vides résident les superamas, des regroupements de plusieurs amas de galaxie semblables à de fines feuilles peuplées de galaxies, et parfois même des filaments, des chaînes de galaxies longues de plus de dix mégaparsecs. À des échelles de l'ordre de quelques

Carte tridimensionnelle de l'univers obtenue pour plus de deux cent vingt mille galaxies ; la donnée de leur décalage vers le rouge permet de les utiliser comme indicateurs de distance. Notre galaxie se trouve au centre, et le double cône horizontal correspond à la zone du ciel que les poussières de la Voie lactée nous empêchent de sonder à grande distance. Cette carte s'étend jusqu'à la distance de un gigaparsec.

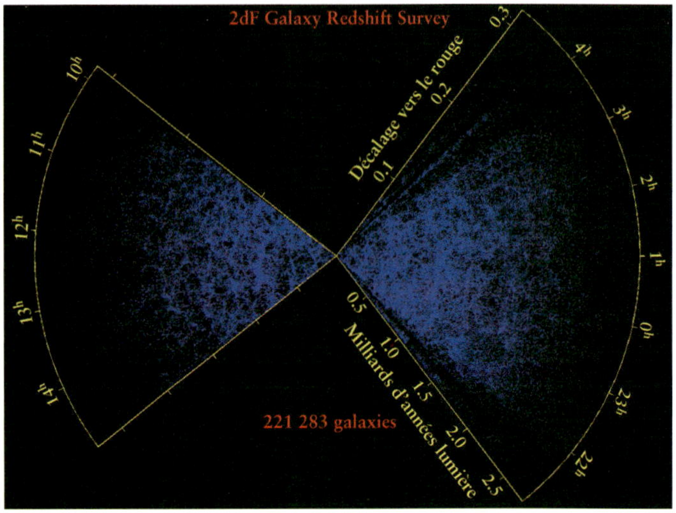

dizaines de mégaparsecs, l'univers affiche une texture presque spongieuse. À plus grande échelle encore, au-delà de cent mégaparsecs, la distribution des galaxies semble enfin atteindre l'uniformité tant escomptée.

Toute théorie cosmologique se doit d'expliquer comment cette diversité des structures a pu se développer à partir d'un univers presque uniforme. Une théorie y parviendrait-elle mieux que les autres ? Une explication sort du lot. Certes, elle a des rivales, mais aucune ne parvient aussi bien à expliquer autant de phénomènes observés dans l'univers.

On peut dire que le scénario de la matière sombre froide a pratiquement atteint le statut de « modèle standard » de l'évolution cosmologique. Il s'agit d'un modèle de type ascendant, selon lequel toutes les structures se sont formées à partir d'une hiérarchie d'échelles qui s'effondrent les unes après les autres. Initialement, les fluctuations de densité sont présentes à toutes les échelles. Les fluctuations les plus petites, disons celles de la masse d'une galaxie naine, sont de plus grande amplitude que les plus vastes. Par conséquent, les objets les plus petits se forment les premiers.

La matière sombre froide constitue le halo sombre des galaxies. Au sein de ces halos, les galaxies ne se forment qu'aux endroits, fort rares, où le spectre de la fluctuation primordiale présente des pics de densité extrême. Il s'agit de ce qu'on appelle l'hypothèse du « biais », parce qu'elle suggère qu'un biais aurait provoqué la formation des galaxies aux rares pics de très haute densité. Si les galaxies s'étaient formées à tous les pics d'une distribution initialement aléatoire des fluctuations de densité, il y aurait beaucoup trop de galaxies, et leur regroupement en amas n'aurait pas été possible.

L'hypothèse du biais a deux conséquences importantes. Même si les fluctuations sous-jacentes sont parfaitement aléatoires, les pics rares resteront groupés, pour la même raison que le sont les montagnes les plus hautes, comme dans l'Himalaya. Les pics moyens, qui ressemblent plus à des collines qu'à des montagnes, sont distribués uniformément. Ainsi, l'essentiel de la matière sombre réside en dehors des concentrations de galaxies plutôt qu'à l'intérieur. La valeur globale de Ω pourrait donc dépasser celle que l'on déduit de l'étude des masses associées aux halos et aux amas de galaxies. En fait, les superamas apparaissent comme de bons témoins de la distribu-

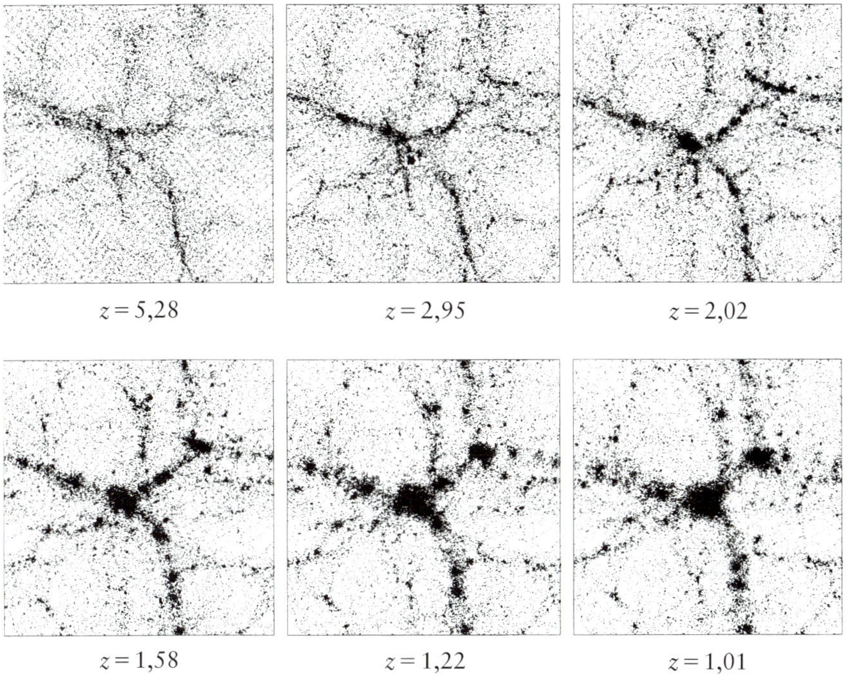

Dans cette simulation numérique, un amas de galaxies croît à mesure que la matière s'accumule sur les filaments. Chaque carré représente la projection à deux dimensions d'un cube comobile pris à une étape donnée de l'évolution de l'univers, commençant au décalage vers le rouge de 5,28 (moins de un milliard d'années après le big-bang) et allant jusqu'au décalage de 1 (environ trois milliards d'années plus tard).

tion de matière. L'effet de biais revient à une correction de la valeur de Ω qui peut atteindre 50 %.

Une deuxième conséquence est que la majorité de l'espace est remplie de vastes régions ne contenant que des pics moyens qui, par hypothèse, sont donc vides de galaxies. À l'occasion, des pics se regroupent en formant des filaments ou des feuillets, mais c'est relativement rare. La plupart des agrégats ressemblent à des sphéroïdes allongés.

Un scénario alternatif, celui de la matière sombre chaude, conduit à un spectre de fluctuations dont les plus petites échelles correspondent typiquement à la masse d'un

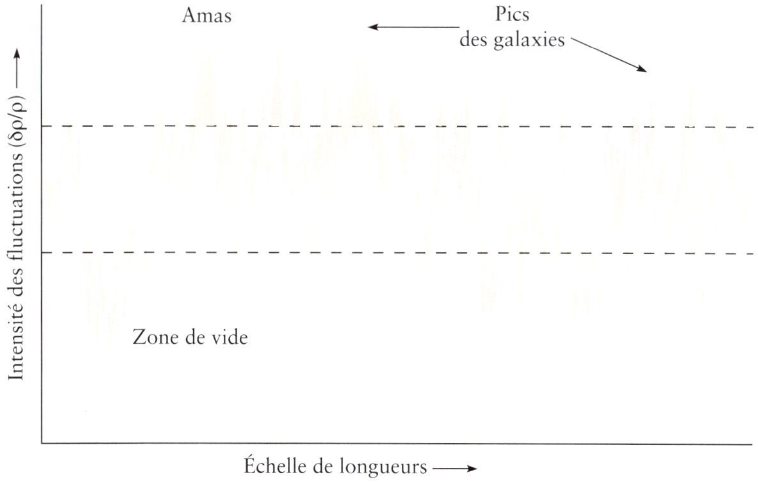

Dans un univers dominé par la matière sombre froide, seules les fluctuations dont l'intensité dépasse une certaine valeur peuvent former des galaxies. Ainsi, celles-ci se forment aux maxima de la distribution des fluctuations en densité. Ces pics, plutôt rares, sont plus fréquents dans les régions plus denses qui formeront au bout du compte des amas de galaxies, et plus clairsemés dans les régions moins denses, qui formeront de grands vides.

amas de galaxies. Des nuages de la masse d'un amas se condensent pour former des structures qui ressemblent d'abord à des galettes, puis se fragmentent en nuages plus petits de masse galactique. Le résultat est la formation de feuillets de galaxies. Les amas se forment aux intersections entre deux feuillets (qui sont disposés de manière aléatoire), tandis que les régions intermédiaires forment de grands vides. Cette vision de la formation des structures à grande échelle pourrait avoir ses chances, si ce n'est qu'avec ce scénario la plupart des galaxies se forment sur le tard, lors des derniers milliards d'années. Un univers dominé par la matière sombre chaude serait donc riche en amas, avec des galaxies jeunes. Ce scénario est de type descendant et ne correspond pas du tout aux observations, qui semblent plutôt élire le scénario ascendant de la matière sombre froide.

Les amas de galaxies semblent toujours en formation aujourd'hui. Or, dans un univers exclusivement dominé par la matière sombre chaude, les galaxies ne peuvent pas se former avant les amas. Pourtant, beaucoup de galaxies ont dû se former voici plus de dix milliards d'années, lorsque l'univers n'était âgé que de 20 % de son âge actuel. En effet, on voit des galaxies et des quasars avec un décalage vers le rouge de six (correspondant à l'époque où la taille de l'univers valait un septième de sa taille actuelle). Le scénario cosmologique de la matière sombre chaude est tombé en disgrâce. Comme nous allons le voir plus loin, cela n'exclut pas la possibilité de la présence de matière sombre chaude, à condition que la matière sombre froide reste majoritaire.

Réinterprétation des flots à grande échelle

Un moyen de savoir comment les structures ont évolué est de rechercher directement des fluctuations primordiales à très grande échelle et dont l'effondrement n'aurait pas encore eu lieu. Ces fluctuations à grande échelle se manifestent de différentes manières. On peut s'attendre à voir directement les fluctuations de densité dans la distribution des galaxies, sur des échelles de cent mégaparsecs ou plus. Cependant, cartographier les déviations par rapport à l'uniformité est une entreprise décourageante : aux échelles considérées, on recherche des variations de quelques pour-cent sur le nombre de galaxies. Les astronomes doivent mesurer le décalage vers le rouge de plusieurs milliers de galaxies et en déduire une valeur précise de leur distance. Pour progresser un tant soit peu, il faudra passer énormément de temps sur les plus grands télescopes du monde.

On a surmonté cette difficulté en élaborant de nouveaux instruments qui permettent aux astronomes de mesurer simultanément le décalage vers le rouge de centaines de galaxies en une seule exposition sur les plus grands télescopes. On a récemment entrepris de faire des relevés sur des télescopes de taille intermédiaire, qui mesurent un décalage vers le rouge pour un million de galaxies. On espère ainsi recenser toute la population de l'univers sur une vaste région du ciel, jusqu'à un décalage vers le rouge de l'ordre de 0,2. Ces profondeurs nous emmènent jusqu'à une distance de un gigaparsec, soit, dans le temps, trois milliards d'années plus tôt.

De ces études récentes, on a déjà obtenu une mesure des mouvements particuliers des galaxies. Grâce aux décalages vers le rouge, la loi de Hubble permet de reconstruire une carte à trois dimensions de l'univers avoisinant. Dans cet « espace des décalages vers le rouge », on trouve une distorsion étrange. Les amas de galaxies apparaissent étirés le long de la ligne de visée. On a appelé cela l'« effet des doigts de Dieu ». Il est dû aux mouvements aléatoires des galaxies, localement exacerbés par leur regroupement en amas. Ils provoquent soit une surestimation de la distance dans le cas d'une galaxie en récession, soit une sous-estimation dans le cas d'une galaxie à l'approche. En outre, lorsqu'on s'éloigne du cœur des amas, les galaxies tendent à s'effondrer vers celui-ci. Dans l'espace des décalages vers le rouge, cela n'a aucun effet, car les galaxies qui nous apparaissent très décentrées se déplacent perpendiculairement à la direction d'observation. Au contraire, pour les galaxies sur la ligne de visée du centre de l'amas, l'effet est systématique : la distance des galaxies les plus éloignées du cœur de l'amas est diminuée, et celle des galaxies les plus proches du cœur est augmentée. Le résultat est une configuration des décalages vers le rouge en forme de galette. Galettes et « doigts de Dieu » ne sont évidemment que des artefacts et des distorsions de l'espace des décalages vers le rouge, non de l'espace physique. Ils ont tout de même une origine physique qui nous permet de déduire la masse de la matière noire dans l'amas. À densité plus élevée pour l'univers, l'effet de la gravitation due à la matière noire sera supérieur, et les distorsions dans l'espace des décalages vers le rouge plus importantes. Ici encore, nous en déduisons que la densité de matière de l'univers doit valoir entre 20 et 30 % de la valeur critique.

Cela étant, un décalage vers le rouge de 0,2 est insuffisant pour étudier l'évolution des structures. De nouvelles expériences sont en cours sur les plus grands télescopes du monde, le Keck de dix mètres et le VLT de huit mètres. On espère obtenir le décalage vers le rouge de cent mille galaxies jusqu'à une valeur de 1,5, ce qui remonte à la moitié du temps écoulé depuis le big-bang. Cela devrait pousser l'analyse suffisamment loin pour que l'on puisse sonder directement les détails de l'évolution des structures à grande échelle et des populations de galaxies, ce qui laisse présager des progrès considérables pour l'étude des galaxies situées à grande distance.

Il existe une approche complémentaire pour sonder l'évolution des structures, que l'on peut mener à bien avec une quantité de décalages vers le rouge réduite, mais des données de meilleure qualité encore. Les galaxies lointaines ne semblent pas simplement s'éloigner, elles se déplacent aussi de long en large, sous l'influence de champs de gravitation locaux. Les galaxies se déplacent au sein des amas, et les amas eux-mêmes acquièrent une vitesse additionnelle, du simple fait qu'ils se trouvent à l'intérieur ou simplement au voisinage d'un superamas. Ces mouvements aléatoires des galaxies se superposent à l'expansion de l'univers, un peu comme les vagues de l'eau se superposent aux marées des océans. Ces vitesses particulières, qui sont des déviations par rapport au flot de Hubble, font l'objet de mesures très précises.

La technique s'appuie sur la corrélation de deux propriétés des galaxies : leur vitesse de rotation et leur luminosité. Nous avons déjà rencontré cette corrélation, baptisée « relation de Tully-Fisher », au chapitre 2. Il s'agissait alors de mesurer la constante de Hubble. Si l'on peut mesurer la vitesse de rotation d'une galaxie, on en déduira sa vraie luminosité. Puisque la vitesse de rotation ne dépend pas de la distance, contrairement à la luminosité apparente, la comparaison des deux luminosités revient à une mesure de la distance. Celle-ci, lorsqu'on l'insère dans la loi de Hubble, donne à son tour la vitesse moyenne d'expansion que l'on devrait observer s'il n'y avait pas d'interférence due aux fluctuations de densité. Le décalage vers le rouge, quant à lui,

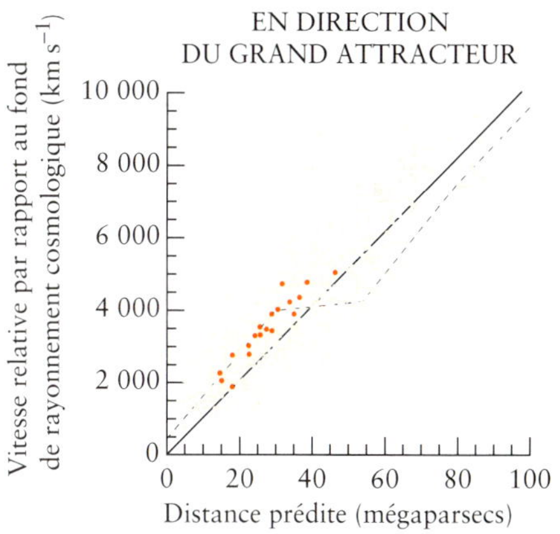

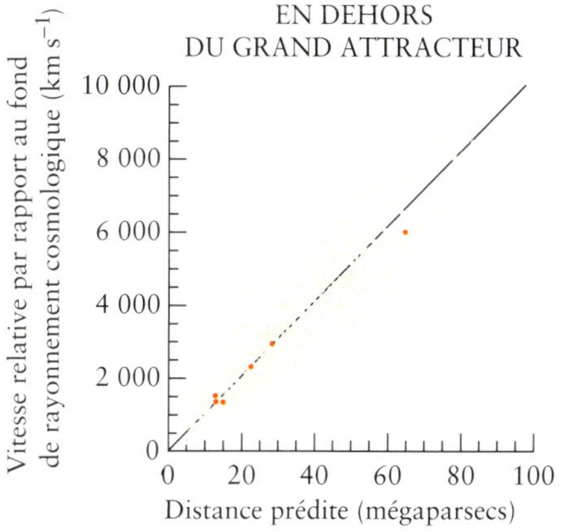

Le diagramme de Hubble pour deux gros échantillons de galaxies : on reporte la vitesse des galaxies (mesurée par rapport au fond de rayonnement cosmologique) en fonction de la distance prévue pour chaque galaxie (obtenue grâce à la relation de Tully-Fisher). La ligne continue correspond à ce que serait ce flot de Hubble dans un univers uniforme. On observe une déviation au flot de Hubble dans la direction du Grand Attracteur due à son attraction gravitationnelle. La ligne en pointillés indique la distorsion correspondante à laquelle on s'attend : les galaxies sont attirées par le Grand Attracteur, ce qui contribue à réduire leur vitesse apparente pour les plus lointaines, et au contraire à l'augmenter pour les plus proches.

mesure la vitesse réelle. En comparant ces deux vitesses, on en déduit la composante aléatoire de la vitesse de la galaxie considérée.

On peut étudier les déviations par rapport au flot uniforme de Hubble en appliquant la corrélation de Tully-Fisher à un grand nombre de galaxies, pour divers décalages vers le rouge et dans des directions différentes. Les vitesses aléatoires trahissent les effets de la gravitation de la matière visible comme de la matière noire. Lorsqu'on prend la moyenne des vitesses particulières des galaxies sur une grande échelle, on obtient une carte unique des fluctuations de densité à grande échelle. Les vitesses aléatoires présentent l'avantage, par rapport aux relevés de décalages vers le rouge, de sonder aussi bien la matière noire que la matière visible. Le simple décompte des galaxies ne porte que sur les composants visibles de l'univers.

Les vitesses de rotation ne sont pas les seules corrélations disponibles pour étudier les vitesses aléatoires. La relation de Tully-Fisher vaut pour les galaxies spirales. On peut néanmoins faire quelque chose de semblable pour les galaxies elliptiques en relevant la dispersion des vitesses des étoiles. On mesure les vitesses grâce à l'élargissement des raies d'absorption, et, même avec un seul pixel centré sur une galaxie, elles permettent de modéliser les mouvements de va-et-vient de plusieurs millions d'étoiles. On a appelé le résultat le « plan fondamental des elliptiques » : la dispersion des vitesses est étroitement corrélée à la taille de la galaxie et à sa luminosité, et cette corrélation forme un plan dans l'espace de ces trois paramètres. Comme la position de ce plan est la même pour les amas de galaxies proches et lointains, où se trouve l'essentiel des galaxies elliptiques, on peut utiliser n'importe quelle déviation systématique dans la localisation du plan avec le décalage vers le rouge comme puissant moyen d'investigation des propriétés des galaxies. Notamment, n'importe quelle petite courbure du plan donne la mesure des vitesses aléatoires dans l'amas. Ce faisant, on obtient de manière indépendante la distribution de matière noire sur des échelles de l'ordre du mégaparsec.

Le résultat des études à grande échelle est que les galaxies ont des mouvements aléatoires de quelques centaines de kilomètres par seconde. C'est précisément ce que l'on prévoit dans un univers à 20 % de la densité critique. Si la densité de matière de l'univers était égale à la valeur critique, les vitesses aléatoires s'élèveraient à des milliers de kilomètres par seconde. Des mouvements aussi rapides, au sein d'amas ou en dehors, sont maintenant exclus.

Bien que leur réalité ne soit pas mise en question, l'intensité précise de ces flots à grande échelle est sujette à controverse car on ne comprend pas encore l'origine de la corrélation de Tully-Fisher. Autant que nous sachions, elle pourrait très bien dépendre du voisinage. La seule mesure des vitesses particulières qui soit complètement dénuée d'ambiguïté vient d'une autre technique. Il s'agit de mesurer le mouvement de notre galaxie dans le référentiel du rayonnement de corps noir cosmologique. L'anisotropie dipolaire du fond de micro-ondes (chapitre 3) nous indique que notre galaxie se déplace, par rapport au référentiel du fond de rayonnement fossile, à la vitesse de 550 kilomètres par seconde, dans une direction faisant un angle de quarante-cinq degrés avec celle de l'amas de la Vierge. En effet, c'est tout le Groupe local qui se déplace à cette vitesse, puisque le mouvement de la Voie lactée par rapport à Andromède ne se fait qu'à 50 kilomètres par seconde. L'étude des vitesses particulières des galaxies permet de conclure que certains groupements de galaxies, à des distances entre dix et cent mégaparsecs, pourraient eux aussi se déplacer à des vitesses semblables.

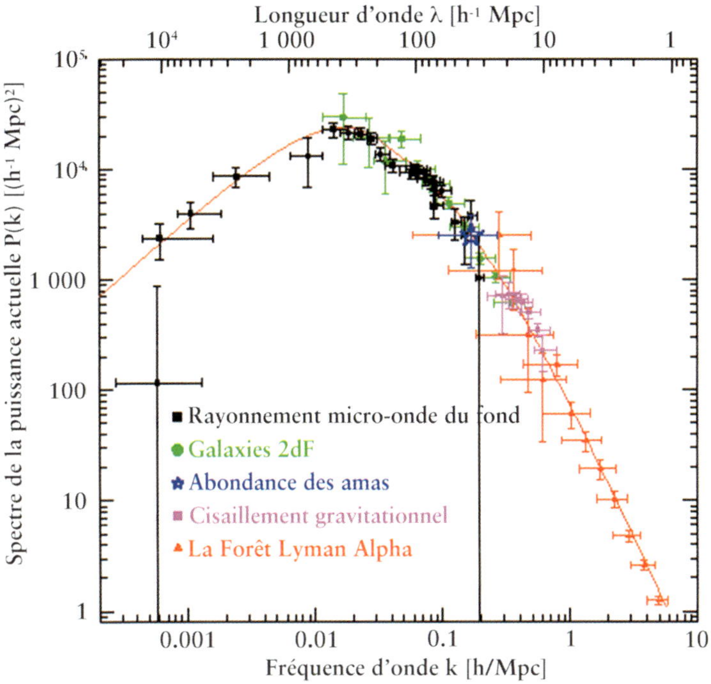

Le spectre de la puissance des fluctuations de densité, défini comme le carré de l'intensité des fluctuations multiplié par le volume sur lequel s'étend la fluctuation, est ici porté en fonction de l'échelle de longueurs qui définit la taille de la fluctuation. Les points de données (les barres verticales correspondant aux incertitudes) proviennent de différentes études de galaxies, d'amas de galaxies, de nuages intergalactiques dont on étudie l'absorption Lyman alpha de la lumière issue de quasars lointains, et des fluctuations de densité que l'on déduit des fluctuations en température du fond de rayonnement cosmologique. La courbe tracée entre ces points correspond au spectre théorique obtenu pour un univers plat dominé par la matière sombre froide, contenant matière noire et énergie dans un rapport de un pour deux.

Bien sûr, on prévoit qu'à suffisamment grande distance la région observable doit être au repos par rapport au fond de rayonnement cosmologique. On l'a vérifié en traçant la distribution des mouvements particuliers des galaxies au-delà de cent mégaparsecs. Cela détermine donc notre référentiel cosmologique.

Le mouvement aléatoire des galaxies permet de tester efficacement les théories de la formation des structures. Par exemple, dans un univers ouvert, l'énergie de l'expansion dominerait aujourd'hui l'énergie potentielle de gravitation. Ainsi, on prévoirait des valeurs beaucoup plus faibles des vitesses particulières des galaxies que dans un univers à la densité critique comme celui que prédit l'inflation. Nous l'avons vu : il règne dans un univers comme celui-là, et tant qu'il est uniforme, un équilibre délicat entre l'énergie de l'expansion et l'énergie gravitationnelle. Ainsi, toute fluctuation de densité à grande échelle, si faible soit-elle, peut faire basculer l'équilibre en favorisant les effets gravitationnels et engendrer des vitesses particulières. Pour rendre compte des observations, il faut une densité de l'univers égale à un tiers de la densité critique. Mais, pour expliquer la structuration de l'univers, il faut également des fluctuations primordiales de densité suffisamment intenses. Voyons maintenant les réussites et les échecs de la théorie de la matière sombre froide.

La matière sombre froide dans un univers à la densité critique

Le scénario de la matière sombre froide fait une prédiction unique pour l'intensité des fluctuations destinées à évoluer en galaxies et en amas de galaxies. Dans un univers

Sur cette simulation numérique, la tendance de la matière noire froide à se regrouper engendre un halo sombre massif, de la taille d'un groupement de galaxies. La séquence des agrandissements montre la structure de la distribution de matière noire à un décalage vers le rouge valant un (soit en remontant 60 % du temps jusqu'au big-bang). Chaque point représente 10^9 masses solaires de matière sombre froide. La séquence du bas montre la structure correspondante de la composante baryonique, où chaque point représente 10^8 masses solaires de matière ordinaire. Le gaz baryonique perd de l'énergie par refroidissement et devient donc en mesure de former de petits agrégats de la masse d'une galaxie. La concentration massive de matière noire froide (en haut, au centre) conduit à des vitesses relatives pour les galaxies aussi élevées que 1 000 kilomètres par seconde, le double de ce qu'on observe.

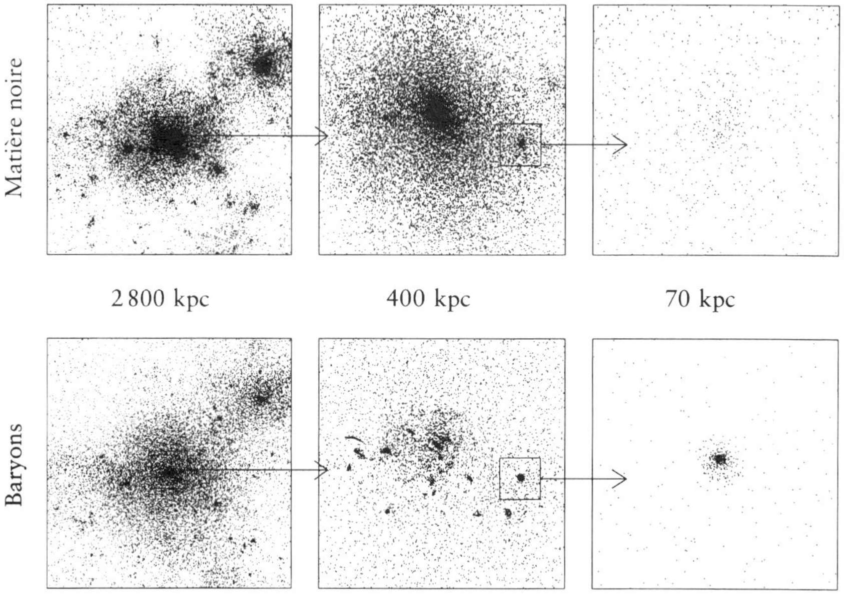

à la densité critique, la matière sombre froide ne peut pas se soustraire à la formation d'agrégats ; les structures devraient donc être nombreuses. Malheureusement, si l'univers est à la densité critique, la théorie devient trop efficace : on observe beaucoup moins d'amas et de galaxies massives qu'elle n'en prévoyait dans le passé. Mais cette insuffisance de structures n'est pas le seul problème. La théorie prédit alors que les amas de galaxies, de même que les paires de galaxies, afficheraient une dispersion des vitesses relatives deux ou trois fois supérieure à ce que l'on observe, et les galaxies massives orbiteraient à des vitesses elles aussi deux ou trois fois supérieures à nos observations.

Nous ne pouvons nous fier à ces prédictions qu'à condition d'avoir correctement identifié les fluctuations primordiales qui forment les galaxies. Si tous les pics de densité finissent par donner des galaxies, alors le scénario de la matière sombre froide, dans un univers de densité critique, reste excessif. Si au contraire les galaxies ne proviennent que des fluctuations les plus faibles dans les régions les plus paisibles de l'univers, alors le nombre de galaxies et d'amas prédit reste élevé, mais beaucoup ne seraient pas observables. Il y aurait des amas sombres et des galaxies sombres, autant d'objets dotés de grandes vitesses avec une dispersion importante, mais qui ne seraient pas visibles. Peut-être pourrions-nous tester cette hypothèse : le gaz interstellaire qui se précipite vers un amas invisible se réchaufferait et émettrait des rayons X en nombre suffisant pour suivre la trace de ces galaxies sombres.

Quoi qu'il en soit, indépendamment de ces nuances de la théorie, un argument de poids élimine la possibilité d'un univers à la densité critique : il s'agit de l'excès de mouvements aléatoires des galaxies. Et il n'y a aucun moyen de soustraire ces mesures à l'influence de la matière noire. Dans un univers à la densité critique, on prédit la vitesse du mouvement des galaxies à un millier de kilomètres par seconde. Cette vitesse est énorme, plus de deux fois supérieure à ce que l'on mesure pour le mouvement aléatoire moyen des galaxies.

Les études des effets de lentille gravitationnelle viennent appuyer cette conclusion. L'effet de lentille gravitationnelle est le nom que l'on donne au phénomène de courbure des rayons lumineux, prédits pour la première fois par la théorie de la relativité générale. On a vérifié la réalité de ce phénomène pour les étoiles, puis, plus de cinquante ans plus tard, pour des quasars à fort décalage vers le rouge dont on observe une image multiple dans 1 % des cas. Typiquement, les effets de lentille gravitationnelle donnent des images de quasars avec une séparation angulaire de quelques secondes d'arc, et c'est souvent un amas de galaxies intermédiaire qui joue le rôle de la lentille. Les amas peuvent aussi exercer cet effet sur la lumière provenant d'une galaxie plus éloignée, et la signature typique est alors une déformation en arc de l'image de la galaxie lointaine.

Le résultat des effets de lentille est également très sensible au modèle cosmologique, car l'effet est d'autant plus fort que l'énergie du vide est importante. Cela vient du fait que la nature répulsive de l'énergie sombre a pour effet d'allonger la distance propre d'un objet lointain, par rapport à un modèle contenant moins ou pas d'énergie du vide. Les effets de lentille gravitationnelle seraient accrus, et l'on prédirait plus d'effets de lentille avec des séparations importantes. Le nombre et la taille des lentilles gravitationnelles observées désignent un univers avec une constante cosmologique non nulle. Un univers à la densité critique serait incapable d'engendrer suffisamment de lentilles.

La solution du problème d'un univers à la densité critique dominé par la matière sombre froide est simple : on laisse chuter la densité jusqu'à un cinquième de la valeur critique, et tous les aspects des structures à grande échelle trouvent leur place. Mais cela nécessite un autre tour de passe-passe : une manipulation des lois de la physique qui mettent en scène une nouvelle force... laquelle, somme toute, ne s'avère pas si inédite que cela.

Énergie sombre et matière sombre froide

C'est la matière qui est manquante, et l'univers est à la densité critique de masse *et* d'énergie. Comme nous l'avons vu, les pics du fond de rayonnement micro-onde nous indiquent que l'espace est plat. En outre, les mesures de supernovæ de type I donnent des preuves directes de l'accélération et donc de la présence d'une constante cosmologique. Il est nécessaire que nous en ayons une mesure correcte pour comprendre l'équilibre entre courbure, masse et énergie. La solution favorite fait appel à la constante cosmologique, vestige des travaux d'Einstein auquel il eut recours pour finalement l'abandonner rapidement. Il s'agit de l'énergie sombre, qui ne se regroupe pas en amas ; et l'on pourra grâce à elle réconcilier avec l'univers plat les tests de la matière noire, des mouvements particuliers et des effets de lentille gravitationnelle.

La quantité de matière observée à des échelles inférieures à dix mégaparsecs désigne indubitablement un univers de faible densité, avec $\Omega =$ 0,2 ou 0,3. Aux échelles les plus vastes, nos techniques pour estimer la quantité de matière et ses fluctuations deviennent de moins en moins fiables. Un physicien connu fit un jour remarquer que dans un ensemble de données quel qu'il soit, contenant plusieurs compilations de données indépendantes, l'une des compilations était forcément fausse. Bien sûr, la raison vient des erreurs systématiques, un fléau contre lequel nous ne pouvons pas grand-chose. En cosmologie, ce fléau est aggravé par l'existence de plusieurs théories alternatives qui, si tordues soient-elles, s'arrangent néanmoins pour afficher un minimum de plausibilité.

Supposons que nous adoptions le point de vue consistant à ne nous fier qu'à la physique connue et vérifiée expérimentalement ; ainsi, nous deviendrions de plus en plus méfiants à l'égard des déterminations à grande échelle de Ω et, en particulier, nous ne tiendrions pas compte de l'interprétation de la position des pics dans le rayonnement fossile. Dans ce cas, un univers ouvert nous semblerait clairement le plus favorable. En effet, c'est la solution de l'univers ouvert qui convient le mieux aux observations à petite échelle. Dans un univers ouvert, les galaxies décélèrent plus lentement que dans un univers à la densité critique et l'âge de l'univers serait supérieur, d'environ 50 %. Ainsi, ce modèle pourrait aussi être celui qui permet d'attribuer un âge raisonnable à l'univers pour une constante de Hubble établie à environ 70 kilomètres par seconde et par mégaparsec.

Mais le modèle de l'univers ouvert conduit à de sérieux problèmes. La gravitation a eu moins de temps pour faire croître les fluctuations, et celles-ci devaient donc être plus importantes à l'époque des dernières diffusions, lorsque les photons du fond de rayonnement cosmologique se sont libérés de la matière. Les fluctuations correspondantes de la température dans le fond de micro-ondes cosmologique actuel devraient donc être supérieures. L'inflation prédit une invariance d'échelle des fluctuations qui permet de prévoir précisément ce qu'on devrait voir, pour différentes échelles angulaires, dans le fond de rayonnement micro-onde. Les résultats sont décourageants : les fluctuations de température observées sont indiscutablement plus faibles que celles que l'on prévoit.

Mais ce problème n'est pas encore le plus sérieux de ceux que l'on rencontre, au sujet du fond de rayonnement cosmologique, avec l'hypothèse d'un univers ouvert. La position angulaire du premier pic indique que l'univers est plat. Un univers ouvert prédit un pic décalé vers les plus petits angles, jusqu'à la moitié du degré observé. Une solution serait de faire abstraction des fluctuations adiabatiques primordiales. Des conditions initiales plus compliquées, acceptables dans le contexte de l'inflation et de la matière sombre froide, pourraient peut-être concilier un univers ouvert avec les observations du fond de rayonnement cosmologique. Il faudrait compter avec des mélanges aussi exotiques que celui de fluctuations à courbure égale et adiabatiques, et peut-être aussi avec une pointe de défauts cosmiques par-dessus tout cela. Une approche plus radicale serait de modifier la gravitation, par exemple en faisant intervenir une « brane » voisine juste aux bons endroits. Les seules bonnes nouvelles sont qu'un univers ouvert à dominance baryonique, disons avec $\Omega = 0{,}1$, pourrait fonctionner, au prix d'une légère injustice ou d'une toute petite distorsion des prédictions issues des flots à grande échelle, des effets de lentille gravitationnelle et de la nucléosynthèse primordiale. Il faut le dire, cette solution, qui dispense d'avoir recours à de la matière noire exotique, est inélégante.

Il existe une autre façon de s'affranchir de cette difficulté : donner un nouveau souffle à la densité du vide en réincarnant ce qu'Einstein appelait sa « plus grosse gaffe » : la constante cosmologique. Fait remarquable, les indices expérimentaux modernes s'accumulent en faveur de cette solution. En 1916, Einstein envisageait tout d'abord un univers statique, sans expansion. Il a rapidement compris qu'un univers statique serait instable et voué à l'effondrement. Pour réconcilier le modèle de l'univers statique avec sa théorie, Einstein inventa l'idée d'une répulsion cosmique, incarnée dans ses équations de la relativité générale par le terme de constante cosmologique. Bien sûr, l'univers obtenu n'était plus statique. Einstein s'en remit rapidement à d'autres cosmologistes, comme de Sitter, et laissa de côté la constante cosmologique.

Toutefois, d'autres chercheurs courageux persévérèrent (Lemaître et Eddington par exemple). On peut effectivement réhabiliter la constante cosmologique dans le but de sauvegarder l'éventualité d'un univers plat de faible densité. L'interprétation moderne de la constante cosmologique la fait passer d'un côté à l'autre des équations d'Einstein de la relativité générale. D'un côté, elle apparaît comme une force répulsive et, de l'autre, elle fait partie des termes de source pour le champ de gravitation. Les termes en question ne sont que la densité de matière et d'énergie de l'univers. On peut réinterpréter la constante cosmologique comme une densité d'énergie du vide, sans qu'aucun type de matière n'y soit associé. La constante ajoute simplement de la densité d'énergie à l'univers. Cela reste compatible avec l'univers inflationnaire plat : la densité du vide, c'est-à-dire la constante cosmologique, s'ajoute alors à la densité de matière sombre froide pour atteindre la densité critique.

Un univers de matière sombre froide dominé par le vide présente un avantage de taille : ce qui découle de l'hypothèse de la matière sombre froide est ce que l'on observe effectivement en mesurant les orbites d'étoiles dans les galaxies et les mouvements des galaxies dans les amas. Nul besoin de jongler avec des idées telles que biaiser la matière sombre froide afin de la cacher à notre vue. Galaxies et amas de galaxies ne se forment pas aussi tôt que dans un univers de faible densité. Cela n'est pas forcément un mauvais point. Dans notre voisinage, on voit des amas de galaxies dynamiquement jeunes. Le spectre des quasars les plus distants, à un décalage vers le rouge de 6,3, révèle une absorption importante par des nuages de gaz intermédiaires. Ceux-ci nous indiquent que la réionisation de l'univers, et donc la formation des premières étoiles, pourrait avoir eu lieu aussi « récemment » qu'à un décalage vers le rouge de 7, soit un milliard d'années après le big-bang.

Dans un univers de faible densité, l'époque à laquelle il passa sous l'emprise de la matière est retardée d'un facteur cinq, que l'on mesure par la taille qu'aurait l'univers observable d'alors, par comparaison à celle d'un univers à la densité critique. Ce retard influe sur la forme du spectre de fluctuations. L'inflation produit des fluctuations d'égale intensité à toutes les échelles, mais celles-ci n'ont commencé à croître qu'après que l'univers fut passé sous la domination de la matière. L'horizon à l'aube du règne de la matière marque une transition naturelle entre les échelles les plus petites, sièges d'une croissance ininterrompue, et les échelles les plus grandes qui passent l'horizon plus tard et ont moins de temps pour grandir. Dans un univers à la densité critique, l'échelle de transition est *grosso modo* l'échelle à laquelle se forment les amas. Toutes les échelles plus petites atteignent une amplitude semblable et forment donc les premières structures à peu près en même temps. Les galaxies se forment plus tôt que les amas, peut-être à un facteur trois dans leur décalage vers le rouge. Toutefois, dans un univers de faible densité dominé par le vide, l'époque de transition est retardée, et les galaxies n'ont plus tellement d'avance sur les amas. Les fluctuations destinées à devenir des galaxies sont d'autant moins stimulées dans leur croissance que l'univers est de plus en plus dominé par le vide.

Cela conduit à une empreinte marquée des filaments, des feuillets et des vides de galaxies sur la structuration à grande échelle de l'univers. C'est la structure que l'on observe et, bien qu'elle soit difficile à quantifier, elle corrobore clairement que nous vivons bien dans un univers de faible densité. La preuve qui a convaincu toute la communauté des cosmologistes que la dominance de l'énergie sombre fait partie de la vie provient des mesures de l'accélération de l'univers. Les preuves directes de l'accélération qu'apportent les supernovæ de type I sont presque incontestables. Parallèlement, les fluctuations du rayonnement de fond cosmologique garantissent la platitude de l'univers. Le modèle favori est celui d'un univers plat dominé par le vide. Les cosmologistes sont parvenus à se mettre d'accord malgré le fait, fâcheux, qu'on ait besoin de l'énergie sombre comme source dominante de masse dans l'univers, alors qu'on n'en connaît pas encore d'explication physique fondamentale.

Les problèmes de la matière sombre froide

Des simulations de haute résolution offrent une nouvelle approche de la matière noire interagissant faiblement. On trouve que les halos sont granuleux, avec une sous-structure qui persiste après plusieurs fusions successives. Une conséquence de ces sous-structures est une vaste population de galaxies satellites, dont l'abondance est d'autant plus importante que leur masse est réduite. En fait, la faible fréquence que l'on observe pour ces satellites nains représente un argument qui contredit l'hypothèse d'un halo très grumeleux que suggèrent les simulations par la matière sombre froide. Une confirmation indépendante de ce résultat local vient des observations à haut décalage vers le rouge de la phase prégalactique (riche en gaz) qu'on lit dans les données des nuages Lyman alpha interposés sur la ligne de visée des quasars.

La solution pourrait consister à réduire la quantité de gaz des naines avant que trop d'étoiles ne se forment. Ce n'est pas trop difficile : leur faible champ de gravitation préserve véritablement la phase gazeuse. L'abolition de la formation des étoiles par une photo-ionisation primitive pourrait contribuer à les rendre invisibles. Cependant, la granulosité a un effet secondaire malvenu : en tombant dans le disque, les grains de baryons s'enlisent vers le centre par friction dynamique et perdent l'essentiel de leur moment angulaire. Finalement, les simulations donnent des disques beaucoup trop petits. La solution pourrait alors être la suivante : les premières étoiles massives sont de courte durée de vie et explosent en réchauffant le gaz, empêchant ainsi qu'il ne se contracte et ne perde du moment angulaire avant d'être en mesure de former des étoiles.

Les simulations font également des prédictions qui semblent se résumer par des signatures en contradiction avec ce que l'on observe de la composition des étoiles. Certaines études expérimentales indirectes suggèrent, outre la question des sous-structures, que la concentration de matière noire soit moins extrême que celle que prévoient les simulations. Avec un modèle de matière sombre froide, la concentration proposée pour un halo sombre typique signifierait qu'environ la moitié de la matière du disque est invisible. Dans le cas de la Voie lactée, il semble que la contribution de la matière sombre non baryonique au sein du cercle solaire doive être inférieure à 10 %. D'autres disques contiennent des barres de galaxies massives en rotation rapide dont l'existence en tant qu'entité autogravitante requiert une dominance de baryons au cœur de la galaxie.

Les simulations de haute résolution établissent finalement un profil de la présence de matière noire présentant un maximum au centre des halos. On devrait trouver les pics de matière noire soit dans une forte concentration d'étoiles, soit dans une courbe de rotation. Toutefois, les observations de galaxies spirales naines trouvent peu, si ce n'est pas du tout, de preuves indiquant la présence d'un pic central.

Nous ne savons pas si la solution de ces questions tient de la théorie fondamentale de la gravitation, de la physique des particules ou de l'astrophysique. Peut-être est-il prématuré de trop se fier aux simulations numériques. Mais, à première vue, un certain nombre de problèmes concernant le détail de la structure des halos sombres doivent être résolus. Selon un point de vue minoritaire, des modifications fondamentales de la loi de la gravitation permettraient de changer la loi de Newton et, de cette manière, de s'affranchir de la nécessité de la matière sombre. L'hypothèse d'interactions gravitationnelles avec des « branes » adjacentes pourrait fournir une source efficace de matière sombre, dont les propriétés seraient fort différentes de celles de la matière sombre froide.

Le fait de jouer avec la nature des particules de matière noire modifie les propriétés du halo, mais pas forcément dans la direction désirée. Par exemple, les particules de matière sombre froide pourraient avoir des propriétés semblables à celles d'un fluide, voire se révéler comme de la matière sombre tiède, que nous allons décrire plus bas. Cette approche ne résout pas le problème de sa concentration, mais peut-être permet-elle de se débarrasser d'une bonne partie des sous-structures.

Les premiers processus dynamiques pourraient coupler les baryons à la matière sombre, atténuer quelques pics et sous-structures et réduire la concentration. On peut également envisager que la fusion de trous noirs supermassifs ou la décélération de barres de gaz en rotation rapide puissent réchauffer la matière sombre de manière dynamique. Il est difficile d'estimer l'importance de ces effets dynamiques, mais ils doivent avoir lieu à un niveau ou à un autre.

Il est certainement prématuré d'enterrer le concept de matière sombre froide. Au contraire, on conclura plutôt qu'on dispose d'une théorie élégante qui rend compte assez bien de l'univers aux grandes échelles mais qui a quelques petites difficultés à s'accorder aux observations à petite échelle.

Chaude et froide ou mitigée

Une approche plausible consiste à ajuster les propriétés de la matière sombre de façon qu'elle modifie les fluctuations inflationnaires. Après tout, nous n'avons pas encore détecté de matière sombre, alors pourquoi ne pas la modifier ? Toutes les fluctuations ne survivent pas selon, par exemple, que la matière sombre est suffisamment chaude. Avec cette vision des choses, il y aurait beaucoup moins de fluctuations à l'échelle des galaxies. Cette approche consiste à modifier la matière sombre froide tout en préservant l'inflation.

La matière sombre chaude ne produit pas assez de structures à petite échelle ; la matière sombre froide engendre trop de puissance à petite échelle… un mélange des

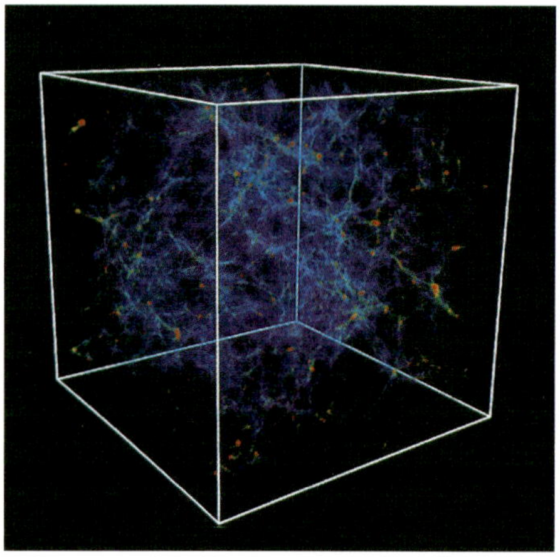

Dans cette simulation, un univers de matière sombre chaude et froide mélangée a évolué en créant des amas de matière baryonique, dont la distribution semble correspondre aux observations des amas de galaxies par des détecteurs satellites de rayons X. Les régions denses sont rouges et les régions de faible densité sont bleues. Ce cube mesure deux cents mégaparsecs de côté.

deux apparaît donc comme un bon compromis. En fait, si l'on attribue au neutrino une masse de trois électronvolts, la matière sombre chaude passe à 10 % de la densité critique. Avec 20 % de la densité critique de matière sombre froide, disons sous la forme de photinos, on peut alors construire un modèle en accord avec les observations aussi bien aux petites qu'aux grandes échelles. La présence de matière sombre chaude garantit la puissance à grande échelle et concorde avec les fluctuations mesurées par COBE. La dominance de matière sombre froide garantit la formation des structures suivant le schéma ascendant. La contribution pour un tiers de la matière sombre chaude supprime suffisamment de structures à petite échelle pour atteindre une très bonne concordance avec les observations astronomiques de galaxies et d'amas de galaxies. Avec un univers plat, l'inflation reste valable si l'énergie sombre représente 70 % de la densité d'énergie totale.

Quelque chose pourrait-il être faux dans ce scénario ? À grande échelle, rien ne le distingue de celui de la matière sombre froide. Toutefois, à petite échelle, celle-ci prédomine, et l'on retrouve presque tous les problèmes déjà rencontrés.

La réponse de certains théoriciens a été de développer une autre variante, celle de la matière sombre tiède, qui permet de se débarrasser efficacement des sous-structures. À grande échelle, tout se passe comme pour l'univers de matière sombre froide dominé par l'énergie. On attribue aux particules de matière sombre tiède une masse de l'ordre de mille électronvolts. Dans ce scénario, le spectre des fluctuations descend jusqu'à l'échelle des galaxies naines, en deçà de laquelle toutes les autres fluctuations sont supprimées. La structuration se fait suivant le schéma ascendant, et il y a peu de structures sous-galactiques. Ce modèle présente tous les avantages de celui de la matière sombre froide

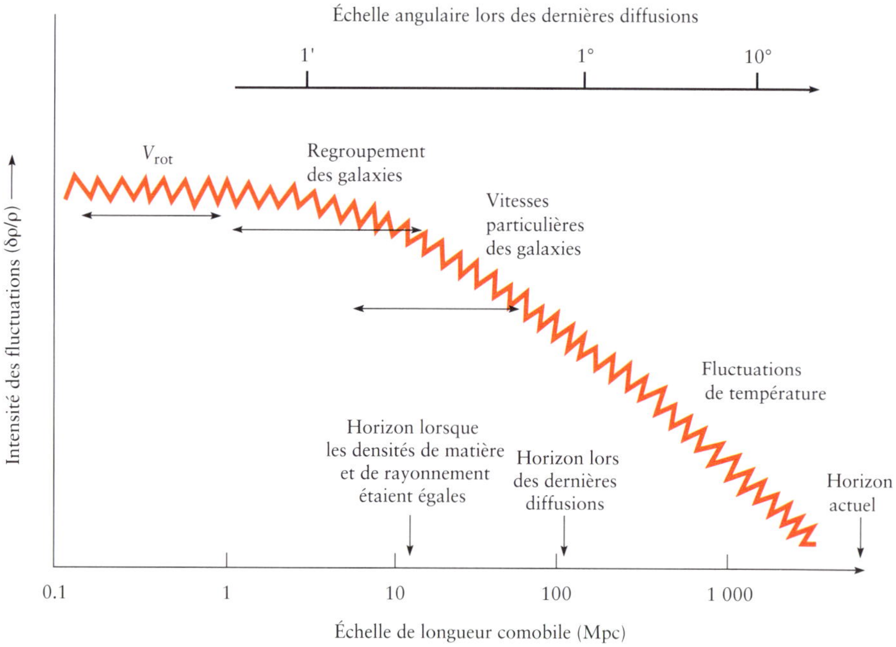

On mesure que les fluctuations de densité sont importantes aux petites échelles et faibles à grande échelle. On peut effectuer sur le fond de rayonnement micro-onde des mesures sur une grande variété d'échelles. Lorsqu'on fait ces mesures sur des échelles inférieures à un degré, elles sondent des échelles semblables à celles mises en jeu dans l'étude du regroupement des galaxies et des vitesses particulières des galaxies.

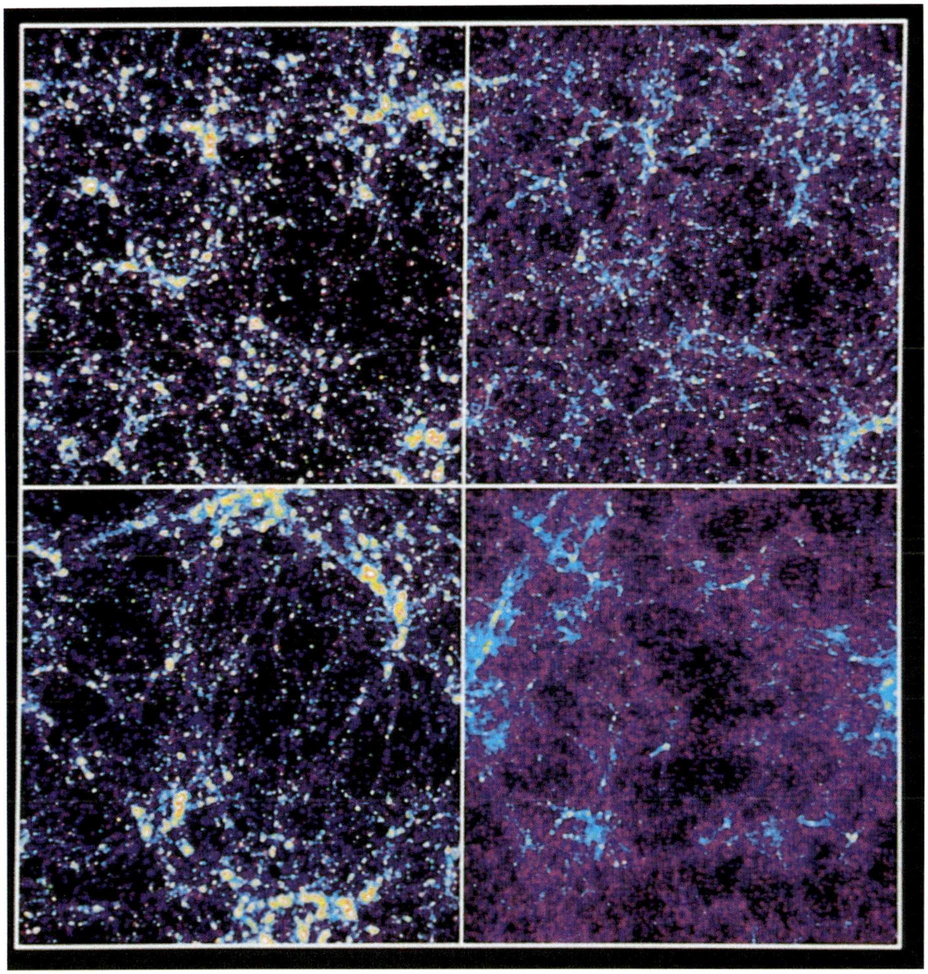

Une simulation permet de prédire la densité de masse pour trois modèles cosmologiques différents. Chaque carré correspond à une projection en deux dimensions d'un cube d'arête comobile de cent mégaparsecs, observé à un décalage vers le rouge valant un, c'est-à-dire lorsque l'univers était à 40 % de son âge actuel. En haut à gauche, un modèle d'univers dominé par la matière noire froide ; en bas à gauche, un univers de matière noire froide dominé par le vide ; en bas à droite, un modèle mixte : un tiers de matière noire chaude, deux tiers de matière noire froide. L'image en haut à droite montre un univers de matière noire froide à un décalage vers le rouge de quatre. Le modèle mixte ne produit pas suffisamment d'amas de galaxies tandis que l'univers dominé par le vide produit plus de structures à grande échelle que le modèle de matière sombre froide, celui qui s'accorde le mieux avec les observations.

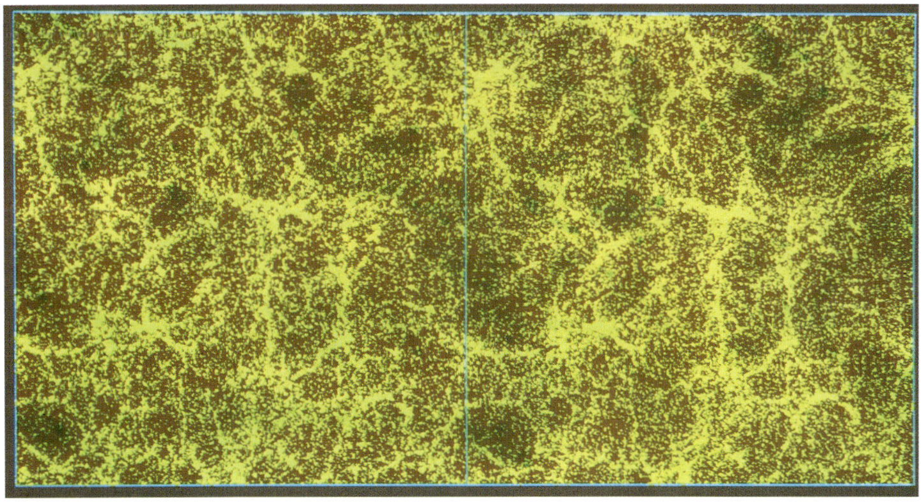

Cette simulation montre les structures à grande échelle observables aujourd'hui dans un univers de matière noire froide (à gauche) et dans un univers de faible densité, dominé par le vide (à droite).

et il résout au moins un des problèmes qu'il pose à petite échelle. Toutefois, d'autres problèmes subsistent, par exemple la concentration excessive de matière noire, et ce modèle pourrait même produire trop peu de galaxies naines. Le mieux est l'ennemi du bien. Un aspect positif de la matière sombre tiède est que nous en avons un candidat naturel : le neutrino. On le choisit généralement stérile (soit jamais en équilibre thermique) afin d'éviter qu'il ne soit produit en trop grand nombre dans l'univers primitif.

Défauts et « branes »

La cosmologie qui fait l'objet de cette section n'est que spéculation. Elle ne propose que peu de prédictions vérifiables concernant l'univers primordial. En effet, la gravitation quantique, dont on espère qu'elle permettra d'étudier l'instant de Planck et en deçà, ne fait aucune prédiction. Il est toujours tentant d'envisager des variantes du modèle standard qui, tout exotiques qu'elles soient, n'ont pourtant aucun pouvoir prédictif. Les chances de trouver un fossile à explorer sont maigres, mais, si l'on y parvenait, ce serait une révolution. Après tout, ne suffit-il pas d'*un* miracle pour convaincre un athée de l'existence de Dieu ?

Soucieux de réconcilier leurs théories des origines des galaxies avec les observations des structures à grande échelle, les cosmologistes ont dû prendre des mesures extrêmes. Une école de pensée prône que l'univers primitif n'est peut-être pas aussi simple que le suggère la théorie de l'inflation. Cette approche plus radicale en vient à remanier l'inflation. On peut toujours élaborer un spectre de fluctuations conçu sur mesure pour concorder avec les observations. On peut encore jeter les semences d'objets de densité extrêmement élevée qui seraient les reliques d'une transition de phase antérieure ayant eu lieu après l'époque inflationnaire. Mais on peut également oublier complètement l'inflation.

Si l'on en croit la théorie de l'inflation, n'importe quel vestige datant du commencement du temps, si étrange soit-il (un monopôle magnétique par exemple), subirait les effets de l'inflation. On prévoit qu'il existe au moins une relique par horizon observable, à moins qu'elles ne soient recréées après l'inflation. Cependant, certains théoriciens ont avancé que des reliques de ce type auraient pu être générées en grand nombre pendant la transition de phase qui marque la fin de la grande unification durant laquelle les interactions électromagnétique et nucléaire se comportaient comme une seule et même force. À l'instar des craquelures qui se forment sur la glace lorsqu'on la réchauffe, ou des fractures qui peuvent apparaître dans des matériaux fragiles, la fin de la grande unification aurait pu laisser des nœuds topologiques emprisonnant des vestiges de phases antérieures plus denses. On les appelle des « défauts topologiques ». Ils peuvent prendre plusieurs formes : des points, des cordes ou des membranes. Certes, les défauts cosmologiques seraient des reliques naturelles d'une ère primitive plus chaude, mais ils n'en demeurent pas moins hautement spéculatifs : on n'en a pas encore découvert.

Parmi les aspects de la physique que l'on n'a pas encore mis en évidence, certains sont bien plus exotiques que ces défauts. En tête de cette liste de spéculations, on trouve certainement les « branes », ces variétés de haute dimensionnalité au sein desquelles notre univers serait plongé. Les sept (ou dix-neuf) dimensions supplémentaires se seraient enroulées en pelotes de la taille de la longueur de Planck, ne laissant qu'un espace à trois dimensions, qui se serait ensuite structuré à mesure de l'évolution du big-bang.

Dans un univers de « branes », il n'est nul besoin d'inflation. Il existe au moins une alternative : la collision des « branes ». On a suggéré que l'attraction gravitationnelle entre une paire de « branes » de haute dimension serait duale (disons mathématiquement équivalente) à l'avant-big-bang.

Ainsi, admettons que deux « branes » se rapprochant représentent l'avant-big-bang, au moins aussi bien que toute autre théorie. On prétend alors que leur collision aurait déclenché l'apparition de notre univers en expansion, avec le spectre approprié des fluctuations de densité, après la compactification des dimensions supplémentaires. Nul besoin de l'inflation dans ce modèle : il fournit le terrain de chasse idéal pour les défauts fossiles qui auraient survécu à l'ère de grande unification.

Voyons maintenant comment accorder ces deux concepts révolutionnaires que sont les défauts cosmiques et la collision de « branes ». L'inflation n'a pas eu lieu : l'univers est aussi vaste car il était jadis, dans les temps reculés d'avant le big-bang, aussi vaste, voire beaucoup plus. Parmi les éventuels vestiges survivants, on trouve de drôles d'objets appelés « textures » et « cordes cosmiques ». Une texture est un « nœud », et une corde une relique unidimensionnelle de très haute densité d'énergie, dans l'espace, vide par ailleurs, contenant un champ dit « champ de Higgs ». Celui-ci porte le nom du physicien Peter Higgs, qui fut le premier à proposer l'existence de ce champ pour rendre compte de la masse des quarks et des leptons. Le champ de Higgs contribue à expliquer la brisure spontanée de symétrie entre les forces électromagnétique et nucléaire faible qui jusqu'alors étaient indiscernables. La brisure de cette symétrie eut lieu autour de 200 GeV, lorsque l'univers était âgé d'un centième de nanoseconde. C'est à ce moment que quarks et leptons devinrent des particules massives.

De manière plus générale, les champs de Higgs apparaissent fréquemment dans la théorie moderne des particules élémentaires. Un champ de Higgs peut interagir avec d'autres particules, car il transporte une certaine densité d'énergie, de l'énergie potentielle qui ne dépend que de la valeur du champ en chaque point. Une certaine énergie cinétique est associée aux gradients du champ, dus à la fois à la non-uniformité de sa distribution spatiale et à ses variations temporelles.

Une texture est une distribution de Higgs non uniforme, que l'on supposera sphérique pour simplifier, et dont la densité d'énergie ne provient que de l'énergie cinétique du champ. C'est un nœud topologique tridimensionnel. Une corde est un défaut topologique unidimensionnel formé des restes de l'énergie du champ de Higgs. C'est un défaut en ce sens qu'il s'agit d'un vestige topologique d'une phase antérieure. Bien que l'essentiel du volume de l'espace ait correctement fait la transition vers le nouvel état de la matière, de plus basse énergie, certaines zones de l'ancienne phase restent piégées. Les textures et les cordes se distinguent toutes deux des défauts ponctuels (les monopôles) et bidimensionnels (les murs) qui auraient également été produits lors de transitions de phase dans l'univers primitif. De tous ces défauts, seules les cordes et les textures ont été utilisées pour construire des théories de la structuration à grande échelle.

La transition de phase répartit le champ de Higgs initial de manière aléatoire dans des régions qui ne sont pas liées causalement ; les défauts fossiles, provenant du champ de Higgs, sont donc eux aussi répartis de manière aléatoire. Ce facteur aléatoire crée

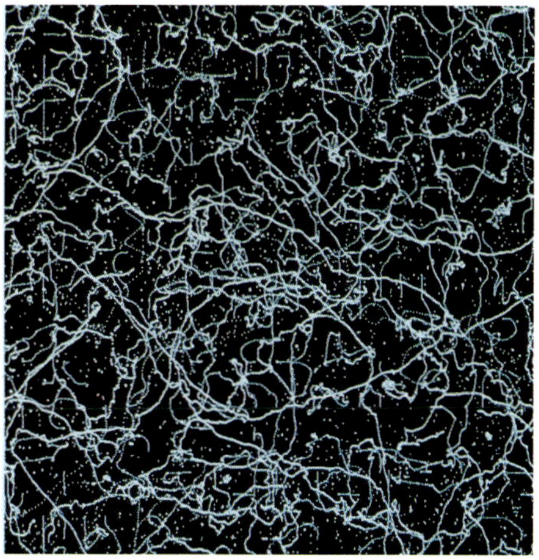

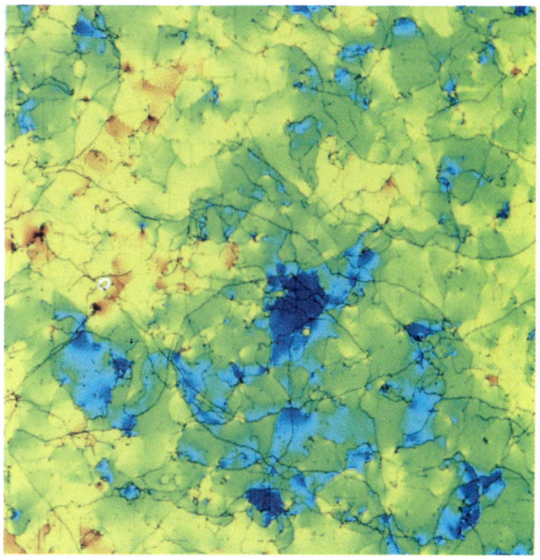

En haut : un réseau de cordes cosmiques projeté sur la voûte céleste par ordinateur, à un décalage vers le rouge de mille. Les cordes sont des vestiges de haute densité de l'univers des premiers instants ; elles sont la semence gravitationnelle pour la croissance des structures. Ces longues cordes s'entrecoupent et forment des boucles qui finiront par se condenser et se désintégrer en émettant du rayonnement gravitationnel. En bas : une simulation sur une zone de dix degrés carrés du fond de micro-ondes cosmologique montre comment les cordes cosmiques pourraient laisser leur empreinte sous la forme de fluctuations en température, dont les bords nets en seraient la signature caractéristique.

une non-uniformité qui ne peut pas disparaître puisque les régions ne sont pas liées causalement. Ainsi, des fluctuations sont engendrées, lesquelles seront nécessaires beaucoup plus tard à la formation des structures de l'univers. Pour que ces reliques soient utiles à la formation des galaxies, il faut que la transition de phase ait lieu durant l'époque de grande unification, lorsque la température de l'univers valait 10^{16} GeV.

Le cas des textures est particulièrement intéressant. Dès lors que la distance parcourue par la lumière depuis le big-bang devient comparable au rayon d'une texture, celle-ci s'effondre et emporte avec elle toute la densité d'énergie associée. Lorsque sa taille atteint environ 10^{-30} centimètre, le nœud se défait. Ce phénomène s'accompagne de l'émission d'une salve de particules interagissant faiblement connues sous le nom de « bosons de Goldstone ». La densité d'énergie associée à la texture et à la couche en expansion de ces bosons pousse la matière ordinaire environnante, qui forme alors les structures que l'on observe aujourd'hui. La matière ambiante répond par des fluctuations en densité qui conduisent à la formation de galaxies, d'amas de galaxies et de structures plus vastes encore. Il subsisterait une mer de fond, apparemment indétectable, de bosons de Goldstone.

Les cordes, au contraire, sont des imbroglios complexes d'énergie fossile. La longueur d'une corde est infinie, mais son épaisseur ne dépasse pas 10^{-25} centimètre. Au fur et à mesure de l'expansion de l'univers, les cordes, soumises à une tension énorme, fusent à des vitesses proches de celle de la lumière. Elles se rencontrent pour former des boucles qui se désintègrent ensuite en émettant du rayonnement sous forme d'ondes gravitationnelles. Si ces cordes existent, on devrait détecter la mer de ces ondes gravitationnelles par le biais de son influence sur la cadence des pulsars. L'agitation du pulsar par rapport à l'observateur, effet minuscule mais néanmoins bien réel, trouble la précision du rythme du pulsar, et cela engendre un léger bruit, irréductible. Toutefois, avant de se désintégrer, les boucles comme les cordes longues jouent le rôle de semences gravitationnelles autour desquelles la matière s'accumule.

Les textures et les cordes laissent-elles d'autres signes de leur présence ? Les puits de potentiel gravitationnel des textures décalent vers le bleu la lumière qu'ils absorbent et vers le rouge celle qui s'en échappe. Quant à elles, les cordes agissent comme des lentilles gravitationnelles pour la lumière qui passe dans leur voisinage. Ces effets produisent des variations de la température du fond de rayonnement cosmologique dans la direction de la texture ou de la corde. Le modèle signale que, si les textures et les cordes ont créé les structures à grande échelle que l'on observe, alors on devrait détecter ces fluctuations de température du rayonnement fossile. Contrairement aux théories plus conventionnelles de la formation des structures, la distribution attendue pour leur amplitude n'est pas aléatoire. Ce modèle prévoit une distribution unique de l'amplitude des fluctuations. En analysant les fluctuations de température du fond de rayonnement micro-onde, les cosmologistes devraient donc être en mesure de tester la théorie des défauts et de remonter dans le temps jusqu'à 10^{-36} seconde après le big-bang.

Il n'existe qu'une seule et unique preuve directe du big-bang. C'est le fond d'ondes gravitationnelles qui aurait inévitablement été produit à l'instant de Planck. Les ondes gravitationnelles se propagent jusqu'à nous, et ce sont les seules capables de pénétrer le voile de matière et d'énergie immensément dense et opaque de l'univers primordial qui dissimule le big-bang à nos observations. Les ondes de gravitation laissent une empreinte unique sur le fond de rayonnement cosmologique. Les fluctuations à grande échelle angulaire sont accentuées, tandis que les fluctuations à petite échelle ne sont pas affectées. En effet, les fluctuations de température sont associées aux fluctuations de densité d'énergie qu'ont engendrées à l'origine les ondes gravitationnelles à l'échelle de l'horizon après l'avènement du règne de la matière. Seule la matière peut répondre à ces perturbations, et elle génère à son tour, lors des dernières diffusions, un champ de gravitation légèrement inhomogène, responsable des fluctuations de température. Les modèles d'inflation prédisent la distribution des fluctuations (aussi bien celles de densité que celles d'ondes gravitationnelles) qui proviennent des fluctuations quantiques primitives, mais ne font aucune prédiction précise concernant l'intensité des ondes gravitationnelles. De l'observation des fluctuations en température, nous pouvons être sûrs que les ondes de gravitation ne représentaient qu'une composante sans importance de la densité d'énergie primitive.

La collision de « branes », au contraire, engendre un fond d'ondes gravitationnelles intense. Les ondes gravitationnelles sont la seule manifestation d'une « brane » avoisinante qui nous permet de la « voir ». Le déclenchement du big-bang par une collision de « branes » aurait produit un fort signal d'ondes gravitationnelles dont l'empreinte sur le fond de rayonnement micro-onde serait différent de celle des fluctuations d'énergie à l'origine de la formation des structures. La raison en est que les ondes gravitationnelles proviennent des variations du champ de gravitation dans l'hyperespace contenant les « branes », tandis que les fluctuations de densité proviennent des oscillations sur les « branes » en mouvement. En effet, ces ondes gravitationnelles, plus intenses à petite échelle, laissent une empreinte différente.

On devrait pouvoir tester cette prédiction. Des détecteurs spatiaux d'ondes gravitationnelles pourraient avoir la sensibilité requise pour rechercher directement le fond d'ondes gravitationnelles fossiles. Une collaboration entre la NASA et l'ESA, la mission LISA (*Laser Interferometric Space Antenna*), dont le lancement est prévu pour 2012, pourrait représenter le premier pas dans cette direction. L'équipement de LISA est constitué de trois satellites en orbite autour du Soleil, s'échangeant des rayons laser selon un triangle équilatéral gigantesque, de cinq millions de kilomètres de côté. Le système de rayons laser agit comme un interféromètre géant, se fondant sur le principe de l'interférence des rayons lumineux pour mesurer des distances de l'ordre du rapport de la longueur d'onde de la lumière émise sur la longueur des faisceaux. Le passage d'une onde gravitationnelle provoquerait une légère modification de cette dernière. La précision nécessaire pour détecter les ondes gravitationnelles censées émaner des trous noirs supermassifs tapis au centre des galaxies (c'est là le but principal de LISA) doit atteindre le millionième de centimètre. LISA (et à plus forte raison ses successeurs) sera également en mesure de rechercher le fond d'ondes gravitationnelles fossiles.

Une autre façon de mettre en évidence les ondes gravitationnelles primitives découlera des recherches de polarisation du fond de rayonnement micro-onde. Les ondes de gravitation sont polarisées, ce qui revient à dire qu'elles oscillent dans une direction privilégiée. Une antenne sensible à la polarisation pourrait l'utiliser comme un moyen de les distinguer. En fait, les ondes gravitationnelles polarisent les fluctuations du fond de rayonnement micro-onde. L'effet, ténu, n'est que de quelques pour-cent : la détection de la polarisation du fond de rayonnement cosmologique représente, pour les cosmologistes expérimentateurs, l'un des derniers grands défis qu'il reste à relever.

Chapitre douze

La formation des galaxies

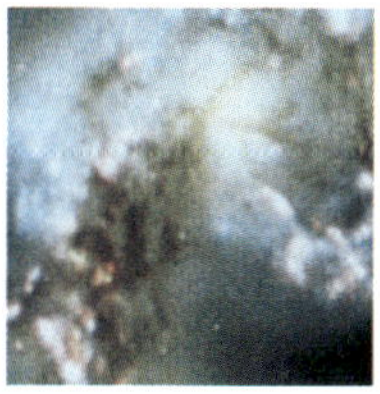
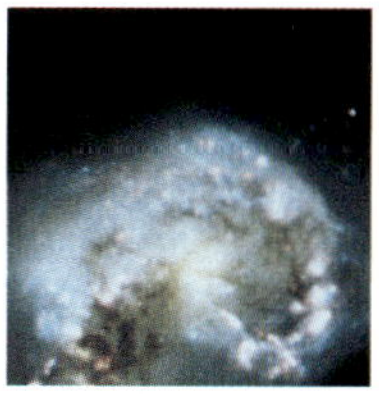

À droite : les galaxies dites des Antennes, NGC 4038/4039. À gauche : les nuages de gaz dans la nébuleuse de l'Aigle (M 16) sont le siège de la formation d'étoiles observé grâce au télescope spatial Hubble.

Les galaxies sont les balises qui permettent aux cosmologistes de retracer l'histoire de l'univers en remontant le temps jusqu'à un état moins structuré. Elles apparaissent invariablement comme les outils incontournables qui permettent de tester nos modèles cosmologiques. En effet, dans toutes nos tentatives de déchiffrer la géométrie de l'univers et de deviner son destin, nous avons dû surmonter la frustration de mal connaître l'évolution des galaxies. Ce sont les réservoirs de matière sombre les mieux étudiés. En tant que tels, elles renferment les fossiles d'une phase plus jeune et plus active de notre univers. Après tout, nous-mêmes sommes implantés dans une galaxie : comment comprendre notre origine au sein de la scène cosmique sans débrouiller les mystères qui enveloppent leur formation ?

L'un des buts principaux de la cosmologie est d'accéder à la compréhension de l'origine et de l'évolution des galaxies. En écrivant l'histoire de l'évolution de l'univers, nous cherchons surtout à comprendre comment celles-ci se sont formées. Malheureusement, c'est là que la physique devient compliquée et mal comprise. À ce jour, nous avons affaire à de la matière sombre qui évolue sans interagir et en conservant son énergie, à de l'énergie sombre qui pourrait bien ne pas évoluer du tout et à du gaz qui évolue en dissipant son énergie. Nous devons y adjoindre la formation des étoiles, processus déjà mal connu lorsqu'il a lieu au voisinage du Soleil et *a fortiori* au fin fond d'une galaxie en formation à des années-lumière d'ici. Nous aurons à extrapoler des processus mal connus sur des milliards d'années et des millions de parsecs. Ce chapitre décrit nos meilleures tentatives de construire un modèle de formation des galaxies.

La formation des étoiles

Nous savons certaines choses sur la formation continuelle des étoiles. Par exemple, des étoiles se forment partout dans le disque de la Voie lactée, dans une région d'une épaisseur de quelque deux cents parsecs et un diamètre de vingt kiloparsecs. Les sites de formation stellaire de notre galaxie apparaissent comme les nuages de gaz les plus denses, les plus froids et les plus sombres du milieu interstellaire. La masse de ces nuages est de l'ordre de quelques milliers de millions de masses solaires, et leur composition est essentiellement de l'hydrogène moléculaire.

Les étoiles massives nouvellement nées illuminent les régions où se forment les étoiles. Les nuages interstellaires ainsi que les sites abritant des étoiles jeunes se concentrent dans les bras spiraux. Notre bras s'appelle le « bras d'Orion ». À mesure que l'on s'éloigne du centre de la galaxie, on rencontre d'autres bras spiraux de la Voie lactée comme celui du Centaure, du Sagittaire, de Persée... Chaque bras semble ne s'enrouler autour de la galaxie qu'une seule fois, parfois incomplètement. Au départ, ce fut une surprise pour les astronomes : si les bras devaient être des phénomènes durables, on s'attendait à ce qu'ils s'enroulent en fonction de la rotation de la galaxie, puisque les parties les plus internes effectuent plus de rotations.

La longévité des bras spiraux s'explique par des ondes de densité. Des nuages de gaz interstellaire tourbillonnent autour du disque des galaxies spirales selon des orbites quasi circulaires. Une force de marée qui agit en continu sur les étoiles et les nuages de gaz du disque déforme ces orbites. Pour notre galaxie, c'est le Grand Nuage de Magellan qui semble être la source de cette force de marée. La distorsion créée provoque une accumulation des orbites en certains endroits, un peu comme un embouteillage sur une autoroute. La rotation différentielle de la galaxie les transforme en spirales. Les bras spiraux sont simplement les endroits où les orbites se sont rassemblées, selon un schéma produit par ce que l'on appelle des « ondes de densité spirale ».

Comme dans un embouteillage, dans les zones où le champ de marée a engendré une surdensité de nuages, il arrive que ceux-ci se percutent entre eux. Les étoiles, qui sont beaucoup plus petites, n'entrent pas en collision. Les collisions de nuages interstellaires sont inélastiques : lorsqu'ils se rencontrent, ils tendent à se réunir, comme lorsqu'on fait une boule de neige. Les collisions de nuages forment des agrégats complexes dont la taille augmente progressivement à mesure qu'ils orbitent autour de la galaxie. C'est ainsi que les nuages croissent jusqu'à devenir instables. En accumulant de la masse, ils deviennent de plus en plus denses ; la force gravitationnelle se fait plus forte, et les nuages, désormais instables, s'effondrent sur eux-mêmes. Ils ne peuvent résister à l'attraction de la gravitation. Les étoiles se forment dans les nuages de gaz les plus massifs. Les nuages des bras spiraux finissent par se fragmenter en groupements de plusieurs bulbes de masse stellaire. Ces bulbes sont des « protoétoiles », des objets destinés à devenir des étoiles.

C'est le critère de Jeans qui conditionne le fait qu'un nuage pourra ou non s'effondrer pour former des étoiles. Nous avons déjà rencontré ce critère dans le contexte de la formation des galaxies. Les conditions requises pour qu'un nuage s'effondre découlent de l'évolution de l'attraction gravitationnelle et de la force de pression centrale propres au nuage. La force de gravitation est proportionnelle au carré de la masse du nuage, tandis que la force de pression qui s'y oppose n'est proportionnelle qu'à sa masse. Si la gravité l'emporte, ce qui est le cas pour les nuages suffisamment massifs, alors le nuage est voué à l'effondrement gravitationnel.

La grandeur critique au-delà de laquelle le nuage s'effondre est la longueur de Jeans, qui représente la taille critique pour un nuage de densité et de température données. Un nuage de rayon plus grand que la longueur de Jeans s'effondrera. On peut exprimer la longueur de Jeans en termes de température et de densité. Pour un nuage moléculaire typique,

La région siège de formation d'étoiles connue sous le nom de nébuleuse Omega (M17) vue dans l'infrarouge (en haut) et dans la partie visible du spectre (en bas). On détecte beaucoup plus d'étoiles dans l'infrarouge car une grande partie de la lumière visible est absorbée par les poussières des nuages de gaz moléculaire au sein desquels se forment les étoiles.

dont la température est de l'ordre de trente kelvins et la densité de quelque mille molécules d'hydrogène par centimètre cube, la longueur de Jeans vaut deux parsecs, et la masse de Jeans cent masses solaires. Un nuage moyen, dont la taille est beaucoup plus grande que cette masse, produira un grand nombre d'étoiles.

Les bras spiraux des galaxies voisines se distinguent par leurs nuages de gaz atomique, les traînées de poussières associées à du gaz moléculaire dense et froid, et le gaz ionisé qui entoure des groupements d'étoiles lumineuses connues sous le nom d'étoiles O et B. La nomenclature stellaire s'appuie sur une classification spectroscopique fonction de la température. Les étoiles O sont les plus chaudes de la séquence principale. Leur température de surface est cinq à dix fois supérieure à celle du Soleil. On trouve les trois étapes de l'évolution d'un nuage, depuis le gaz atomique jusqu'au gaz ionisé, en séquence le long des bras spiraux, entre les frontières intérieure et extérieure. Cette organisation confirme l'idée que les nuages se compriment à la rencontre d'ondes de densité, les plus denses devenant visibles les premiers, comme des concentrations de poussières, avant de former des étoiles.

Les étoiles O et B de cette organisation stellaire illuminent les bras de la galaxie comme des perles le long d'un fil. Le début de la formation des étoiles, lorsque les ondes de densité spirale submergent les nuages en orbite, est comparable à une épidémie. Les étoiles massives nouvellement formées s'éteignent en quelques millions d'années, de

La galaxie Tourbillon, également connue sous le nom de Messier 51, est en train de former des étoiles dans ses bras spiraux. Cette image spectaculaire montre comment les nuages de gaz interstellaire sont comprimés, deviennent visibles comme des nuages de gaz et de poussières, et finissent par former de nombreuses jeunes étoiles massives et lumineuses.

sorte que les bras spiraux conservent leur apparence régulière et bien délimitée. Ces zones de congestion apparaissent comme des zones brillantes, et c'est ce processus qui donne à notre galaxie, comme aux autres, la structure spirale qui nous est familière. Les bras spiraux se régénèrent continuellement, et c'est pour cette raison que leur apparence ne se modifie pas.

Parce que le nuage dont ils sont issus était en rotation, il en va de même de chacun des filaments après la fragmentation du nuage. Ainsi, chaque filament se condense tout d'abord en un disque de gaz et de poussières lui aussi tenu par les forces centripètes. Le cœur intérieur se contracte, s'échauffe et forme une étoile, ou plutôt une protoétoile, qui ne survit initialement que grâce à la seule gravitation. Le disque se fractionne en planètes qui orbitent autour de l'étoile centrale. Elles forment un disque protosolaire.

Il se lève autour de l'étoile en formation un vent violent, dû à la rotation du nuage qui se contracte. Ce flot tournant s'enroule autour des champs magnétiques déjà présents dans le nuage originel. Le résultat est une concentration énorme de tensions magnétiques et gravitationnelles qui éclatent pour donner ce vent stellaire venant de la protoétoile centrale.

Le vent protostellaire disperse le gaz environnant. Il commence souvent par se frayer un chemin sous la forme de deux jets de direction opposée le long de l'axe de rotation du disque. De gros cocons de matière protostellaire sont alors éjectés par ce flux sortant. Cette phase entretenue par la gravitation correspond à celle des étoiles T-Tauri que nous avons déjà rencontrées en parlant du lithium, qui permet de diagnostiquer la jeunesse de ces étoiles. Du fait de leur jeunesse, les étoiles T-Tauri exhibent de fortes caractéristiques spectrales de lithium.

L'étoile continue d'être entretenue par la gravitation tant que son énergie potentielle gravitationnelle reste suffisante pour produire la pression et la chaleur centrales. On peut estimer les réserves initiales de la protoétoile à partir de sa masse et de son rayon. Considérons une étoile semblable à notre Soleil actuel. Son énergie potentielle gravitationnelle vaut environ 4×10^{48} ergs. Si sa luminosité protostellaire vaut dix fois la luminosité actuelle du Soleil, soit 4×10^{34} ergs par seconde, alors elle brillera de sa seule énergie gravitationnelle pendant 10^{14} secondes, soit trois millions d'années. C'est la durée typique de la phase T-Tauri. Les étoiles les moins massives sont aussi moins prodigues de leurs réserves d'énergie et durent donc plus longtemps. Pendant la première partie de la phase protostellaire, avant que son vent stellaire violent ne soit levé, l'étoile est visible comme une source infrarouge car elle est toujours enveloppée d'un cocon étendu de gaz qui absorbe et réémet.

La mort des étoiles

Les masses des étoiles s'échelonnent entre un dixième et une centaine de masses solaires. Une étoile massive, entre vingt et cinquante masses solaires, ne passe que quelques millions d'années dans la phase de combustion de l'hydrogène de la séquence principale. Pour comparer, notons qu'une étoile d'une masse solaire brûle tranquillement son hydrogène pendant dix milliards d'années. Les étoiles de masse plus faible encore

La galaxie UGC 10214 (le Têtard) est déformée par un petit intrus, une galaxie bleue compacte visible dans la partie supérieure gauche du cliché. De puissantes forces gravitationnelles résultant de cette interaction génèrent une longue queue de jeunes étoiles bleues qui s'étend sur une distance supérieure à 280 milliers d'années-lumière. On peut voir six mille galaxies dans le fond de cette image, qui est l'un des clichés les plus profonds jamais pris par le télescope spatial Hubble.

sont destinées à survivre longtemps au Soleil. Dans les galaxies elliptiques, vieilles galaxies rouges, c'est la lumière de ces étoiles qui prédomine ; dans les galaxies bleues, sièges de la formation d'étoiles, c'est la lumière des étoiles massives nouvellement formées. Même les galaxies rouges ont un jour été bleues et contenaient alors beaucoup d'étoiles jeunes. La mort des étoiles a joué un rôle essentiel dans la formation des galaxies.

Les morts violentes, qui finissent en supernovæ, laissent des empreintes chimiques et dynamiques sur les galaxies en formation. Les explosions de supernovæ qui engendrent les étoiles à neutrons, dites « supernovæ de type II », sont produites par la mort d'étoiles massives, entre huit et cinquante masses solaires. Les étoiles massives à évolution rapide sont responsables de la production de la majeure partie des éléments lourds, comme le carbone, l'oxygène et le silicium qui nous composent. L'évolution des étoiles de masse supérieure à huit masses solaires suit toute une série de cycles de combustion nucléaire, avec la formation successive autour d'un cœur de fer de couches d'hydrogène, d'hélium, de carbone, d'azote, d'oxygène puis de silicium. À la fin, une fois épuisées toutes les réserves de carburant nucléaire, le fer implose et forme une étoile à neutrons. Le fer synthétisé, il n'y a plus alors d'autre source d'énergie à tirer de la fusion nucléaire. La libération d'énergie résultante enclenche une explosion de supernova qui envoie une onde de choc se propager dans l'enveloppe riche en hydrogène du précurseur de l'étoile géante. Cela répand des quantités considérables d'éléments lourds dans le milieu interstellaire. Cette onde de choc continue de se propager sur plus de cent parsecs. Cette interaction avec le milieu interstellaire provoque une contre-réaction aussi bien dynamique que chimique.

Des raies spectrales intenses pour l'hydrogène et l'hélium sont caractéristiques des supernovæ de type II. On s'attend à trouver les étoiles massives riches en hydrogène qui sont les précurseurs de ces supernovæ dans les régions de formation d'étoiles riches en gaz que sont les bras spiraux. Et, en fait, on ne trouve de supernovæ de type II que dans le disque des galaxies spirales. La perversité de la nomenclature astronomique veut que les supernovæ caractéristiques des étoiles du disque (population I) soient de type II… Mais souvenons-nous : il existe un autre type de supernovæ, dites « de type I », que l'on trouve dans toutes les galaxies et, en particulier, dans les régions dénuées d'étoiles massives, comme les sphéroïdes des galaxies (population II). Les supernovæ de type I sont associées à la mort d'étoiles de faible masse.

Les étoiles de masse inférieure à huit masses solaires perdent l'essentiel de leur masse lorsqu'elles sont en phase de géante ou supergéante rouge. Ces étoiles développent des vents stellaires au début de la combustion de l'hélium et recrachent finalement leurs enveloppes en nébuleuses planétaires. Les étoiles de masse relativement faible finissent donc comme des naines blanches de 0,6 masse solaire. Ces étoiles sont principalement composées de carbone ou d'oxygène. En effet, contrairement à ce qui avait cours dans l'univers primitif, les étoiles parviennent à convertir l'hélium en carbone. L'alchimie stellaire est toute-puissante car, en leur cœur, les réactions nucléaires à trois corps ont le temps de se faire, et notamment le très important processus triple alpha, la fusion de trois noyaux d'hélium qui donne un noyau de carbone.

Il arrive que certaines étoiles de faible masse, lorsqu'elles forment un système binaire, explosent en supernova. Beaucoup d'étoiles sont membres d'un système binaire. Une naine blanche accompagnée d'une étoile partenaire plus massive avalera l'enveloppe de gaz riche en hydrogène de sa partenaire qui gonfle et entre dans sa phase géante rouge. Cela donne un mélange explosif, qui finit par une explosion de type nova, brillante comme un million de soleils. Une nova s'éteint en un mois et se répète souvent bien des années après.

Lorsqu'une naine blanche absorbe suffisamment de masse, elle s'en trouve déstabilisée. Cela se produit lorsque deux d'entre elles forment un système binaire serré ; au bout du compte, l'évolution du système binaire fera qu'elles se fondront l'une dans l'autre. Lorsque la naine blanche absorbe tellement de matière qu'elle dépasse sa limite de stabilité (1,4 masse solaire), elle s'effondre sous sa propre gravitation. Une étoile comme celle-là fait une excellente bombe. Bien qu'initialement c'était la pression de dégénérescence qui alimentait l'étoile plutôt que la pression thermique, elle se voit rapidement perturbée par l'emballement des réactions thermonucléaires. Pendant l'effondrement, la compression échauffe l'oxygène et l'hélium, les éléments constitutifs de la naine blanche, qui font de très bons carburants nucléaires. Les réactions nucléaires s'enclenchent, et, parce que l'étoile était dégénérée au départ, l'expansion du gaz ne commence pas tout de suite. Cela engendre une situation beaucoup plus explosive que de coutume. Avec la température qui augmente, la pression thermique ordinaire l'emporte finalement sur la pression de dégénérescence, et l'explosion devient inévitable. La naine blanche s'autodétruit complètement et explose en une supernova plus brillante qu'un milliard de soleils. Des éléments lourds comme le carbone, l'oxygène et le fer sont violemment éjectés parmi les débris en expansion rapide, mais il n'y a pratiquement pas d'hydrogène. C'est l'absence des raies de l'hydrogène qui distingue le spectre des supernovæ de ce type de celui des supernovæ de type II. Ces supernovæ, de type I, sont caractéristiques des étoiles de faible masse, formées depuis longtemps, présentes dans les populations d'étoiles âgées. On les trouve dans les galaxies elliptiques, exclusivement peuplées de vieilles étoiles, ainsi que dans les sphéroïdes.

Débris de supernovæ et enrichissement

Les supernovæ des deux types produisent des résidus gazeux : des couches de gaz en expansion, riches en éléments lourds. L'environnement étant riche en neutrons, il rend possible la synthèse d'éléments beaucoup plus lourds que le fer durant l'explosion. Tous ces débris sont éjectés dans le milieu interstellaire. On a observé qu'ils étaient radioactifs. En effet, on sait que cette radioactivité est responsable d'une partie importante de la lumière émise par la supernova. La lumière qui s'éteint à peu près sur une année s'affaiblit à un rythme qui ressemble à la désintégration d'un élément radioactif dont la demi-vie vaudrait quelques mois. La théorie propose l'explication suivante : dans une supernova de type I, environ 0,6 masse solaire de nickel radioactif isotope de masse atomique 56 (Ni^{56}) est produite lors de la formation du cœur de fer. Les supernovæ de type II, moins lumineuses et moins énergétiques, ne produisent que 0,1 masse solaire. Le nickel se désintègre en cobalt (Co^{56}) avec une demi-vie de six jours. À son tour, le cobalt se désintègre pour donner du fer (Fe^{56}). La demi-vie pour la désintégration globale du nickel en fer est de soixante-dix-sept jours. L'énergie de la désintégration est libérée sous forme de

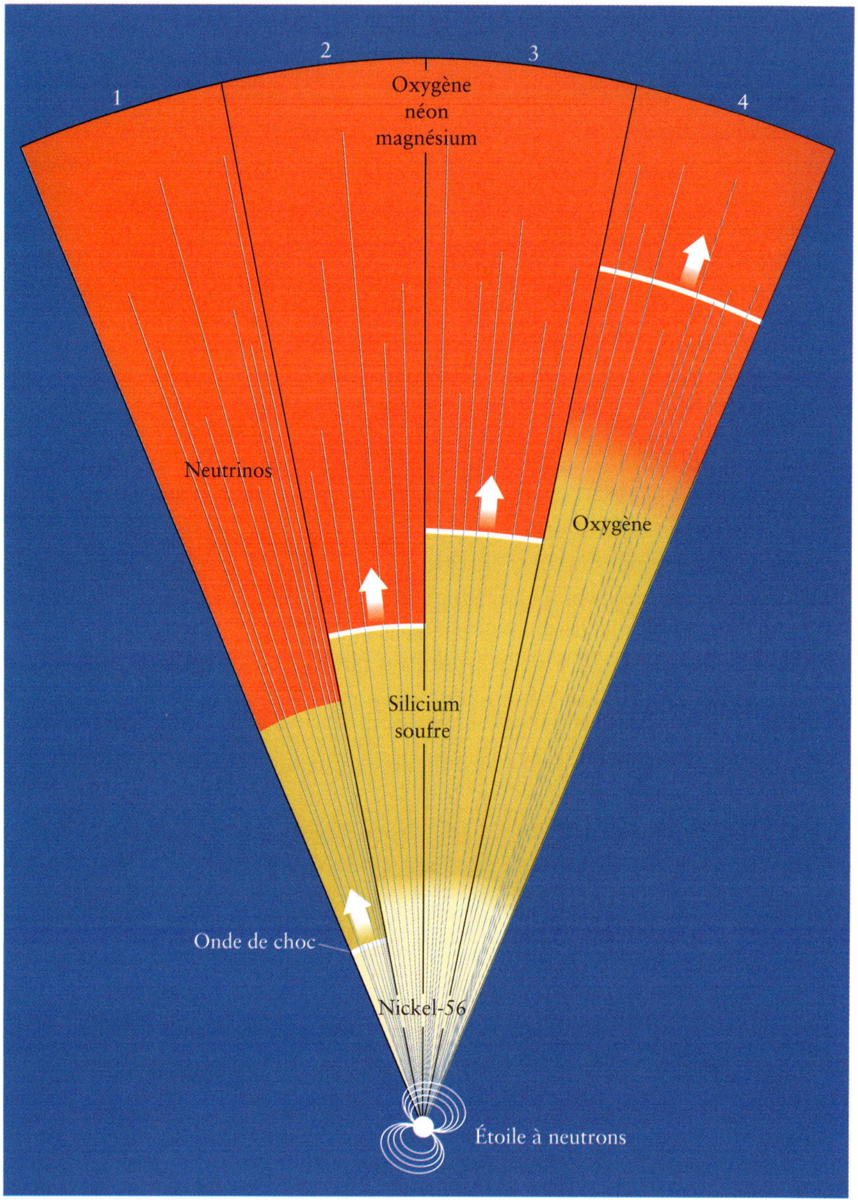

Lors d'une explosion de supernova, une onde de choc traverse les couches intérieures de l'étoile en explosion ; elle les réchauffe jusqu'à plus de cinq milliards de kelvins, ce qui enclenche les réactions de nucléosynthèse. Une partie du silicium et du soufre fusionne pour former du nickel 56 radioactif (étape 1) ; une partie de l'oxygène de la couche suivante brûle pour donner du silicium et du soufre (étape 2), et le néon et le magnésium de la partie interne de la couche brûlent pour former de l'oxygène (stade 3). L'onde de choc se propage ainsi à travers les matériaux restants sans plus enclencher d'autres nucléosynthèses (étape 4).

rayons gamma et d'électrons, ensuite absorbés par l'enveloppe stellaire. La lueur correspondante rend compte de la diminution de luminosité observée.

Les supernovæ sont des événements rares : elles ne se produisent qu'au rythme d'une par siècle et par galaxie. La dernière qu'on ait observée dans la Voie lactée était celle qu'a répertoriée Kepler en 1604. C'est la détection de l'émission gamma de la désintégration du cobalt de la supernova SN1987A qui confirma la validité du scénario de la radioactivité comme source d'énergie des supernovæ. Observée dans le Grand Nuage de Magellan en février 1987, SN1987A fut la supernova la plus proche des quatre cents dernières années. Elle a donc été abondamment étudiée. Les astronomes ont observé les explosions dans l'infrarouge et détecté les raies d'émission du cobalt et du nickel fraîchement synthétisés. La lumière de SN1987A s'est éteinte avec la demi-vie de soixante-dix-sept jours, caractéristique de la désintégration du nickel.

SN1987A était suffisamment proche pour que l'étoile qui lui a donné naissance ait pu être photographiée et cataloguée. Or, pour une supernova de type II, l'explosion s'est avérée inhabituelle à bien des égards. Par exemple, sa luminosité n'a augmenté que pendant trois heures, ce qui est beaucoup plus rapide que ce que l'on prévoit pour ce type de supernova. L'étoile qui lui a donné naissance n'était pas une supergéante rouge comme de coutume, mais une supergéante bleue bien plus petite, avec un rayon de cinquante rayons solaires au lieu des cinq cents habituels. La petite taille de l'étoile originelle explique l'explosion rapide de la supernova ainsi que d'autres de ses particularités. Par exemple, SN1987A était dix fois moins lumineuse que les autres supernovæ de type II, son rougissement plus rapide et son expansion fulgurante, à un dixième de la vitesse de la lumière. On peut comprendre toutes ces caractéristiques comme le résultat d'une dissipation d'énergie plus rapide durant l'expansion de l'étoile originelle compacte. Cette étoile était probablement une supergéante rouge quelque dix mille années plus tôt, mais, entre-temps, elle a perdu de sa masse et elle est devenue beaucoup plus petite.

Les supernovæ et leurs restes sont des sources productives de rayons cosmiques. On détecte directement ces particules de haute énergie, principalement des protons et des électrons, mais aussi des noyaux plus lourds, par l'observation des rayons gamma émis lorsque les particules des rayons cosmiques interagissent avec le gaz interstellaire. On les détecte également en observant les émissions synchrotron d'ondes radio produites par les électrons rapides, accélérés dans le champ magnétique interstellaire. On mesure aussi les rayons cosmiques dans des expériences installées dans des sites en haute montagne, ou à bord de ballons ou de satellites.

Les supernovæ du type I produisent l'essentiel du fer de l'univers, tandis que celles du type II produisent l'oxygène ainsi que d'autres éléments lourds. Des supernovæ ont certainement dû exploser durant la phase de formation des galaxies, si tant est que des étoiles de faible masse fussent présentes, ce qui semble inévitable. Les débris de ces explosions d'étoiles sont alors recyclés en nuages interstellaires où de nouvelles générations d'étoiles se formeront. Le recyclage des éjections joue un rôle important pour les galaxies primitives.

Les premières étoiles

Les explosions d'étoiles enrichissent leur environnement en éjectant des centaines d'éléments différents fraîchement synthétisés. Le milieu interstellaire recycle les éjections stellaires en s'effondrant pour former de nouvelles étoiles à partir des débris des anciennes. L'évolution chimique se poursuit alors sur le cycle de vie de plusieurs générations d'étoiles. Mais comment tout cela a-t-il commencé ? Les premières étoiles étaient-elles très différentes de celles qui se forment aujourd'hui ?

Les premières étoiles formées dans la galaxie semblent indiscernables à bien des égards de celles qui se forment aujourd'hui. Nous le savons parce que beaucoup de ces étoiles sont encore là. Le diagramme de Hertzprung-Russell porte la luminosité stellaire en fonction de la température de surface. Cela permet de diagnostiquer l'âge des étoiles les plus ordinaires, celles de la séquence principale, en phase de combustion de l'hydrogène. La position de l'étoile lorsqu'elle quitte la séquence principale indique le temps qu'a duré la phase observable de combustion de l'hydrogène, tandis que sa position sur la branche horizontale indique combien de temps elle a brûlé de l'hélium. On pense que les amas globulaires datés par cette technique se sont formés voici environ quatorze milliards d'années, avec une dispersion de deux milliards d'années. Les étoiles de ces amas sont les plus vieilles de la galaxie.

Comment apprendre quoi que ce soit sur les étoiles qui étaient présentes aux débuts de la galaxie ? Certes, certaines vivent très longtemps : une étoile de la moitié de la masse du Soleil brûlera son hydrogène au moins pendant le double de l'âge de la galaxie. En effet, les alentours regorgent d'étoiles de faible masse, mais très peu d'entre elles ont pu être formées lors de l'effondrement originel de notre galaxie. Malgré le fait que les premières étoiles étaient peu nombreuses, elles avaient un attribut unique qui permet aux astronomes de les reconnaître. Aux débuts de la galaxie, très peu d'éléments lourds avaient été produits. Par conséquent, aucune des premières étoiles ne contenait ni oxygène ni fer. Avec le temps, les supernovæ ont éjecté des débris enrichis dans le gaz interstellaire, et les étoiles ont continué à se former à partir de cet environnement pollué. Aussi, les étoiles les plus récemment formées sont les plus riches en métaux, proportionnellement à l'hydrogène.

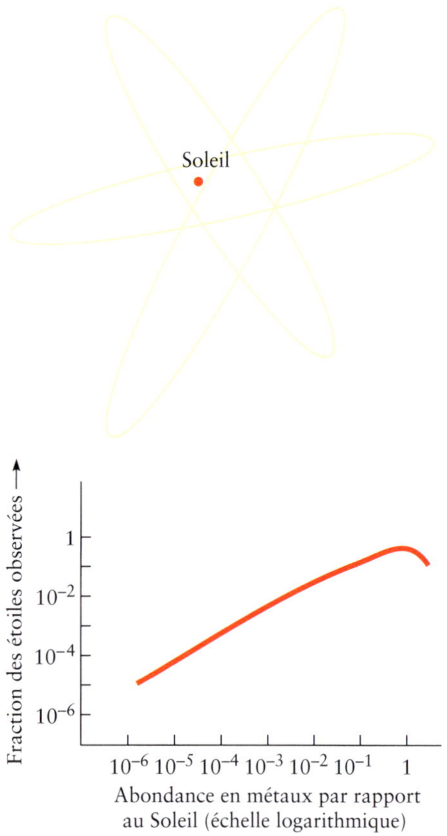

En haut : les étoiles les plus vieilles, celles que l'on trouve dans le halo, ont des orbites excentrées, inclinées par rapport au plan galactique d'angles arbitraires.
En bas : la majorité des étoiles de la galaxie sont pauvres en métaux par rapport au Soleil, bien que les étoiles extrêmement dépourvues de métaux restent assez rares.

En fait, les étoiles formées relativement récemment, voici dix millions d'années par exemple, sont environ deux fois plus riches en métaux que le Soleil. Inversement, les étoiles formées avant le système solaire, qui date de 4,6 milliards d'années, sont pauvres en métaux par comparaison avec le Soleil. Les plus vieilles étoiles de la galaxie ne contiennent qu'un centième ou un millième de pour-cent du contenu en métaux du Soleil, si l'on en croit nos mesures spectroscopiques. Ces étoiles faiblement pourvues en métaux font toutes partie de la population II, la composante sphéroïdale de notre galaxie qui ne comprend que de vieilles étoiles.

On trouve également des étoiles aussi pauvres en métaux dans certains des amas globulaires des faubourgs. Les amas globulaires près du centre de la galaxie n'en sont pas si dépourvus, bien qu'ils en contiennent moins que le Soleil. Dans le halo galactique, la majorité des étoiles possède environ un dixième de l'abondance en métaux du Soleil, tandis que, dans le disque, l'abondance moyenne équivaut à celle du Soleil. Le halo se serait donc formé avant le disque, ou tout au moins la moyenne des étoiles qui le composent.

Avec un contenu en métaux aussi faible, nous pensons que les étoiles les plus âgées de la Voie lactée ont dû se former pendant la première phase de la formation de la galaxie. Ces étoiles sont très rares, pour des raisons que j'expliquerai plus loin. Certains astronomes baptisent cette population d'étoiles éteintes « population III ». Plus exactement, il s'agit de l'extrémité de la queue de la population II puisque ses membres les plus âgés, de masse inférieure à celle du Soleil, sont toujours là, bien que difficiles à détecter.

Un autre indice de la nature des premières étoiles découle de l'étude des métaux qu'elles ont produits puis éjectés. Ces éjections furent ensuite incorporées dans les vieilles étoiles sphéroïdes de la galaxie. Les courbes d'abondance que l'on peut déterminer à partir de leur spectre, comme le rapport des quantités d'oxygène et d'azote ou de fer, nous donnent des indications sur la masse des étoiles qui ont produit ces éléments. Par exemple, une étoile de dix masses solaires synthétise beaucoup moins d'oxygène qu'une de trente masses solaires, mais elle produit beaucoup plus de carbone et d'azote. On en déduit que les premières étoiles, qui se sont formées voici quelque quatorze milliards d'années, doivent être éteintes depuis longtemps. Ces étoiles correspondaient essentiellement au même panel de masses que celles qui se forment aujourd'hui.

Le fait que les premières étoiles étaient semblables aux étoiles conventionnelles est quelque peu surprenant puisque les conditions étaient très différentes dans la protogalaxie primitive. Il n'y avait pas d'éléments lourds, ni de poussières. Les nuages à partir desquels se sont formées les premières étoiles étaient composés d'atomes d'hydrogène plutôt que de molécules. En l'absence même de traces de molécules et d'atomes lourds, qui jouent un rôle de refroidissement, les nuages primordiaux devaient être plus chauds que les nuages moléculaires.

Les estimations de la masse de Jeans nous indiquent la taille des plus petits nuages susceptibles de s'effondrer sous l'effet de leur propre champ de gravitation. De ces estimations, on déduit que les masses des nuages primordiaux tournaient probablement autour de cent mille masses solaires. En outre, nous connaissons la température du gaz grâce aux propriétés fondamentales de l'hydrogène atomique, dont les niveaux d'énergie ne permettent pas qu'il se refroidisse en deçà de quelques milliers de degrés. Mais, parce que l'hydrogène moléculaire est présent à l'état de trace, le nuage peut refroidir jusqu'à cinq cents kelvins environ. Il nous suffit de connaître la masse et la température pour calculer la densité, qui s'avère assez semblable à celle des nuages actuels, de l'ordre de quelques milliers d'atomes par centimètre cube. La différence principale est que les nuages primitifs étaient plus chauds que les nuages interstellaires d'aujourd'hui. En outre, ils n'avaient ni éléments lourds ni grains de poussière.

Lorsqu'un nuage primitif s'effondre et se fragmente pour finalement former des étoiles, la température qui augmente a tendance à exacerber l'effet de la pression du gaz. Cela permet la formation de fragments plus massifs. Des cœurs se forment au centre des fragments qui continuent à absorber le gaz de l'enveloppe qui l'entoure. C'est ainsi que se forment les étoiles. Il y a toutefois une différence cruciale en ce qui concerne les

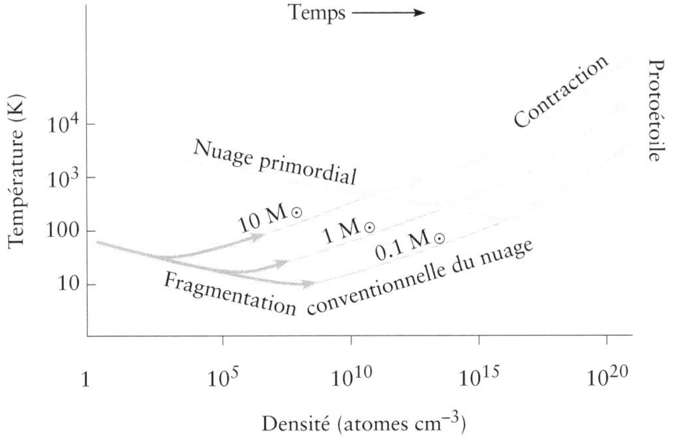

La fragmentation d'un nuage de gaz en contraction conduit à la formation d'étoiles. En s'effondrant sur lui-même, le nuage se refroidit et devient plus dense ; des fragments de plus en plus petits se détachent du nuage pour finalement se contracter et former des protoétoiles. La fragmentation d'un nuage primordial se réalise à température élevée parce que le seul refroidissant est constitué par l'hydrogène moléculaire qui ne permet pas un refroidissement au-dessous de 1 000 degrés kelvin. Le nuage primordial forme ainsi les étoiles de grande masse, soit plus de cent masses solaires. Dans un nuage conventionnel, on trouve des molécules lourdes et de la poussière qui aident au refroidissement jusqu'à une très basse température, jusqu'à 10 degrés kelvin, de sorte que les étoiles de petites masses peuvent aussi se fragmenter.

nuages primitifs : parce qu'ils sont plus chauds, les mouvements de turbulence, inévitablement entretenus par la contraction, sont plus importants que dans un nuage plus froid. Le cœur croît beaucoup plus vite qu'un cœur plus conventionnel au sein d'un nuage moléculaire. Le résultat final est la formation de protoétoiles plus massives.

Les nuages finissent par produire tout un échantillon d'étoiles de différentes masses, mais la masse typique attendue dans un nuage primordial serait de l'ordre d'une centaine de masses solaires plutôt que la demi-masse solaire typique des nuages froids du voisinage. À l'époque de sa formation, la galaxie affichait un déploiement spectaculaire d'explosions d'étoiles. Celles-ci jetaient les semences du milieu interstellaire avec les cendres des supernovæ. Ces éléments lourds furent ensuite incorporés par les générations d'étoiles suivantes, pour conduire finalement à la formation de planètes comme la Terre.

L'évolution chimique

Les étoiles formées plus tard dans l'histoire de la galaxie sont progressivement mieux pourvues en éléments lourds. Nous qualifions cet enrichissement progressif d'« évolution chimique ». Le système solaire, formé voici 4,59 milliards d'années, reflète la composition chimique de la galaxie à cette époque. Environ 2 % de la masse du Soleil sont composés d'éléments plus lourds que l'hélium, de même que les masses des planètes géantes les plus externes, comme Jupiter et Saturne. Les planètes intérieures ne donnent pas un bon exemple des abondances chimiques présolaires, puisqu'elles n'ont conservé ni l'hydrogène ni l'hélium de la nébuleuse protosolaire. Une région comme la nébuleuse d'Orion, où des étoiles sont en train de se former, contient environ deux fois plus d'éléments lourds par unité d'hydrogène que le Soleil. Cette différence était à prévoir, puisque le milieu interstellaire a disposé de 4,6 milliards d'années de plus pour amasser les débris des supernovæ voisines.

Pratiquement tout le gaz de la galaxie s'est réparti en un disque de faible épaisseur où, avec le temps, les débris des étoiles et des explosions s'accumulent. C'est dans le disque galactique que toutes les étoiles nouvelles sont maintenant en train de se former, et cela malgré le fait que presque toutes les étoiles qui le composent sont plus vieilles que le Soleil et affichent, en moyenne, un tiers de sa métallicité.

Environ la moitié des éléments lourds réfractaires du gaz interstellaire est confinée dans des grains de poussière. Ces grains, de petits corpuscules solides, comme des silicates, se sont condensés dans les flux éjectés par les étoiles géantes aux dernières étapes de leur évolution. Dans les nuages moléculaires froids, des couches de glaces volatiles se développent autour des grains. Lorsque la masse de ces nuages devient suffisante pour qu'ils se fragmentent, la rotation des galaxies puis celle des nuages permettent de constituer un disque autour de chaque protoétoile future. Les grains entourés de leur couche de glace se répartissent sur un demi-plan autour de l'étoile en formation. Puis les disques se scindent pour former ce qui deviendra un système planétaire.

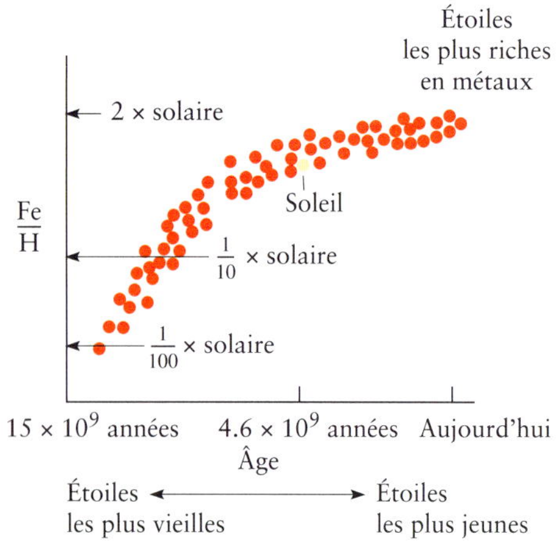

L'abondance en fer par rapport à l'hydrogène, et plus généralement celle des métaux, est une mesure de l'âge moyen d'une étoile.

Les étoiles des sphéroïdes galactiques sont généralement très pauvres en métaux par comparaison au Soleil. La plupart contiennent moins de 3 % de l'abondance solaire en métaux. Nous l'interprétons par le fait que les sphéroïdes ont donné des étoiles avant

que le gaz ne s'organise en un disque. Pourquoi les étoiles les plus vieilles du sphéroïde se trouvent-elles en dehors du disque ? Voici la réponse : une fois formées, les étoiles gardent la vitesse qu'elles avaient à leur naissance. Celles formées durant la contraction initiale de la protogalaxie auront acquis des vitesses orbitales élevées, et les sphéroïdes auront donc des vitesses toujours importantes par rapport au Soleil. En effet, c'est même une caractéristique qui définit la population II. Cependant, les étoiles formées sur le tard, après que le gaz protogalactique se fut contracté en un disque, ont largement perdu la composante « hors du plan » de leur vitesse car le gaz rayonne une bonne partie de son énergie cinétique. Seule survit la composante circulaire de leur mouvement dans le disque gazeux. Les étoiles formées par la suite se déplacent toutes le long d'orbites circulaires et dans la même direction. En d'autres termes, les étoiles formées tôt constituent le sphéroïde, tandis que les étoiles formées tardivement forment le disque.

Le plan de la Voie lactée s'étend horizontalement au centre de cette image, prise avec l'instrument DIRBE (Diffuse InfraRed Background Experiment) *à bord de COBE. Cette image correspond à l'enregistrement de rayonnement aux longueurs d'onde de 25, 60 et 100 micromètres, pour le bleu, le vert et le rouge respectivement. À ces longueurs d'onde, la caractéristique principale du ciel est le rayonnement provenant de poussières froides situées dans de vastes nuages de gaz et de poussières dans le disque de notre galaxie.*

Un problème subsiste : pourquoi reste-t-il si peu d'étoiles dans le halo, de métallicité quasi nulle ? La réponse doit venir du fait que, durant la formation de la galaxie, on trouvait relativement plus d'étoiles de masse élevée et de courte durée de vie qu'aujourd'hui. Ainsi, peu d'entre elles auraient survécu à cette période. Or la théorie de la fragmentation des nuages primitifs prévoit justement que les premières étoiles étaient essentiellement des étoiles massives.

La formation des galaxies elliptiques et spirales

Le scénario de la formation du sphéroïde et du disque galactique se prête également à la description de la formation des galaxies elliptiques et spirales. Les elliptiques sont des systèmes âgés d'étoiles de la population II. Les spirales ont aussi bien des

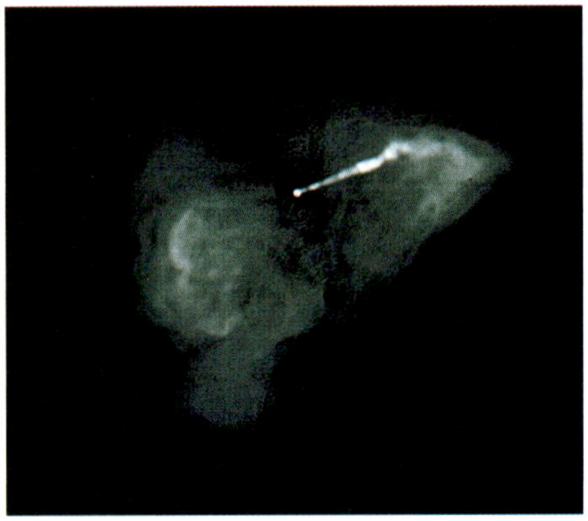

Image en lumière visible (en haut) et image radio à une échelle beaucoup plus petite (en bas) de la galaxie elliptique géante Messier 87. Un jet d'émission synchrotron émerge d'un trou noir massif dont on pense qu'il repose au centre de la galaxie ; une paire de jets produit d'immenses lobes d'émission radio qui s'étendent au-delà de la partie visible de la galaxie. On pense que le trou noir se serait formé par l'accrétion de nuages de gaz lors de la fusion qui aurait donné naissance à la galaxie elle-même.

composants sphéroïdes âgés que des disques avec un mélange d'étoiles jeunes ou vieilles et de gaz. L'explication la plus probable de ces différences remonte à la contraction originelle de chaque galaxie, qui aurait duré moins de un milliard d'années. Les étoiles des elliptiques se sont abondamment formées durant la phase de contraction initiale. Au contraire, à cette période de leur évolution, les spirales n'en ont formé qu'un petit nombre, représentant peut-être 10 % de leur masse. La plupart des étoiles des galaxies spirales ont dû se former plus graduellement, durant les dix derniers milliards d'années, après que le gaz se fut déjà organisé en disque. La formation des étoiles dans les galaxies spirales se poursuit jusqu'à épuisement de la matière première (gaz et poussières intersidérales) ; elle suit un rythme plus ou moins régulier. Les galaxies n'arrivent que maintenant, après quelque dix milliards d'années de formation d'étoiles, au bout de leurs réserves en gaz.

On a avancé une éventualité intéressante pour expliquer la formation si rapide des étoiles dans les galaxies elliptiques. Un grand nombre d'indices y semblent favorables. On trouve les elliptiques principalement dans les amas de galaxies les plus denses, tandis que les spirales se trouvent plutôt dans des groupes clairsemés et dans les régions externes, de plus faible densité. On suppose que la formation massive des étoiles aurait été déclenchée par l'agitation et la fusion des protogalaxies dues aux forces de marées qui régnaient au moment du regroupement des galaxies en amas. Cela aurait conduit à la formation des sphéroïdes. Les elliptiques se forment dans les régions qui deviendront le cœur dense des amas, là où les effets de marée sont les plus importants. À l'extérieur de l'amas, la contraction du gaz se fait tranquillement, et il faut plus de dix milliards d'années pour former le disque des galaxies. Pour beaucoup de galaxies, dans leur jeunesse, le surmenage devait faire partie des réalités de la vie.

Les galaxies elliptiques ne contiennent que des étoiles âgées, de masse semblable à celle du Soleil. Ces étoiles vieillissantes ont vu le jour dans une violente explosion de formation d'étoiles, voici plusieurs milliards d'années. À l'occasion, on a observé d'autres sursauts de ce type dans des fusions de galaxies. À l'évidence, la stimulation des mouvements du gaz lors de ces fusions violentes conduit les nuages à se fondre les uns dans les autres et accélère grandement le rythme de formation stellaire. Le sursaut de création d'étoiles s'atténue. L'énergie libérée par l'explosion balaie tout ce qu'il reste du milieu interstellaire et laisse derrière elle une galaxie d'étoiles vieillissantes.

Pourquoi les galaxies elliptiques sont-elles rebondies et pauvres en gaz, et les spirales plates et riches en gaz ? La réponse est simple : les galaxies spirales sont en rotation. En effet, leur forme est due au mouvement de rotation des étoiles et découle de l'équilibre entre les forces centripète et gravitationnelle. La rotation est une conséquence du fait que les galaxies se sont formées à partir de nuages de gaz inhomogènes et turbulents. Plusieurs pics de densité ont dû se trouver relativement proches, chacun étant destiné à former une galaxie. Par exemple, dans le cas de notre galaxie, un compagnon, la galaxie d'Andromède, s'est formé à la même époque. Tandis qu'ils se développent et que leur concentration centrale augmente, les nuages protogalactiques exercent inévitablement des forces de marée les uns sur les autres. Bien que le moment angulaire total s'annule sur l'ensemble de la région, localement, chaque protogalaxie se met à tourner sur elle-même. Notre galaxie tourne dans un sens, et Andromède dans l'autre de sorte que le moment angulaire total du Groupe local reste nul.

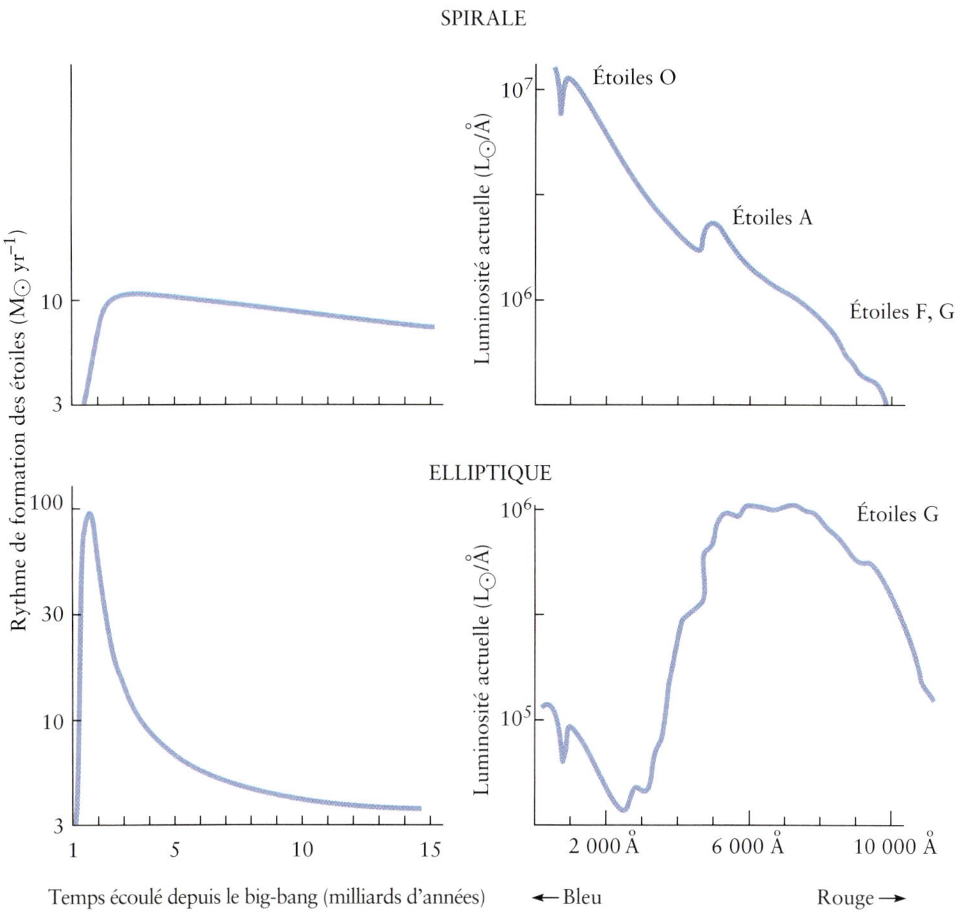

À gauche : les étoiles des galaxies spirales continuent de se former à un rythme soutenu tandis que la plupart des étoiles des galaxies elliptiques se sont formées très tôt, à l'époque de la création de ces galaxies. À droite : en conséquence, les étoiles bleues, plus jeunes, (étoiles O) représentent la contribution principale à la luminosité des galaxies spirales tandis que l'essentiel de la luminosité des galaxies elliptiques provient des étoiles rouges (étoiles G), plus âgées.

En continuant de se contracter, les protogalaxies tournent plus rapidement sur elles-mêmes puisque leur moment angulaire doit être conservé. La contraction du gaz ne cesse qu'une fois atteint l'équilibre entre la force centripète et la gravitation. Or le nuage peut continuer à se contracter le long de l'axe de rotation, et c'est pourquoi il prend finalement la forme d'un disque aplati. Et ce disque en est un parce que les nuages ont tourné lentement en spirale, pendant des milliards d'années, en perdant leur énergie cinétique. À l'inverse, les galaxies elliptiques ne sont pas le siège de forces de rotation. Les elliptiques sont rebondies parce que les mouvements des étoiles n'y sont pas confinés sur un plan ; leurs orbites sont elliptiques et orientées de manière aléatoire. Leur forme pourrait s'expliquer par la fusion de deux galaxies en disque, orientées selon un angle arbitraire.

Fusion de galaxies

Des fusions, essentiellement de protogalaxies, ont eu lieu dans des régions denses de l'univers où les vitesses relatives entre les galaxies valaient quelques centaines de kilomètres par seconde ou moins. Si elles se rencontrent à plus haute vitesse, les galaxies s'interpénètrent comme des fantômes. La plupart des fusions de galaxies se produisent dans des groupements de galaxies. Deux disques qui fusionnent donnent un système bombé, c'est-à-dire une galaxie elliptique. On peut apprendre beaucoup sur la manière dont se sont formées les galaxies en étudiant, parmi les galaxies voisines, les rares cas de galaxies qui sont encore en train de fusionner aujourd'hui. Ces processus, exceptionnels de nos jours, devaient être courants dans le passé, à l'époque de la formation des galaxies. Ces phénomènes rares peuvent donner des indices précieux sur l'évolution cosmique.

Les galaxies sont « collantes » : toute rencontre serrée entre deux galaxies, si elle a lieu à vitesse suffisamment basse, conduira inéluctablement à leur fusion. Les nuages de gaz qu'elles renferment subissent des collisions (mais non les étoiles) et perdent de l'énergie cinétique. Leurs orbites deviennent plus radiales, et la fréquence des collisions augmente du fait des forces de marée exercées lors de la fusion de deux systèmes stellaires. Le résultat est un nuage de gaz dense et massif au centre du système que forment les deux galaxies maintenant réunies. Mais ce nuage est instable. Il est voué à se contracter puis à se fragmenter en une multitude d'étoiles. C'est pourquoi la fusion de galaxies semble amorcer une violente explosion de formation stellaire.

On observe ces épisodes de la formation des étoiles dans les galaxies les plus lumineuses, sièges de nombreuses formations d'étoiles, qui sont certainement dans la phase finale de la fusion. Elles sont rares parce que le phénomène ne dure pas longtemps. Toutefois, les effets secondaires de ces fusions sont relativement ordinaires. En y regardant à deux fois, on trouve que certaines galaxies elliptiques proches, qui ont l'air normales, affichent les signes d'une fusion dans leur passé lointain. Les indices sont les faibles lueurs de petites coquilles d'étoiles que l'on observe à la périphérie de ces

La galaxie elliptique NGC 3923 ne présente rien d'inhabituel sur le négatif de gauche, correspondant à une exposition normale. Au contraire, le cliché de droite, amplement surexposé, révèle la présence de plusieurs couches concentriques qui s'étendent sur plus de cent kiloparsecs. Ces couches sont les vestiges de la fusion de galaxies qui a eu lieu voici trois milliards d'années. Il convient de remarquer que les deux photographies sont à la même échelle.

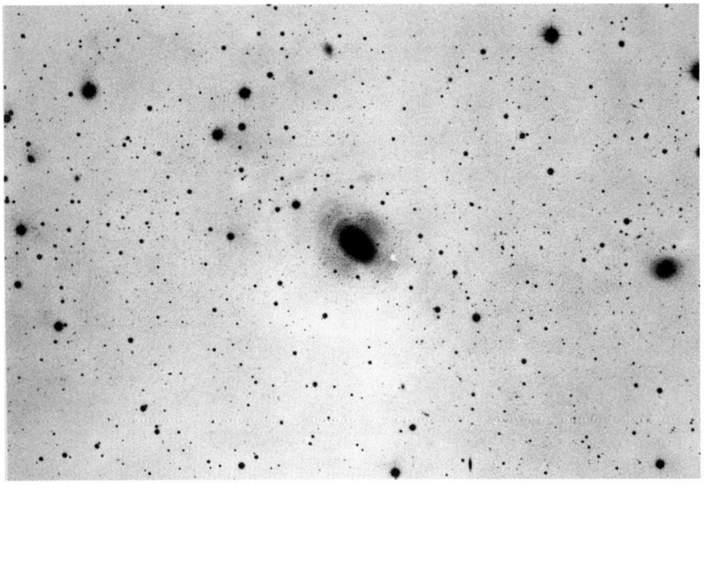

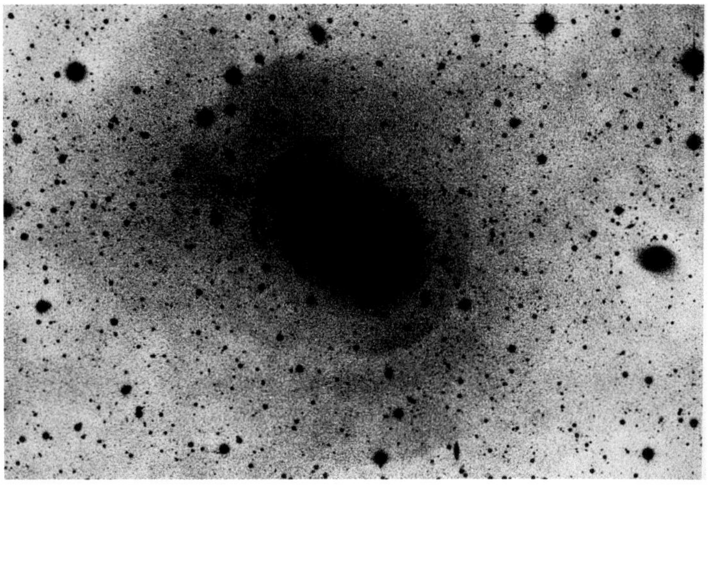

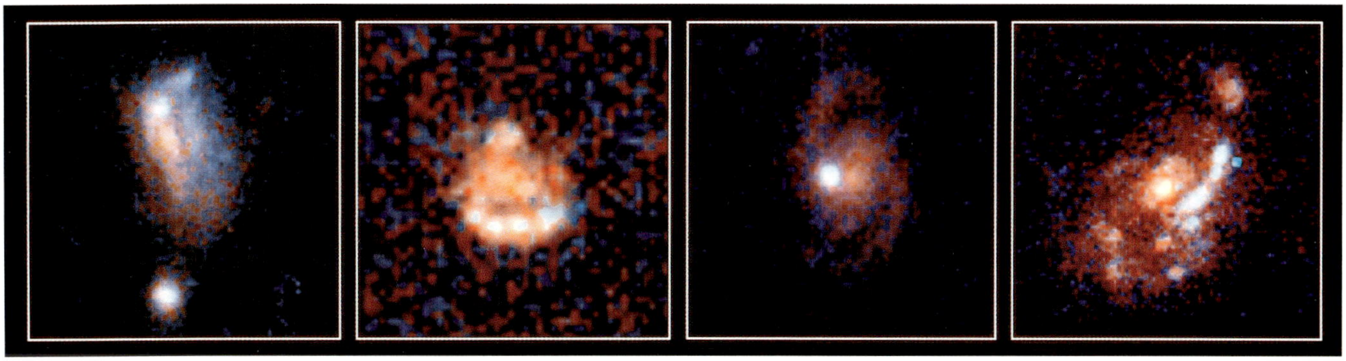

Images de galaxies lointaines obtenues avec le télescope spatial Hubble après sa révision. Une fraction beaucoup plus importante de galaxies très distantes comme celles-ci sont extrêmement déformées par comparaison aux galaxies du voisinage, qui représentent un pourcentage de 1 ou 2 %. On attribue ces distorsions à des interactions ou à des fusions importantes avec des galaxies partenaires, suivies par un cycle effréné de formation stellaire.

galaxies. Les fusions qui se sont produites voilà bien longtemps ont perturbé le champ de gravitation, un peu comme les vaguelettes qui se propagent à la surface de l'eau après qu'on a jeté un caillou dans une mare. À l'instar de ces petites vaguelettes, ces perturbations s'atténuent lentement. Sur des milliards d'années, les étoiles s'accumulent dans le potentiel gravitationnel de ces vaguelettes. L'arrangement de ces étoiles dévoile l'occurrence éphémère de la fusion dont le résultat apparaît, au moins dans la région centrale, comme une galaxie elliptique ordinaire. À l'occasion, on trouve d'autres caractéristiques qui témoignent de leur passé agité, comme des traînées de poussières ou des nœuds d'étoiles plus jeunes.

On a pu démontrer, grâce à des simulations sur ordinateur, que la fusion entre deux spirales riches en gaz (les systèmes galactiques les plus communs) conduit à la formation d'une galaxie elliptique. Les elliptiques sont caractérisées par une distribution sphéroïdale de vieilles étoiles rouges continue et concentrée vers le centre. Leurs précurseurs, au contraire, sont des galaxies en disque contenant des traînées de poussières et beaucoup d'agrégats d'étoiles jeunes, donc bleues. La fusion accélère grandement le rythme

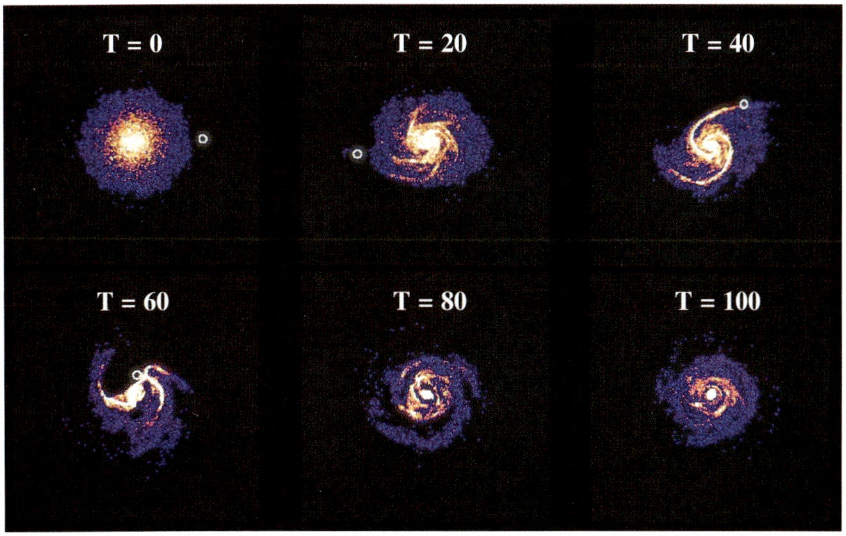

Cette simulation montre une galaxie spirale qui absorbe une galaxie satellite naine, dont le centre est représenté par le petit cercle blanc. L'interaction enclenche une salve de formation d'étoiles, particulièrement intense dans les zones colorées en blanc. Le temps écoulé pour chaque cliché est indiqué au-dessus de chaque cadre avec pour unité treize millions d'années.

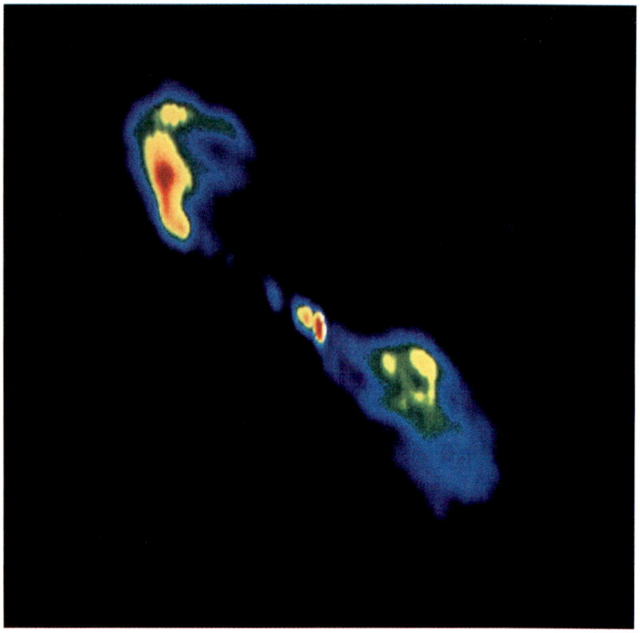

À gauche : la galaxie elliptique Centaurus A, vue ici en lumière visible, est en train de fusionner avec une galaxie voisine riche en gaz. La galaxie en activité la plus proche, Centaurus A, est un émetteur important de rayonnements radio et X. À droite : une vue en lumière radio et à plus grande échelle montrant d'immenses lobes d'émission radio, émergeant d'un jet qui prend naissance dans le noyau de la partie visible de la galaxie Centaurus A. Le trou noir supermassif supposé tapi en son cœur serait alimenté en gaz par la fusion des galaxies et serait à l'origine des effusions d'ondes radio détectées.

auquel les nuages se forment, se regroupent et se condensent. C'est pour cette raison qu'elle épuise presque toutes les réserves de gaz dans un violent sursaut de formation d'étoiles. On observe un phénomène semblable pour les galaxies infrarouges les plus lumineuses, que l'on identifie comme des galaxies en train de subir ces violentes explosions de formation stellaire. Dans bien des cas, avec des images d'une grande précision, on parvient à identifier les systèmes qui fusionnent.

La hiérarchie cosmologique

Aujourd'hui, les fusions sont rares. Peut-être une galaxie sur cent subit-elle ces forces de marées si intenses. Toutefois, la théorie cosmologique suggère avec insistance que les fusions étaient, dans le passé, un phénomène courant. Puisque les structures se sont développées selon une certaine hiérarchie, des plus petites aux plus grandes, on pense que la majorité des galaxies s'est formée avant les groupes de galaxies que l'on observe aujourd'hui. Les objets les plus massifs de l'univers, amas et superamas de galaxies, ne se forment qu'aujourd'hui. Nos analyses, et plus particulièrement les cartes des gaz intra-amas chauds établies dans le domaine des rayons X, ont révélé que beaucoup d'amas de galaxies sont des systèmes morphologiquement jeunes. Le gaz présente une distribution irrégulière, et sa température n'est pas uniforme, comme s'il n'avait pas eu le temps de s'homogénéiser. Au bout du compte, il deviendra uniforme, isotherme, à symétrie sphérique et plus concentré au centre. C'est la distribution de gaz typique que l'on observe dans les amas de galaxies arrivés à maturité.

À l'échelle du mégaparsec, nous sommes aujourd'hui témoins de l'agrégation gravitationnelle et de la fusion de matière au sein d'amas de galaxies géants. À plus petite échelle, les galaxies individuelles se seraient formées, dans le passé, selon un processus analogue. Lorsque l'univers était âgé de un milliard d'années peut-être (soit au plus un dixième de son âge actuel), des nuages de la masse de galaxies naines ont dû fusionner souvent, pour finalement former des galaxies massives, entourées de débris satellites nains. Le Groupe local est un agrégat de ce genre : il est dominé par la Voie lactée et la galaxie d'Andromède, et accompagné par une bonne poignée de naines sans éclat.

Ce raisonnement suggère que les naines sont les briques élémentaires qui composent les galaxies géantes. En effet, l'abondante population de galaxies bleues peu brillantes est certainement peuplée de naines connaissant une brève salve de formation d'étoiles. Notre voisinage de l'univers regorge peut-être des fossiles de ces anciennes phases de formation stellaire. Autour de nous, on observe en effet des galaxies très peu lumineuses, que l'on distingue à peine dans le ciel nocturne. Ce sont probablement les avortons des galaxies brillantes d'aujourd'hui. La nature essuie certainement un grand nombre d'échecs avant de réussir, et les galaxies géantes comme les naines sans éclat seraient les témoins de ce processus.

En effet, au loin dans l'univers, on trouve des nuages de gaz géants, que l'on détecte parce qu'ils présentent des raies spectrales d'absorption de quelques éléments abondants provenant d'un quasar en arrière-plan. Ces nuages absorbants représentent environ 20 % de ce que l'on observe dans le ciel, comme un papier peint cosmique transparent. Il est fort probable que ces nuages se soient contractés pour former des étoiles, puis des galaxies analogues à la Voie lactée. Toutefois, à l'occasion, ils ont pu former des galaxies géantes, à faible luminosité de surface, où la gravitation n'a jamais été suffisamment intense pour amorcer la formation d'étoiles productives. Ce n'est qu'en étudiant toutes les bizarreries du zoo cosmique que nous pourrons espérer comprendre un jour les processus complexes qui ont conduit à la formation des galaxies.

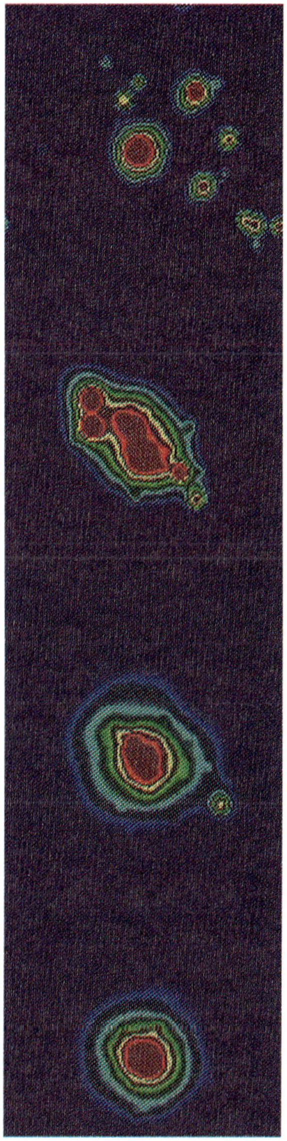

L'évolution attendue pour un amas de galaxies, telle que la présente un télescope à rayons X. Le gaz chaud émetteur de rayons X suit la distribution de matière noire et de galaxies ; il est montré, de haut en bas, pour des décalages vers le rouge valant 0,7, 0,3, 0,1 et 0 (aujourd'hui). L'amas vu aujourd'hui est atypique en ce sens qu'il a l'apparence uniforme d'un amas arrivé à maturité.

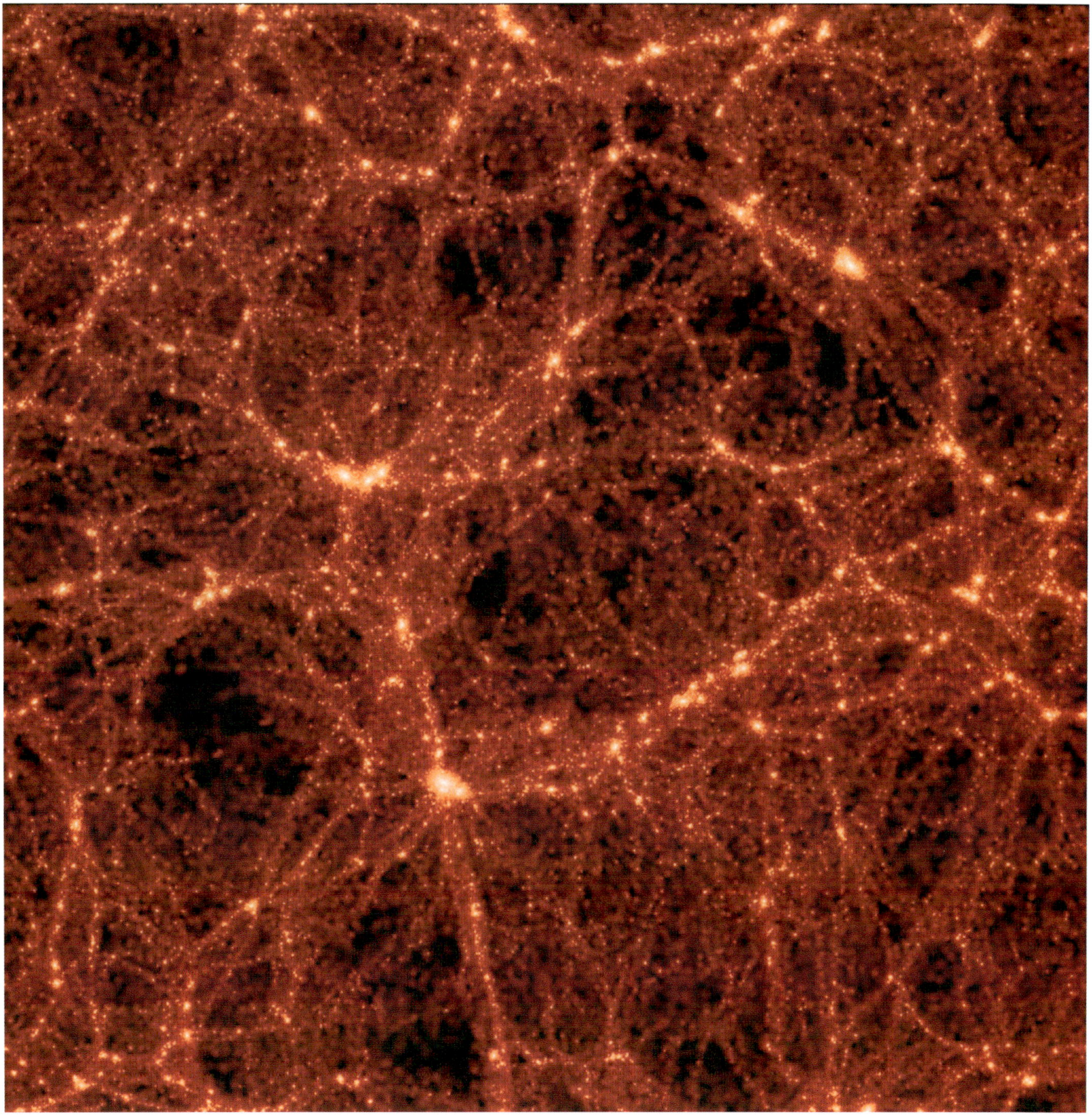

Ce que l'avenir nous réserve

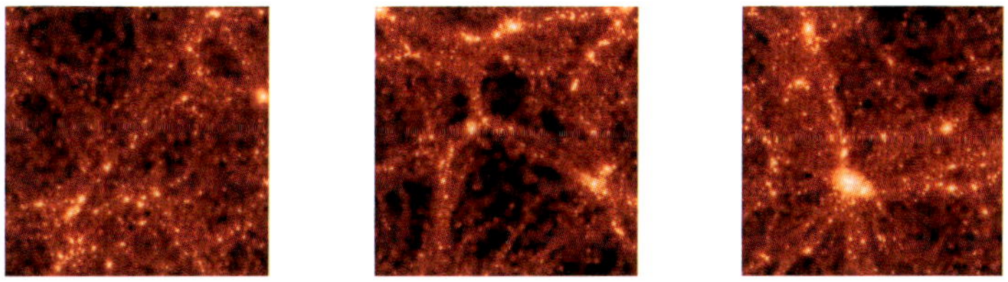

L'univers simulé par un ordinateur extrêmement puissant. On voit ici un cube de cent mégaparsecs de côté, en projection à l'époque actuelle. Seule la matière noire froide est prise en compte dans cette simulation.

« Nous n'avons point la mesure de cette machine immense ;
nous n'en pouvons calculer les rapports ;
nous n'en connaissons
ni les premières lois ni la cause finale. »

J.-J. ROUSSEAU.

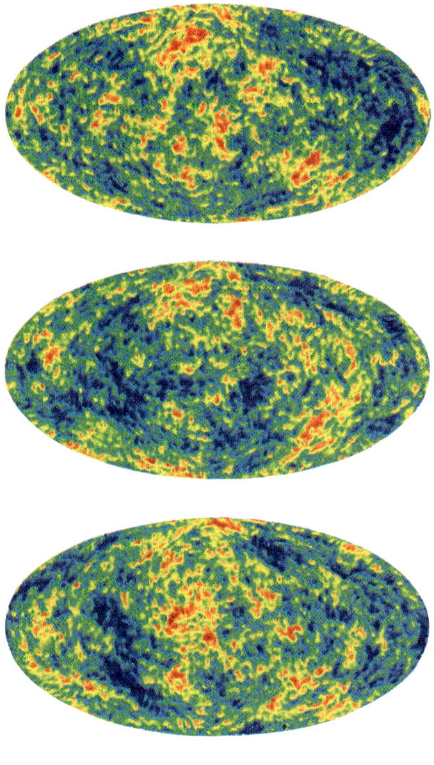

Les trois ovales montrent les fluctuations à grande échelle du fond de micro-ondes cosmologique que prédisent trois modèles différents de la structuration à grande échelle. Tous trois sont des modèles d'univers dominés par la matière sombre froide, mais la distribution initiale en intensité des fluctuations primordiales est différente : de bas en haut, elle varie pour donner plus d'intensité à petite échelle pour la formation d'amas de galaxies. Lorsqu'on disposera de mesures plus précises des fluctuations en température, on pourra reconstruire les conditions initiales à l'origine des structures à grande échelle.

Un big-bang parfaitement uniforme serait inacceptable : les fluctuations en sont un ingrédient essentiel. Les fluctuations de densité apparurent aux confins du temps cosmique. Ces inhomogénéités devaient être très précoces pour créer, sur les milliards d'années qui ont suivi, la structure manifeste de l'univers actuel. C'est grâce à ces irrégularités que l'univers a évolué jusqu'aux structures complexes que nous observons.

Le fond de rayonnement cosmologique, avec son spectre presque parfait de corps noir à la température de 2,73 kelvins, est le témoignage de la phase primitive chaude que fut le big-bang. Son existence encourage les cosmologistes à extrapoler la théorie du big-bang, en remontant dans le temps jusqu'à 10^{-43} seconde après la singularité initiale, premier instant auquel la physique classique (par opposition à une théorie quantique de la gravitation, encore mal comprise) devient applicable. Les fluctuations quantiques étaient fatalement présentes à cette époque où l'échelle fondamentale des particules élémentaires était du même ordre que leur rayon de Schwarzschild. Une phase inflationnaire de l'expansion de l'univers, qui eut lieu environ 10^{-35} seconde après le big-bang, a considérablement augmenté la taille de ces fluctuations qui, de microscopiques, devinrent macroscopiques. À moins que les petites ondes quantiques se propageant sur une « brane » infinie n'aient généré ces fluctuations, la taille et l'homogénéité de l'univers ayant déjà été établies lors d'un *big crunch* antérieur. Quoi qu'il en soit, toutes les structures de l'univers découlent de ces fluctuations primordiales de densité.

Le brouillard primitif s'est levé trois cent mille ans après le big-bang avec le découplage de la matière et du champ de rayonnement, qui libéra le plasma primordial de son ancienne emprise. Les fluctuations de densité ont alors commencé à croître, puis à évoluer en protogalaxies. Finalement, le plasma primordial devenu neutre, les atomes d'hydrogène purent s'amasser au sein de vastes nuages qui furent les précurseurs des galaxies.

Le test ultime de ce type de modèle consiste à vérifier ses prédictions des fluctuations de la température du fond de rayonnement micro-onde. Les prédictions du modèle résumé ci-dessus sont étonnamment proches des mesures récentes des petites irrégularités du rayonnement fossile. L'uniformité remarquable que l'on observe dans le fond de micro-ondes atteste de la quasi-homogénéité de l'univers des tout premiers instants.

Ce qui est plus remarquable encore, c'est qu'on a effectivement observé le niveau attendu des petites fluctuations initiales de densité que l'on prédit à l'origine de la formation des galaxies par instabilité gravitationnelle. Sur une échelle angulaire entre une dizaine de degrés et quelques minutes d'arc, on a mis en évidence la présence de taches, zones chaudes ou froides, correspondant à une amplitude de trente microkelvins, soit un millième de pour-cent du niveau moyen du fond de rayonnement cosmologique.

On suppose que l'univers, un million d'années après le big-bang, était presque complètement homogène, mais pas tout à fait. L'homogénéité n'aurait pas pu être parfaite, sans quoi les galaxies ne se seraient pas formées. L'univers primitif contenait des fluctuations de densité infinitésimales, avec une amplitude de l'ordre de un pour cent mille, valant précisément (à un facteur deux près !) l'amplitude nécessaire pour que les galaxies aient eu le temps de se former, par instabilité gravitationnelle, avant l'époque actuelle. Tel est le *credo* des cosmologistes.

Les astronomes étudient maintenant ces fluctuations primordiales du feu d'artifice cosmique à des échelles angulaires de plus en plus petites, avec de plus en plus de précision. Ce n'est qu'à des échelles inférieures à un degré que l'on peut espérer retracer directement la distribution des semences qui sont à l'origine des structures à grande échelle. Nos succès dépassent nos rêves les plus fous : nous sommes devenus des archéologues du ciel.

L'empreinte est impossible à confondre, à condition que les données soient de suffisamment bonne qualité. Nos efforts sont toutefois entravés par l'effet « pare-brise sale » : à la fréquence des micro-ondes, notre galaxie n'est pas parfaitement transparente. Nous devons donc nous accommoder d'un « bruit de premier plan », représentant 10 % du signal recherché. Ce bruit provient des émissions de poussières, et de rayonnements synchrotron ou *Bremsstrahlung* provenant de la matière interstellaire. Pour mieux pénétrer ce brouillard galactique, il nous faut augmenter la sensibilité et la résolution, élargir le domaine des fréquences électromagnétiques et les zones du ciel surveillées. Tout cela est prévu : des satellites comme WMAP (lancé par la NASA en 2001 et qui a réussi à cartographier l'ensemble de la voûte céleste en 2003) ou Planck (que l'ESA devrait lancer en 2007) promettent de révolutionner nos connaissances du fond de micro-ondes cosmologique.

Nous devrions finalement, au cours des dix années à venir, être en mesure d'explorer la distribution en amplitude des fluctuations primordiales pour comprendre comment elle dépend de certaines des idées les plus farfelues qui peuplent la cosmologie. La quintessence en est le concept d'énergie sombre qui varie avec le temps : aux époques primitives, disons pendant l'inflation, elle aurait atteint le niveau « naturel » prédit par les physiciens des particules, sa petitesse actuelle étant une conséquence de l'évolution. Les cosmologistes émettent l'hypothèse que cette quintessence puisse avoir les propriétés de ce que les mathématiciens appellent un « attracteur » et qui aurait traqué la densité majoritaire, d'abord le rayonnement, puis la matière. Ainsi, elle aurait pu diriger l'inflation tout en restant importante à l'heure actuelle, bien que la raison pour laquelle elle ne commence qu'aujourd'hui à prendre le pas sur la matière tienne des mystères d'un ajustement extrêmement précis. Cette évolution a forcément laissé son empreinte dans la distribution à grande échelle de la matière dans l'univers... à nous de parvenir à le sonder suffisamment loin.

Des monstres rôdent dans les profondeurs de l'espace. Il s'agit de trous noirs supermassifs, présents partout dans l'univers. Là où une galaxie s'est formée par fusion, un trou noir s'est formé aussi. S'ils fusionnent à leur tour ou lorsqu'ils se forment, il est un signal reconnaissable parmi mille : celui de leurs ondes gravitationnelles. LISA, un trio de satellites dont le lancement est prévu pour 2012, formera dans l'espace un interféromètre gravitationnel immense. Si un trou noir venait à se former quelque part à l'intérieur de notre horizon, LISA en détecterait les ondes gravitationnelles, si faibles fussent-elles.

Toutes ces pistes cosmologiques laissent leur signature indestructible dans le ciel. Grâce à elles, nous sommes sur le point de confirmer la validité de nos idées actuelles concernant l'évolution de l'univers et l'origine des structures à grande échelle. C'est aujourd'hui l'âge d'or de la cosmologie. Celle-ci devient une science aussi respectable que l'archéologie et elle promet de nous offrir des preuves aussi solides d'un passé beaucoup plus reculé. En outre, nous aurons levé le voile sur notre évolution future dès que nous aurons complètement cartographié la distribution de l'amplitude des fluctuations primordiales, d'ici une dizaine d'années peut-être.

D'aucuns avancent que notre destin ne peut être que lugubre, que nous finirons pulvérisés dans un feu d'artifice cataclysmique si l'univers est voué à se recontracter, ou plongés dans des ténèbres glaciales s'il doit se dilater à jamais. « Plus l'univers semble compréhensible, plus il devient indéchiffrable », disait tristement Steven Weinberg. Tous les cosmologistes n'ont pas sombré aussi profondément dans la dépression. Car l'espoir subsiste qu'on puisse accéder au savoir infini, même si ce doit être dans un futur infini. Freeman Dyson a même estimé que des créatures sensibles pourraient survivre à la désintégration du proton qui pourrait avoir lieu avant que 10^{32} années ne s'écoulent. Et l'information contenue dans l'univers, accumulée avec tant de minutie, pourrait même survivre à un *big crunch*, puis se réincarner, phénix renaissant de ses cendres, dans un nouveau cycle du big-bang.

Certes, l'éventualité d'un cycle antérieur élimine la question dérangeante des conditions initiales. La théorie de la collision de deux « branes » s'est attaquée à cette question éternelle. Prenons une « brane » infinie. La « brane » offensive s'éloigne. Notre univers se dilate de la manière habituelle, jusqu'à ce qu'il s'installe dans une période d'inflation tardive. L'univers s'accélère et se dilate de plusieurs centaines de facteurs de dix, voire plus encore. Toute la structuration, toute la mémoire de ce qui s'est passé avant est réduite à néant. L'horloge entropique est remise à zéro. Les deux « branes » commencent à décélérer. Lorsque la « brane » voisine atteint sa distance maximale et commence à se rapprocher, l'univers atteint sa taille maximale et s'engage vers le *big crunch*. Ce qui n'est pas complètement clair, c'est à quel point cette phase promet d'être cataclysmique. Dans un *big crunch*, les fluctuations de densité auraient la désagréable manie de beaucoup grossir. On ne sait pas encore comment aborder la question. Mais, si elles peuvent rester finies, alors la scène est lancée pour accueillir un nombre infini de cycles de big-bang et de *big crunch*.

Nous n'en savons tout bonnement pas assez, aujourd'hui, pour apporter des critiques intelligentes à ces spéculations. Gardons espoir, délectons-nous de la beauté et de la simplicité de notre théorie du big-bang qui se met en place petit à petit, anticipons les découvertes à venir qui apporteront les chaînons qui manquent à nos connaissances. Cette période nous émerveille et nous impressionne tout à la fois ; tel un enfant qui tâtonne dans le noir, nous faisons nos premiers pas vers la théorie ultime du cosmos.

Bibliographie

AUDOUZE Jean, *Conversations sur l'invisible*, Paris, Pocket, 2002.

AUDOUZE Jean, *L'Univers*, Paris, PUF, « Que sais-je ? », 2000.

BLANCHARD Alain, *La Cosmologie moderne, histoire et géographie de l'Univers*, Paris, Belin, 2000.

DELSEMME Armand, *Les Origines cosmiques de la vie. Une histoire de l'Univers*, Paris, Flammarion, 1997.

GRIBBIN John, *À la poursuite du big-bang*, Paris, Flammarion, 1992.

HAWKING Stephen William, *Une brève histoire du temps, du big-bang aux trous noirs*, Paris, Flammarion, 1999.

HAWKING Stephen, *L'Univers dans une coquille de noix*, Paris, Odile Jacob, 2001.

LACHIÈZE-REY Marc, *Initiation à la cosmologie*, Paris, Dunod, 1999.

LIZHI Fang, SHUXIAN Li, *La Naissance de l'Univers*, Paris, InterÉditions, 1990.

LUMINET Jean-Pierre, *L'Univers chiffonné*, Paris, Fayard, 2001.

MAZURE Alain, *Chronique de l'espace-temps*, Paris, Masson, 1997.

REEVES Hubert, DE ROSNAY Joël, COPPENS Yves, SIMONNET Dominique, *La Plus Belle Histoire du monde*, Paris, Seuil, 1997.

SILK Joseph, *Le Big-Bang*, Paris, Odile Jacob, 1997.

SMOOT George, DAVIDSON Keay, *Les Rides du temps*, Paris, Flammarion, 1997.

XUAN THUAN Trinh, *Le Destin de l'Univers, le big-bang, et après*, Paris, Gallimard, 1992.

Et aussi :

ADAMS Fred, LAUGHLIN Greg, *The Five Ages of the Universe : Inside the Physics of Eternity*, New York, Simon and Schuster, 2000.

BARROW John D., *The Book of nothing : Vacuums, Voids, and the Latest Ideas About the Originis of the Universe*, New York, Vintage Books, 2002.

DAVIES P. C. W., *The Last Three Minutes : Conjectures About the Ultimate Fate of the Universe (Science Masters Series)*, New York, Harper Collins, 1997.

FERRIS Timothy, *The Red Limit : The Search for the Edge of the Universe*, New York, William Morrow & Co, 2002.

FERRIS Timothy, *The Whole Shebang : Astate-Of-The-Universe(s) Report*, New York, Simon and Schuster, 1998.

GOLDSMITH Donald, *The Runaway Universe : The Race to Find the Future of the Cosmos*, New York, Perseus Books, 2000.

GOTT Richard J., *Time Travel in Einstein's Universe : The Physical Possibilities of Travel Through Time*, Boston, Houghton Mifflin, 2002.

GREENE Brian, *The Elegant Universe : supestrings, hidden dimensions, and the quest for an ultimate theory*, New York, Vintage Books, 2000.

GUTH Alan H., LIGHTMAN Alan P., *The Inflationary Universe : The Quest for a New Theory of Cosmic Origins*, New York, Perseus Publishing, 1998.

HAWKING Stephen W., *The Theory of Everything : The Origin and Fate of the Universe*, Los Angeles, New Millenium Pr., 2002.

KAKU Michio, *Hyperspace : A Scientific Odyssey Through Parallel Universes, Time Warps and the Tenth Dimension*, Londres, Anchor, 1995.

KIRSHNER Robert P., *The Extravagant Universe : Exploding Stars, Dark Energy, and the Accelerating Cosmos*, Princeton, Princeton University Press, 2002.

KOLB Edward W., *Blind Watchers of the Sky : The People and Ideas That Shaped Our View of the Universe*, New York, Perseus Publishing, 1997.

KRAUSS Lawrence M., *Quintessence : The Mystery of the Missing Mass*, New York, Basic Books, 2001.

LIVIO Mario, SANDAGE Allan, *The Accelerating Universe : Infinite Expansion, the Cosmological Constant, and the Beauty of the Cosmos*, New York, John Wiley and Sons, 2000.

LONGAIR Malcolm S., *Our Evolving Universe*, Cambridge, Cambridge University Press, 1997.

NOVIKOV Igor D., *The River of Time*, Cambridge, Cambridge University Press, 1998.

PADMANABHAN Thanu, *After the First Three Minutes : The Story of Our Universe*, Cambridge, Cambridge University Press, 1998.

REES Martin J., *Just Six Numbers : The Deep Forces That Shape the Universe*, New York, Basic Books, 2001.

REES Martin J., *Our Cosmic Habitat*, New York, Princeton University Press, 2001.

SMOLIN Lee, *The Life of the Cosmos*, Oxford, Oxford University Press, 1999.

THORNE Kip S., *Trous noirs et distorsions du temps : l'héritage sulfureux d'Einstein*, Paris, Flammarion, 2001.

WEINBERG Steven, *Les Trois Premières Minutes de l'Univers*, Paris, Seuil, 1988.

Sources

Schémas et graphiques : Rolin Graphics et George Retseck

Chapitre un

Page 14 : Ian Gatley et Michael Merril/NOAO. Starlight Photography. *Page 17* : Tony Hallas. *Page 19* : J. Trümper, Max-Planck-Institut für Extraterrestrische Physik, Garching. *Page 23* : (En haut, gauche et droite) TERSCH. *Page 24* : David Malin/Anglo-Australian Observatory. *Page 28* : Los Alamos National Laboratory. *Page 33* : David Malin/Anglo-Australian Observatory.

Chapitre deux

Page 36 : (gauche) Vela : David Malin/Australian Observatory ; (droite) European Southern Observatory. *Page 43* : (haut) Harvard University Archives ; (bas) Hale Observatories. Courtesy AIP Emilio Segrè Visual Archives. *Page 47* : (gauche et détail) Space Telescope Science Institute/NASA. *Page 48* : David Malin/Anglo-Australian Observatory. *Page 51* : National Optical Astronomy Observatories. *Page 53* : Space Telescope Science Institute/NASA. *Page 56* : European Southern Observatory. *Page 58* : NRAO.

Chapitre trois

Page 60 : K. Gorski et COBE team/NASA. *Page 63* : Cramponi Brussels. *Page 64* : Roger Ressmeyer/Starlight. *Page 65* : (haut) Physics Today Collection, AIP Emilo Segrè Visual Archives. *Page 66* : d'après J. C. Mathei *et al. Astrophysical Journal*, vol. 420, p. 439 (1994). *Page 67* : NASA Cosmic Background Explorer Satellite (COBE). Differential Microwave Radiometer (DMR). Goddard Space Flight Center, Greenbelt, Maryland. DMR Principal Investigator : George F. Smoot, Space Sciences Laboratory, Lawrence Berkeley Laboratory, Physics Department, University of California, Berkeley. *Pages 72 et 73* : (En haut, gauche et droite) E. Bunn, University of California, Berkeley.

Chapitre quatre

Pages 74 et 82 : CERN. page 87 : Fermi.

Chapitre cinq

Page 96 : David Malin/Anglo-Australian Observatory. *Page 105* : CERN. *Page 107* : Dennis di Cicco.

Chapitre six

Page 108 : Maddox Sutherland Efstathiou & Loveday. *Page 119* : European Southern Observatory (VLT ANTU/ISAAC + NTT/SUSI-2).

Chapitre sept

Page 124 : Yannick Mellier, Observatoire de Toulouse, *Page 126* : Hale Observatories. *Page 128* : David Malin/Anglo-Australian Observatory. *Page 132* : Yannick Meiller, Observatoire de Toulouse. *Page 133* : Nick Kaiser, CITA, University of Toronto. *Page 134* : Avishai Dekel, Hebrew University, Jerusalem. *Page 135* : D'après J. Linsky *et al. Astrophysical Journal*, vol. 407, p. 694 (1994). *Pages 136 et 137* : D'après T. Walker *et al. Astrophysical Journal*, vol. 376, p. 51 (1991).

Chapitre huit

Page 144 : Lawrence Livermore National Laboratory. De Charles Alcock *et al.* « Possible gravitational microlensing of a star in the Large Magellanic Cloud », *Nature*, vol. 365, n° 6447, (14 octobre, 1993). *Page 151*. European Southern Observatory. *Page 152* : IMB/Astronomical Society of the Pacific. *Page 153* : Chandra X-ray Observatory/NASA. *Page 155* : Energetic Gamma Ray Experiment Telescope Science Team. *Page 156* : Bildarchiv Preussischer Kulturbesitz, Berlin. *Page 159* : Space Telescope Science Institute/NASA. *Page 163* : Space Telescope Science Institute/NASA. *Page 164* : Space Telescope Science Institute/NASA. *Page 165* : A. Readhead, California Institute of Technology. *Page 167* : Stephen C. Unwin, California Institute of Technology.

Chapitre neuf

Page 172 : Chandra X-ray Observatory/NASA. *Page 178* : (bas) d'après A. Wolfe *et al. Astrophysical Journal*, vol. 404, p. 480 (1993). *Page 181* : NASA/CXCP/P. Martini *et al.*, *Page 183* (bas) Anthony Lasenby, MRAO.

Chapitre dix

Page 184 : (gauche) S. Djorgovski, University of California, Berkeley. De *Scientific American*, p. 74 (octobre 1983) ; (droite) Ed Bertschinger, MIT. *Page 190* : (bas) Alex Szalay. *Page 191* : Carlos Frenk, University of Durham. *Page 195* : F. Bouchet, Institut d'Astrophysique, et L. Hernquist, University of California, Santa Cruz. *Page 203* : M. Tegmark (bas) and NASA (haut).

Chapitre onze

Page 204 : (gauche) Margaret Geller, Luis da Costa, John Huchra, and Emilio Falco, Smithsonian Astrophysical Observatory ; (droite) Valerie de Lapparent, Margaret Geller et John Huchra, Smithsonian Astrophysical Observatory, *Page 207* : NASA/Space Telescope (haut) ; Science Institute (en bas, à droite) Carlos Frenk, University of Durham ; (en bas, à gauche) M. Seldner, B.L. Siebers, E.J. Groth, et P.J.E. Peebles, *Astronomical Journal*, vol. 82, p. 249 (1977). *Page 210* : Matthew Colless et le 2DF collaboration. *Page 211* : (haut) Frank Summers, Princeton University Observatory. *Page 213* : D. Mathewson *et al. Astrophysical Journal*, vol. 389, p. L5 (1992). *Page 215* : Max Tegmark. *Page 216* : Frank Summers, Princeton University Observatory. *Page 222* : Greg Bryan et Michael Norman/NCSA. *Page 223* : (haut) Ed Bertschinger, MIT ; (bas) George Efstathiou, Oxford University. *Page 225* : Albert Stebbins, University of Chicago.

Chapitre douze

Page 228 : (gauche) C. Robert O'Dell, William Marsh Rice University, Houston ; (droite) David Malin, Anglo-Australian Observatory. *Page 231* : National Optical Astronomy Observatories. *Page 232* : NASA et le Hubble Heritage Team (STSCI/AURA). *Page 241* : NASA. *Page 242* : (haut) David Malin/Anglo-Australian Observatory ; (bas) NRAO. *Page 244* : D. Malin et D. Carter, *Astrophysical Journal*, p. 274-534 (1983). *Page 245* : (bas) Lars Hernquist, University of California, Santa Cruz ; (haut) Richard Griffiths, Johns Hopkins University. *Page 246* : (gauche) NOAO ; (droite) NRAO. *Page 247* : A. Evrard, University of Michigan. *Page 248* : B. Moore et l'équipe M. Body, institut de physique théorique, Université de Zurich. *Page 250* : E. Bunn, University of California, Berkeley.

Index

DU MÊME AUTEUR CHEZ ODILE JACOB

Le Big Bang, 1997.

Ouvrage publié sous la responsabilité
éditoriale de Gérard Jorland

Adaptation mise en page :
NORD COMPO (Villeneuve-d'Ascq)

Reliure :
DIGUET-DENY (Breteuil-sur-Iton)

Achevé d'imprimer
en octobre 2003
sur les presses
de l'imprimerie KAPP, groupe CPI
à Evreux (Eure)

N° d'édition : 7381-1173-X
Dépôt légal : octobre 2003

Imprimé en France